"十二五"职业教育国家规划教材

经全国职业教育教材审定委员会审定

有 机 分 析

第三版

丁敬敏　赵连俊　主　编

叶爱英　副主编

·北京·

本书以未知有机化合物系统分析的工作过程为主线，共分六章，内容包括有机物鉴定工作概述、未知物的初步分析、混合物组分分离、未知物结构鉴定方法、未知物结构确定、有机官能团定量分析，章节中附有习题。

本书在内容编写上力求将学习过程与工作过程相对接，结合有机化学工业生产的实际，采用工业生产上常用的物理常数测定、化学分离和分析，并将化学分析和有机分析的"四谱"结合起来阐明有机化合物的鉴定。内容深入浅出，简明易懂，便于学习者自学掌握。

本书为高职高专工业分析技术专业教材，也可供各有关工业生产部门作为对技术人员的培训教材及有关人员的自学参考书，还可供其他院校相关专业作参考教材。

图书在版编目（CIP）数据

有机分析/丁敬敏，赵连俊主编.—3版.—北京：化学工业出版社，2015.5（2024.11重印）
"十二五"职业教育国家规划教材
ISBN 978-7-122-20550-6

Ⅰ.①有… Ⅱ.①丁…②赵… Ⅲ.①有机分析-高等职业教育-教材 Ⅳ.①O656

中国版本图书馆CIP数据核字（2014）第087012号

责任编辑：陈有华　蔡洪伟　　　　　文字编辑：颜克俭
责任校对：宋　夏　　　　　　　　　装帧设计：王晓宇

出版发行：化学工业出版社（北京市东城区青年湖南街13号　邮政编码100011）
印　　刷：北京云浩印刷有限责任公司
装　　订：三河市振勇印装有限公司
787mm×1092mm　1/16　印张16　字数396千字　2024年11月北京第3版第10次印刷

购书咨询：010-64518888　　　　　　　售后服务：010-64518899
网　　址：http://www.cip.com.cn
凡购买本书，如有缺损质量问题，本社销售中心负责调换。

定　　价：45.00元　　　　　　　　　　　　　　　　　　版权所有　违者必究

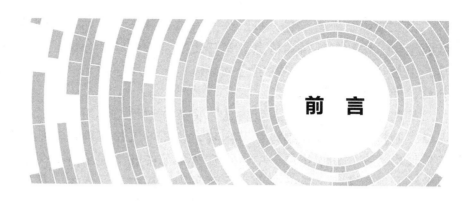

前　言

为更好地使有机分析课程教学内容与职业资格标准对接，学生的学习过程与工作过程对接，更好地适合智能特征为形象思维的高职学生，使学生能很好地处理实际工作过程中的问题，按照教育部"十二五"职业教育教材建设的文件精神，结合多年教育教学改革探索与实践，运用行动导向教学法取得的成功经验，在第二版教材的基础上，依据分析检验职业岗位任务分析和国家职业资格标准要求来选取教材内容，以"未知有机化合物全分析"这一职业典型工作任务的工作过程为主线重新序化教材内容，使学生能运用已学的化学分析方法与仪器分析方法，解决化工生产实际中有机物质的结构、组成分析与有机物的纯度分析。本次修订在结构编排和部分内容增减上做了如下变化。

(1) 将第二版的六章内容结构进行了重新编排。以未知有机化合物全分析的工作过程为主线，形成新的章节顺序为：有机物鉴定工作概述、未知物的初步分析、混合物组分分离、未知物结构鉴定方法、未知物结构确定、有机官能团定量分析。以每一工作过程中的工作任务划分节，节中的内容选择紧扣工作过程所涉及的基本理论知识和工作知识，而对于较深奥的理论知识、原理、机理等置于在相应节后所设置的"知识拓展"栏中，供学习者加深理解与学习，将学习过程与工作过程有机对接，建立起学习与职业工作的直接联系，获得直观的实践体验，学习相关理论与实践知识，形成综合职业能力，实现学习与工作、理论与实践的一体化。

(2) 在"有机物鉴定工作概述"中，简要介绍了未知有机化合物系统鉴定的全过程，帮助学习者初步建立起这一工作的全貌，为后续着手进行未知有机化合物分析奠定基础。同时提出了工作过程中安全事项，以及工作过程中所参考的文献。

(3) 第二章至第五章的各章顺序编排按照未知有机物分析的工作程序，由未知物的初步分析到分离纯化、再到纯化后产品的结构鉴定和确定进行章节编排。将理论知识分化到每章的工作任务中，在行动过程中掌握理论知识，在行动过程中积累经验，使学习者能够很快地实施未知有机化合物鉴定全过程，做到有的放矢。

第二章中"元素定量分析"作为一节，展示了未知有机物分析第一阶段所要做的全部工作和能获得的信息。第三章"混合物组分分离"按工作流程、由易到难、由总到分进行编排，从混合物分离的一般程序到简单混合物和复杂混合物的分离，使内容编排更合理。

第四章"未知物结构鉴定方法"将工作过程与学习者的认知过程相结合，按识谱、制样、解谱顺序编排章节内容，仪器的工作原理及其他较深奥的理论、反应机理均放在"知识拓展"中。在本章各节中，增加了各类化合物的谱图特征规律解析和解析实例，旨在方便学习者巩固相应的学习内容，帮助学习者深刻理解理论知识的同时，也带给学习者对有机分析前沿领域的研究乐趣。

第五章"未知物结构确定"增加了第二节"有机物结构确定"，旨在帮助学习者如何从实验数据着手归纳相关信息，确定出分子结构。

（4）在第六章"有机官能团定量分析"中，重点介绍了不饱和化合物、含氧化合物、含氮化合物及其含量测定方法和原理。将实验部分变成了实例，简化了"实验步骤"等相关内容。

本教材由常州工程职业技术学院丁敬敏、辽宁石化职业技术学院赵连俊任主编，常州工程职业技术学院叶爱英任副主编。天津渤海职业技术学院静宝元、吉林工业职业技术学院姚金柱、江苏出入境检验检疫局汤礼军参编。丁敬敏编写了第一章，丁敬敏、赵连俊、静宝元编写了第二、三章，叶爱英、丁敬敏编写了第四、五章，姚金柱编写了第六章，汤礼军参编了第三章中部分案例，全书由丁敬敏修改定稿，叶爱英进行内容的调整和完善。

由于我们水平有限，不足之处在所难免。恳切希望能得到同仁和读者的批评指正，以便使教材编得更好，更符合职业教育要求与规律，更适应时代对高职分析人才的需要，获得更好的教学效果。

编　者
2015 年 2 月

第一版前言

本教材是以教育部有关高职高专教材建设的文件精神及"高职高专工业分析专业国家规划教材工作会议"精神为指导，以高职高专工业分析专业学生的培养目标为依据而制定的。

有机分析是高职高专工业分析专业的一门专业课程，是一门理论联系实际、应用性较强的课程，它是利用有机化学中的理论及分析化学中的某些方法对有机化合物进行定性、定量以及混合物分离方面的研究。全书由六章构成，总学时数为 60 学时。本着"实用、实际、实践"的原则，教材努力体现以下特点。

（1）教材为高等职业教学用书，根据高职教育培养目标及本课程应用性较强的特点，本教材力求处理好理论知识和经验知识的关系，在知识处理上将理论知识与经验知识并重，既为第一线从事分析的技术人才提供识别、分析问题的理论知识，也为其提供解决实际操作中面临种种现实问题的经验知识。教材以如何运用方法进行有机物的定性、定量分析为主线，着重突出了学生实际应用能力的培养，在强化理论知识的同时注重经验知识的应用，注重理论与实践的结合。

（2）在结构处理上，力求体现先进性、科学性。教材根据目前有机分析进入以仪器分析方法为主的特点，结合所教对象及对象所处工作岗位情况，将化学分析法与仪器分析法有机结合，有机物结构分析以仪器分析法为主，兼顾化学分析法。有机物定量分析以化学分析法为主，兼顾渗入仪器分析法，使教材能符合当前形势与实际对有机分析的需要。

（3）在教学内容的选择上突出实用性，涉及的理论知识以"需要"和"够用"为度，重点立足于应用，除对有机分析的成熟方法进行重点介绍外，同时也注重介绍和反映当前国内外最新技术和科技成果，力求体现新技术和新方法。教材力求充分体现职业性，选取生产实际问题进行分析解剖，编入经实践证明在检验和测定原料及产品质量上行之有效的分析方法，使学生很快适应岗位的要求。

（4）为方便学生的学习，教材每章的开头设立"学习指南"，指出教学重点、必须掌握的基本知识和基本技能，以引导学生有的放矢地学习；每章（节）配以启迪思考、强化应用、题型多样的习题，内容力求贴近工业生产实际，力求培养学生理论联系实际的习惯。

(5) 现有教材大多将化学鉴定和波谱测试分开讨论，但在解决实际问题时，却往往需将两者结合起来，因此教材试图将化学法与波谱法有机地结合起来，使有机定性分析成为一个完整的分析程序。

(6) 为启发学生的科学思维、了解历史、扩大学生的视野、激发学习兴趣，将在每章后增设"阅读材料"，拟以800字左右的有趣味性的科普短文和名人轶事，以培养学生的科学素质。

(7) 教材将采用中华人民共和国国家标准GB/T 1466—93所推荐术语、符号和单位。

本教材由常州工程职业技术学院丁敬敏、辽宁石化职业技术学院赵连俊任主编，天津渤海职业技术学院静宝元、吉林工业职业技术学院姚金柱参编。丁敬敏编写第一、二、三章，静宝元编写第四章，赵连俊编写第五章，姚金柱编写第六章。全书由丁敬敏统稿，天津渤海职业技术学院贾定本主审。此外，在全书编写及审阅过程中，得到了天津渤海职业技术学院王炳强、常州工程职业技术学院杨小林、赵欢迎等同志的大力支持，在此致以深切的谢意！

由于我们水平有限及时间仓促，不妥之处在所难免。本教材的编写也是一种探索，恳切希望能得到同仁和读者的批评指正，以便使教材编得更好，更符合教学要求与规律，更适应时代对高职分析人才的需要，获得更好的教学效果。

编　者
2004年3月

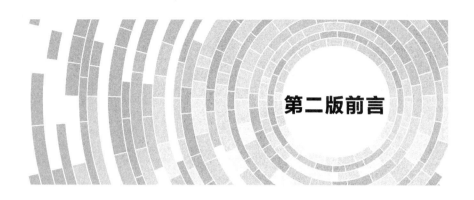

第二版前言

《有机分析》教材自 2004 年出版发行以来，受到相关高职院校的关注和好评，作为化学化工类职业院校有机分析课程的教材，在教学过程中发挥了一定的积极作用。

随着社会的发展对人才素质提出了更高的要求，高职教育提出要重视学生的全面素质教育，以学生为中心，着重培养学生的创新精神，激发学生的学习兴趣，挖掘学生的内在潜能，使他们的素质全面和谐地发展。随着科学技术和职业教育的不断发展，第一版内容在某些方面需要补充和修改，加之教材第一版在教学中发现了一些不足，给教学工作带来了一定的不便，为此我们对本书第一版进行了修订。修订工作本着学生智能的发展，以能力培养为目标，依据认知规律，以工作过程为导向，在保持第一版原有体系、结构的基础上，从以下几个方面进行了调整更新。

1. 对教材第二章"有机化合物光谱和波谱分析"重新进行了整理，以工作过程为主线，将所需的理论知识与实践知识有机融合，充分体现了高职教育中理论知识的"必需、够用、实用"原则，同时也符合学生认知的规律，由浅入深，由易到难，使教材的编写更加科学和贴近目前各职业院校的教学实际。

2. 对第一版中有机化合物波谱分析部分，增加了各类谱图的解析规律和各种实际案例，以丰富和增强学生的认知和实践经验。

3. 规范了公式和数据的使用，并增加了相应的习题。

丁敬敏负责本次修订的组织工作，并负责全书的修订、合并整合，姚金柱负责第六章的修订。最后由丁敬敏整理并统稿。本书的责任编辑为本次修订工作给予了大力的协助，常州工程职业技术学院叶爱英老师为本书的修订做了大量的资料收集和整理工作，在此表示衷心的感谢。

我们希望本教材的修订能为广大师生提供切实的帮助和指导，由于编者水平所限，按照新形势下的高职教育特征与要求，对本课程的教学改革和实践正在探索中，编写本书难免存在疏漏和不妥之处，恳请同行专家和使用教材的师生批评指正，使本书不断趋于完善。

编者

2008 年 10 月

目 录

本书常用量符号的意义及单位	001
第一章 有机物鉴定工作概述	002

第一节 未知有机物系统鉴定程序 /002
　　一、初步检验 /003
　　二、分离混合物 /003
　　三、确定物理性质 /004
　　四、测定相对分子质量 /004
　　五、确定分子式 /004
　　六、溶解度试验 /004
　　七、使用化学法与"四谱"进行鉴定 /005
　　八、分类测试 /005
　　九、制备衍生物 /005
　　十、撰写分析报告 /006
第二节 有机物鉴定的实施效率与安全 /008
　　一、废物的处理 /008
　　二、实施效率的提高 /008
　　三、遵守实验室安全守则 /009
【知识拓展】 /010
　常用醚的爆炸危险 /010
第三节 化学文献使用 /010
　　一、手册、汇编、期刊的使用 /010
　　二、文摘和索引的使用 /012
　　三、谱库的使用 /013
阅读园地　现代有机分析学科的发展和特点 /013

第二章 未知物的初步分析	15

第一节 预试验 /015
　　一、物理状态 /015
　　二、颜色 /016

三、气味　/016
　　四、灼烧　/016
　　五、含水试验　/017
第二节　测定物理常数　/017
　　一、熔点的测定　/018
　　二、沸点的测定　/019
　　三、相对密度的测定　/020
　　四、折射率的测定　/021
　　五、比旋光度的测定　/021
第三节　元素定性分析　/022
　　一、样品的分解　/022
　　二、元素的检验方法　/022
第四节　元素定量分析　/024
　　一、利用化学法的含量测定　/025
　　二、利用元素分析仪的含量测定　/027
第五节　分子式的确定　/029
　　一、相对分子质量的测定　/029
　　二、分子式的确定方法　/030
第六节　按有机物溶解度分组　/033
　　一、有机物的分组程序　/033
　　二、各组常见有机物类型　/033
　　三、溶解度分组试验　/034
　　四、化合物在六种溶剂中的溶解行为　/034
习题　/036
阅读园地　布特列洛夫化学结构理论和有机分析　/036

第三章　混合物组分分离　38

第一节　混合物分离的一般程序　/038
　　一、混合物分离的初步检验　/039
　　二、混合物分离的通用程序　/040
第二节　简单混合物的分离　/041
　　一、蒸馏和升华法分离　/042
　　二、萃取法分离　/043
　　三、按组分的化学性质不同进行分离　/044
第三节　复杂混合物的分离　/045
　　一、多组分混合物的分离　/045
　　二、水溶性混合物的分离　/047
　　三、水不溶性混合物的分离　/048
第四节　混合物的色谱分离　/049
　　一、薄层色谱分离　/049
　　二、气相色谱分离　/057

三、高效液相色谱分离　/057
　　四、凝胶色谱分离　/058
【知识拓展】　/059
　　影响薄层色谱法分离的因素　/059
习题　/060
阅读园地　色谱分析的创始人——茨卫特　/060

第四章　未知物结构鉴定方法　62

第一节　紫外吸收光谱法鉴定　/062
　　一、识读紫外光谱图　/062
　　二、使用紫外光谱仪　/069
　　三、解析紫外光谱图　/070
　　四、紫外光谱图解析实例　/076
【知识拓展】　/077
　　1. 诱导效应　/077
　　2. 共轭效应　/078
　　3. 空间效应　/079
　　4. 溶剂效应　/079
习题　/080
第二节　红外吸收光谱法鉴定　/081
　　一、识读红外光谱图　/081
　　二、使用红外光谱仪　/086
　　三、制备红外光谱样品　/089
　　四、解析红外光谱图　/089
　　五、红外光谱图解析实例　/102
【知识拓展】　/104
　　影响基团振动频率与谱带强度的因素　/104
习题　/105
第三节　核磁共振波谱法鉴定　/108
　　一、识读核磁共振谱图　/108
　　二、解析核磁共振氢谱　/116
　　三、解析核磁共振氢谱实例　/122
【知识拓展】　/124
　　1. 核磁共振的基本原理　/124
　　2. 化学等价质子　/125
习题　/126
第四节　质谱法鉴定　/129
　　一、识读质谱图　/129
　　二、利用质谱确定分子式　/135
　　三、利用质谱图推测化合物结构　/138
　　四、利用质谱图推测化合物结构实例　/141

【知识拓展】　/142
　　1. 离子的开裂　/142
　　2. 质谱计　/145
习题　/147
阅读园地　质谱仪的发明者阿斯顿　/148

第五章　未知物结构确定　150

第一节　官能团的化学和光谱鉴定　/150
　　一、鉴定烃类化合物　/150
　　二、鉴定含氧化合物　/156
　　三、鉴定含氮化合物　/165

第二节　有机物结构确定　/169
　　一、结构已知的化合物结构确定　/169
　　二、确定未知化合物的结构　/171
　　三、未知化合物结构确定实例　/172

第三节　有机物结构验证　/177
　　一、验证未知物结构的方法　/177
　　二、制备衍生物　/178
　　三、衍生物制备实例　/181

习题　/181
阅读园地　发明光谱分析法的本生　/182

第六章　有机官能团定量分析　184

第一节　概述/184
　　一、有机官能团定量分析的方法　/184
　　二、有机官能团定量分析的特点　/187
　　三、有机官能团定量分析中的注意事项　/187

第二节　不饱和化合物含量测定　/188
　　一、含双键化合物含量测定　/188
　　二、含三键化合物含量测定　/190

第三节　含氧化合物含量测定　/193
　　一、羟基化合物的测定　/193
　　二、羰基化合物的测定　/199
　　三、羧酸及其衍生物的测定　/202

第四节　含氮化合物含量测定　/205
　　一、氨基化合物含量测定　/205
　　二、硝基化合物的测定　/209

第五节　有机官能团定量分析实例　/212
　　一、溴化钾-溴酸钾直接滴定法测定不饱和度　/212
　　二、氧加成法测定高聚物的不饱和度　/213
　　三、富集色谱法测定厂区空气中苯、甲苯、二甲苯、乙苯含量　/213
　　四、聚醚多元醇羟值的测定　/213

五、工业乙醇中甲醇含量的测定　　/213
　　六、高碘酸氧化法测定甘油含量　　/214
　　七、亚硫酸钠法测定工业甲醛含量　　/214
　　八、工业冰醋酸中乙醛含量的测定　　/215
　　九、采用极谱法测定苯胺中微量硝基苯　　/215
　　十、金属锌还原法测定硝基化合物　　/215
　　十一、酸碱滴定法测定脂肪族伯、仲硝基化合物　　/216
　　十二、富集气相色谱法测定空气中三甲胺含量　　/216
　　十三、顶空色谱法测定废水中的吡啶　　/216
　　十四、磺胺类药物的测定　　/216
　　十五、水解-重氮化法测定芳酰胺　　/217
　　十六、工业二乙醇胺含量测定　　/217
　习题　/218
　阅读园地　近红外光谱法测定有机物　/219

附录　部分 Beynon 表　　221

参考文献　　242

本书常用量符号的意义及单位

符 号	中 文 含 义	单 位
m_B	B 物质的质量	kg
V_B	B 物质的体积	L
w_B	B 物质的质量分数	无量纲
φ_B	B 物质的体积分数	无量纲
ρ_B	B 物质的质量浓度	mg/L
c_B	溶质 B 物质的量浓度	mol/L
M_B	B 物质的摩尔质量	g/mol
t	摄氏温度	℃
pH	$pH = -\lg(c_{H^+}/c)$	无量纲
$\varphi^{\ominus}$	标准电极电位	V
E	电池电动势	V
$K_a^{\ominus}$	酸的标准解离常数	无量纲
$K_b^{\ominus}$	碱的标准解离常数	无量纲
A	吸光度	无量纲
b	比色皿的光径长度	cm
A	色谱峰面积	mm^2
Φ	光通量	
τ	透射比	无量纲
ε	摩尔吸光系数浓度	L/(mol·cm)
λ	波长	m
$\bar{\nu}$	波数	cm^{-1}
T	百分透射比	%
k	化学键的力常数	N/cm
c	光速	cm/s
μ	原子折合质量	g
V	加速电压	V
H	磁场强度	特斯拉,T
m/z	质荷比	
P	自旋角动量	
I	自旋量子数	
μ	原子核的磁矩	
γ	磁旋比	
H_0	外加磁场强度	T
δ	化学位移	10^{-6}
σ	屏蔽常数	
UN	不饱和度	
Z	原子序数	
A	相对原子质量	
J	偶合常数	Hz

第一章
有机物鉴定工作概述

学习指南

在化工技术服务领域中,经常会遇到对一些不明物质进行分析判断,如开发的新产品、生产过程中的副产物、从植物或动物体中分离出极少量的物质,要明确其身份,则需要通过综合的分离和分析手段对未知化学品的成分进行定性和定量分析,从分离制备、样品分析到图谱解析、综合分析、定性定量,就像一项系统工程,需要方案合理可行,少走弯路,使用有限的样品获取尽可能多的关于物质组成的信息资料,得出富有说服力的最终结论。要很好地完成这项任务,扎实的有机化学、分析化学的基本理论和基本技能是必备的,这样才能根据物质的物理性质、结构和反应性质,按本章所述步骤和方法,以及所提供的可参考书目来制定合理的系统鉴定方案。尽管我们的学习是从鉴定已知化合物的结构出发的,但此方法也是鉴定新制备化合物结构的必由之路。理论和技术的掌握可助我们完成工作,但效率效益、安全与卫生是工作之本。

第一节　未知有机物系统鉴定程序

未知物通常分为两类,一类是文献上没有记载的、结构性能未知的新化合物;一类是文献上有记载的、结构性能已知的,而对分析者来说是未知的。对于前者,则要进行全面的分析,有其严格的分析方法,难度较大。而对后一类未知物主要证明该未知物与哪一已知物相同即可,这种方法称为有机化合物的系统鉴定,其鉴定的大致程序如图1-1所示。

例如,将已知化合物A和B置于溶剂C中,在催化剂D、适当的温度和压力等条件下进行反应,得到新产物和未反应的原料所组成的混合物(见图1-2),其鉴定方法如下:

① 首先分离和纯化该混合物,获得各纯净物(E~K);

② 然后对分离后所得的每个化合物(E~K)进行结构表征,确定E~K中哪些是新产物(其中主产物是哪个,副产物有哪些)?哪些是未反应的原料?

③ 假设上述E~K的化合物是文献上有记载的、结构性能已知的,而对操作者来说是未知的,其鉴定的基本程序如下。

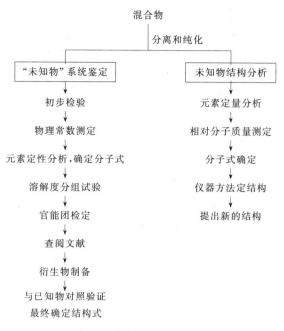

图 1-1 未知物的分析方法

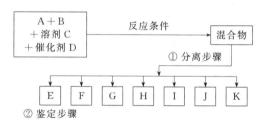

图 1-2 反应物 A 与 B 反应后所得产物简图

一、初步检验

未知物的初步检验是有机化合物系统鉴定步骤的第一步,初步检验包括:观察样品是否均匀并记录其物理状态(固态或液态)、颜色和气味,进行灼烧试验等。观察气味时不能直接嗅闻样品,可通过正规的实验操作来判断是否有明显的气味。

薄层及气相色谱是检验样品纯度的有效方法之一,简单的薄层色谱(TLC)和气相色谱(GC)是非常方便、直接的检测样品纯度的方法,是否采用这种方法可视条件而定,经不同的展开剂展开后,薄层色谱上只有一个展开点,气相色谱中只有一个单峰,熔程较短,这些现象都表明样品纯度较高。如果样品是液体或固体,一般采用 TLC 进行检测。若样品为液体,也可尝试 GC。有一定挥发性的固体样品也可以用气相色谱进行分析。

初步分析的结果可以对未知样品进行初步的了解,比如它是混合物还是纯净物,纯度怎样,是无机物还是有机物,其中可能含有哪些元素,有时通过颜色与气味等审察,还可以初步推测它属于哪种类型的化合物。

二、分离混合物

通过上述初步检验,确定出未知物是混合物还是纯净物,如是纯净物,可以跳过此步骤,直接进行下述的物理性质的确定等步骤,获知未知物的结构。如是混合物,则需采用合适的分离方法将混合物中的各个组分逐个分离出来，由于有机物的种类繁多、性质各异，对于未知混合物的分离，目前还没有一种通用而又有效的方法，通常采用萃取、结晶、蒸馏等方法。当混合物中可能含有挥发性组分时，可通过水浴加热后，对获得的挥发性组分进行鉴定。在处理含有未知组分的混合物时，普通蒸馏时温度不宜超过150℃。待混合物的各组分分离后，再参照鉴定单一未知物时所用步骤对每一组分进行鉴定。

三、确定物理性质

混合物经分离后，得到的单一组分常用物理常数（即该物质的特性常数）来鉴定，常见有熔点、沸点、密度、折射率、溶解度等，它是鉴别有机化合物的重要依据，它可进一步推断未知物属于哪几种或哪一种化合物。如果未知物是固体，常测定其熔点。如果熔程超过2.0℃，需对化合物进行重结晶。一些纯的化合物也可能没有敏锐的熔点，尤其是在它们发生分解的时候，例如在熔点附近变黑。若未知物是液体或熔点很低的固体，则需测定其沸点，除沸点极高的化合物外，沸程不应超过5.0℃。若沸点范围很宽说明化合物被严重污染，如果化合物是非均相的或者已经变色，必须进行蒸馏。在沸点附近可能会分解的化合物，要用减压蒸馏进行纯化。

通常有敏锐熔点的样品可说明该物质纯度较高，但对狭窄的沸点范围并不能说明样品纯度高，在NMR谱和IR谱未使用之前，经常用相对密度来表征结构，常用相对密度鉴定惰性较大的化合物，它是早期确定结构的步骤之一。折射率很容易测定，且对测定未知物很有用，由于NMR和IR的使用，在确定结构时很少使用折射率了。

四、测定相对分子质量

在测定有机物结构时，相对分子质量通常很有用，从相对分子质量可合理地推测出分子式。质谱能给出很多有机化合物的相对分子质量。通过中和当量和皂化当量也可以得到相对分子质量，这种方法只适用于含有特殊官能团的化合物。

五、确定分子式

分子式的获得必须精确测定两个量：一是未知物的相对分子质量，另一个是未知物所含各元素及含量。通过元素定性、定量分析，测定化合物中C、H、N的精确组成，按一定的方法，算出分子中原子数的最小整数比，建立实验式。再依据未知物的相对分子质量，确定该未知物的分子式。

可用简单的"湿法"或"试管试验"测定化合物中存在的特定元素（如N、S、Cl、Br、I和F等元素）。若在灼烧试验中观察到残渣存在，需要用无机定性方法鉴定是否含有金属元素。也可采用燃烧分析和其他测定元素组成的定性方法对确定有机物的结构很有用。

如果能方便地得到化合物的质谱，可尝试根据质谱的分子离子峰确定有机化合物的分子式。由于同位素贡献会形成分子离子峰簇，因此质谱数据还可用来确定分子中能对分子离子峰簇中贡献异常大或异常小的元素的存在及其数目。

六、溶解度试验

溶解度试验一般能获得化合物的化学结构和特性方面的信息，缩小未知物的探索范围，确定未知物的类型。

利用溶解度表给出的测定溶解度的方法，可以测定未知物在水、醚、5%的盐酸溶液、5%的氢氧化钠溶液、5%的碳酸氢钠溶液以及冷的浓硫酸中的溶解度。当难于确定未知物的溶解度类型时，用可增大溶解度和能降低溶解度的对照化合物重复此实验，并与未知物的实验结果进行对照。

测定未知物在各种有机溶剂中溶解的结果，对于进行波谱分析、色谱分析以及重结晶法提纯时溶剂的选择很有帮助。

当测定化合物在水中的溶解度时，应进行此溶液或悬浮液对石蕊试纸、酚酞试纸或其他试纸的试验。

当已确定未知物的溶解性能后，列出一张该化合物所属的化学类别表。这些测试的结果应该与 IR 谱图测试结果和 NMR 谱图测试结果相一致。

为避免因观察错误而浪费时间，建议你此时写出初步报告，并与指导教师讨论关于化合物的物理常数、元素组成和溶解度行为的正确解释。

七、使用化学法与"四谱"进行鉴定

紫外光谱、红外光谱、核磁共振谱、质谱称为"四谱"，它是鉴定分子结构的重要手段之一，红外光谱和核磁共振谱对确定有机物结构非常重要。红外光谱可与检测官能团的化学实验结合使用，是官能团鉴定的好方法，可用来判断结构。在确定结构时还可借助于核磁共振。核磁共振主要是用来测定有自旋活性的核的相对位置及其数目的方法，^{1}HNMR 和 ^{13}CNMR 谱可分别提供关于质子或碳原子类型的信息，例如，是芳香族还是脂肪族、相邻的质子数（^{1}HNMR）以及与特定的碳原子相连的质子数等信息。一旦初步判断了化合物结构，就可以利用质谱通过碎片和相对分子质量来缩小选择范围。紫外光谱可以帮助了解有机分子中的共轭体系及其取代情况。

依据上述初步分析的所有结果，通过对溶解度实验的结果和 IR、NMR 谱图进行解释之后，就可提出一个或几个需要进行最终鉴定的合理结构。

结构的最终确定包括使用"湿法"分类测试和仔细分析 NMR、IR 和可能有的 MS 谱图，最后将化合物用于制备其衍生物，最终确定未知物的结构式。

八、分类测试

结构鉴定过程中常常需要从已经获得的数据来推测未知物中含有哪些官能团，并采用合适的分类试剂进行检验。

要避免做不必要的试验，否则不仅会浪费时间而且会导致错误的判断。例如，对一个含氮的碱性化合物，一开始就检验其是否有酮或醇官能团存在是毫无意义的，但需进行氨基官能团的鉴定。

在对可能含氧的中性化合物进行分类时，尤其是当 IR 分析表明有羰基存在时，建议首先检验是否存在羰基官能团量，因为检验醛、酮的实验比检验其他含氧官能团的实验容易进行并可靠。

在推测出一个未知化合物的结构或有少数几个可能的结构之后，应通过制备衍生物来确证该化合物的结构。尽管衍生物的熔点可能已足以正确地确定未知物结构，但结合化学方法和波谱分析会更有价值，鉴定方法与检验未知物的方法相似。

九、制备衍生物

根据溶解度测试、NMR、IR、MS 谱以及元素分析数据，列出未知样品可能的结构。要确认或否定某些特定官能团的存在，需要进行更多的分类测试实验。也可参考化合物的其他特性，如相对密度、折射率、旋光性及中和当量来确定化合物的结构。通过衍生物的制备可最终确定未知物结构，一般是制备未知样品的衍生产物，再测定衍生产物的物性常数，

来验证该未知样品的结构式是否正确。

① 衍生物必须是固体，因测定熔点的准确度高于测定沸点。最适宜的衍生物的熔点介于 50～250℃之间，低于 50℃者较难结晶，熔点高于 250℃的衍生物，有可能发生分解以及标准熔点仪的温度达不到 250℃以上。以高于 100℃为合适，因为这样的衍生物易用重结晶法纯化之。

② 应选择简便、快速、产量高、副产物少，且产物易于分离和纯化，具有确定熔点的衍生物制备方法。

③ 制备的衍生物和被鉴定的未知物要在物理和化学性质上有显著不同的性质。这意味着衍生物和母体物质的熔点应有明显差别。

④ 所选择的衍生物应能把未知物从可能化合物中筛选出来。用于比较的各衍生物之间的熔点至少要相差 5～10℃。

⑤ 衍生物最好有几个易于测定的物理常数。例如邻甲氧基甲苯的衍生物——邻甲氧基苯甲酸，不但有明显的熔点，并且可测得中和当量。例如，己酸酐（沸点 257℃）和庚酸酐（沸点 258℃）的 NMR 和 IR 谱图十分相似，两者酰胺衍生物的熔点分别为 100℃和 96℃，相差太近以至于不能用来鉴定结构。然而，它们的苯胺衍生物己酸苯酰胺（熔点 95℃）和庚酸苯酰胺（熔点 71℃）可很容易地用来区分这两个化合物。

在测定化合物的物理常数时，允许有一定的实验误差。因此如果沸点非常高或熔点非常低，测量值与文献值相比允许相差±5℃。也可利用其他的常数，如相对密度、折射率及中和当量等将化合物从可能的结构中确定下来，且允许有一定的实验误差。应该列出所有的可能化合物及每一个化合物的所有衍生物。

仔细查看所列出的可能化合物，往往会得到需进一步确实的官能团信息。例如含有硝基的酮，如果 IR 谱表明存在羰基，那么应做羰基实验。

十、撰写分析报告

在完成未知物的鉴定后，应依据下面一个典型实例所给出的特定格式报告实验结果。所有的谱图以及复印的文献谱图都应附于报告后。衍生物样品应随实验报告一同上交。混合物中每一组分的鉴定应写出实验报告。

【实验报告格式示例 1】

实验报告

未知物编号：3　　　　　　　　　　　　姓名：×××

鉴定结果：间硝基苯胺　　　　　　　　日期：　年　月　日

1. 初步分析

（1）物理状态：固体

（2）颜色：黄色

（3）气味：有难闻的气味

（4）灼烧试验：呈黄色火焰，有黑烟，无残渣

2. 物理常数

熔点：观察值 115～116℃，114～115℃

3. 元素定性分析

氯	溴	碘	氮	硫	其他
(−)	(−)	(−)	(+)	(−)	(−)

4. 相对分子质量测定　128±4（溶剂：甲醇；方法：渗透压）
5. 溶解度试验

水	5%NaOH	5%NaHCO₃	5%HCl	浓 H_2SO_4	结论
(−)	(−)	—	(+)	—	B组

6. 官能团分类检验

试剂	结果	推断
对甲基苯磺酰氯	反应后溶于 NaOH，加 HCl 后析出沉淀	伯胺
亚硝酸（重氮-偶合）	与 β-萘酚反应后呈橙色沉淀	芳伯胺

以上试验表明未知物具有氨基，且为芳伯氨基。

7. 波谱分析结果

波谱类型	特征吸收	推　断
红外光谱	$1600 \sim 1500 cm^{-1}$	芳环 C=C
	$870 \sim 675 cm^{-1}$	芳环 C—H
	$3400 \sim 3490 cm^{-1}$（双重峰）	伯氨基（—NH_2）
	$1661 \sim 1499 cm^{-1}$	硝基（—NO_2）
	$1389 \sim 1259 cm^{-1}$	
核磁共振谱	δ 3.99	—NH_2
溶剂：$CDCl_3$	δ 6.91~7.53	芳氢

8. 文献查阅（初步）

可能的化合物	熔点/℃	可进一步做的试验
β-萘胺	112	
间硝基苯胺	114	检验硝基
4-氨基-3-硝基甲苯	116	检验硝基
5-硝基-1-萘胺	119	检验硝基

9. 进一步的分类试验

试　剂	结　果	推　断
氢氧化亚铁试验	有棕色沉淀产生	有硝基（—NO_2）
锌-氯化铵还原后，Tollen 试剂试验	有银镜产生	有硝基（—NO_2）

10. 文献查阅（可制备的衍生物）

可能的化合物	熔点/℃	衍生熔点/℃		
		苯磺酰胺	乙酰胺	苯甲酰胺
2-氨基-4-硝基甲苯	107	172	151	186
间硝基苯胺	114	136	155	157
4-氨基-3-硝基甲苯	117	102	96	148
5-硝基-1-萘胺	119	183	220	—

11. 衍生物制备

衍生物名称	熔点(实测)/℃	熔点(文献)/℃
苯磺酰胺	136~137	136
乙酰胺	153~154	155
苯甲酰胺	157~158	157

12. 结论

从以上制备出的三个衍生物，其熔点都与间硝基苯胺衍生物的文献值相一致，故确定第3号未知物为间硝基苯胺，其结构为：

13. 使用的文献

(1) 本书附录表。

(2) H. T. Clarke and B. Haynes：A Handbook of Organic Analysis.

第二节　有机物鉴定的实施效率与安全

一、废物的处理

分析过程中，废物的处理是一个值得关注的问题。现在能从洗涤槽中直接洗掉的化学物质非常少，因此在实验室里必须有一放置废物的容器，废物容器通常标明使用范围，如固体还是液体、无机物还是有机物，有时需提供特定的容器盛放特别的有毒废物如有机卤化物。常用特定的容器盛放玻璃制品（尤其是碎玻璃）、再生纸，用简单的垃圾桶盛放垃圾。最好能对每种不同用途的废弃物进行分类处理，同时要学习相关法律法规，树立法规的意识。

二、实施效率的提高

首先，在每次实验前做好实验计划是非常重要的。通常一个计划包含着在一个实验周期间隙内需获得几个未知物的元素分析数据、物理常数、溶解度以及 IR 和 NMR 谱图。

应准备一本专用笔记本，用于仔细记录每次实验的预习情况和每次实验信息。在下一次实验的前一天晚上须对每一实验步骤进行讨论和复习，列出几个值得尝试的分析任务，并在第二天的实验中加以实施。

值得注意的是，要尽可能有效地应用前述系统分析步骤的顺序。对于一个给定的化合物，只需在 47 种分类测试中选择少许几个进行即可。通常一个衍生物就可证明其唯一性，因而不需去制备两个以上的衍生物。

要完成好系统分析，应在教师的指导下通过合乎逻辑的推理，得出一个正确的鉴定结果。一旦预测出了未知物的可能结构，就可正确地选择测试方法与分析谱图。当你在对前述的未知物结构解析步骤充分熟悉的基础上，再结合后面所学的内容对未知物实施结构解析操作后，则根据实验现象推断结构的技能将会得到加强。一旦你能很快地预测出某个结构式的溶解性行为，并选择适当的分类测试方法，就意味着你在这方面的技能有了极大提高。

为使本教材的理论学习与实践内容相结合，教师可根据实际情况，选择书中所列出的项目，或选择少数几种典型的天然产物样品，如尼古丁、D-核糖、奎宁、青霉素 G 和维生素

B_1等，用来熟悉结构推断使用的方法。在教学中要帮助学生了解官能团及其电子结构，掌握用来进行分类测试和制备衍生物的反应机理。

三、遵守实验室安全守则

教师和学生都必须遵守实验室安全规则，实验时最好能始终佩戴安全眼镜，必须熟练掌握应急处理措施。

实验室是需要高度责任心的地方，细心熟练地操作能避免大多数事故发生。因此必须遵守以下的规则，只有重视实验室规则才能最大限度地远离危险。

① 始终佩戴护目镜或安全眼镜，所有的眼镜都需要有侧面防护。

② 在实验室中必须穿能将脚全部包住的鞋子。

③ 在实验室中必须穿实验服。如果化学药品溅到皮肤或衣服上，必须用水冲洗。

④ 严禁将食品和饮料带入实验室。不要品尝和直接嗅闻任何化学药品。

⑤ 不要做任何未经批准的实验。化学药品、辅助材料或仪器不准带出实验室。所有实验必须在教师指导下进行。

⑥ 实验室严禁吸烟。

⑦ 书包、外套、书（实验中使用的除外）或手提电脑最好不要带进实验室，或按照指导教师的要求存放于适当位置。因为实验室中的化学试剂有腐蚀作用，所以只有实验过程中用到的物品才能带进实验室。

⑧ 在指导教师讲解如何操作之前不要乱动任何仪器。

⑨ 不要使用破碎、有缺口或有裂纹的玻璃仪器，如有上述情况可找老师更换。

⑩ 实验完成后，规整实验仪器，清洁实验台并洗手。

⑪ 只取需要量的药品。将所有的试剂瓶放在适当的位置，用完后将瓶塞盖好。立即合理处理溅出的化学药品。

⑫ 在使用化学试剂之前应通过手册、网络搜索引擎等，查询并获取相关化学试剂的安全使用信息。安全、健康和防火是最重要的。指导教师应给学生讲授特殊试剂的特殊处理方法。

⑬ 废弃的化学试剂应倒入由实验室提供的容器中，不允许直接倒入下水道。不同类型的化学废物，如氯化烃、有毒物质和金属，需要不同的容器，要在容器上标明盛放的所有废物的名称。

⑭ 大多数实验室都有通风橱或台式通风橱。要在教师指导下使用通风橱。要定期检测通风橱的效率。禁止将有毒物质放进通风橱中，这类物质应存放于专用通风橱中。

⑮ 现代实验手套的可操作性非常强，可灵活地安装实验设备。手套的用处是保护手不受化学物质的污染与腐蚀。但是并不是戴上手套即可随意操作，因为手套也很容易被一些化合物腐蚀，因此仍然需要小心。

⑯ 压缩气体钢瓶，尤其是较高的钢瓶，如果没有固定在实验台上，是非常危险的。惰性气体，如氮气或氩气瓶可存于实验室中，而氯气或毒性更强的气体钢瓶必须存放于烟橱中心。

⑰ 化学实验室中常配备下列基本器材：灭火毯，灭火器，喷淋管，急救箱，酸、碱烧伤清洗衣液。这些器材种类以及名称可能会根据不同地区的安全要求而不同。学生们要知道安全设施置于实验室何处，是否能及时使用。

⑱ 非常轻的皮外伤可由指导教师清洗和包扎，重伤应交由医生处理。伤者出实验室进行治疗时一定要有人陪同，伤者万一晕倒，势必会加重伤势。在所有的实验室中，指导教师

知识拓展

常用醚的爆炸危险

乙醚、异丙醚、二噁烷和四氢呋喃这些醚类化合物暴露在空气中，尤其是久置后是最危险的，因为易生成过氧化物，偶然撞击会引起严重爆炸，这种事例已有多起报道。因此每种醚类化合物的容器上都应标明开启日期，在使用之前，必须检查是否已开启了几个月。当醚类化合物被浓缩，如蒸馏时，危险性增加。任何出现沉淀或变得黏稠的醚中很可能含有过氧化物；在使用之前必须对其进行检测和处理。

(1) 醚中过氧化物的检测　检测醚中过氧化物的定性方法有多种，这里列举两种。如果使用新的醚类化合物，可以不用检验醚中的过氧化物。

[方法 A] 硫氰化亚铁法　所用试剂必须为新配制的。将 5mL 1% 硫酸亚铁铵溶液、0.5mL 0.5mol/L 硫酸和 0.5mL 0.1mol/L 硫氰酸铵溶液混匀，必要时加入微量锌粉脱色，与等量的待测溶剂混合，摇匀，若有过氧化物存在，混合物将呈红色。

[方法 B] 碘化钾法　将 10mL 乙醚置于无色玻璃制成的 25mL 玻璃塞量筒中，避光，然后加入 1mL 配制的 10% 碘化钾溶液，将量筒横置于白色背景前观察其颜色，出现黄色说明有过氧化物存在。将 9mL 乙醚和 1mL 饱和的碘化钾溶液混摇，出现黄色说明过氧化物的含量超过 0.005%，此种乙醚需提纯或弃去。

(2) 醚中过氧化物的去除　醚中的过氧化物可用硫酸亚铁除去，每升醚类化合物用 40g 30% 的硫酸亚铁溶液处理，须在通风橱中进行。若醚中含有相当数量的过氧化物，反应可能很剧烈并放热。处理过的醚可用硫酸镁干燥后蒸馏。

第三节　化学文献使用

在进行有机分析时，使用化学文献是十分重要的。首先，必须能找到有机化合物的熔点、沸点及其衍生物的熔点。化学文献可以补充书中的实验内容，帮助简化实验过程。在此仅对能提供有机分析补充信息，以便能够有效地鉴定未知物的文献作一简略介绍。其中手册、汇编和谱库是本课程进行定性分析主要关注的文献。而期刊、摘要、索引可作为以后工作中定性分析的重要参考文献。

一、手册、汇编、期刊的使用

1. 手册

① 化工辞典（第四版），王箴主编，化学工业出版社出版，2000 年 7 月。这是一本综合性化工工具书，收集了有关化学、化工名词 1 万余条，列出了该物质的分子式，结构式，基本的物理化学性质及相对密度、熔点、沸点、溶解度等数据，并有简要的制法和用途说明。化工过程的生产方式仅述主要内容及原理。书前有汉语拼音检索，有按笔画为顺序的词目目录，书末有英文索引。

② 化学化工药学大辞典，黄天守编译，台湾大学图书公司出版，1982 年 1 月。这是一本关于化学、医药及化工方面较新较全的工具书。该书取材于多种百科全书，收录近万个化学、医药及化工等常用物质，采用英文名称按序排列方式。每一名词各自成一独立单元，其

内容包括组成、结构、制法、性质、用途（含药效）及参考文献等。本书取材新颖，叙述详细。书末附有 600 多个有机人名反应。

③ Handbook of Chemistry and Physics（CRC Press，Boca Raton，FL）是最著名的手册之一。常使用手册中的"有机化合物物理常数"表查找反应中用到的有机化合物的性质。此表包含最常用的有机化合物的相对分子质量、溶解度、沸点、熔点和密度。手册中还包含了其他数据表，包括列有 pK_a 值的酸表、无机化合物的性质表等等。这本手册每年都出新版本，对数据进行修订。此手册还有光盘和网络版（http://www.knovel.com/）。

④ 由 Aldrich Chemical Company，Milwaukee，Wisconsin 出版的年刊 Aldrich Catalog of Fine Chemicals 是一本非常有用而且便宜的手册。这本手册的目录按字母顺序编排，共收录了超过 100000 种化学物质，包括它们的熔点和（或）沸点、其他的物理性质、安全信息、Beilstein 编号和其他文献。这本手册还有分子式索引。

⑤ Merck Index 是最有用的手册之一（Merck ＆Co.，Whitehouse Station，NJ：2001）。它有印刷版和光盘，可在线订阅（http://products.camsoft.com/themerckindex.cfm）。这本手册中罗列了大量化合物的物理性质、化学性质和生物活性。这本手册对制药研究非常有用，不仅如此，还介绍了手册中涉及的许多化合物的危险性和其他信息。

⑥ 由 Rappaport Z 编辑的 Handbook of Tables for Organic Compound Identification（第三版，CRC Press，Boca Raton，FL：1967）是对 Handbook of Chemistry and Physics 的补充，从这本手册中可以查阅许多有机化合物的标准衍生物的熔点。

通过网络可很容易地查找化合物的物理性质。ChemFinder.com 给出了化合物的结构和物理性质（http://chemfinder.cambridgesoft.com/）。Vermont SIRI MSDS Collection（http://hazard.com/msds/）则给出了来自许多物质的安全数据手册。

2. 汇编

文献汇编对实验室工作很有帮助。Beilstein's Handbook of Organic Chemistry 是最著名的汇编之一。Friedrich Beilstein 从 20 世纪 80 年代发行这一系列的书。关于合成方法和有机化合物性质的信息可以查到原始文献。从而可以对该书的数据进行核对。此外，收录在 Beilstein 汇编中的信息都已得到了实验验证。此汇编一直在进行修订和更新。自 1960 年开始，发行其英文版。

Crossfine Beilstein 是 Beilstein 的网上订阅数据库（http://www.beilstein.com），包含了迄今为止的所有 Beilstein 数据。包含了自 1980 年以来出版的文献摘要。Beilstein 数据库收录了 180 种期刊。网络版中包括 800 多万种化合物和 500 多万个化学反应。

由 Buckingham J. 和 Macdonald F. 编辑的 Dictionary of Organic Compounds（9 卷，Chapman ＆ Hall/CRC，London，England，1996）列出了超过 220000 种化合物的性质及其衍生物的制备方法，也有光盘版和网络版（http://www.chemnetbase.com/scripts/docweb.exe）。

3. 期刊

期刊刊登了实验室内原始研究结果。有时这些研究结果已经在美国化学会会议中报告过了。论文的常用格式可能有所不同，可以是论文形式（引言、实验部分、结果与讨论和参考文献），或者是简报形式（简短的引言和结果的简单报道，不含实验部分）。可从 Journal of Organic Chemistry 中查阅这两种格式。这里提到的所有论文都被 Chemical Abstracts 收录。在 CA 中，大量期刊名及其缩写如下。

Acc. Chem. Res.（Accounts of Chemical Research）中的论文是由特邀的化学学科各个

领域的权威人士撰写的综述。文章中通常列有大量的参考文献。

　　Anal. Chem.（Analytical Chemistry）中的论文通常包含许多对有机化学工作者有用的数据。

　　Angew. Chem. Int.，Eng.（Angewandte Chemie International Edition，English）是由德国出版的英文刊物。它包括有机化学领域的综述、论文和通信。

　　Chem. Ber.（Chemisch Berichte）由德国出版，刊登德语论文和英语论文。此刊物曾一度被命名为 Ber.（Berichte）。

　　J. Amer. Chem. Soc.（Journal of the American Chemical Society）是由美国化学会出版的，其中既有论文又有通讯，涵盖了整个化学学科。

　　J. Chem. Soc. 拥有多种版本，例如，Journal of Chemical Society 是英国化学会出版的；Perk. Trans.（Perkin Transactions）1 的和 Perk. Trans. 2 分别为有机化学和物理有机化学。2002 年 12 月，Perk. Trans. 1 和 Perk. Trans. 2 合并为 Organic and Biomolecular Chemistry；Chem. Commun.（Chemical Communications）是由英国化学会出版的期刊，涉及化学各个领域的通信。

　　Science 是由美国国家科学院出版的。其论文大都为跨学科的高水平论文，也有某个领域的时事论文，例如科学公共政策方面的文章。

　　Tel. Lett.（Tetrahedron Letters）中的论文主要介绍当前流行的有机化学领域的课题。化学工作者提交的论文必须是 Camera-ready 格式，因此论文不用排版即可直接发表。论文有字数要求，通常为 4 页，每页两栏。

　　Zh. Org. Khim.（Zhurnal. Organicheskoi Khimmi）是由俄罗斯出版的有机化学杂志，刊登俄文论文和英文论文。

　　以上介绍的是一些主要文献。许多期刊，如 Chemical Reviews 含有或全部为综述。综述论文评论了大量的相互关联的内容，因此比单项论文的信息量大。

二、文摘和索引的使用

　　最著名的文摘是 Chemical Abstracts（CA，Chemical Abstracts Service，Columbus，OH）。CA 几乎囊括了化学领域出版物中的所有论文，一年可收录 755000 篇文献，包括来自 8000 个主要科学杂志的 606000 篇文献和来自世界上 38 个专利授予组织的约 200600 个专利。

　　CA 有多种索引方式，包括普通索引、专利索引、关键词索引、作者索引、分子式索引和化学物质索引。从 1907 年开始出版普通物质索引、专利索引和作者索引的累积索引。起初，累积索引 10 年出版一次，但是，由于出版的论文数理急剧增加，累积索引 5 年出版一次。从 1967 年第八卷累积索引开始，出版索引指南。第 14 卷累积索引包含了从 1997 年 9 月至 2002 年 3 月的所有文献。

　　SciFinder 是 1994 年 10 月发行的可以进入化学文摘数据库的搜索工具。使用它可很容易地通过这个网络软件查询化学类主题，从化学结构到与化学相关的文献。通过 SciFinder 可查阅 2200 多万篇摘要、200 多万个有机物和无机物以及 240 多万个序列号。

　　Scince Citation Index（SCI）是一个世界著名的文献检索工具，可通过查阅当前文献得知先前文献的引用情况。当一篇论文中描述的方法会被许多化学工作者在后来发表的论文引用时，这个索引更为有用。100 多个学科、3700 种科技期刊上发表的论文的引用情况，均可通过 SCI 查阅得知。Scince Citation Index Expanded 和网络版 SciSearch 包含 5800 多种期刊。

三、谱库的使用

文献中的波谱信息和谱库中的谱图和数据信息都是很有用的。在对比谱图时，要弄清谱图是如何获得的，如所用仪器的类型、制样方法等细节问题尤其要了解清楚。在最终鉴定时的谱图对比中，未知化合物的谱图和已知参考化合物的谱图最好在相同或相近条件下获得，同时了解所用溶剂或化合物的研磨条件也很重要。下面介绍两个十分著名和长期使用的波谱汇编。

(1) Aldrich collection　Aldrich 化学公司出版了他们销售的大量化合物的 IR 和 NMR 谱库。Aldrich Library of FT-IR Spectra (Aldrich Chemical Company, Milwaukee, WI: 1997) 收集了 18000 多外谱图。Aldrich Library of ^{13}C and ^{1}H FT-IR Spectra (Aldrich Chemical Company, Milwaukee, WI: 1992) 收集了 12000 个谱图。^{13}C 谱是由 75MHz 的核发磁共振仪测定的，谱是由 300MHz 的核磁共振仪测定的。Aldrich/ACD Library of FT-IR Spectra 是电子谱库，收集了 15000 多个化合物的谱图及其物理性质。Aldrich FT-NMR Condensed Phase Library 的第 2 版中包含近 18500 种纯化合物，还有光盘版。在公司网站上可得到核磁和红外谱图 (http://www.sigmaaldrich.com)。

Aldrich 的 NMR 和 IR 谱库都有以下优点：在同一页上给出了许多结构相似的许多同类化合物的谱图。例如，许多饱和醇的谱图都在同一页上。这便于初学者了解这一类相同结构的特殊信息。除了提供结构确定的化合物谱图之外，还提供了系列相关结构化合物的谱图。^{1}H NMR 谱图中给出了积分值。

(2) Sadtlet collection　Sadtler 谱库可通过 KnowItAll® 信息系统获得。在 KnowItAll® 信息系统中的 HaveItAll® 的 IR 谱库中，Bio-Rad Laboratories 提供了 220000 多个 IR 谱图；在它的 NMR 谱库中有 350000 多个 ^{13}CNMR 谱图和 17000 多个 ^{1}HNMR 谱图；在它的 HaveItAll® MS 谱库还有 197000 多个 MS 谱图。这些谱库都有光盘版。

 阅读园地

现代有机分析学科的发展和特点

可以认为，目前有机分析研究的主要方向是有机结构分析和有机分离分析两部分。前者主要包括有机光谱分析、有机波谱分析和有机元素分析，对化合物结构的解析是研究的重点；后者主要包括各种分离和定量分析方法，如气相色谱、液相色谱、平面色谱、电泳、萃取和蒸馏等分离方法，作为检测与定量的各种光学方法、电化学方法，以及气相色谱-质谱、液相色谱-质谱、液相色谱-核磁共振等为代表的联用技术，其中联用技术也可以认为是有机结构分析方法和有机分离分析方法相互影响、相互渗透、共同发展的产物。

可以说有机分析是有机化学的发展前沿和研究热点，"高效分离方法和微量分析技术的紧密结合是有机分析的一大特色"，气相色谱、液相色谱、超临界流体色谱、毛细管电泳和毛细管电动色谱、核磁共振、质谱、联用技术以及表面分析受到了特别的关注。

有机分析学科的发展也可以从 1992 年至今有机分析学术会议的报道可见：色谱、波谱、电分析一直是有机分析的主要研究方法，研究对象从化工产品、医药、农药的化合物常量分析，向复杂添加剂、天然产物（包括中药）、生物样品等混合物的剖析与分析的方向发展，生物大分子的结构研究、微量与痕量分析越来越多地成为研究的内容。一个值得注意的现象是，由于生命科学的快速发展，生物分析中的化学分析内容（非活性分析方法）越来越多地成为有机分析的研究方向，并且正在显示其优势和重要价值。

有机分析是有机化学与分析化学的交叉学科，是有机化学与分析化学之间的桥梁，因此有机化学的发展和需求将促进有机分析学科的发展；分析化学的研究与发展也必然对该学科产生重要的影响。如前所述，现在有机分析学科的发展主要受到分析仪器化的影响。此外，生命科学对分析化学的巨大影响也必然会影响到有机分析的发展，分析化学对有机化学的需求显然也就成为了有机分析的研究内容。

作为交叉学科，有机分析的研究范围可能非常广（这也是所有交叉学科的特点），但它的核心内容仍包括有机化学中的分析化学和分析化学中的有机化学。这可能是过去、现在和将来有机分析学科不变的内容。但这个交叉学科又是有机化学的分支学科，有机化学研究内容之一就是对自然界物质的提取、鉴定及结构测定。现在看来所研究的"自然界物质"已经从天然小分子有机化合物逐渐向天然生物大分子发展。而有机化合物的化学分析法被有机分析学科发展和完善，其内容逐渐成为有机化学的一部分，成为有机化学家手上方便易用的工具，尽管它仍然被认为是有机分析学科的内容。假如你比较现在和30年前有机化学研究的论文，你会惊奇地发现有机分析的发展和贡献，也不禁会想到20年后又会怎样。

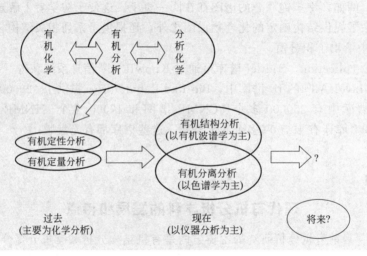

第二章
未知物的初步分析

学习指南

面对一个未知组分的样品，该怎么去做？第一章告知了我们未知有机化合物系统鉴定的完整步骤，它就像一位有经验的大夫通过一系列的化验结果来判断疑难杂症，寻找出治疗的最佳方案。本章阐述了如何采用方便简易的化学方法，对未知物进行初步检验以获得未知物的相关信息，以期缩小鉴定范围，大大简化工作。大致步骤是先检测样品，包括物理常数；进行燃烧实验；检测未知物中是否含有 N、S、Cl、Br、I 或 F；然后进行溶解实验，获得可能存在的官能团信息。对于一些简单的未知物鉴定，直接使用本章的步骤与方法就能得到结果。在处理一个待测样品时，首先必须检查该样品是单组分还是混合物，如果只含一种化合物时，可按照本章所述的方法直接进行检验，如果样品是一个混合物或含有杂质时，则应按第三章的方法对样品进行分离，精制提纯后再按本章方法进行。实施过程中，仔细观察，认真记录实验现象是做好这项工作的最重要且最基本的素养。

第一节 预 试 验

对于一个未知化合物，首先要对它的外貌进行观察，并通过简易的试验，获得初步资料。这一步骤称作预试验。预试验一般包括：试样物理状态的观察，颜色与气味的审察，灼烧试验。

一、物理状态

首先在常温、常压下，观察试样以何种形态存在。若试样为固体，可借助放大镜或显微镜观察它是无定型还是结晶形，是否有两种或几种不同形状的晶体存在。这样，不仅可以初步判断试样的纯度，还可作出鉴定。对液体试样，应注意观察其中是否有悬浮的固体或互不相溶的其他液体存在。如果试样为气体，要观察它是否有微粒等杂质存在。

有机化合物的物态与结构有一定的关系，一般来说，在同系列中，化合物随着相对分子质量的增加，由气态经液态变为固态。例如，低级烷烃 $C_1 \sim C_4$ 是气体，$C_5 \sim C_{17}$ 是液体，C_{17} 以上通常是固体。低级甲醇、乙醇是液体，C_{10} 以上高级醇是固体，但要注意，有些化合物在纯品时是固体，但含有少量溶剂、杂质或吸收了水分时，会呈半固体或液体，必须对它们进行纯化后才能鉴定。若样品是固体，注意它是无定形还是结晶形，在显微镜或放大镜下观察它的形状，看看样品中是否有两种或几种不同形状的晶体存在，这样可以初步判别样品的纯度。

根据试样的物理状态，可以对它在同系列中的位置有一个初步估计。同时也便于查阅手册。因为在有些化学手册中，各类化合物是按照物态分开排列的。

二、颜色

由于大多数有机化合物在日光下都是无色的，因此遇到有色化合物，往往能对它的本性的了解获得一些启示。分子某些特征结构的存在，使化合物呈现颜色。具有大共轭体系的化合物均有颜色，如含有硝基、亚硝基、偶氮基的化合物，以及醌、邻二酮、多元共轭烯等化合物往往呈现颜色。所以从化合物的颜色，大体可以推知化合物中的特征基团。

有颜色的化合物，就其种类而论，仅含有碳和氢者，多数为多共轭烯烃或稠环芳烃，且随着共轭体系的增长或稠环数的增多，颜色逐渐变深；含有碳、氢和氧者，有醌类和酚类化合物；含有碳、氢、氧和氮者，有亚硝基、硝基和氧化偶氮类化合物。此外，有机染料、颜料和金属配合物等，也具有鲜艳的颜色。就颜色的种类而论，亚硝基、硝基、羰基等，常呈黄色；偶氮基、氧化偶氮基常为黄色、橙色和红色；醌基为黄色或红色。

要注意的是有些化合物的颜色是微量杂质或被空气氧化引起，例如，纯苯酚和纯苯胺是无色的，但在空气中放置后有颜色。还要注意化合物显示的颜色与水、有机液体、酸及碱等接触时的变化；注意观察化合物在日光下是否发生荧光。

三、气味

对化合物气味的审察并不如对它颜色的审察那么重要。因为至今还找不出化合物的气味与其分子结构间的可靠规律。例如，苯甲腈和硝基苯是两种不同类型的化合物，但它们却有着相同的苦杏仁气味。不过有些化合物有着明显的特征气味，熟悉这些气味对于识别它们是很有帮助的。

一般来说，有机物的低级同系物大都有比较显著的气味，例如，酯类、香兰醛等有香味、硫醇、异腈和吡啶等有恶臭，低级醇和醚气味不同。

在嗅化合物气味时，不可面对样品猛烈吸气，以免中毒危险。某些有机化合物的特征气味见表 2-1。

表 2-1 部分有机化合物的特征气味

化 合 物	特征气味	化 合 物	特征气味
乙醇、丙酮、乙酸乙酯、乙酸丙酯	醚香味	乙硫醚、大蒜素	蒜臭味
硝基苯、苯甲醛、苄腈	苦杏仁味	四甲二肼、三甲胺、苄胺	二甲肼臭味
樟脑、百里香酚、黄樟素、丁香酚、香芹酚	樟脑香味	异丁醇、苯胺、苯、甲酚、愈疮木酚	焦臭味
柠檬醛、频哪醇乙酸酯	柠檬香味	戊酸、己酸、2-壬酮、2-十一酮	腐臭味
邻氨基苯甲酸甲酯、萜品醇、香茅醇	花香味	吡啶、胡薄荷酮	麻醉味
胡椒醛、肉桂醇	百合香味	吲哚、3-甲基吲哚、异腈、硫酚、硫醇	粪臭味
香草醛、对甲氧基苯甲醛	香草味	酰氯、苄氯、α-氯乙酸酯	刺激味
三硝基异丁基甲苯、麝香精、麝香酮	麝香味		

一般，气味的强弱与分子的挥发性有关。在同系列中，相对分子质量低的液体，比相对分子质量高的固体具有较强的气味；不饱和烃的气味较饱和烃的气味强，不饱和性越大，气味越臭；芳香族化合物的气味较脂肪族化合物的气味为弱。

四、灼烧

有机化合物和金属有机化合物在空气中灼烧时，往往涉及很多过程，如脱水、热解、裂解、氧化还原等，呈现出许多不同的外表现象，因此，小心注意试样在空气中燃烧时的现象，如火焰颜色、灼烧残渣及蒸气气味等，可以获得许多信息。

1. 灼烧试验

有机物一般均能燃烧，但各类化合物的情况不一样。固体试样灼烧时应观察是否熔化或升华，有无残渣及残渣的性质等，灼烧时要小心毒性气体。其方法如下。

先取少量试样（约 1mL 或 1mg），放在镍制小勺上，置于小火中完全燃烧，确定是否有易爆物。若灼烧过程中有爆炸、爆裂的声音，可能存在有硝基、亚硝基、偶氮化合物或叠氮化合物；若灼烧过程中无上述现象，则取 5~20mg 试样在瓷坩埚中灼烧，记录熔融、火焰颜色、气体逸出及是否有挥发物、残留物等情况。物质在灼烧时呈现的火焰颜色见表 2-2。

表 2-2 物质灼烧时呈现的颜色特征

化合物种类	颜色特征
芳香族化合物,卤代化合物	黄色火焰,有黑烟
低级脂肪烃	略带黄色火焰,几乎无烟
含氧化合物	蓝色火焰
多元卤代化合物	火焰接触物质前不灼烧,直接接触即产生带烟火焰
糖、蛋白质	焦味、带烟火焰

2. 灼烧产物的鉴定

物质灼烧时生成的某些挥发产物或逸出的气体可利用某些试纸鉴别。鉴别方法是：在玻璃小试管中，置入约 1mg 试样，用小片润湿试纸盖住试管口，试管底部微焰加热，到试样分解完成为止。挥发性物质或气体的鉴定见表 2-3。

表 2-3 挥发性物质或气体的鉴定

化合物种类	常用试纸	化合物种类	常用试纸
挥发的酸	刚果红试纸变蓝	还原性蒸气	磷钼酸试纸变蓝
挥发的碱	酚酞试纸变红	硫化氢	醋酸铅试纸变黑
氰化氢	醋酸酮-醋酸联苯胺试纸变蓝	乙醛	吗啉-硝普酸钠试纸变蓝
氰	8-羟基喹啉-氰化钾试纸变红		

五、含水试验

检验液体混合物中是否含水，或者是否为水溶液，可用下述方法。

① 取 1~3 滴液体样品滴在无水硫酸铜粉末上，如粉末颜色变蓝，则证明样品含有水。

② 取 3 滴样品加到数滴无水乙醚中，若醚层呈混浊，说明样品中含有痕量水分，若有分层现象说明样品的含水量较大。

③ 取 3mL 液体样品和 3mL 无水甲苯于一干燥的 10mL 蒸馏瓶中，进行蒸馏，收集 2mL 馏出液，然后加入 5mL 无水甲苯将馏出液稀释，如果此时馏出液出现分层现象者有明显的液滴悬浮在无水甲苯层中，则表明有水分存在，若无水甲苯层略呈混浊，则表明含有微量的水分。

第二节 测定物理常数

有机分析所测定的物理常数包括熔点、沸点、相对密度、折射率、相对分子质量、比旋光度。但对于固体混合物通常采用测定待测样品的熔程来判断待测样品是否是混合物，液体混合物通常采用测定待测样品的沸程来判断是否是混合物。

一、熔点的测定

晶体有机化合物的熔点是指一定压力下物质的固相和其液相处于互相平衡时的温度，据此可检验晶体有机物的纯度，它是有机化合物的重要物理常数。熔点测定不准，往往会影响鉴定的准确性。纯粹物质的熔点范围很狭窄，不超过1℃。不纯物质的熔点较纯粹物质的熔点为低，且熔点范围较宽，通常在1℃以上。少量杂质会使样品的熔点降低；反之，若两个样品是同一物质，则它们混合后的熔点将不降低。因此，建议采用测定两个样品的机械混合物熔点的方法，来验证两个样品是否为同一化合物。

1. 熔点测定方法

熔点的测定方法主要有以下几种。

（1）毛细管法　一般选用内径1mm、壁厚0.1mm、长约60～70mm，一端熔封的干净玻璃管。装入研细的样品，墩实，样品高度2～3mm。将熔点管插入熔点浴中加热，当温度上升到熔点之下10～15℃时，移去火焰一直到温度开始下降，然后以2～3℃/min的速度继续加热。当温度临近熔点之下2～4℃时，最好控制加热速度为1℃/min。注意记下样品开始液化时的温度和刚好全部澄清时的温度，这两个温度之间的间隔称为物质的熔程。对于纯粹的样品来说，熔点范围一般不超过0.5℃。熔程越大，表示样品越不纯。

常见的熔点浴有提勒管（thiele tube，又名"b形管"）式、圆底烧瓶式、长颈双臂式多种，如图2-1所示。载热体多用浓硫酸、石蜡油、硅油等。

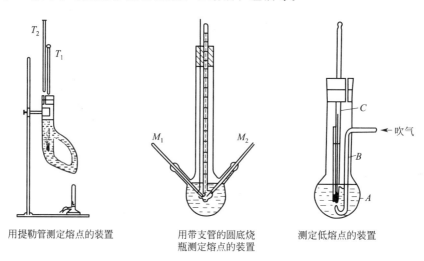

用提勒管测定熔点的装置　　用带支管的圆底烧瓶测定熔点的装置　　测定低熔点的装置

图2-1　测定熔点的装置

（2）显微熔点法　由于使用显微测熔仪测定熔点，有显微镜放大，样品需要量少，又可观察晶体形态，加热温度易于控制的优点，使用十分方便。现将国产X-4型显微镜熔点测定仪（图2-2）使用的操作要点简单介绍如下。

① 接地线。
② 插上电源，波段开关置在停止位置"1"上。
③ 仪器使用前应将热台预热去除潮气（此时需将物镜用棉纸包上，打开隔热玻璃）。一般热台加热到200℃时，潮气基本消除，然后将波段开关由快速升温位置转向停止"1"上。再将金属散热块置于热台上，以便使热台迅速下降到所需温度。随后拿下物镜上的棉纸。

④ 将载玻璃片用脱脂棉稍沾酒精乙醚混合液擦净。放入热台工作面上,并加微量样品,然后在样品上再加上一玻璃片按压及转动,使两玻璃片贴紧,接着用拨圈移动载玻璃片,将被测样品置于加热台中央的小孔上。最后将隔热玻璃盖在加热台的上台肩面上。

⑤ 旋转手轮和转动反光镜,使被测晶体在目镜视场上获得清晰图像。

⑥ 如样品的熔点为已知,则在离熔点 30~40℃ 时,将波段开关旋向测试位置 "▲" 上,由电位器来控制升温速度在 2~3℃/min,离熔点 10℃ 时,由电位器控制升温速度在 1℃/min 以内。

⑦ 当被测样品开始熔化成小液滴时,立即旋转波段开关,由测试位置 "▲" 旋向停止位置 "1"。此时被测样品熔成较大的液滴,并同时在温度计上读出此瞬间熔化的温度值。

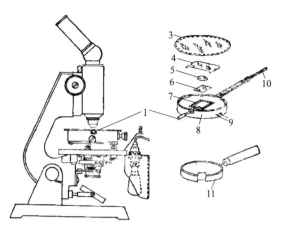

图 2-2　X-4 型显微镜熔点测定仪
1—调节载玻璃支架的手柄;2—显微镜的载物台;
3—边缘磨砂的隔热玻璃;4—弓形玻璃;5—盖玻璃;
6—载玻璃;7—可移动的载玻璃框;
8—中心有孔的电热板;9—电热板导线;
10—校正过的温度计;11—冷却用的铝合金块

⑧ 测未知样品时,可先进行一次预测,方法同上。

⑨ 测毕,如需进行第二个样品测定,可将金属散热块置于热台上使热台温度迅速下降到所需温度,然后即可进行第二个样品测定。

2. 固体物质熔点的定性规律

离子型晶格的有机物质,具有特别高的熔点;分子大,相对分子质量就大,熔点就高;在相同烷基的卤代烃中,以碘代烃的熔点最高,溴代烃次之,氯代烃最低;在具有相同相对分子质量的不同形状分子中,分子的结构越对称,熔点就越高;高度对称的球形分子比相应的直链化合物有更高的熔点;但直链的化合物又比相应的支链化合物具有较高的熔点;在同系物中,熔点随相对分子质量的增大而升高;当分子中引入极性基团后,分子的偶极矩就增大,熔点也就升高,所以极性化合物比相近相对分子质量的非极性化合物有较高的熔点;化合物分子中,引入能形成氢键的官能团后,其熔点就升高。形成氢键的机会越多,熔点就越高,所以分子中引入羧基、羟基或氨基后,产物的熔点比原来母体化合物的熔点要高。

二、沸点的测定

沸点是液体有机化合物的重要物理常数之一。每种液体都有其固定的沸点,故在液体未知物的鉴定中,沸点是确证其结构的一个重要依据。

液体有机化合物的沸点是指液体在 0.1MPa 下其液态与气态达到平衡时的温度。沸程是指液体化合物沸腾时,开始稳定的馏出温度与最终馏出温度的范围。纯液体的沸点范围(即沸程)一般不超过 3~5℃。因此液体的沸程可作为衡量化合物纯度的一个标准。但是沸点对杂质的敏感程度远不如熔点,且沸点受环境压力的影响较大,环境压力降低,液体的沸点也降低。所以当用测定的沸点值与文献值进行对照时,应注意与文献报道的测定压力相一致。

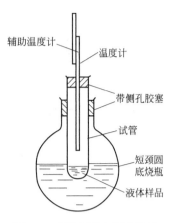

图 2-3 半微量沸点测定装置

实验室常用的测定沸点的方法是半微量测定法,此法所用的装置如图 2-3 所示。在 100mL 的圆底烧瓶内盛有 1/2 体积的加热浴液(浓硫酸);量取适量样品(1~2mL)盛于一个小于圆底烧瓶瓶口的试管内,其液面应略低于浴中浴液面;温度计下端与样品液面相距 20mm。安装、加样完毕后,即可加热热浴,当温度上升至某一数值,并在相当时间内温度计读数保持不变时,该温度即为被测样品的沸点。

(1) 沸点与环境大气压的关系　由于沸点测定与环境的大气压有关,因此,若测定环境的大气压与 760mmHg (1mmHg=133.3Pa) 相差 30mmHg 以内时可用下列经验公式进行校正:

对于缔合性液体(如 ROH、RCOOH 等)
$$\Delta t = 0.00010(760-p)(t+273)$$

对于非缔合性液体(如 RH、ROR、RX 等)
$$\Delta t = 0.00012(760-p)(t+273)$$

式中　t——温度计测定读数;

　　　p——环境大气压,mmHg。

(2) 沸点与分子结构的关系　某种物质沸点的高低,主要取决于液体分子间引力的大小。而分子间的引力又受到分子的偶极矩、极化度、氢键等因素的影响。

① 在同系物中,沸点随相对分子质量的增加而升高,但每增加一个 CH_2 所引起的增量将逐渐减小。

② 开链化合物异构体中,直链异构体的沸点最高,支链越多,沸点越低。连接在碳链上的官能团,例如,醇羟基、卤素、硝基等,以连在伯碳上的沸点最高,仲碳次之,叔碳最低。例如,正丁醇 117.7℃,仲丁醇 99.5℃,叔丁醇 92.5℃。

③ 分子中引入能形成氢键的原子或基团时,则沸点显著增高。该基团越多,沸点越高。例如,丙烷-45℃;丙醇 79℃;1,3-丙二醇 216℃;甘油 290℃。

④ 分子内缔合比分子间缔合的化合物沸点要低。例如,邻硝基苯酚(分子内氢键) 215℃,对硝基苯酚(分子间氢键) 279℃。

⑤ 顺反异构体中,顺式高于反式。例如,顺-1,2-二氯乙烯为 60.1℃,而反式则为 48℃。

三、相对密度的测定

相对密度(relative density)是有机化合物的又一个重要的物理常数。特别是许多惰性有机化合物,如烷烃等,由于它们不能制备衍生物,故只能用沸点、折射率及相对密度一起作为确证结构的重要依据。

在未知物鉴定中,通过测定化合物的相对密度,可对分子结构的复杂程度作大致估计,一般相对密度小于 1.0 的化合物,其官能团不会超过一个,而含两个或多个官能团的化合物、溴代、碘代烃、芳香卤代烃,其相对密度总是大于 1.0 的。此外,相对密度也是化合物纯度的一个重要标志。工厂出厂的有机试剂产品的标签上,也往往把相对密度作为一个重要的质量指标给出。

物质的相对密度是指在 t℃时物质的质量与同体积水的质量的比值。密度随温度不同而不同，因此要注明温度条件。用 d_4^{20} 表示的相对密度是指 20℃ 的物质与 4℃ 水相比的密度。但由于 4℃ 比室温低很多，不易测准，故常在 20℃ 测定密度，用下式换算成对 4℃ 水的密度：

$$d_4^{20}=d_{20}^{20}\times 0.99823$$

测量样品密度的方法有两种，即密度计法和密度瓶法。

四、折射率的测定

折射率又叫做折光指数，是液体有机化合物的一个重要物理常数。折射率不仅是液体化合物的标志，而且还可与沸点测定值一起作为最后确证未知物结构的重要依据。

光线在不同的物质中传播速度不同，当光线从一种物质进入另一种物质时，在两种物质的界面处将发生折射。对任何两种介质，在一定波长与一定外界条件下，入射角与折射角正弦之比为一常数：

$$n=\frac{\sin i}{\sin \alpha}$$

式中　n——给定物质中的折射率；

　　　i——标准物质的入射角；

　　　α——给定物质的折射角。

折射率不仅是液体化合物纯度标志，同时也是定性鉴定化合物的手段。因为在一定条件下，很少有液体化合物的折射率是相同的。这比用测定沸点的方法更为可靠，因为折射率可以精确测定，特别是对于那些沸点很接近的同分异构体更为合适。

测量时所使用光源的波长及液体的温度，是影响折光率的两个主要因素。对多数有机化合物来讲，温度每升高 1℃ 折射率将下降 0.0004 左右。如果测量结果要求精确到小数第 4 位，则温差必须控制在 ±0.1℃。这样只有使用恒温槽才能做到。文献上记载某物质的折射率常写成 n_{20}^{D}，它表示测试时入射光源用钠光 D 线，测量温度为 20℃。

实验室常用的仪器是阿贝（Abbe）折射仪，其主要部件是两块直角棱镜和一个望远镜组成，当将两块棱镜压紧时，放在其间的液体形成一薄膜，光线通过棱镜时，在液膜上发生折射。

五、比旋光度的测定

当有机化合物分子的结构不对称时，它便可以使通过的平面偏振光的振动面偏转一定角度，这种现象称为"旋光"，具有这种性质的化合物称为旋光活性的物质。虽然有机化合物中有旋光性的物质相当多，但在有机分析中，测定比旋光度只是在鉴定糖、氨基酸、植物碱及其他天然产物时才最有用。

有机化合物的旋光度取决于多种因素，如化合物的本性、溶液的浓度或纯液体的密度，光通过样品光程的长度，测定时的温度、溶剂及光的波长等。为了便于比较各种旋光性化合物的旋光本领，并能将这一旋光性质作为它的一个特征物理常数，故引入了比旋光度 $[\alpha]$ 的概念。

$$[\alpha]_D^t=\frac{\alpha}{cl}（溶液）\qquad [\alpha]_D^t=\frac{\alpha}{\rho l}（纯液）$$

式中　t——测定时的温度，℃；

　　　D——钠的 D 线光谱（$\lambda=589$nm）；

　　　α——测得的旋光度；

　　　l——偏振光经过样品液的光程长度，dm；

　　　ρ——纯液体在 t 时的密度，g/cm³；

　　　c——溶液的浓度，g/mL。

此外在记录比旋光度时还要标明旋光的方向,当刻度盘的转动方向与时钟指针转动方向相同时为右旋,相反方向时为左旋,右旋用"+"表示;左旋用"-"表示。对于溶液还要在测定结果的后面注明所用的溶剂。

比旋光度是通过测定样品的旋光度 α,再经计算求得的。旋光度可用一种叫做旋光仪的专门仪器来测定,其具体操作方法可参阅相关的书籍。

第三节 元素定性分析

有机化合物的元素定性分析,对于鉴定未知物起着重要的作用。通过元素定性分析,可以检验出未知物中所含有的除碳、氢、氧以外的其他元素,如氮、硫、卤素(氟、氯、溴、碘)及磷等非金属元素和金属元素。由元素定性分析得知未知物所含有的元素,将对下面进行的溶解度分组试验和官能团分类试验及光谱鉴定起着一定的指导作用。例如,一未知物经元素定性分析表明无氮、硫、卤素等杂原子,那它就可能是烃类化合物或含氧化合物;若元素定性分析检验出未知物只含有卤素,就有可能是卤代烃或卤代含氧化合物;如经元素定性分析表明它含氮而不含其他元素,未知物有可能是硝基、胺类或腈类化合物。有了元素定性分析的实验结果,再配合溶解度分组试验就能够初步确定未知物可能为什么类型化合物。

元素定性分析常用钠熔法:有机化合物与分解试剂——金属钠的蒸气相遇,发生激烈的分解反应,有机化合物中的卤素、氮、硫转变成卤化钠、氰化钠和硫化钠。然后再检验这些无机离子。

$$C、H、O、S、X、N \xrightarrow[\triangle]{Na} \begin{cases} NaX(X\text{为卤素}) \\ NaCN \\ Na_2S \end{cases}$$

一、样品的分解

操作步骤:取一支 8~10cm 长的干燥小试管,试管底用灯焰加热,从煤油中取出金属钠,用滤纸吸去上面附着的煤油,切去外皮露出新鲜部分,约黄豆粒大一块,投入烧热的试管中,放大灯焰迅速烧红试管底,至钠蒸气约 1cm 高时,立刻用滴管加入 1~2 滴液体样品或投入 5mg 固体样品,注意样品不要黏附在试管壁上,继续用灯焰加热使样品完全分解。随即投入盛有 10~20mL 蒸馏水的小烧杯中,试管立即破裂,用玻璃棒小心捣碎块状物。溶液加热至沸,过滤,得无色储备液。如果溶液有色,表示分解不完全,需要重做钠熔试验。

注意有些有机化合物如硝基物、叠氮物、重氮酯及多卤代烷等遇热的金属钠时能爆炸,因此做实验时需带上防护目罩。也可重新取 0.1g 样品、1mL 冰醋酸和 0.1g 锌粉,加热至沸,使样品还原。待大部分锌粉溶解后,蒸发混合物至干。残渣再按钠熔法进行实验。

二、各元素的检验方法

1. 硫的检验

(1) 醋酸铅试验 取 1mL 试液,用稀醋酸酸化后,加入几滴 1%醋酸铅溶液,如有黑色沉淀则表示有硫的存在。

$$Na_2S + Pb(CH_3COO)_2 \xrightarrow{H^+} PbS\downarrow + 2CH_3COONa$$
$$\text{(黑色)}$$

(2) 亚硝基铁氰化钠试验 取 1mL 试液,加入 2~3 滴新配制的 0.1%亚硝基铁氰化钠溶液,如有紫色或深红色出现则表明有硫存在。

$$Na_2S + Na_2[Fe(CN)_5NO] \longrightarrow Na_4[Fe(CN)_5(NOS)]$$

2. 氮的检验

(1) 普鲁氏蓝试验　取 2mL 试液,将其 pH 调到 13 后,加 2 滴饱和的硫酸亚铁铵溶液和 2 滴 $w_B = 20\%$ 的氟化钾溶液,煮沸后,再继续微沸 30s,在加热的溶液中加稀硫酸恰使氢氧化铁沉淀溶解,生成蓝色的普鲁士蓝沉淀表示有氮。

$$6NaCN + FeSO_4 \longrightarrow Na_4[Fe(CN)_6] + Na_2SO_4$$
亚铁氰化钠

$$3Na_4[Fe(CN)_6] + 2Fe_2(SO_4)_3 \longrightarrow Fe_4[Fe(CN)_6]_3 + 6Na_2SO_4$$
(普鲁氏蓝)

(2) 对硝基苯甲醛试验　取 1mL $w_B = 1.5\%$ 对硝基苯甲醛的 2-甲氧基乙醇、1mL $w_B = 1.7\%$ 邻二硝基苯的 2-甲氧基乙醇和 2 滴 $w_B = 2\%$ 氢氧化钠溶液。充分混合后,加 2 滴试液。若有氰离子,溶液显深蓝色。

3. 硫和氮共存时的检验

取 1mL 试液加稀盐酸使其显弱酸性,再加 2～3 滴 $w_B = 5\%$ FeCl$_3$ 溶液,红色反应表明含有硫及氮的存在。

$$3NaSCN + FeCl_3 \longrightarrow Fe(SCN)_3 + 3NaCl$$
(红色)

4. 氯、溴和碘的检验

(1) 硝酸银试验　氯、溴和碘离子与硝酸银溶液作用,生成相应的卤化银沉淀。由于氟化银极易溶于水,不能用此法检出。

$$NaX + AgNO_3 \longrightarrow NaNO_3 + \begin{cases} AgCl \downarrow (白色) \\ AgBr \downarrow (淡黄色,微溶于氨水) \\ AgI \downarrow (淡黄色,不溶于氨水) \end{cases}$$

如果含有硫及氮,应先除去。取 1mL 试液,加浓硝酸酸化,加热微沸数分钟,以赶出氢氰酸和硫化氢。冷却后加入 $w_B = 5\%$ AgNO$_3$ 溶液,若有较重的沉淀表明有卤素存在。其中,氯化银呈白色;溴化银呈淡黄色;碘化银呈黄色。前两种均溶于氨水中,而碘化银不溶。如果加入 AgNO$_3$ 后溶液仅呈混浊,可能是由于杂质所致,不能认为是正性结果。不含硫和氮时可不必加热。

(2) 拜尔斯坦(Beilstein)试验　取一根铜丝,把一端弯成小圈后,放在酒精灯焰中灼烧至火焰不显出颜色时,取出冷却,用此小圈蘸取小量未经钠熔的样品,放在灯焰边缘上灼烧,火焰呈现绿色时,表明样品含有卤素。

$$\text{有机卤化物} \xrightarrow{\text{灼烧}} HX$$

$$Cu \xrightarrow{\text{氧化}} CuO \xrightarrow{HX} CuX_2 (绿色火焰)$$

$$\text{有机卤化物} \xrightarrow{\text{灼烧}} HX$$

$$Cu \xrightarrow{\text{氧化}} CuO \xrightarrow{HX} CuX_2(\text{绿色火焰})$$

这是一个简便、灵敏的粗测卤素的试验。除氟化物外，其他卤化物均呈正结果。极易挥发的样品，用本方法时，在铜丝未烧红前就已全部挥发，往往得负性结果。某些非卤化合物，如喹啉、硫脲、吡啶等及其衍生物、尿素、氰化铜等也产生绿色火焰。

5. 溴和碘的检验

取 2mL 试液，加稀硫酸使其呈酸性，煮沸数分钟。冷却后加入 1mL CCl_4 及 1~2 滴新制的氯水，用力摇动后，静置分层，四氯化碳层呈现紫色，表明有碘存在。

继续滴加氯水，不断振荡，静置后若四氯化碳层显红棕色，表明有溴存在。

$$2NaI + Cl_2(H_2O) \longrightarrow 2NaCl + I_2(CCl_4)(\text{紫色})$$
$$I_2(CCl_4) + Cl_2(H_2O) \longrightarrow 2ICl$$
$$2NaBr + Cl_2(H_2O) \longrightarrow 2NaCl + Br_2(CCl_4)(\text{红棕色})$$

6. 氯的检验

取 4mL 试液加冰醋酸 5~10 滴使溶液呈酸性，加入 0.5g 二氧化铅，煮沸数分钟，使溴和碘蒸发完全逸出，稍冷却过滤，将滤液分成两部分，其中一部分用上法检验试液中溴和碘是否已除尽。如果已除尽，可在另一部分试液中加入 2 滴 2mol/L 硝酸和几滴 $w_B=1\%$ 的硝酸银溶液，有白色沉淀产生表明存在氯。

7. 氟的检验

取 2mL 试液加冰醋酸使溶液呈酸性，煮沸，冷却。将此溶液加在浸有锆-茜素试剂溶液的滤纸上，干后纸条由红紫色变为黄色，表明有氟存在。

$$Zr(Aliz)_4 + 6F^- \longrightarrow (ZrF_6)^{2-} + 4Aliz^-$$

$$Aliz = \text{1,2-二羟基蒽醌结构}$$

锆-茜素试剂溶液：10mL $w_B=1\%$ 茜素乙醇溶液和 10mL $w_B=2\%$ 硝酸锆的 $w_B=5\%$ 盐酸溶液混合，再稀释到 30mL。

第四节 元素定量分析

鉴定新有机化合物结构时通常需要报道定量分析数据，这些数据对于确定未知化合物的结构非常有用。通常待测样品需提纯并经纯度检验后才能进行元素定量分析。一般有机元素定量分析，主要是测定有机化合物的常见组成元素，如碳、氢、氮、硫、卤素、磷等。分析碳、氢元素含量时一般需要 5mg 样品，而分析其他元素，如硫、卤素或氮时，则每种元素还另需 5mg 样品。氧的含量通常不能直接由燃烧分析求得，其百分含量是在测得样品中所有其他有机元素的含量后，由总量（100）中减去这些数值而得到。

测定有机化合物中元素含量时，通常包括3个步骤：试样的分解、干扰元素的消除和在分解产物中测定有机元素的含量。有机试样的分解，常将被测有机元素转变为简单的无机化合物或单质，分为干法分解和湿法分解两大类，具体操作可参考定量化学分析中的有关章节。对这些元素的含量可采用重量法、滴定法或仪器分析方法加以测定。近年来，我国研制了许多单项元素的测定仪，实现了分析方法的快速自动化，可同时测定一个试样中的几种元素，如碳、氢、氮微量自动分析仪，定硫、定碳仪等。尽管随着分析方法由常量发展到微量、超微量定量的自动化仪器测定，分析的精密得到了很大的提高，分析时间也大为缩短。鉴于化学分析法逐步被仪器分析法所替代，但就其基本原理来说则是相同的，本节着重讨论碳、氢、氮、卤素、硫等测定的基本原理及方法，详细的测定过程和操作步骤可参见相关的《有机分析》教科书，以及本教材的第一版和第二版中的相关章节。

一、利用化学法的含量测定

1. 碳和氢的测定

组成有机化合物的基本元素是碳和氢，测定碳和氢常用的方法通常是燃烧分解法。将有机样品放入装有催化剂的石英管内，催化剂一般是金属氧化物，样品在管内氧气流中经高温燃烧分解后，其中的碳定量地转化为二氧化碳，其中的氢则定量地转化为水，其他的元素则转化为相应的无机物。然后用已知质量的吸收剂（常用无水高氯酸镁吸收管吸收水、碱石棉吸收管吸收二氧化碳）分别吸收，由吸收剂增加的质量分别计算被测物质中碳和氢的含量。

碳和氢测定的关键是样品是否燃烧完全，二氧化碳和水是否被定量地吸收。常用的催化氧化剂有高锰酸银的热解产物、多孔性的氧化铜、氧化钴和三氧化二钴的混合物。要使燃烧产物定量吸收，关键在于选择好的吸收剂，同时排除其他元素的干扰。在碳、氢测定中，主要干扰元素是硫、氮及卤素。硫和卤素被高锰酸银热解产物吸收而排除，氮的干扰常用二氧化锰吸收法加以排除，氮元素在高温燃烧过程中转变成二氧化氮，二氧化氮和二氧化锰作用生成不挥发的硝酸锰而被除去。

二氧化碳吸收剂通常采用碱石棉（浸有氢氧化钠的石棉），水吸收剂主要有无水$Mg(ClO_4)_2$、无水$CaCl_2$、无水$CaSO_4$、硅胶等，其中采用最普遍的是无水$Mg(ClO_4)_2$，其特点是吸水快、吸收容量大、使用周期长。

2. 氮的测定

有机化合物中氮的测定，通常是将有机物中的氮转化为N_2或NH_3，然后用滴定法测定NH_3，主要用克达尔法；用气量法测定N_2，主要用经典的杜马法。

（1）克达尔法　克达尔法的设备比较简单，又能同时测定多个试样，通常将有机物中氮转变成氨气，用滴定法或分光光度法测定，从而计算出化合物中氮的含量。其原理是：含氮有机化合物在催化剂的作用下，用浓硫酸煮沸分解，有机物中的氮转变成NH_3，被浓硫酸吸收生成NH_4HSO_4。这个过程称为"消化"。消化过程反应复杂，不同类型的有机含氮化合物的反应历程不同。如果以氨基乙酸为例，可以用下式表示：

$$H_2NCH_2COOH + 3H_2SO_4 \xrightarrow[\triangle]{催化剂} 2CO_2 + 4H_2O + 3SO_2 \uparrow + NH_3 \uparrow$$

$$NH_3 + H_2SO_4 \longrightarrow NH_4HSO_4$$

于消化后的溶液中，加入过量的碱溶液，用直接蒸馏法或水蒸气蒸馏法将NH_3蒸出：

$$NH_4HSO_4 + 2NaOH \xrightarrow{\triangle} Na_2SO_4 + 2H_2O + NH_3 \uparrow$$

蒸馏过程中所放出的氨，可用硼酸溶液吸收后，用盐酸标准溶液直接滴定，反应如下：

$$NH_3 + H_3BO_3 \longrightarrow NH_4H_2BO_3$$

$$NH_4H_2BO_3 + HCl \longrightarrow NH_4Cl + H_3BO_3$$

硼酸的作用是与NH_3反应，且可防止NH_3挥发造成的损失。它的酸性很弱，不会干扰盐酸滴定硼酸氢铵。

在消化过程中为了加速分解速度，缩短消化时间，常加入适量的无水K_2SO_4或Na_2SO_4和催化剂，常用的催化剂是硫酸铜、硒粉、氧化汞等。在碱化蒸馏时间，加碱量要足够，一般是所用硫酸体积的4~5倍，使消化液呈碱性。碱化蒸馏是否完全，可用石蕊试纸检验馏出液是否呈碱性。

克达尔法不能使硝基、亚硝基、偶氮基、肼或腙等含氮有机物中的氮完全转变成硫酸氢铵，必须在分解之前用适当的还原剂将这些官能团还原。常用的还原剂有锌-盐酸、红磷-氢碘酸、水杨酸-硫代硫酸钠、德氏达合金（50%Cu，45%Al，5%Zn）等。RCN 类样品，不必用硫酸来煮解，可直接与氢氧化钠反应。

克达尔法测定微量氮化物总氮量，将 NH_3 从碱性溶液中蒸出后，可用比色法或分光光度法测定。

（2）杜马法　杜马法是燃烧分解法，适用于测定各种类型的含氮有机物，仪器装置由二氧化碳发生器、燃烧管、氮量管组成，比较复杂，多用于科学研究或用克达尔法有困难或结果可疑的情况下使用，通常是将有机物中的氮转变成氮气，用量气法或气相色谱法测定。

具体原理为：试样置于填有氧化铜和还原铜的燃烧管中，在二氧化碳气流中燃烧分解。有机含氮化合物中的氮转变为氮气，随二氧化碳气流进入装有氢氧化钾溶液的氮量管中，二氧化碳被吸收，测量氮气的体积，可计算氮的含量。

$$\text{有机含氮化合物} \xrightarrow{\text{CuO, CO}_2} N_2\uparrow + \text{氮氧化物}$$

$$\text{氮氧化物} \xrightarrow{\text{Cu, CO}_2} N_2\uparrow$$

氮量管读数产生的误差主要来自填充物释放的空气、氮量管内壁附着的 KOH 溶液及 KOH 溶液的蒸气压三个方面，这些误差会使结果偏高 2%，所以在计算时，氮量管读数应减去 2%。

3. 卤素的测定

有机化合物中卤素的测定方法较多，其共同特点是先将有机化合物中的卤素通过氧化或还原法定量地转变为无机卤化物，然后用化学分析法或仪器分析法测定卤素含量。测定卤素的方法有卡里乌斯封管法、过氧化钠分解法、改良斯切潘诺夫法和氧瓶燃烧法。氧瓶燃烧法过程简单、快速，而且易于掌握。其他方法装置一般比较复杂，过程烦琐，不适于生产使用。

氧瓶燃烧法是将试样包在无灰滤纸内，点燃后，立即放入充满氧气的燃烧瓶中，以铂丝（或镍铬丝）作催化剂，进行燃烧分解。燃烧产物被预先装入瓶中的吸收液吸收，试样中的卤素、硫、磷、硼、金属则分别形成卤离子（X^-）、硫酸根离子（SO_4^{2-}）、磷酸根离子（PO_4^{3-}）、硼酸根离子（BO_3^{3-}）及金属氧化物而被溶解在吸收液中。测定的全过程包括燃烧分解、吸收和测定，测定方法一般采用滴定法来测定其中各卤素的含量，比如汞液滴定法和碘量法都可以用来测定燃烧后卤素的含量，当然也可以用离子选择性电极法测定卤素含量。

进行氧瓶燃烧法需要注意的是：①燃烧开始时，瓶内压力会骤然加大，一定要按紧瓶塞，以防瓶内气体冲出；②燃烧结束后，如果发现吸收液内有残渣，说明样品未燃烧完全，必须重做。③燃烧瓶的底部不要对准自己，也不要对准别人。

4. 硫的测定

有机化合物中硫的测定是将试样氧化分解，使有机化合物中的硫转变成硫酸盐或硫化物，然后以硫酸钡沉淀形式用称量法测定或用碘量法测定；对于低含量硫化合物，可以在有高价铁盐存在下，使硫化氢和对氨基-N,N-二甲基苯胺反应生成亚甲基蓝后用比色法测定。目前常用氧瓶燃烧法，用滴定法测定硫酸根的量，从而求出有机硫的含量。

具体过程为：试样采用氧瓶燃烧法分解，所用仪器和实验操作与测定卤素相同。氧瓶燃烧法的基本原理是有机硫化物在氧瓶中燃烧分解，分解产物用过氧化氢水溶液吸收。

$$有机硫化物 \xrightarrow[燃烧]{O_2(Pt)} SO_2 + SO_3 + CO_2 + H_2O$$

$$SO_2 + SO_2 + H_2O_2 + H_2O \longrightarrow H_2SO_4$$

生成的硫酸，用过氯酸钡标准溶液滴定，以钍啉[2-(α-羟基-3,6-二磺酸-1-萘基偶氮)苯砷酸]为指示剂，在pH=4时，溶液中微过量的钡离子与指示剂生成红色配合物，溶液由黄色变为红色，则指示终点到达，由消耗的高氯酸钡溶液体积可计算出有机硫的含量。

$$H_2SO_4 + Ba(ClO_4)_2 \longrightarrow BaSO_4 \downarrow + 2HClO_4$$

$$Ba^{2+} + 指示剂 \longrightarrow Ba-指示剂$$

滴定前加入乙醇的目的主要是降低硫酸钡的溶解度，使沉淀反应快速完成；此外，也使生成的有色配合物的电离度降低，使终点更加敏锐，便于观察。如果氮和卤素含量在20%以下时不产生干扰，含金属及含磷化合物不能用此法测定。磷在氧化后转变为磷酸，滴定时生成磷酸钡，干扰测定。

二、利用元素分析仪的含量测定

有机元素定量分析方法，常采用定量化学分析中的滴定法或称量分析法，随着科技进步以及岗位分析的要求，仪器分析方法逐步在有机元素定量分析中得到广泛的使用。示差热导法自动元素分析仪与微库仑法元素分析仪是元素定量分析中常用的几种仪器。

1. 示差热导法自动元素分析仪

示差热导法自动元素分析仪可以用于对试样中碳、氢、氮的测定，下面以MT-2型碳、氢、氮元素分析仪为例，了解其测定原理和测定过程。

(1) 测定原理　以氧气为助燃气，试样在氧化管内燃烧分解，燃烧产物经过氧化铜、银粒和还原铜层，使试样中的碳、氢、氮定量转变为二氧化碳、水及氮气，并与氦气一道被吸进泵体进行混合，混合气体先进入热导池测量臂，并通过装有高氯酸镁的水吸收管进入参考臂，测得水的差分信号；再通过两臂间装有碱石棉和高氯酸镁的二氧化碳吸收管，测得二氧化碳的差分信号；最后通过两臂间装有与泵体体积相当，内部充满氮气的螺旋延迟管的氮热导池，测得氮的差分信号。得到的水、二氧化碳及氮的测量信号分别同试样中氢、碳、氮的含量成正比。

(2) 测定装置　测定仪器由燃烧系统、混合系统、测量系统、自动控制程序系统及恒温系统组成，测定原理如图2-4所示。

(3) 测定过程

① 校正仪器。精确称取标准试样（精确至0.000001g），送入氧化管，记录标样碳、氢、氮棒状图，如图2-5所示。并按下式计算被测元素感量F_C、F_H、F_N

$$F_C = \frac{m_C}{h_C - h_C'} \quad F_H = \frac{m_H}{h_H' - h_H'} \quad F_N = \frac{m_N}{h_N - h_N'}$$

式中　m_C, m_H, m_N——分别为标样中C、H、N的理论质量，mg；

$$m_C = m_{标} \, C\% \quad m_H = m_{标} \, H\% \quad m_N = m_{标} \, N\%$$

h_C, h_H, h_N——分别为标样中C、H、N的峰高；

h_C', h_H', h_N'——分别为C、H、N基准讯号的空白峰高，测出一系列感量F_i求其平均值$\overline{F_i}$。

② 试样测定。准确称取试样，送入氧化管，并记录试样的碳、氢、氮棒状图。

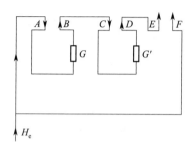

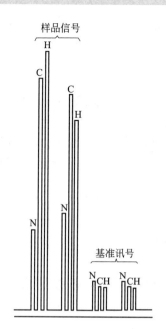

图 2-4　测定原理

G—水吸收管；G'—二氧化碳吸收管；
AB、CD、EF 分别为三组热导池鉴定器的两臂

图 2-5　示差吸收热导法棒状图

（4）数据处理

$$C\% = \bar{F}_C \frac{h_C - h'_C}{m} \times 100\%$$

$$H\% = \bar{F}_H \frac{h_H - h'_H}{m} \times 100\%$$

$$N\% = \bar{F}_H \frac{h_N - h'_N}{m} \times 100\%$$

式中　$h_C - h'_C$，$h_H - h'_H$，$h_N - h'_N$——试样中 C、H、N 元素的实际峰高，mm；

m——试样的质量，mg。

2. 微库仑法元素分析仪

微库仑法属于电化学分析法，能测定含量在 1% 以下或者几 μg 甚至 $1\mu g$ 以下的元素，即适合于微量或痕量元素的分析，通常用于测定硫和卤素等。

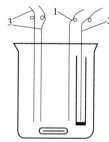

图 2-6　电解池

1—阳极；2—阴极；
3—指示电极

（1）测定原理　石油产品添加剂及含添加剂润滑油中氯含量测定，试样在氧瓶中燃烧分解，分解产物用过氧化氢碱性溶液吸收。将吸收液蒸发浓缩并定量转移到含有恒定银离子的酸性电解液中，试液中的氯离子同电解液中银离子反应致使指示电流发生变化，指示电极将这一变化输送给放大器，放大器又输出一相应电流于电解阳极，电解产生银离子以补充消耗的银离子。测量补充银离子所需的电量，根据法拉第定律，可求出试样中氯的含量。

（2）测定装置　YS-2A 型库仑仪，其中电解池如图 2-6 所示，可用容积为 50mL 的烧杯，配上圆形带孔的有机玻璃盖，以固定电极。烧杯外面可包上一层红色透明纸，以防止氯化银沉淀见光分解。电解池中装有 4 个电极，除电解阳极因在滴定过程中消耗，应使用稍长银丝外，其余 3 个电极均

为直径 1.6mm 长 5cm 的银丝。电解阴极放在磨砂管内与阳极隔离。

(3) 测定过程

① 平衡电解池溶液。在电解池中加入一定量酸性电解溶液（1L 溶液中含 100mL 冰醋酸，3mL 浓硝酸）。电解电流为 0.1～10mA，进行电解，使溶液中银离子保持在一定的浓度。

② 校正仪器。溶液平衡后，向电解池中加入 10mL 氯的标准溶液（浓度为 0.1mol/L 的氯化钠溶液），进行电解，若测得值与理论值相差±5%，说明仪器正常，可进行试样分析。

③ 试样测定。准确称取试样 10～20mg [$w(Cl)<1\%$]，加入 10mL 吸收液（10mL 水中加入 10 滴 0.5mol/L KOH 溶液和 10 滴 $w_B=30\%$ 的 H_2O_2），燃烧分解并吸收完全后，将吸收液蒸发浓缩，并转移至电解池内，进行滴定，记下电量读数。

(4) 数据处理

$$w(Cl) = \frac{A}{2700 \times m} \times 100$$

式中　A——仪表读数，mC；

m——试样质量，mg；

2700——电解 1mg 氯所需电量，mC。

3. 有机元素分析仪

目前由 CE Instruments 公司（现隶属于 Thermo Finnigan，San Joes，CA）生产的有机元素分析仪是用连接热导检测器的气相色谱仪分离检测氧化还原反应器中生成的燃烧产物，用此仪器可以很容易检测出化合物中 C、H、N、S 的含量，当然也可以检测出 O 的含量。

第五节　分子式的确定

分子式是鉴定未知物的重要信息，一个未知物如果确定了它的分子式，也就知道了它的元素组成，并通过计算不饱和度可进一步缩小结构的可能范围。分子式的获得有两个量必须精确测定，一个是各元素含量，另一个是相对分子质量。各元素的含量测定方法已在第四节作了介绍，具体操作可通过查阅相关的资料获得。下面简单介绍一下相对分子质量的测定办法。

一、相对分子质量的测定

有机化合物的相对分子质量不仅是化合物的一种物理数据，更重要的是根据相对分子质量可以计算出化合物的分子式。对文献上已有记载的未知化合物，在分析鉴定时，不需要测定相对分子质量。但对不易制备衍生物的未知物及文献上没有记载的新发现未知物，需做相对分子质量的测定，以进一步确定分子的结构。

测定相对分子质量的方法很多，但由于各种方法所要求的实验条件及操作方法都不一样，各有优缺点，所以应根据实际情况选用不同的方法。在有机分析中，测定相对分子质量，以采用熔点降低法较为简便。

熔点降低法，是将定量的化合物混溶于合适的固体有机溶剂中，然后测定混合物的熔点，根据熔点降低的数值，按下式计算化合物的相对分子质量：

$$M = \frac{Km_1 \times 1000}{\Delta T m_2}$$

式中　M——化合物相对分子质量；
　　　K——熔点降低常数；
　　　m_1——化合物质量，g；
　　　m_2——溶剂质量，g；
　　　ΔT——熔点降低值。

为了测准相对分子质量，要求固体有机溶剂应当具备下列条件：

① 溶剂对样品有良好的溶解能力；
② 溶剂要有较大的熔点降低常数，这样在用少量样品或测定相对分子质量大的样品时，仍能获得准确的结果；
③ 溶剂的熔点要低于样品的分解点；
④ 溶剂与样品之间应无化学反应和缔合作用。

在用半微量法测定相对分子质量的操作中，常用熔点降低法即拉斯特毛细管法。所用溶剂是樟脑。除用樟脑作溶剂外，还可用其他化合物作溶剂。例如环己醇（适用于热稳定性差的化合物）、莰尼酮（适用于易缔合的化合物如醇、酮、酸及对热敏感的化合物）、三苯膦（适用于有机磷等元素有机化合物）、三硝基甲苯（适用于多硝基化合物）、冰片胺（适用于植物碱及其他碱性化合物）等作溶剂。

二、分子式的确定方法

分子式的确定源于未知物样品中各元素的定量分析数据，通过此可确定样品中各元素的精密组成。在进行定量分析之前，如果不知道待测样品的分子式，可通过燃烧法来确定化合物分子所含各元素含量，确定出各元素的原子数目最简单整数比，即为实验式（或称经验式），在知道化合物的相对分子质量后就可以计算出化合物的分子式，如果各元素百分含量的计算值与实测值相差不超过±0.4%时，则表明原先设想的分子式是正确的。例如，$C_3H_{16}O$ 的计算值：C，82.93；H，8.57；实测值 C，82.87；H，8.67；则设想的 $C_3H_{16}O$ 分子式是正确的。

1. 分子式确定的不同计算方法

① 通过化合物中各元素的质量比（或质量百分比）和相对分子质量直接计算出分子中各元素的原子个数，从而确定分子式。基本计算式为：

$$\text{分子中某元素的原子个数} = \frac{\text{物质的相对分子质量} \times \text{该元素的质量百分比}}{\text{该元素的相对原子质量}}$$

② 根据测得的未知物分子中各元素含量，计算出各元素的原子数目最简单整数比，得到最简式，再求出相对分子质量与最简式式量的比值，最后按此比值扩大最简式的倍数，即得该化合物的分子式。

2. 确定分子式实例

[例 2-1]　11.55mg 待测样品经燃烧可生成 16.57mg CO_2，5.09mg H_2O。经测定 5.12mg 此样品中含有 1.97mg 氯，该化合物的相对分子质量为 368.04，计算其分子式。

解　首先，根据生成 CO_2 量，求算出碳在待测样品中的含量（mg），从而得出该化合物中碳的百分含量。

$$C(mg) = 16.57mg \times \frac{12.011(C)}{44.010(CO_2)} = 4.52mg$$

则该化合物中碳的百分含量：

$$C(\%) = \frac{4.52}{11.55} \times 100\% = 39.13\%$$

由生成 H_2O 的量，计算出氢在待测样品中的含量（mg），它是由 H_2O 的质量和两个 H 原子的相对原子质量与 H_2O 相对分子质量的比值（$2H/H_2O$）相乘得到的。

$$H(mg) = 5.09mg \times \frac{2.016(2H)}{18.015(H_2O)} = 0.57mg$$

则化合物中氢的百分含量：

$$H(\%) = \frac{0.57}{11.55} \times 100\% = 4.935\%$$

又因为 5.12mg 样品中含有 1.97mg 氯，所以利用相关分析法可以确定氯在该化合物中的百分含量。

$$Cl(\%) = \frac{1.97}{5.12} \times 100\% = 38.48\%$$

该化合物中氧的含量可以利用减法求得。

$$O(\%) = [100 - (39.13 + 4.94 + 38.48)] \times 100\% = 17.45(\%)$$

将每种元素的百分含量值除以各自的相对原子质量，即可得到各元素在化合物分子式中所占的比值。

$$C = \frac{39.13}{12.011} = 3.258$$

$$H = \frac{4.94}{1.008} = 4.901$$

$$Cl = \frac{38.48}{35.453} = 1.085$$

$$O = \frac{17.45}{16.000} = 1.091$$

将上述所得的比值与其中最小的那个比值相除（此处最小的比值为 1.085）。如果所得的数为分数而不是整数，则将所有的比值与一个整数相乘，以得到一套整数比值。例如，如果其中一个比值的整数位后为 0.2，则将所有的比值乘以 5；如果整数位后为 0.25，则乘以 4；如果为 0.33，则乘以 3；如果为 0.5，则乘以 2。

$$C = \frac{3.258}{1.085} = 3.003 \qquad 3.003 \times 2 \approx 6$$

$$H = \frac{4.091}{1.085} = 3.771 \qquad 3.771 \times 2 \approx 8$$

$$Cl = \frac{1.085}{1.085} = 1.000 \qquad 1.000 \times 2 \approx 2$$

$$O = \frac{1.091}{1.085} = 1.006 \qquad 1.006 \times 2 \approx 2$$

根据上面的计算可以得此化合物的实验式（经验式）为 $C_6H_8Cl_2O_2$，该实验式的式量为 183.036。

由测得该样品的相对分子质量为 368.04，与实验式的式量相除，得化合物的经验单位 n。将实验式中的下标与 n 相乘即得该化合物的分子式。

$$n = \frac{368.04}{183.036} \approx 2$$

分子式：$C_{6\times 2}H_{8\times 2}Cl_{2\times 2}O_{2\times 2} = C_{12}H_{16}Cl_4O_4$

[例2-2] 某烃A中，含C 80%，又知A在标准状况下的密度为1.3393g/L，求该化合物的分子式？

解 首先，求化合物的实验式：$N_C : N_H = \dfrac{80\%}{12} : \dfrac{20\%}{1} = 1 : 3$

所以该化合物的实验式为CH_3。

其次，设该化合物的分子式为$(CH_3)_n$。

由题意知，在标准状况1mol任何气体的体积等于22.4L，由A在标准状况下的密度为1.3393g/L，得A摩尔质量$M = (22.4L \times 1.3393g/L)/1mol = 30g/mol$，即相对分子质量为30。

则 $15n = 30$，$n = 2$

所以该化合物的分子式为：C_2H_6

[例2-3] 0.2mol有机物和0.4mol O_2在密闭容器中燃烧后的产物为CO_2、CO和$H_2O(g)$。燃烧后的这些产物经过浓H_2SO_4后，质量增加10.8g；再通过灼热的CuO充分反应后，固体质量减轻3.2g，最后气体再通过碱石灰被完全吸收，质量增加17.6g。

解 由题意知：

$$3.2g\ O_2\text{的物质的量为} \dfrac{3.2g}{32g/mol} = 0.1mol$$

由此可知，有机物完全燃烧时需O_2的物质的量为：原有O_2的物质的量与CO所需O_2的量之和 $0.4mol + 0.1mol = 0.5mol$。

有机物完全燃烧后生成CO_2和水的物质的量分别为0.4mol和0.6mol。

设该有机物的分子式为$C_xH_yO_z$。

$$C_xH_yO_z + \left(x + \dfrac{y}{4} - \dfrac{z}{2}\right)O_2 \xrightarrow{\text{点燃}} xCO_2 + \dfrac{y}{2}H_2O(g)$$

| 1 | $x + \dfrac{y}{4} - \dfrac{z}{2}$ | x | $\dfrac{y}{2}$ |
| 0.2mol | 0.5mol | 0.4mol | 0.6mol |

$\dfrac{1}{0.2mol} = \dfrac{x}{0.4mol}$，$x = 2$ $\dfrac{1}{0.2mol} = \dfrac{\dfrac{y}{2}}{0.6mol}$ $y = 6$

$\dfrac{1}{0.2mol} = \dfrac{x + \dfrac{y}{4} - \dfrac{z}{2}}{0.5mol}$，将$x = 2$，$y = 6$代入得$z = 2$

该有机物的分子式为$C_2H_6O_2$。

[例2-4] 经元素分析某化合物的数据如下。

$C_{10}H_{14}N_2O$ 计算值/%：C, 67.38；H, 7.92；N, 15.72
实测值/%：C, 67.30；H, 8.02；N, 15.80

氧的质量分数一般是从100%减去除氧以外其他元素的质量分数，间接计算得出。例如在$C_{10}H_{14}N_2O$中，氧的质量分数是：$100 - (67.30 + 8.02 + 15.80) = 8.88$。

根据元素分析数据，按照表2-4的计算方法，建立实验式。当测得相对分子质量为178时，在$(C_{10}H_{14}N_2O)_x$中，$x = 1$；相对分子质量为356时，$x = 2$。

表 2-4 实验式计算方法

元素	质量分数实测值/%	质量分数/相对原子质量		原子数的最小整数比	实验式
C	67.30	67.30/12.01=5.60		10	
H	8.02	8.02/1.008=7.96	$\times \dfrac{1}{0.58}$	14	$(C_{10}H_{14}N_2O)_x$
N	15.80	15.80/14.01=1.13		2	
O	8.88	8.88/16.00=0.58		1	

注：$x=1,2$ 或其他整数。

在有条件的实验室，利用高分辨质谱仪，测定化合物的精密相对分子质量，可以省掉元素定量分析，直接根据精密相对分子质量来确定分子式。

第六节 按有机物溶解度分组

有机化合物种类繁多，种类庞杂。为了便于进行化学及光谱鉴定，通常根据有机物在某些溶剂里的溶解性，以获得化合物的化学结构和特性方面的信息，缩小探索范围。

一、有机物的分组程序

根据有机物在水、乙醚、质量分数为 5% 的氢氧化钠、5% 的碳酸氢钠、冷浓硫酸、质量分数为 85% 的磷酸和 5% 盐酸溶剂中的行为，可将有机化合物分为 11 组，分组程序如图 2-7 所示。一般以 1mL 溶剂在室温下能否溶解 30mg 样品作为判断"溶"与"不溶"的标准。

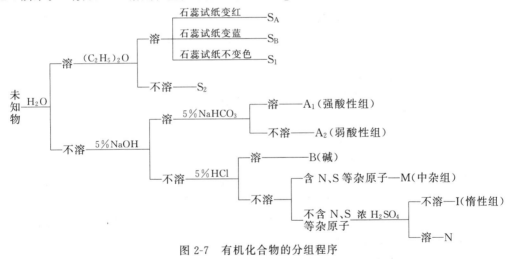

图 2-7 有机化合物的分组程序

二、各组常见有机物类型

在所分的 11 组中，常见的有机化合物类型见表 2-5。

表 2-5 常见的有机化合物类型

组名	常见有机化合物类型
S_A	某些水溶性酸，一般是 5 个 C 以下的相对分子质量的羧酸
S_B	某些水溶性碱，一般是 6 个 C 以下的低相对分子质量的胺
S_1	水溶性的弱酸性和中性化合物，酚和二元酚，5 个 C 以下的低相对分子质量的醇、醛、酮、酯、腈、肟、酰胺、酸酐
S_2	含有 2 个或 2 个以上极性官能团的中等相对分子质量的化合物，多元醇，多元酸，多羟基醛酮，有机酸盐，胺的盐酸盐，氨基酸，脲
A_1	强酸性化合物，6 个 C 以上的羧酸，多个吸电子取代基的酚
A_2	弱酸性化合物。酚，肟，伯、仲硝基化合物，酰亚胺，烯醇，磺酰伯胺

续表

组名	常见有机化合物类型
B	胺,苯肼
M	含 N、S 的中性化合物。硫醇,叔硝基化合物,芳香硝基化合物,吸电子取代的胺,砜,酰胺,磺酰仲胺,腈,磺酰卤,偶氮化合物
I	脂肪族饱和烃,环烷烃,芳烃,卤代物
N_1	中性含氧化合物,9 个 C 以下的醇、醛、酮、醚、酯
N_2	醚、缩醛、醌,不饱和烃,9 个 C 以上的醇、醛、酮、酯、酸酐

化合物在溶解度分组中的归属在下述三个方面提供了有关结构的信息。

① 能溶于水的化合物,大多具有一个或一个以上极性官能团。

② 不溶于水,但能溶于稀酸或稀碱的化合物,表示存在着碱性基团或酸性基团。

③ 在水和醚中溶解度,反映出化合物的极性大小或极性官能团的多少。

三、溶解度分组试验

在溶解度分组试验中,溶解的标准是指在室温下 30mg 溶质溶解在 1mL 分组溶剂中。如果溶质与溶剂发生作用,不论是否形成均匀溶液,也都认为是溶解。试验时,按照图 2-7 所列的程序依次进行,不可前后颠倒。当样品在溶解度分组中的归属确定后,就不要再试在其他分组溶剂中的溶解度(含氮化合物除外)。其方法如下。

所有试验都是在室温下进行,不要加热,以免样品挥发、形成过饱和溶液以及和溶剂发生化学反应。

在水中的溶解度:将 30mg 样品(对于液体样品,先用滴管计算 1mL 是多少滴)放在小试管中,加 1mL 水,搅动 1~2min。溶于水的样品,试验水溶液对石蕊试纸的酸碱性。不溶于水的样品,要观察比水轻还是重。

在醚中的溶解度:用乙醚代替水,按上述方法试验。溶于水和醚的样品,就不要试验在其他分组溶剂中的溶解度。不溶于水的样品,也不要试验在醚中的溶解度。

在 5% 氢氧化钠溶液中的溶解度:不溶于水的样品,试验在 5% 氢氧化钠溶液中的溶解度。在小试管中,放置 30mg 样品,加 1mL 5% 氢氧化钠溶液,振荡 1~2min。若溶液中仍有少许不溶物,用滴管将上层清液吸出,置于另一试管中,用盐酸中和至酸性,显混浊或产生沉淀,表示样品能溶于 5% 氢氧化钠溶液,为正结果。若样品含氮且溶于 5% 氢氧化钠溶液,还要试验其在 5% 盐酸溶液中的溶解度,以确定是否为两性化合物。

在 5% 碳酸氢钠溶液中的溶解度:只有溶于 5% 氢氧化钠溶液的样品,才需要再试验在 5% 碳酸氢钠溶液中的溶解度。在小试管中,放置 30mg 样品,加 1mL 5% 碳酸氢钠溶液,振荡 1~2min。能够溶解的样品,还应观察放出的二氧化碳。

在 5% 盐酸溶液中的溶解度:在小试管中,放置 30mg 样品,加 1mL 5% 盐酸溶液,振荡 1~2min,观察样品是否溶解。若溶液中仍有少许不溶物,用滴管将上层清液吸出,置于另一试管中,用 5% 氢氧化钠中和至碱性。有沉淀或油状物产生,表示样品能溶于 5% 盐酸溶液,为正结果。一些有机胺的盐酸盐(如 1-萘胺的盐酸盐)能溶于水,但不溶于过量的稀盐酸中,遇此情况,可用水稀释,促使盐类溶解。

四、化合物在六种溶剂中的溶解行为

1. 在水中的溶解行为

水有很高的介电常数(约为 80),形成氢键的能力很强,是极性化合物的优良溶剂,醇、酯、醛、酮、酸、胺、腈等类化合物的低级同系物,它们均有较强的极性,能溶于水,

这类化合物中的烃基部分在 5 个碳原子以下,所以它们在水中临界溶解度是以 C_5 为标准。当烃链逐渐增长时,极性官能团的比例相应地缩小,整个分子极性也随之减少。对于较高级的同系列,它们的物理性质越来越接近于衍生它的烃类,使其在水中的溶解度减小,在醚中的溶解度却增加,这就是所谓的"相似相溶"规律。

2. 在乙醚中的溶解行为

乙醚介电常数是 4.4,不能缔合,是极性较差的一类溶剂。非极性和中等极性化合物,其中包括溶于水的单官能团化合物都能溶于醚。而有机盐类、强极性化合物(如磺酸)或含有两个或两个以上极性官能团的化合物不溶于醚。

许多不溶于水的有机化合物也能溶于醚,因此单独使用乙醚来进行溶解度分组试验是没有意义的。只有同时用水和乙醚作溶剂时,才能把溶于水的化合物按照它们的极性大小再进一步分组。

根据化合物在水和乙醚中的溶解行为,归纳起来有以下几点:若化合物溶于水和醚,它可能是非离子型化合物;具有能形成氢键的官能团;碳原子数在 C_5 以下;不带有一个以上的强极性官能团。若化合物溶于水但不溶于醚,它可能是离子型化合物;具有 2 个或 2 个以上极性官能团,平均每个极性官能团不超过 4 个碳原子。

3. 在 5%氢氧化钠和 5%碳酸钠溶液中的溶解行为

解离常数 (K_a) 大于 10^{-12} 的酸性化合物,都能溶于 5%氢氧化钠溶液。然后再以碳酸的酸度(一级解离常数是 $4×10^{-7}$)为标准,划分成强酸性 A_1 和弱酸性 A_2 两组化合物。在有机酸中,磺酸有很强的酸性,大多数羧酸 ($K_a>10^{-6}$) 和烯醇类 (2,4-戊二酮的 K_a 近似等于 $4×10^{-9}$ 等化合物的酸性都比碳酸弱,不溶于 5%碳酸氢钠溶液列为 A_2 组。负基取代酚(如苦味酸)的酸性显著增加,能溶于 5%碳酸氢钠溶液列为 A_1 组。

4. 在 5%盐酸溶液中的溶解行为

脂肪胺的碱性大小和氨相近,解离常数 (K_b) 在 10^{-8}~10^{-6} 之间。芳香胺的碱性较脂肪胺弱,解离常数大约是 $1×10^{-10}$(苯胺为 $4.3×10^{-10}$),它们都溶于 5%盐酸溶液,列为 B 组。但是二芳胺、咔唑等,碱性显著下降,不溶于 5%盐酸溶液,列为 M 组。

氨或胺类氮原子上氢被酰基取代,得到酰胺,其中只有 $RCOONR_2'$ 溶于 5%盐酸溶液。$RCONH_2$ 和 $RCONHR'$ 不溶于 5%盐酸溶液,但能溶于 10%~20%盐酸溶液。因此在稀酸或稀碱中做溶解度分组试验时,应注意酸或碱的浓度。

氨或胺类氮原子上的氢被磺酰基取代,得到的磺酰胺 (RSO_2NH_2、RSO_2NHR) 显弱酸性。

肼类 (2,4-二硝基苯肼除外) 能溶于 5%盐酸溶液。

有少数几类化合物,例如吡喃类和花青甙色素类能和稀酸形成镁盐,溶于盐酸中。

5. 在浓硫酸中的溶解行为

中性含氧化合物、不饱和烃、多烷基芳烃能溶于浓硫酸列为 N 组。饱和烃、芳烃及其卤化物不溶于浓硫酸列为 I 组。

浓硫酸是强的质子给予体,并有极高的介电常数(约为 110)。中性含氧化合物氧原子上的孤电子对,能与浓硫酸形成镁盐而溶解。在多数情况下,镁盐用水稀释后可复得原化合物,这也是分离惰性化合物的一种方法。这类反应可以用醚与浓硫酸的作用来表示。

$$R_2O + H_2SO_4 \rightleftharpoons R_2OH^+ + HSO_4^-$$

$$R_2OH^+ + H_2O \rightleftharpoons R_2O + H_3O^+$$

少数中性含氧化合物,例如二芳醚,由于分子中有两个芳基,不易与浓硫酸形成镁盐。

此外，中性含氧化合物在浓硫酸中，还会有磺化、去水、聚合等反应而溶于浓硫酸。所有这类现象均作溶解论。不饱和烃和浓硫酸起加成反应生成硫酸氢烷酯，溶解在过量浓硫酸中。碘代烃加硫酸后，碘会游离出来，溶液呈黄色。

不溶于水、5％氢氧化钠和5％盐酸溶液，含氮和/或硫的化合物，虽然它们也可能溶解在浓硫酸中，但不要试在浓硫酸中的溶解度。

为区分9个碳以下的中性化合物，还可用85％磷酸代替浓硫酸进行试验，若溶解于85％磷酸中的化合物属于N_1组，不溶的则属于N_2组。

习 题

1. 回答下列问题

（1）哪些类型的有机化合物是有颜色的？一个仅有C、H、O的化合物具有颜色，试推断它的结构？

（2）进行元素定性分析时，为什么要做钠熔法实验？

（3）哪些固体化合物测不出熔点，为什么？易潮解的化合物怎样测熔点？

（4）样品溶于水，在灼烧后留有残渣，残渣溶于水应属于溶解度组中哪组？

（5）某含氮化合物经钠熔法分解的水溶液用硝酸酸化，加入硝酸银溶液立即出现大量白色沉淀，此现象可否作为卤离子存在的标志，为什么？

（6）某化合物能溶于无水乙醚，不溶于水，溶于5％ NaOH，此化合物属于哪个溶解度组。

（7）用毛细管测熔点时应注意哪些事项？样品熔点敏锐是否能确证它是纯净化合物？两种化合物的混合熔点不下降是否证明它们为同一种物质？为什么？

2. 写出符合下列条件的化合物各两种，并写出结构式。

（1）同时属于B组和A_1组的化合物。

（2）同时属于B组和A_2组的化合物。

（3）不溶于盐酸的胺类化合物。

（4）不含氧而属于N组的中性化合物。

（5）遇水发生分解的S_1组化合物。

3. 利用溶解度试验，鉴别下列各对化合物。

（1）苄醇和邻甲苯酚

（2）正丙醇和甘油

（3）苯胺和二乙胺

（4）二苯胺和氨基联苯

（5）4-溴-1-丁烯和1-溴丁烷

（6）苯甲醚和二苯醚

阅读园地

布特列洛夫化学结构理论和有机分析

俄国化学家阿列克萨得尔·米哈依洛维奇·布特列洛夫，1928年9月出生于一个偏僻的小镇，卒于1886年8月，终年58岁。

布特列洛夫从小受到过良好的教育。他的初等教育是在一所寄宿学校里完成的，1839年进入喀山中学读书。在中学时期，他喜欢物理学、数学和博物学，对化学更有着特别浓厚的兴趣。1844年中学毕业后，他以优异的成绩考入喀山大学，进一步深入学习化学。1849年大学毕业，因为成绩优良并有独立研究的能力，所以他留在喀山大学任教。1851年获得硕士学位，论文题目为《论有机化合物的氧化反应》，1854年获得博士学位，论文题目为《论香精油》。1868年任彼得堡大学教授，1871年为科学院兼任教授，1874年为常任教授。

在1857~1858年，布特列洛夫曾到国外进行科学旅行和考察，在这期间，他结识了许多著名的化学家，其中有凯库勒、康尼查罗等。他还在著名的武兹实验室进行了一系列的研究工作。在研究中，他首先发现了制备二碘甲烷的新方法，并制备了许多二碘甲烷和二碘甲烷的衍生物。他在武兹实验室首次合成了六亚甲基四氨（乌洛托品）。首次合成了甲醛的聚合物，并且发现，这些聚合物经石灰水处理会转变成糖类物质。这些新的研究成果，受到欧洲各国化学家的注目和称赞，一致认为，布特列洛夫的工作是化学上开创性的工作，特别是糖类物质的合成，被认为是人类历史上的第一次。

1861年，他在德国自然科学代表大会上作了"论物质化学结构"的报告，提出了化学结构的概念以及原子间相互影响的观点。布特列洛夫总结了前人的研究成果，经过独立的研究，系统地提出了有机结构理论。他认为化学物质的结构和性质是紧密联系在一起的，指出："当人们懂得了物质的化学性质依赖于化学结构的一般原理以后，就可以从化学结构推测化学性质。"这个结构理论使有机化学进入了一个崭新的时代。理论指出了认识有机化合物分子内部结构的途径，指导化学工作者了解有机化学反应历程和预见新的有机合成路线，使其有可能按照既定方向有目的地进行实验工作。化学结构理论证明，从化合物的性质能够确定化合物的分子结构；反之从化合物的分子结构就可以预测化合物的许多性质。这个辩证唯物主义的观点，也指导了有机化合物的分析检验工作。尤其是在有机官能团的定量分析中，更需要充分认识官能团的特殊性质，因为受分子结构或其他共存官能团的影响，常常有可能充分地表现出来或甚至完全失去其特征反应。这种官能团的特殊性和分子的整体性之间的辩证关系，正是有机官能团定量分析不可能有通用的分析方法的物质原因。在有机化合物的分析检验工作中，必须始终运用这个观点，自觉地去正确掌握和处理分析反应的条件，改革或制定新的分析方法。

布特列洛夫在化学教学和培养人才方面也有杰出的贡献。他在喀山大学任教18年，培养了一大批优秀的化学人才。他的学生遍及全俄各大学和科研单位，很多人成了著名的教授和专家，其中主要有马尔柯夫尼可夫、A.H.波波夫、A.M.查依采夫等。作为一个教育家，布特列洛夫在各方面为学生树立了榜样。他治学严谨，精益求精，对教学工作尽心竭力、事必躬亲。他的学生和同事都一致称赞他是"一个无与伦比的人"，这些人以与他一起工作过或当过他的学生而自豪。

布特列洛夫在科学上的成果是划时代的，作为一个伟大的科学家是当之无愧的。他受到了科学家们的普遍的承认，其功绩将永远记在科学的史册上。

第三章
混合物组分分离

学习指南

在对一个未知组分样品进行分析时，首先要判断它是否为单一组分化合物，如果是混合物则要进行分离纯化，只有得到的各化合物是纯品时才能使每一组分的鉴定更加容易，否则是不可行的。分离方法的选择以不改变化合物在混合物中的存在形态为原则，在选择混合物分离方法之前，需要按照本章第一节所介绍的方法进行初步检验，获得混合物的初步信息，再选择和确定分离该混合物的一般方法。作为一种技术手段，分离纯化目前被广泛采用，有必要去熟悉各种分离技术的特点，以选择最合适的方法来分离不同混合物。有了这些工作基础才能根据化合物性质上的差异，利用物理或化学分离法设计出分离混合物的方案。

第一节 混合物分离的一般程序

在实际工作中遇到有机混合物的机会远比纯有机化合物多。这些混合物的来源各不相同，有些是天然产物中提取出的混合物，有些是合成得到的混合物，也有些是人为地造成的，如人工配方制成的产品。混合物通常可按各组分的含量分为两种：一种是在某一有机化合物中夹杂有少量的一种或几种杂质；另一种是两个或多个组分，且其中没有一个组分占总量的90%以上。后一种情况由于组分较复杂，需要根据各组分在物理和化学性质上的差异，利用多种方法，将各组分分离并纯化成纯物质。而对于前一种情况，如要对微量组分进行分离和鉴定，最有效的手段是采用各种色谱分析，如薄层色谱、气相色谱、高效液相色谱以及色谱-质谱和色谱-红外联用分析测试等方法。如果仅仅是将微量组分作为杂质去除，只要用重结晶、蒸馏、分馏、升华、层析或离子交换等简单的分离和纯化方法将杂质去掉。

混合物通常可分为两类：一类是已知组分的混合物，例如，对于多数有机合成反应，其原料、溶剂及主、副产物等组分均已知，组分的物理常数和化学性质也已知，因而在反应后要分离出主产物、副产物、回收溶剂和未反应的原料相对比较容易，只需要根据混合物各组分性质设计分离方案，就可达到分离的目的，这类混合物的分离一般比较简单，应用也比较广泛。当然，在工作中也会遇到一些组分虽然已知，但由于各种原因而难以分离的混合物。

另一类是组分完全未知的混合物，由于来源未知或组分情况复杂，分离工作很难进行。

例如，一些具有特殊性能、特殊用途的新材料、催化剂、添加剂、各种助剂和溶剂等精细化工产品及其加工产品，由于本身就是用各种有机物按一定比例配制而成的，且配方是严格保密的，要做这类样品的剖析工作，首先要解决分离问题。由于有机物种类繁多，数目庞大，性质各异，所以不难想象要分离分析组分完全未知的混合物是相当艰巨的工作。可以说，完成一个剖析任务，70%~80%的工作量是用在分离各组分上。

迄今为止，对这类混合物的分离还没有一个万全之策，对它只能提供一个基本思路和一大概的程序。至于实际上是否行得通，则还要看混合物本身的复杂程度和对混合物中所含各组分特性的了解程度。一般来说，对这类混合物的分离只能是边探索试验，边分离，采取各种方法进行定性鉴定，将此混合物变为已知组分的混合物，就可在此基础上设计一个最佳分离方案达到定量分离的目的。本节介绍的是对未知混合物分离的一般程序及其思路，需要强调的是这仅是一般原则，切不可一成不变地加以套用，总之，对这类混合物的分离要根据具体情况作具体分析。

一、混合物分离的初步检验

在混合物分离前，除了对混合物来源有初步了解外，还要通过预试验，以探明混合物中各组分的性质，为选择和设计最有效的分离方法提供依据。

对于不知其为混合物，或是仅含有少量杂质的单纯有机化合物，用薄层色谱加以判断是简单有效的办法，根据薄板上出现的斑点数目，便可知样品组分的复杂程度，同时也可根据薄层板上展开的斑点大小，对各组分的相对含量做出初步判断，如果有条件的话，也可先作红外光谱和核磁共振谱分析，这会提供样品复杂程度以及组分的某些结构特征的信息。

对于混合物的初步检验，一般包括以下几个方面。

1. 了解样品的来源、用途

它可为判断混合物中可能含有的组分及其类型提供重要的信息。

2. 物理状态的观察

对样品应做仔细的观察。例如，对于液体样品，观察其是否分层，是否有悬浮物或沉淀物，有何气味和颜色，如果有固体物，则可先将其固液分离；对固体样品，观察混合物的晶型类型，是否有颜色差异，如有可能可通过显微镜进行观察，并注意其气味。

3. 灼烧试验

取10~20mg混合物样品，进行灼烧试验；注意观察灼烧过程中的现象：有无气体放出，其气味如何（小心有毒气体）；易燃易爆性，火焰的颜色及是否有烟；有无残渣残留。

4. 液体混合物的含水试验

检验液体混合物中是否含水，或者是否为水溶液，可用下述方法。

① 取1~3滴液体样品滴在无水硫酸铜粉末上，如粉末颜色变蓝，则证明样品含有水。

② 取3滴样品加到数滴无水乙醚中，若醚层呈浑浊，说明样品中含有痕量水分，若有分层现象说明样品的含水量较大。

③ 取3mL液体样品和3mL无水甲苯于一干燥的10mL蒸馏瓶中，进行蒸馏，收集2mL馏出液，然后加入5mL无水甲苯将馏出液稀释，如果此时馏出液出现分层现象或者有明显的液滴悬浮在无水甲苯层中，则表明有水分存在，若无水甲苯层略呈浑浊，则表明含有微量的水分。

5. 液体混合物的挥发性试验

取5mL液体样品于一干燥的10mL蒸馏瓶中，在水浴上慢慢地加热蒸馏必注意观察蒸馏过程中的现象，如有馏出液表明含有挥发组分，如已探明液体样品含有水，则应考虑有无可能为共沸蒸馏液。如无馏出物，表明此混合物不含有沸点低于 90~100℃ 的易挥发物质。这一操作一般不宜采用在明火上直接加热的普通蒸馏，通常都采用热水浴加热法进行普通蒸馏或用水泵抽真空下于水浴上进行蒸馏，这样可使加热温度不超过 100℃，以防止某些组分在受热温度过高时分解。

6. 溶解性试验

对混合物进行溶解性试验往往能对分离方法提供直接的启示。此试验对固体混合物尤为重要。用于检验混合物溶解性的试剂，主要有 4 种：水、乙醚、5％盐酸溶液和 5％氢氧化钠溶液。在混合物中加入上述的一种溶剂后，若混合物分层或固体未完全溶解，此时应采用分液或过滤的方法将液层分离或将固液分离，再检验溶剂中有无溶解物。若有溶解物，则暗示此溶剂一般可用于分离。

进行溶解性试验时，应注意有无溶解物的判断；加酸或加碱后，混合物有无颜色变化，有无气味变化，有无反应发生及有无气体放出等。溶解性试验均在室温下进行，试验过程中若直接加热，可能会引起某些组分的变化。

7. 元素定性分析

混合物样品若不含有水分，可做钠熔法试验，鉴定氮、硫及卤素。如果样品含有水分，则应经干燥后方可采用钠熔法，如果样品为水溶液，则可直接检验硫酸根和卤离子。也可以用 Beilstein 试验初步检验卤离子或化合物中卤原子的存在与否。

元素定性分析这一步放在溶解性试验之前或之后进行均可。如在灼烧试验时，样品分解有氨气味放出，溶解性试验表明有碱性的组分存在，那么一般元素定性分析时应有氮元素存在，故元素定性分析起了印证的作用。元素定性分析主要是用来揭示混合物组分含有杂原子（氮、硫和卤原子）的情况。

8. 官能团的检测

在上述初步试验的基础上，选做下列几个官能团检测试验，有时会对混合物如何分离提供一些有益的启示：高锰酸钾试验；2,4-二硝基苯肼试验；氯化铁溶液试验；饱和溴水溶液试验。

在以上各步试验中，对液体混合物来说，最重要的是挥发性试验和溶解性试验。对固体混合物来说，最重要的是溶解性试验。因为这是能否实现对混合物分离的依据。

一旦在上述预试验中发现有分离出某一组分的可能性时，即可将其作为一步实际分离的步骤而分出该组分。若按上述初步检验方法试验后，仍找不出分离混合物中各组分的性质差异，就不能按本节所述的方法进行分离。此类混合物的分离只能借助其他方法，如各种色谱方法等。即使是这样，我们所作的初步试验仍不失其实用价值，因为这些结果无疑对于其他分离方法的选用也是有参考作用的。

二、混合物分离的通用程序

经过前面的预试验，初步了解了混合物中所含有的组分性质，这就为制订分离方案提供了有益的线索。根据这些线索制订的分离方案一般都是可行的。当有几种可行的分离方法时，就应该将其作深入的比较，以确定先后顺序或者决定取舍。一般来说，在分离混合物时，先考虑利用混合物组分挥发性的差异，再考虑其溶解性的差异，最后不得已时才考虑利用特殊的化学反应分离出混合物中某个组分的方法。

下面列出一个分离混合物的较通用的程序，也体现了选取分离方法的顺序原则。实际工作中，该程序中的各步操作不一定照搬，而是应该根据初步试验的结果进行有目的地选做。

此外，还应该认识到，在分离复杂的混合物时，通过各步分离得到的物质，还有可能是个混合物，例如，多组分混合物通过蒸馏得到的馏出液中，可能会含有几个挥发性高的物质，或者混合物中两种组分都溶解在某一种溶剂中，这种情况是屡见不鲜的。如果遇到这种情况，首先应该解决将挥发组分与不挥发组分分离或将溶于某种溶剂的组分与其他组分分离的问题，而不管分出的是几个组分，然后再来考虑已分离出的两个或多个组分的分离。

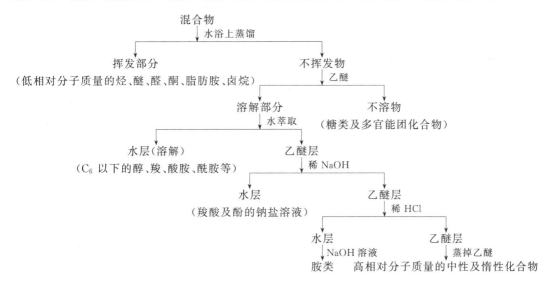

第二节 简单混合物的分离

对于已知混合物的分离，可根据混合物中各组分的化学性质或物理性质的差异，选择适当的化学分离法或物理分离法，将混合物分离为单一化合物。通常不可能有一成不变的分离方法，必须根据实际情况，拟订方案。为此首先要了解样品的来源和进行初步检验，特别是对于组分成分复杂的混合物更有必要。分离混合物的方法可以分为化学方法与物理或物理化学方法两大类，并且它们可以相互配合应用。

对混合物分离的要求是既不能丢失组分，又不能使原有各组分的结构有所改变。如果必须转变为衍生物后才能分离，该衍生物应很容易使之转变为原来的化合物，或适于作为定量测定的形式。为了搞清楚各组分的相对含量，还要求尽量做到定量分离。对于各组分相对含量较大的混合物，大致有以下 3 种分离方法。

(1) 根据组分的挥发性不同进行分离　对液体混合物由各组分的挥发性不同，导致沸点或蒸气压存在差别。可采用普通蒸馏、水蒸气蒸馏、减压蒸馏、分馏予以分离。对于能升华的固体则可采用升华方法进行分离。

(2) 根据组分的溶解性不同进行分离　有机化合物之间由于极性差别而在溶剂中的溶解度不同。如液体混合物可采用萃取分离法，固体混合物可采用重结晶方法，固液混合物可采用过滤方法。

(3) 根据组分的化学性质不同进行分离　对于由有机酸、碱或中性化合物所构成的混合物，可利用混合物中某组分可与酸或碱反应，或与另一个试剂反应，得到某可分离出的组分，而后再通过加入酸、碱或其他试剂将其转化为原有的组分而达到分离的目的。

本节就以上 3 类方法作概要的讨论，并用已知的混合物为实例加以说明，而对分离中所用到的实验技术，在这里不作具体阐述。如遇有问题可参阅有关化学实验技术方面的书籍。

一、蒸馏和升华法分离

分离混合物的依据是混合物中各组分在物理性质和化学性质上的差异。根据各化合物性质上的差异，采用相应的物理或化学分离方法将其逐个分出，达到分离的目的。分离后的组分不可能很纯，还需进一步提纯，方能做鉴定。

使用蒸馏法和升华法分离混合物，主要是根据组分的挥发性不同进行分离。

有机化合物的挥发性，反映了其在一定温度下的饱和蒸气压的大小。易挥发的液体，它的沸点都比较低，故可借助于各种蒸馏方法将混合物中低沸点（即挥发性高）的组分蒸出，留下的是相对不易挥发或不挥发的组分，从而达到分离的目的。

1. 普通蒸馏

对于低于 100℃ 的有机化合物均可用水浴加热将其蒸出。如果两个组分的沸点相差大于 30℃，且无共沸现象，也可采用普通蒸馏或分馏的方法将其中易挥发的组分蒸出。例如用乙醚萃取苯乙酮得到的萃取液就是一个二元组分的混合液，由于乙醚的沸点较低，为 34.5℃，而苯乙酮的沸点较高，为 202℃，故可用水浴加热蒸馏的方法将乙醚蒸出，苯乙酮则残留在瓶中。这种分离过程可用以下的流程图形式表示：

$$\begin{cases}乙醚（沸点\ 34.5\ ℃）\\ 苯乙酮（沸点\ 202\ ℃）\end{cases} \xrightarrow{水浴蒸馏} \begin{array}{l}\longrightarrow 馏出物 \xrightarrow{提纯} 乙醚\\ \longrightarrow 残留物 \xrightarrow{提纯} 苯乙酮\end{array}$$

2. 水蒸气蒸馏

对于不溶于水或不与水反应而在水中挥发性不同的两个组分，可采用水蒸气蒸馏的方法使其中一个较易挥发的组分分离出来。能被水蒸气蒸馏分离的两个组分，它们之间必须有足够大的蒸气压差别。

一般说来，单官能团化合物的蒸气压要比同温度下双官能团化合物的蒸气压高，即挥发性大，因而在混合物中通入水蒸气时，单官能团化合物往往可随水蒸气一起馏出，而双官能团化合物则不随水蒸气挥发出来。例如，乙酸和草酸，丙醇和丙二醇，苯甲酸和对苯二甲酸等各对混合物中，前者均可随水蒸气挥发而被蒸出，后者则由于本身蒸气压低不能随水蒸气挥发而留在蒸馏瓶中。

对于具有两个不同官能团的化合物，尽管其本身的蒸气压低，如氨基酸、羟基酸、硝基羧酸、酮酸、酮醇等双官能团的化合物，但都难于随水蒸气一起挥发出来。但某些双官能团化合物也有可能随水蒸气一起挥发，例如，邻硝基苯酚、邻羟基苯甲醛等邻位二取代苯的衍生物，由于它们的蒸气压和水蒸气的蒸气压之和等于大气压，则可随水蒸气一起蒸出。这是因为邻位取代的硝基酚和羟基苯甲醛两个官能团之间形成分子内氢键之故。而相应的对位化合物则形成分子间氢键，故可利用水蒸气蒸馏将邻位和对位的异构体分离。

磺酸及其盐类不随水蒸气挥发。有些有机酸和有机碱可随水蒸气挥发，但是它们的盐类却不能随水蒸气挥发。因此在分离含有机酸或有机碱的混合物中的组分时，可以先将其中的酸或碱转变为盐，再用水蒸气蒸馏的方法将混合物中的其他易挥发组分蒸出。例如，正丁醇和正丁胺的混合物分离时，可先加入足够量的稀硫酸，正丁胺与硫酸结合成为稳定的正丁胺硫酸盐，然后用水蒸气蒸馏将正丁醇蒸出，残留在瓶中的正丁胺硫酸盐用氢氧化钠溶液中和并使之呈碱性，这样正丁胺游离出，并可再用水蒸气蒸馏将其蒸出。值得注意的是，有些有机弱酸盐和有机弱碱盐，例如，苯酚钠盐和羧酸铵盐等在沸水中不稳定易分解，就不宜用水蒸气蒸馏法加以分离，此时可采用其他的方法，例如萃取法。

二、萃取法分离

萃取是分析中用来提取或纯化有机化合物的常用操作之一。它是用于从反应混合物中分离出欲制取的有机产物，或从天然物中离析出有机物的一种最普遍的技术。从固体或液体混合物中提取所需物质时，这时通常被称为"抽提或萃取"，但是用同样的操作也可以用来提取混合物中少量的杂质，这时通常称为"洗涤"。

萃取是利用有机化合物在两种不互溶（或微溶）溶剂中分配特性的不同达到分离、提取或纯化目的。有机化合物在各种溶剂中的溶解性质已在溶解度分组中作了详细地讨论。常用于混合物分离的溶剂是乙醚，及其他一些低沸点惰性溶剂、稀氢氧化钠溶液、稀碳酸氢钠溶液和稀盐酸溶液等。一般应尽量避免用水作溶剂，因为有些水溶性有机化合物不易与水分离。所用的溶剂必须是在分离后最终能够与被溶解的有机物质分离，否则就得不到原来的组分，那么这种分离就没有实际意义了。这里直接用实例来说明作为使用萃取法分离混合物所依据的一些原理和规律。

[例 3-1] 邻甲苯酚和苯甲酸混合物的分离

这是弱酸性和强酸性两组分混合物，在这个混合物中，苯甲酸是个较强的酸，而邻甲苯酚则是较弱的酸，其酸性比碳酸还弱。故可根据它们在稀碳酸氢钠溶液中的溶解行为不同来加以分离。

```
邻甲苯酚   (1) 5% NaHCO₃ 溶液    → 醚层 —水洗、干燥、蒸去醚→ 蒸馏 → 纯邻甲苯酚
苯甲酸     (2) 乙醚提取         → 碱层 —(1)酸化 (2)过滤→ 重结晶 → 纯苯甲酸
```

[例 3-2] 硝基苯和苯胺混合物的分离

这是中性和碱性两组分混合物，在这个混合物中，硝基苯是中性组分，而苯胺则是碱性组分，其碱性则是最易被利用的化学性质。因此，可根据它们在稀盐酸溶液中的溶解行为的不同来分离。该混合物的分离流程如下：

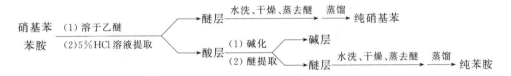

[例 3-3] 苯甲醛和苯甲酸混合物的分离

这是中性和酸性两组分混合物，在这个混合物中，苯甲醛是中性组分，而苯甲酸则是酸性组分，其酸性则是最易被利用的化学性质。因此，可根据它们在稀氢氧化钠溶液中的溶解行为的不同来分离。该混合物的分离流程如下：

```
苯甲醛   (1) 5% NaOH溶液        → 醚层或馏出液 —水洗、干燥、蒸去醚→ 蒸馏 → 纯苯甲醛
苯甲酸   (2) 乙醚提取或水蒸气蒸馏 → 碱层或残留液 —(1)酸化→ 酸层
                                              —(2)醚提取→ 醚层 —水洗、干燥、蒸去醚→ 蒸馏 → 纯苯甲酸
```

[例 3-4] 正丁醚和 1-溴丁烷混合物的分离

这是中性和弱 Lewis 碱两组分混合物，在这个混合物中，它们都是中性化合物，不同的是正丁醚中的氧原子含有孤电子对是个弱的 Lewis 碱，可与浓硫酸结合成𨦡盐而溶于浓硫酸中；1-溴丁烷则是不溶于任何溶剂的Ⅰ组化合物，故可用浓硫酸作为分离试剂。正丁醚与浓硫酸生成的𨦡盐在加水稀释后，即分解为原来的正丁醚。分离流程

如下：

应该注意的是由于许多有机化合物与浓硫酸作用会引起加成、聚合和磺化等不能逆回的反应，使组分不能恢复原貌，故应慎用浓硫酸作分离试剂。

由以上例子可以看出只要混合物中各个组分对于溶解度分类试剂的作用有差异时即可考虑用该溶剂为分离试剂。

此外，乙醚虽然在溶解度分组试验中只用于区分 S_1 组与 S_2 组的化合物，但它所能够溶解的有机化合物并不限于 S_1 组的化合物。许多不溶于水的化合物，只要其极性不是很强，不是盐类和高分子化合物，大多能溶解在乙醚中。由于乙醚的沸点较低，易挥发，可用热水浴蒸馏除去，因而常是分离有机混合物不可缺少的溶剂。

综合以上两类分离方法可知，了解有机化合物的挥发性和溶解性是分离这两类混合物的基础，表 3-1 列出常见的各类有机化合物的溶解度和挥发度等情况，供分离时参考。

表 3-1　常见有机化合物溶解度与其挥发度之间的关系

溶解度分组	常见化合物类型	挥 发 度	随水蒸气的挥发性
S_1组	低相对分子质量的醇、醛、酮酸、酯、胺、酰氯	多数沸点低于 100℃，易蒸馏	除酰氯外，能随水蒸气挥发
S_2组	多元醇、二元胺、糖氨基酸、多元酸	难挥发，多数不能常压蒸馏	不能随水蒸气挥发
A_1组	C_5 以上一元酸、负性取代酚	难挥发	通常不随水蒸气挥发
A_2组	酚、伯、仲硝基物	沸点高，许多不能蒸馏	一般不随水蒸气挥发
B组	苯胺及其衍生物	沸点高	许多化合物能随水蒸气挥发
M组	硝基苯、酰胺、负性取代芳胺	沸点高，许多不能蒸馏	某些能随水蒸气挥发
N组	高相对分子质量的醇、醛、酮、酯	沸点较高	相对分子质量小的能随水蒸气挥发
I组	脂肪烃、芳烃及其卤素衍生物	有较强的挥发性	能随水蒸气挥发

三、按组分的化学性质不同进行分离

此法仅适用于某些含有特殊官能团的组分。采用此法时，必须遵循下述原则：①混合物中的某组分与某试剂反应所得到的产物能与其他组分分离；②该反应产物能用逆反应使之分解恢复到反应前原来的分子结构。否则就违背了分离的要求而不能被采用。下面用具体实例加以说明。

［例 3-5］　用 Hinsberg 反应分离伯、仲和叔胺的混合物。

将伯、仲和叔胺的混合物与苯磺酰氯反应，反应在碱溶液中进行，伯胺和仲胺转变为磺酰胺盐和磺酰胺，叔胺不起反应。将此混合反应液酸化后，伯胺和仲胺的磺酰胺以固体析出，叔胺则成为盐溶解在溶液中。过滤收集固体磺酰胺。滤液中为叔胺盐，用氢氧化钠溶液碱化滤液，叔胺则呈油状物析出，以乙醚将油状叔胺萃取出，经干燥，蒸去乙醚即得粗叔胺。过滤收集的固体磺酰胺可将其溶解在乙醇中，在乙醇钠溶液中回流，其中伯磺酰胺全部转化为钠盐后，加水稀释使伯磺酰胺钠盐溶解，蒸去乙醇，过滤，收集到的固体为仲胺的磺酰胺，滤液含伯磺酰胺钠盐。分别用 80% 硫酸加热回流使其水解，则可分别得到伯胺和仲胺。

苯胺、N-甲基苯胺和 N,N-二甲基苯胺的混合物以苯磺酰氯为反应试剂的分离流程如下：

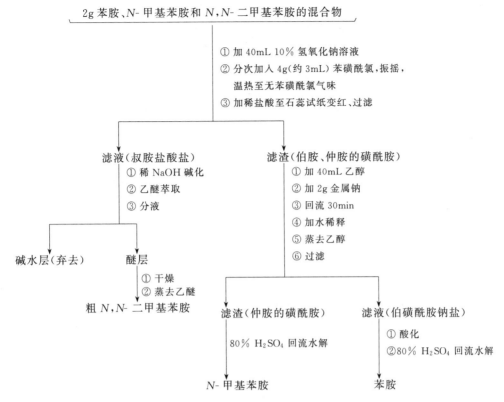

利用化学试剂与混合物中某组分反应进行分离的方法还有许多例子，如醛和芳烃混合物的分离，则是利用了醛与饱和亚硫氢钠的反应而与芳烃分离，但再次要强调的是，在利用化学反应进行分离时，在保证不能丢失组分的前提下，还不改变或破坏原来组分的结构，也就是说要使原有组分能很易复原。

第三节　复杂混合物的分离

一、多组分混合物的分离

实际中，许多混合物的组成并不仅限于两种组分，它可以是三种、四种或更多种组分并存的混合物。在遇到多组分混合物的分离时，一般可将前述的几种方法交替使用，使复杂的混合物转化为简单的混合物，再分离成为单个的化合物。关于多组分混合物的分离方法则通过下面例子予以说明

[例 3-6]　合成乙酸正丁酯的反应混合物分离。乙酸正丁酯的反应如下：

$$CH_3COOH + CH_3CH_2CH_2CH_2OH \xrightarrow{\text{浓 } H_2SO_4} CH_3COO(CH_2)_3CH_3 + H_2O$$

在分离前，应明确合成反应混合物中一般都包含有未反应完的原料和反应所得的主副产物。因此在合成乙酸正丁酯的反应混合物中，含有未作用的乙酸、正丁醇以及主产物乙酸正丁酯、水，副产物丁醚，反应催化剂硫酸。在此反应混合物中，副产物丁醚与硫酸可形成𬭩盐，且硫酸具有难挥发性，其余的均有一定的挥发性，因此可用蒸馏法将硫酸除去，然后再利用性质差异逐步进行分离，得到纯的乙酸正丁酯。这个混合物的分离流程如下。

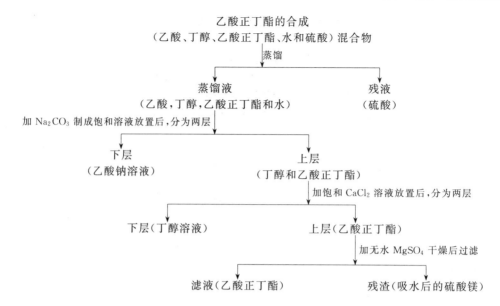

[例 3-7] 合成喹啉的反应混合物的分离

用史克劳普（Skraup）反应制备喹啉时所得到的反应产物中主要含有喹啉硫酸盐、苯胺硫酸盐、硝基苯、甘油、硫酸、硫酸亚铁、硫酸铁和丙烯醛的聚合物，这种反应混合物可以按照下列步骤进行分离：

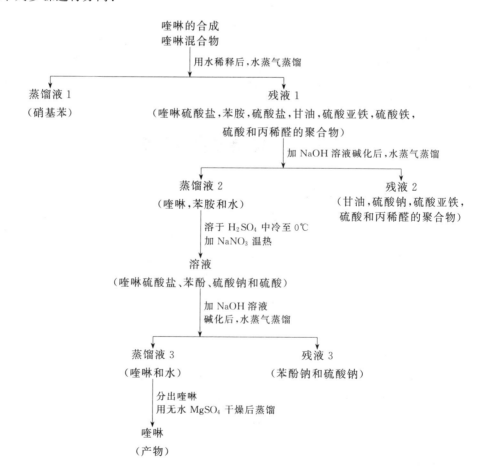

二、水溶性混合物的分离

水溶性混合物可以是水溶性固体或水溶性液体的混合物，有时也可能是它们的水溶液。对于这类混合物应注意它们的气味和酸、碱性。在预试验中，若得知含有挥发性溶剂，在分离时，先将混合物在水浴上蒸馏，分出挥发性组分，残留物再按下述步骤分离。

步骤1：分离挥发性中性和酸性组分

将6～10g固体或液体混合物溶解在50～75mL水中，或量取相当于含有6～10g组分的混合物水溶液，用水稀释到50～75mL。水溶液用20%硫酸酸化至刚果红试纸变色（pH为3～5），分解混合物中可能存在的酸性化合物的盐类。此时若有不溶于水的酸性化合物析出，分离后，再行鉴定。

将酸化后的溶液进行第一次蒸馏。直至馏出液（1）对石蕊试纸不再显酸性或收集100～150mL馏出液（2）。如果在蒸馏完成前，瓶中剩下的残留液（1）少于原体积的1/4时，应添加适量水分，再继续蒸馏。

馏出液（1）中可能含有挥发性中性和酸性组分。用稍过量10%～20%氢氧化钠溶液碱化，再行第二次蒸馏，至所有挥发性中性组分全部蒸出，（根据折射率、密度和官能团检验来判断），收集在馏出液（2）中。

第二次蒸馏后的残留液（2），用稀硫酸酸化直至对石蕊试纸显酸性，然后加过量的固体$NaHCO_3$，再用乙醚提取二次，每次20mL，合并醚层（1），干燥后，蒸去醚，得酚或烯醇类化合物。醚提取后的$NaHCO_3$溶液（1），仔细地用稀硫酸酸化。若有酸性物质析出，用乙醚提取二次，每次20mL，合并醚层（2），干燥，蒸去醚，得不溶于水的挥发性酸；若溶液澄清，再行第三次蒸馏，得馏出液（3）含有溶于水的挥发性酸。

步骤2：分离碱性组分

残留液（1）用10%～20%氢氧化钠溶液碱化，若有固体析出，过滤。碱溶液再行第四次蒸馏。在蒸馏中，当碱溶液过于浓稠时，要加入适量的水，继续蒸馏，直至馏出液（4）对石蕊试纸不再显碱性。瓶中的残留液（4）留做下一步分离。馏出液（4）中的挥发性碱性组分，若不溶于水，用乙醚提取，得不溶于水的挥发性胺；若为水溶性胺类，可将馏出液（4）重新蒸馏，至馏出液（5）为原体积一半时，停止蒸馏，并在馏出液中加入过量的氢氧化钠，作成饱和溶液使胺分出。分离出的胺类用薄层层析检验，如果仍为混合组分，再按照胺类混合物分离方法处理。

步骤3：分离不随蒸汽挥发的组分

在残留液（4）中，含有溶于水但不能挥发的酸，碱或中性化合物。对此溶液，加稀H_2SO_4中和至刚巧对刚果红显酸性。然后在水浴上蒸发至干，残渣用热无水乙醇提取，待乙醇提取后的剩余物，在坩埚上灼烧，无炭化现象，表明已提取完毕。醇提取液蒸发至干，用薄层层析检验不是单一组分还是混合组分。再做进一步分离或鉴定。

步骤4：随蒸汽挥发的中性组分

馏出液（2）中，含水溶性中性组分。若溶液过于稀释，需要将馏出液（2）重新蒸馏，收集原体积的1/2～1/3。必要时可重复蒸馏1～2次。然后在馏出液（2）中加入固体碳酸钾至饱和，分出上层的中性组分，其中仍有相当量的水分，加无水碳酸钾干燥，过滤后，取部分作官能团试验和薄层试验，以检验是否仍为混合组分。若为单一组分，重蒸馏一次，记录沸点，并制备它的衍生物。

有些中性化合物（如甲醇），用碳酸钾不能把他们从水溶液中盐析出来，但它们的水溶液，用碳酸钾饱和后，再行蒸馏，可以获得比较纯的组分。

图 3-1 为水溶性混合物分离示意。

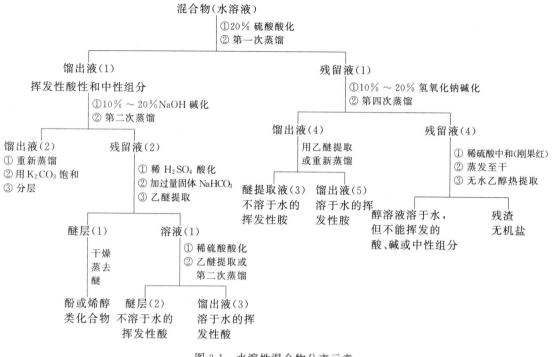

图 3-1　水溶性混合物分离示意

三、水不溶性混合物的分离

步骤 1：分离挥发性组分　对含有挥发性溶液的液体混合物，分离时，先取 15～25mL 液体放在 50mL 蒸馏瓶中，在水浴上蒸发，馏出液（1）中含有挥发性组分。残留液（1）为水不溶性组分。

收集的挥发性组分要重新蒸馏，并注意是否仍为混合物。若仍然是混合物，需要用分馏或其他方法来进一步分离。

步骤 2：分离中性组分　将 5～10g 固体混合物或蒸去挥发性组分后的残留液（1）溶解在 50mL 乙醚中，充分搅拌，用 5% 盐酸溶液提取 3 次，每次 15mL。分出醚层（1），水层（溶液 1）留做分离碱性组分用。在提取时若有胺盐析出，应加水稀释盐酸溶液。

醚层（1）再用 5% 氢氧化钠提取三次，每次 15mL。若有肥皂状乳浊液生成，可再加些水和一点酒精以促其分为两层。分出醚层（2），干燥，蒸去醚，得中性化合物。水层（溶液 2）留做分离酸性组分用。

分出的中性组分，应用官能团试验和薄层试验决定是否仍为混合物。若为混合物，可用分步结晶、减压蒸馏和蒸汽蒸馏等方法分离。

步骤 3：分离酸性组分　溶液（2）用稀硫酸酸化至石蕊试纸显酸性。然后加入过量的固体碳酸氢钠或将溶液（2）用二氧化碳饱和，所得溶液再用乙醚提取 3 次，每次 20mL，合并醚（3），干燥，蒸去醚得酚或烯醇类弱酸性化合物。

用乙醚提取后的溶液（3），用稀硫酸酸化至对刚果红变色。若有沉淀析出，过滤。滤液或酸化后的溶液（3）用乙醚提取二次，每次 20mL。分出醚层，干燥，蒸去醚。若残留物是固体，可与先前得到的沉淀合并，得弱酸性组分。

步骤 4：分离碱性组分　溶液（1）用氢氧化钠溶液碱化，再用乙醚提取三次，每次 15～20mL，分出醚层（4），干燥蒸去醚，得碱性组分。水层（溶液 5）用乙酸仔细中和，若有固体析出,过滤,分离出两性化合物。图 3-2 为水不溶性混合物分离示意。

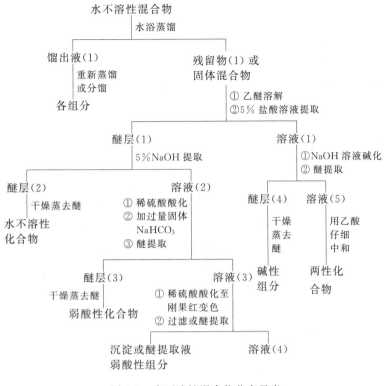

图 3-2 水不溶性混合物分离示意

第四节 混合物的色谱分离

1903 年俄罗斯植物学家茨卫特所创立的色谱法,是分离科学发展史上的一个里程碑,成为近代有机分析中应用得最广泛的工具之一,它既可用于有效地分离复杂混合物,又可以用来鉴定物质,尤其适合于对少量物质的处理。其后 20 世纪 30 年代与 40 年代又相继出现了纸色谱法和薄层色谱法,这些方法都是以液体作为流动相,也被称为经典液相色谱法。50 年代气相色谱的兴起,流动相由液体变为气体,这种技术奠定了现代色谱法的理论基础。随后,气相色谱法蓬勃发展,60 年代达到鼎盛时期。进入 70 年代后,高效液相色谱的问世,使色谱法的应用范围大为拓宽。从此,色谱法进入黄金发展时期,至今不衰。

由于纸色谱法和薄层色谱法在确定未知混合物的组分数和含量估算上不失为一种简便有效的方法,为此本节将重点叙述薄层色谱法的基本原理并较为详细地说明其操作方法,以便使学习者能很好地掌握这门技术。

一、薄层色谱分离

薄层色谱法是把固定相(通常是活性吸附剂或键合相)均匀地铺在一块光洁平整的玻璃板或塑料板上,形成均匀的薄层,薄层厚度通常是 0.25mm,但也可根据需要适当地加以改变。然后点上样品,以流动相展开,样品中的组分不断地被吸附剂(固定相)吸附,又被流动相溶解(解吸)而向前移动。由于吸附剂对不同组分有不同的吸附能力,流动相有不同的解吸能力,因此在流动相向前流动过程中,不同组分移动的距离不同,因而得到分离。

薄层色谱法的优点是：装置简单，操作简便，价格便宜，在一般化学实验室都可以进行；展开耗时短，一般 20～30min 即可上行十几厘米，与纸色谱相比，分离速度快，效率高；薄层色谱斑点扩散少，检出灵敏度高（比纸色谱高 10～100 倍）；在同一张薄层板上可用多种试剂显色，且可供选择的显色剂种类多；对样品的负荷量比纸色谱大，可高达 50mg 并有多种定量方法，因此薄层色谱法是色谱中应用最普遍的方法之一，特别是商用薄层色谱扫描仪的出现使得薄层色谱操作更为方便。此法特别适用于挥发性较小或在较高温度易发生变化而不能用气相色谱分析的物质。另外，薄层色谱法还能用以帮助高效液相色谱法选择合适的固定相。它还可用作反应的定性"追踪"，也可作为进行柱色谱分离前的一种"预试"。

1. 薄层色谱法的分类

薄层色谱按机理可分成吸附色谱、分配色谱、离子交换色谱和凝胶渗透色谱等类。但以吸附薄层色谱法和分配薄层色谱法最有用，其中分配薄层色谱法又可因流动相与固定相的相对极性差异分为正相分配薄层法和反相分配薄层法两种。在正相薄层色谱中，固定相的极性强于流动相的极性，即在正相分配薄层色谱中，极性大的样品组分有较低的迁移率（较小的 R_f 值），极性较小的组分则有较高的迁移率（较大的 R_f 值）；在反相薄层色谱中溶剂组分和吸附剂的作用以及样品组分的迁移率都与正相薄层色谱相反，在展开过程中，溶剂中的非极性组分和吸附剂的作用大，对极性物质迁移的阻力小，因此极性化合物在反相薄层法中有较大的 R_f 值。

在分配色谱中层材也是吸附剂，不过这里吸附剂主要起载体的作用。常用的吸附剂有粉末状的纤维素、无活性硅胶或者是两者的混合物。

吸附薄层法是以吸附剂（固定相）和被分离物质之间的吸附作用为基础进行样品分离的薄层形式。主要吸附剂有硅胶和氧化铝，它们都有强烈的活性。依靠这些层材的毛细管作用使流动相运动，当样品中的一种组分比另一组分更强烈地被固定相吸附时，得到分离。分离的程度与吸附剂的表面积有关，一般讲，吸附剂表面积大时有利于分离。

表 3-2 列举了吸附薄层法和分配薄层法的主要特点。

表 3-2 吸附薄层法和分配薄层法的主要特点

方　　法	吸附薄层法	正相分配薄层法	反相分配薄层法
主要分离对象	疏水（亲脂）弱极性或中等极性有机化合物	亲水无机物、亲水极性有机物	相似的疏水物质
薄层类型	活性吸附剂	含水、缓冲液或极性很强的有机液体的吸附剂，无活性	含非极性固定液的吸附剂，无活性
移动相	多种有机溶剂	用水或缓冲饱和的有机溶剂	极性溶剂
常用层材料	硅胶，氧化铝	纤维素、无活性硅胶	纤维素、硅烷化硅胶
展开距离为 10cm 时所需平均时间/min	20～45	60～90	60～90

2. 薄层色谱条件的选择

（1）薄层色谱法对固定相的要求　混合物的性质、固定相种类、展开剂的性质是影响混合物有效分离的 3 个主要因素，其中混合组分的性质是决定因素，因此要有效地分离混合物，必须针对要分离的组分正确地选择固定相及展开剂才能达到目的。薄层色谱法对固定相的要求如下：

① 大的表面积和足够大的吸附能力，一般是多孔的颗粒状、纤维状物质；

② 在所用的溶剂及展开剂中不溶解，与展开剂及样品没有化学作用；

③ 有可逆的吸附性，即既能吸附样品组分，吸附后又易被溶剂解吸；

④ 颗粒均匀，在使用过程中不会变性和碎裂；

⑤ 最好为白色固体，这样可便于观察结果。

(2) 选择固定相的原则　薄层层析中常用的固定相有氧化铝和硅胶。硅胶可分为"硅胶G"，"硅胶 H"，一般不含胶黏剂，使用时必须加入适量的胶黏剂，如羧酸甲基纤维素钠（简称CMC）。硅胶GF_{254}与硅胶相似。氧化铝也可分"氧化铝G"和"层析用氧化铝"。

样品的溶解性（水溶性、脂溶性）、酸碱性、极性以及与固定相有无化学变化等是选择固定相的主要因素。

① 一般不论样品的溶解性如何都可以在吸附薄层上分离，所以任何类型的化合物都可首先试用硅胶或氧化铝薄层。但当样品为水溶性化合物，在吸附薄层上分离不好时，可试用纤维素或硅藻土的分配薄层法；当脂溶性化合物在吸附薄层上分离不成功时，则可试用反相分配薄层法。

② 硅胶是多孔网状结构的中性及微酸性吸附剂，适于酸性及中性物质的分离；碱性物质能与硅胶作用，造成展开时拖尾或根本无法展开而达不到分离的目的。

③ 氧化铝一般呈现碱性，也可处理后制成酸性和中性，例如与1+1的硅胶掺合时可得到中性的化合物，可用于碱性或中性化合物的分离，而不经酸化处理时，对酸性物质的分离效果不好。

④ 样品的极性是由分子中所含官能团的极性及分子结构决定的，极性越大的物质，硅胶及氧化铝对它们的吸附越牢。

某些化合物的极性顺序大致为：饱和烃＜不饱和烃＜羟基化合物＜酸、碱。由此可见，含双键、叁键的烃类化合物比饱和烃类易被吸附；含羟基及羧基的化合物比烃和醚易被吸附。但吸附太牢时分离效果也不好，此时常采用掺入不同比例的硅藻土的方法降低吸附性。

⑤ 固定相的颗粒大小一般以通过150～200目筛孔为宜。如果颗粒太大，展开时溶剂推进的速度太快，分离效果不好。如果颗粒太小，展开太慢，得到拖尾而不集中的斑点，分离效果也不好。

在选择固定相时应综合考虑上述因素并通过实验来确定。

(3) 薄层色谱法中展开剂选择的原则　展开剂的选择是薄层层析的关键因素之一。可供选择的展开剂种类很多，主要为一些低沸点的有机溶剂，而且除单一溶剂以外，还可配成各种比例的混合溶剂。选择展开剂的主要要求是能最大限度地将样品组分分离。

对吸附薄层法主要应考虑展开剂的极性（被分离化合物的溶解度也会影响分离效果）；对分配薄层法则根据化合物在固定相及流动相之间的溶解度来选定。展开剂最好用单一溶剂，或者可用简单的混合溶剂。

单一溶剂的极性次序是：石油醚＜环己烷＜二硫化碳＜四氯化碳＜苯＜甲苯＜二氯甲烷＜氯仿＜乙醚＜乙酸乙酯＜丙酮＜正丙醇＜乙醇＜甲醇＜吡啶＜酸。

被分离物质的极性、固定相的吸附活性和展开剂的极性既相互关联又互相制约，只有处理好这三者的关系，才能使样品组分得到很好的分离效果。

图3-3中（1）为被分离化合物的极性；（2）为固定相的活性；（3）为展开剂的极性，三个因素各占圆角的1/3。可根据图形中正中三角形转动时三个角的指向作选择的参考。具体做法是：先固定三角形的一个顶点指向被分离化合物的极性，然后根据其他两个顶端所指的部位，决定选择吸附剂的活性及展开剂的极性。

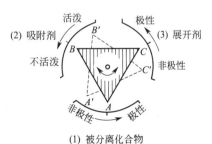

图3-3　展开剂极性、吸附剂活性

表3-3列出了薄层色谱中，不同的有机化合物常用的吸附剂、展开剂及显色剂。

表 3-3 薄层色谱法常用的吸附剂、展开剂及显色剂

化合物	吸附剂	展开剂	显色剂
烯烃	硅胶 氧化铝	(1)苯、三氧甲烷(1+1) (2)乙酸乙酯 正己烷(15+80)	(1)0.5g/L 荧光素溶液,溴蒸气熏 (2)含 50g/L 浓硝酸的浓硫酸
芳烃	硅胶 氧化铝	(1)正己烷 (2)四氯化碳 (3)三氯甲烷	0.2mL 370g/L 甲酸与 10mL 浓硫酸混合
醇或酚的 3,5-二硝基苯甲酸酯	硅胶	苯、石油醚(0~80℃) (1+1)	10g/L α-苯胺的乙醇溶液
酚	硅胶 酸性硅胶	(1)苯 (2)环己烷、三氯甲烷、二乙胺 (5+5+1)	(1)50g/L 氯化铁的 500g/L 甲醇溶液 (2)1 份 70g/L 的(9:100)盐酸溶液,1 份 10g/L 亚硝酸钠溶液,2 份碳酸氢钠溶液混合,40~50℃ 喷洒
醛、酮(C_8 以上)	硅胶	苯、甲苯、石油醚 加少量乙醚	100g/L 磷钼酸的乙醇溶液
醛、酮的 2,4-二硝基苯腙	硅胶	(1)苯、石油醚(60~80℃) (2)苯、乙酸乙酯(95+5) (3)石油醚(100~120℃)	本身有色

3. 操作步骤

薄层层析所用的展开室通常选用密闭的容器,常用的有标本缸、广口瓶、大量筒及长方形玻璃缸。层析板则根据需要选择大小合适的玻璃板。也可自制一个直径为 3.5cm,高度为 8cm 的玻璃杯作展开室,以医用载玻片作层析板,用于实验。

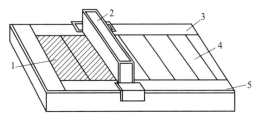

图 3-4 薄层涂布器
1—吸附剂薄层;2—涂布器;3,5—夹玻璃板;4—玻璃板(10×3)cm

(1) 薄层板的制备 调浆是制板的重要环节,加水量及调浆时间不仅关系到浆料的黏稠性,也影响到薄层的厚度。一般使吸附剂与蒸馏水用量之比在 1:(2~2.5) 为宜。浆料要调和均匀,不可用力过猛,产生气泡,影响涂布的均匀性。例如,称取 0.5~0.6g 羧酸甲基纤维素钠(简称 CMC),加蒸馏水 50mL,加热至微沸,慢慢搅拌使其全部溶解,冷却后,加入 25g 硅胶或氧化铝,慢慢搅动均匀,然后将调成的糊状物采用下面几种涂布方式制成薄层板。

① 平铺法。用涂布器(图 3-4)涂布。将洗净的几块玻璃板在涂布器中间摆好,上下两边各夹一块比前者厚 0.25~1mm 的玻璃板,将糊状物倒入涂布器的槽中,然后将涂布器自左向右推即可将糊状物均匀铺于玻璃板上。若无涂布器,也可将糊状物倒在玻璃板的左边,然后用边缘光滑的不锈钢尺或玻璃片将糊状物自左向右刮平。

② 倾注法。将调好的糊状物倒在玻璃板上,用手左右摇晃,使表面光滑(必要时可于平台处让一端接触台面,另一端轻轻跌落数次并互换位置)。

③ 浸入法。选一个比玻璃板长度高的层板缸,置入糊状的吸附剂,然后取两块玻璃板叠放在一起,用拇指和食指捏住上端,垂直浸入糊状液中,然后以均匀速度垂直向上拉出,多余的糊状物令其自动滴完,待溶剂挥发后将玻片分开,平放。此法特别适用于与硅胶 G

混合的溶剂为易挥发溶剂,如乙醇-氯仿(2∶1),将铺好的层析板放于已校正水平面的平板上晾干。

薄层涂好后,平放,在室温下晾干,不能烘干,以免发生龟裂。薄层的厚度一般为 0.25~0.30mm,当分析高含量的样品时,可厚达 0.4~0.5mm,但不能太薄,否则影响分离效果。

涂布板质量的检查　将板对光观察,板面应均匀一致,表面光滑,清洁无痕并无气泡;喷雾时,吸附剂不应脱落。

(2) 薄层板的活化　将晾干后的薄层板,置烘箱内加热活化,活化一般在烘箱内慢慢升温至 105~110℃,时间 30~60min,然后将活化的薄层板立即放置在盛有无水氯化钙或变色硅胶的干燥器中保存备用,供一周内使用,超过一周则必须再次活化。

由于薄层板的活性与含水量有关,且其活性随含水量的增加而下降,因此必须进行干燥,其中氧化铝薄层干燥后,在 200~220℃烘 4h,可得到约Ⅱ级活性薄层。150~160℃烘 4h 可得到Ⅲ~Ⅴ级活性的薄层。

(3) 点样　在铺好了的薄层板一端约 2.5cm 处,画一条线,作为起点线,在离顶端 1~1.5cm 处画一条线作为溶剂到达的前沿。

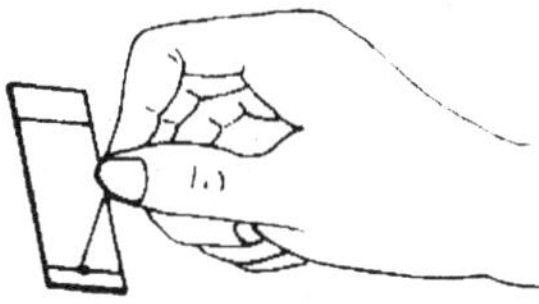

用内径为 0.5mm 管口平整的毛细管吸取样品溶液(一般以氯仿、丙酮、甲醇、乙醇、苯、乙醚或四氯化碳等作溶剂,配

图 3-5　毛细管点样

成质量分数为 1‰的溶液),垂直地轻轻接触到薄层的起点线上,如图 3-5 所示。如溶液太稀,一次点样不够,待第一次点样干后,再点第二次、第三次。点的次数依样品溶液浓度而定,一般为 2~5 次。若为多处点样时,则各样品间的距离为 2cm 左右。

点样时,所点样品不能太少也不能太多,一般以样品斑点直径不超过 0.5cm 为宜。因为若样品量太少,有的成分不易显出,若量过多时易造成斑点过大,互相交叉或拖尾,不能得到很好的分离。

点样工具还可使用 10μL 的微量吸管或微量注射器。

(4) 展开　薄层的展开需在密闭的容器中进行,常用的有标本缸、广口瓶、大量筒及长方形玻璃缸,这些通称为展开槽。

将选择的展开剂放在展开槽中,展开槽的体积以能容纳薄层板为宜,展开剂高度为 0.5cm,并使展开室内空气饱和 5~10min,再将点好样的薄层板放入展开室中进行展开。常用展开方式有 3 种。

① 上升法。用于含胶黏剂的色谱板,将色谱板竖直置于盛有展开剂的容器中,如图 3-6(b) 所示。这是最为常用的一种方法。

② 倾斜上行法。色谱板倾斜 15°,适用于无胶黏剂的软板。含有胶黏剂的色谱板可以倾斜 45°~60°,如图 3-6(a) 所示。

③ 下行法。展开剂放在圆底瓶中,用滤纸或纱布等将展开剂吸到薄层的上端,使展开剂沿板下行,这种连续展开法适用于 R_f 值小的化合物,如图 3-6(c) 所示。

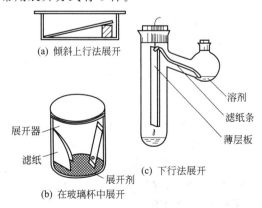

图 3-6　薄层色谱的展开

点样处的位置必须在展开剂液面之上。当

展开剂上升至薄层的前沿时，取出薄层板放平晾干。根据 R_f 值的不同对各组分进行鉴定。

（5）显色　展开完毕，取出薄层板。如果化合物本身有颜色，就可直接观察它的斑点。如果本身无色，可先在紫外线下观察有无荧光斑点，用小针在薄层上划出观察到斑点的位置。也可于溶剂蒸发前用显色剂喷雾显色。不同类型的化合物需选用不同的显色剂。凡可用于纸色谱显色剂都可用于薄层色谱，薄层色谱还可使用腐蚀性显色剂如浓硫酸、浓盐酸和浓磷酸等。

可将薄层板除去溶剂后，放在含有少量碘的密闭容器中显色来检查色点，如图 3-7 所示，许多化合物都能和碘成棕色斑点。

图 3-7　碘熏显色

用显色剂显色时，对于未知样品，显色剂是否合适，可先取样品溶液一滴，点在滤纸上，然后滴加显色剂，观察是否有色点产生。

用碘熏法显色时，当碘蒸气挥发后，棕色斑点容易消失（自容器取出后，呈现的斑点一般于 2~3s 内消失），所以显色后，应立即用铅笔或小针标出斑点的位置。

表 3-4 列出了一些常用的显色剂。

表 3-4　常用的显色剂

显色剂	配制方法	能被检出对象
浓硫酸	98% H_2SO_4	大多数有机化合物在加热后可显出黑色斑点
碘蒸气	将薄层板放入缸内被碘蒸气饱和数分钟	很多有机化合物显黄棕色
碘的氯仿溶液	0.5%碘的氯仿溶液	很多有机化合物显黄棕色
磷钼酸乙醇溶液	5%磷钼酸乙醇溶液，喷后于 120℃烘干，还原性物质显蓝色，氨熏，背景变为无色	还原性物质显蓝色
铁氰化钾-氯化铁药品	1%铁氰化钾，2%氯化铁，使用前等量混合	还原性物质显蓝色，再喷 2mol/mL 盐酸，蓝色加深，检验酚、胺、还原性物质
四氯邻苯二甲酸酐	2%溶液，溶剂：丙酮-氯仿(10+1)	芳烃
硝酸铈铵	含 6%硝酸铈铵的 2mol/mL 硝酸溶液	薄层板在 105℃烘 5min 之后，喷显色剂，多元醇在黄色底色上有棕黄色斑点
香兰素-硫酸	3g 香兰素溶于 100mL 乙醇中，再加入 0.5mL 浓硫酸	高级醇及酮呈绿色
茚三酮	0.3g 茚三酮溶于 100mL 乙醇，喷后，110℃热至斑点出现	氨基酸、胺、氨基糖

薄层色谱的显色法很多，大多数与纸色谱相同，主要有以下几种。

① 化学显色法。是根据被分析组分的性质喷射某种显色剂，使其与组分产生化学反应而显色，以判明组分斑点的位置。这种显色方法所使用的显色剂，有的能使斑点很快显出颜色，如 $PdCl_2$ 能使很多含硫、磷的农药显色；但也有一些显色剂在喷射以后，并不能直接很快显示颜色，而是生成了中间产物，当在 100℃ 左右加热几分钟以后，才能呈现出各种颜色；有的在加热过程中显示出特征的颜色，如胺甲丙二酯用酸性的碘铂盐试剂喷射后，不立即显色，在 110℃加热 10min 后显出暗棕色斑点。

蒸汽显色法是一种常用的化学方法，常用显色蒸汽有氨气、溴蒸气、碘蒸气等。当薄层板展开后，放入蒸气直接显色。如用碘蒸气显色时，将薄层板放入存有结晶的容器（如干燥器）中，由于碘的升华，整个容器空间充满碘蒸气，斑点吸收了碘蒸气后显出黄棕色。

浓硫酸氧化法对所有有机物都适用。薄层板展开后让展开剂充分挥发，用 98%的硫酸喷射薄板，直接在火焰上或于 100℃加热，有机物组分被炭化呈现出黑色墨点。这种方法适用硅胶板、氧化铝板的检验，但这些薄板中应不含某些有机胶黏剂。

② 物理显色法。物理显色法具有灵敏度高、不破坏斑点的化学组成等优点。当找不到

适当的显色剂或显色剂对定量分析有干扰时,此法尤为适用。

荧光显色法是一种常用的物理显色法,它可直接将荧光物喷射在薄层板上,也可将物质与吸附剂混合均匀制板、点样、展开,再将板置于紫外灯(硅酸锌锰于 254nm 激发,硫化锌镉于 366nm 激发)下观察荧光,当组分猝灭了荧光时,斑点呈暗色,而板的背影显荧光,这样,即可确定组分斑点的位置。

常用的荧光剂有 1g/L 的桑色素乙醇溶液,1g/L 的罗丹明 B 乙醇溶液等。

4. 定性和定量方法

(1) 定性方法　薄层色谱定性方法与纸色谱法相同,是通过测量待测组分的 R_f 值,并进行分析。但由于薄层色谱所得到的 R_f 值要受到更多因素的影响,其重现性就比纸色谱差一些,因此,要得到重现性好的 R_f 值,就必须严格控制实验操作条件,每次测定时均要使吸附剂的含水量、板的厚度、点样量、展开剂的极性、展开距离、展开时间、展开时的温度、层析缸中溶剂蒸气的饱和程度达到一致。

利用文献上所记载的 R_f 值定性时,只有控制待测组分的实验条件与文献上的实验条件完全一致,才能对照定性,但要完全做到这一点是有困难的,因而所测出的 R_f 值会存在差异,因此常采用标准物质对照法定性。这种方法是将待测物质与标准物质在同一薄层上点样,于同一条件下展开、显色,分别测得它们的 R_f 值,再求得相对比移值 R_m 进行定性。

$$R_m = \frac{\text{化合物的 } R_f \text{ 值}}{\text{参照标准物的 } R_f \text{ 值}}$$

在条件许可的情况下,以待测组分的纯物质作对照是较准确的,即所谓纯品对照法。在进行对照时,是将待测组分与纯品在同一块薄层板上点样,于相同条件下层开、显色,分别测得 R_f 值,如果它们的 R_f 值基本相同,则表示待测组分和纯物质可能是同一种物质。为了检查其定性的准确性,常常将制成的板点样后,在不同的展开剂中展开,如果所得到的 R_f 值都是一样,就可靠地证明它们是同一物质。

有时为了进一步确证待测物,可将斑点从硅胶上洗脱下来,再用其他方法进行定性鉴定。

(2) 定量方法

① 目视比较法。对同一物质,将两个相同体积和浓度的同一溶液在同一薄层板上点样,在同一条件下展开、显色,则所得两个斑点的面积和颜色应相同,因此,可按这种方法来对未知组分进行目视比较定量。

比如,取标准物配制系列浓度的标样,将样品溶液与标样在同一薄层板上点样(点样体积相同),展开,显色后用目视的方法比较样品斑点和标样斑点面积大小和颜色深浅,取与标样最接近的斑点,按标准物质的含量进行定量计算,误差为±10%。

② 斑点面积测量法。实验结果表明,斑点样品质量的对数(lgm)与斑点面积的平方根($\sqrt{A}$)呈线性关系:

$$\sqrt{A} = b \lg m + c$$

式中　A——斑点的面积;

　　　m——样品质量;

　　　b,c——常数。

a. 稀释未知样品法。在同一块薄层板上,点 3 个样品点:标准样品点、未知浓度样品点、稀释到一定体积倍数的未知样品点。

正常展开显色后,测量相应斑点面积(相对值),按下式计算:

$$\lg m = \lg m_s + \left(\frac{\sqrt{A} - \sqrt{A_s}}{\sqrt{A_d} - \sqrt{A}}\right)\lg d$$

式中 A——未知浓度样品的斑点相对面积；

A_s——标准溶液斑点相对面积；

A_d——稀释到某倍数后的未知浓度样品相对斑点面积；

d——稀释倍数的倒数；

m_s——标准样品质量；

m——所求未知物质量。

b. 稀释标准溶液法。在同一块薄层板上点三个样品点：标准样品点、稀释到一定体积倍数的标准样品点、未知浓度样品点。

正常展开显色后，测量相应的斑点面积（相对值），按下式计算：

$$\lg m_s = \lg m + \left(\frac{\sqrt{A_s} - \sqrt{A}}{\sqrt{A_d} - \sqrt{A_s}}\right)\lg d$$

式中 A——未知浓度样品的相对斑点面积；

A_s——标准样品的相对斑点面积；

A_d——标准样品稀释一定倍数后的相对斑点面积；

d——标准样品稀释倍数的倒数；

m_s——标准样品质量；

m——所求未知物质量。

此外，随着近代仪器的发展，光密度计法及薄层色谱扫描仪法已成为薄层色谱定量的主要方法，具有简单、快速、准确的优点。

5. 应用

薄层色谱法广泛应用于各种天然和合成有机物的分离与鉴定，有时也用于少量物质的提纯与精制。在药品质量控制中，可用来测定药物的纯度和检查降解产物。在药品生产中，可用来判断合成反应进行的程度，监控反应历程。在中草药有效成分的分析中，可用来分离和测定有效成分的含量。

（1）药品的纯度检查　例如盐酸氯丙嗪中的有关物质的检查。盐酸氯丙嗪在生产过程中容易产生有关吩噻嗪的其他取代物。为了保证原料药的纯度，中国药典规定了用薄层色谱法检查其中"有关物质"的项目，并以高低浓度对比法来控制有关杂质的含量不得超过盐酸氯丙嗪的1%。

色谱条件：硅胶GF_{254}薄板；展开剂为环己烷-丙酮-乙胺（8+1+1）；置紫外灯下254nm检视。

操作方法：取盐酸氯丙嗪，加甲醇配成每毫升中含10mg的溶液，作为样品溶液。准确移取样品溶液适量，加甲醇稀释成每毫升中含0.1mg的溶液，作为对照液。吸取上述两种溶液各10μL，分别点于同一硅胶GF_{254}薄板上。将薄板浸入盛有展开剂的色谱槽中展开，展开好后，取出晾干，置紫外灯下检视，样品溶液如显杂质斑点颜色，则与对照溶液所显的主斑点比较，不得更深。经上述试验，如所显杂质斑点颜色符合规定，则说明盐酸氯丙嗪的纯度检查合格。

（2）天然药物成分的分离提纯　例如洋金花注射剂中有效成分的提纯。麻药洋金花注射剂中，起麻醉作用的有效成分是东莨菪碱，但不同批号效果不稳定。经薄层鉴定，发现只含一个斑点（东莨菪碱）的效果好。若有两个斑点，说明还有莨菪碱存在，故副作用大，效果也减弱。以薄层色谱法探索得到了莨菪碱的最佳提取分离条件，即用氨水碱化，以氯仿提取4次为好。

色谱条件：吸附剂，中性氧化铝Ⅱ/Ⅲ级；展开剂，二甲苯-丙酮-无水乙醇-二乙胺（50+40+10+0.6）；显色剂，改良碘化铋钾（甲）、碘-碘化钾（乙）。临用前，取甲、乙试剂各 5mL 混合后加冰醋酸 20mL，再加蒸馏水 60mL，混合即得。

（3）氨基酸的薄层层析　氨基酸的种类很多，利用它们在水相（固定相）和有机相（流动相）之间分配系数的不同，经不断分配而达到分离目的。

色谱条件：展开剂，正丁醇-甲酸（$w_B=84\%$）-水（60+12+8）；显色剂，茚三酮溶液。

（4）合成有机物的分离　例如 α、β 萘酚的分离。色谱条件：硅胶 H 或硅胶 G；展开剂，甲苯：二氧六环=5:1；显色剂，0.1%荧光黄。

二、气相色谱分离

GC 是色谱法中最成熟的一种技术，特别是毛细管气相色谱仪的发展，使色谱法的分离效率达到近乎完美的程度，一根色谱柱，一次可使数百个组分的混合物，得到完全分离。它的主要应用对象是热稳定性好、易气化、相对分子质量小的化合物，特别是在能源科学、环境科学中应用十分广泛，作为有机物的定量分析已成为公认的标准方法，但在定性分析方面，主要依靠与标准物质的保留值相比较的方法，或直接与质谱、红外光谱的联机分析。由于受柱容量的限制和馏分收集技术上的困难，很少被用作制备方法。热解色谱被用于高聚物的定性鉴定，其热解指纹峰有很好的规律性。实际工作中一般所遇到的分析任务，绝大多数其成分大体是已知的，或者可以根据样品来源、生产工艺、用途等信息推测出样品的大致组成和可能存在的杂质。在这种情况下，只需利用简单的气相色谱定性方法便能解决问题。

GC 法分离复杂混合物的具体方法见相关《仪器分析》书中的介绍。

三、高效液相色谱分离

HPLC 是现代色谱方法中发展速度最快，应用范围最广的一种，它使经典的柱色谱分离技术摆脱了低效率的手工操作，实现了高效率的仪器化和自动化的操作。一根普通分析柱的理论板数可达数千甚至数万块，使一些用其他色谱法很难分离的样品得以分离，目前它主要用于多组分样品的成分分离与定量分析。在对复杂样品进行剖析的研究中，可使用普通的分析柱，或内径稍粗的半制备柱多次进样作样品的分离制备。

离子色谱法可作为 HPLC 方法的一个特例，适用于分离含磷酸基、羧基和胺基等水溶性化合物。通常只以分析为目的，因酸碱缓冲溶液可能将盐引入样品中，各种盐的阴离子，除了卤素以外，将干扰样品的红外光谱分析。下面通过几个案例来解读 HPLC 分离复杂混合物的具体方法。

[例 3-8]　磺胺类消炎药的分离

人工合成药物的纯化及成分的定性、定量测定，中草药有效成分的分离、制备及纯度测定，临床医药研究中人体血液和体液中药物浓度、药物代谢物的测定，新型高效手性药物中手性对映体含量的测定等，都可以用反相键合相色谱予以解决。

磺胺类消炎药是一种常见的药物，主要用于细菌感染疾病的治疗。图 3-8 显示了磺胺类药物的反相色谱分离。色谱柱为 Partisil-ODS（$5\mu m$，$\phi 4.6mm \times 250mm$），流动相：（A）10%甲醇水溶液；（B）1%乙酸的甲醇溶液。线性梯度程序为：（B）组分以 1.7%/min 的速率增加。使用紫外检测器（$\lambda=254nm$）检测。

[例 3-9]　几种脂溶性维生素的 HPLC 的分离

反相键合相色谱法在食品分析中的应用主要包括三个方面：第一，食品本身组成，尤其是营养成分的分析，如维生素、脂肪酸、香料、有机酸、矿物质等；第二，人工加入的食品添加剂的分析，如甜味剂、防腐剂、人工合成色素、抗氧化剂等；第三，在食品加工、储运、保存过程中由周围环境引起的污染物的分析，如农药残留、霉菌毒素、病原微生物等。

图 3-9 显示了用反相键合相色谱法分离常见几种脂溶性维生素的分离谱图。

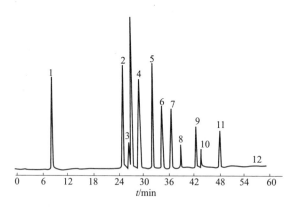

图 3-8 磺胺类药物的反相色谱分析
1—磺胺；2—磺胺嘧啶；3—磺胺吡啶；4—磺胺甲基嘧啶；5—磺胺二甲嘧啶；6—磺胺氯哒嗪；7—磺胺二甲基异噁唑；8—磺胺乙氧哒嗪；9—4-磺胺-2,6-二甲氧嘧啶；10—磺胺喹噁啉；11—磺胺溴甲吖嗪；12—磺胺呱

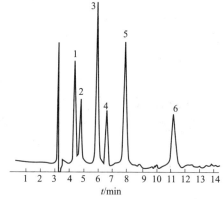

图 3-9 脂溶性维生素分离色谱图
色谱峰：1—维生素 A；2—维生素 A 乙酸盐；3—维生素 D_3；4,5—维生素 E；6—维生素 A 软脂酸盐
色谱柱：Nucleosil-120-5C8，250mm×2.0mm（内径）柱温：室温；流动相：甲醇：水（体积比=92:8）；流速：0.2mL/min；检测器：UV

[例 3-10] 多环芳烃的分离

反相键合相色谱方法可适用于对环境中存在的高沸点有机污染物的分析，如大气、水、土壤和食品中存在的多环芳烃、多氯联苯、有机氯农药、有机磷农药、氨基甲酸酯农药、含氮除草剂、苯氧基酸除草剂、酚类、胺类、黄曲霉素、亚硝胺等。图 3-10 显示了用反相键合相色谱法分离多环芳烃化合物的谱图。

四、凝胶色谱分离

凝胶色谱法又称分子排阻色谱法，它是按分子尺寸大小顺序进行分离的一种色谱方法。凝胶色谱法的固定相凝胶是一种多孔性的聚合材料，有一定的形状和稳定性。当被分离的混合物随流动相通过凝胶色谱柱时，尺寸大的组分不发生渗透作用，沿凝胶颗粒间孔隙随流动相流动，流程短，流动速度快，先流出色谱柱。尺寸小的组分则渗入凝胶颗粒内，流程长，流动速度慢，后流出色谱柱。

根据所用流动相的不同，凝胶色谱法可分为两类：即用水溶剂作流动相的凝胶过滤色谱法（GFC）与用有机溶剂如四氢呋喃作流动相的凝胶渗透色谱法（GPC）。

凝胶色谱法主要用来分析高分子物质的相对分子质量分布，以此来鉴定高分子聚合物。由于聚合物的相对分子量及其分布与其性能有着密切的关系，因此凝胶色谱的结果可用于研究聚合机理，选择聚合工艺及条件，并考察聚合材料在加工和使用过程中相对分子质量的变化等。在未知物的剖析中，凝胶色谱作为一个预分离手段，再配合其他分离方法，能有效地解决各种复杂的分离问题。

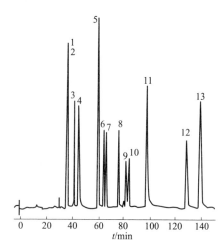

图 3-10 多环芳烃化合物分离色谱图
色谱峰：1—硝基苯酚；2—苯酚；3—乙酰苯酚；4—硝基苯；5—苯酮；6—甲苯；7—溴苯；8—萘；9—杂质；10—二甲苯；11—联苯；12—菲；13—蒽
色谱柱：Isco C_{18}，键合十八烷基硅，100cm×0.2mm（内径），3μm
流动相：甲醇+水（80+20）；柱温：室温
流速：1.2mL/min；检测器：UV（254nm）

知识拓展

影响薄层色谱法分离的因素

常规薄层色谱由于同板同时可以检测多个样品，分析时间短，固定相（吸附剂）价廉，即用即弃，不必担心样品中杂质的污染，检测不受溶剂的干扰，色谱的直观性强等优点而被广泛使用。另一方面因为它是一种"敞开系统"的色谱技术，与柱色谱的区别之一是除材料及器材以外，外界环境条件对被分离的物质的层析行为影响很大，分离机制也很复杂。所以操作技巧也明显的影响色谱质量；因而薄层色谱，尤其是常规薄层色谱，又被视为是一种较难驾驭的技术。为了充分发挥薄层色谱技术在有机分析中的优势，提高色谱的分离度和重现性，注意控制影响色谱质量的因素是非常重要的。以下所述的几个方面不仅对定量分析是必须注意的问题，对提高定性分析的质量也是不可忽视的。

1. 样品的预处理、试液的制备

一般认为薄层色谱所用的固定相（薄层板）可即用即弃，不怕试液中杂质的污染，因而样品无需净化精制，这是问题的一个方面；在实践中，由于有机物的成分复杂，未知成分多，其中既有欲测成分也有其他杂质，常常由于相互干扰或背景污染而难以得到满意的分离效果。所以制备样品试液是一个重要、关键的步骤。制备样品试液所用的溶剂一般要求溶解度不宜太大，黏度不宜太高，沸点适中。

2. 制板技术

制板时推动不宜太快，也不应中途停顿，以免薄层厚薄不匀，影响分离效果。

3. 展开槽必须密闭良好

为使展开槽内展开剂蒸气饱和并维持不变，应检查玻璃槽口与盖的边缘磨砂处是否严实。否则，应涂抹甘油淀粉糊（展开剂为脂溶性时）或凡士林（展开剂为水溶性时）使其密闭。

4. 影响 R_f 值的因素

R_f 值受到下列因素的影响：吸附剂的性质和质量（粒度、纯度等）与展开剂中的杂质如水分等，当用同一种吸附剂和展开剂时，被测物质的 R_f 值受到薄层厚度、含水量（活度）、点样量、展开方式，展开槽的大小、形状和槽内展开剂蒸汽的饱和度、展开的距离等因素的影响。

5. 注意防止边缘效应

边缘效应是指同一物质的斑点在同一薄板上出现的两边缘部分的 R_f 值大于中间部分的 R_f 值的现象。产生该现象的主要原因是由于展开槽内溶剂蒸汽未达饱和，造成展开剂的蒸发速度在薄板两边与中间部分不等。展开剂中极性较弱和沸点较低的溶剂在边缘挥发得快些，致使边缘部分的展开剂中极性溶剂比例增大，故 R_f 值相对变大。因此，在展开之前，通常将点好样的薄板置于盛有展开剂的展开槽内饱和约 15min（此时薄板不浸入展开剂内）。待展开槽内的空间以及内面的薄板被展开剂蒸气完全饱和后，再将薄板浸入展开剂中展开。

6. 注意展开过程中的恒温恒湿

温度的变化会影响物质在两相间的溶解度和溶剂的挥发性，致使展开剂的组成改变，从而影响物质的 R_f 值和分离效果。空气中湿度变化也会影响分离效果。这是因为水与吸附剂（尤其是经活化后的硅胶、氧化铝）之间存在着很强的亲和力，而薄板吸附水分后，即使极微量的水分也会降低活性而影响分离效果。

习 题

1. 对混合物的分离有哪些要求,一般采用哪些方法进行分离?
2. 用流程图形式表明下列混合物的分离程序:
(1) 硝基苯、苯胺、苯酚、苯甲酸
(2) 丙酮、苯甲醛、乙二胺
3. 薄层色谱法的基本原理是什么?
4. 如何选择色谱纸和展开剂?
5. 比移值如何测定,它在分析中有何应用?
6. 乙胺样品在硅胶板(A)上用4+1+5的丁醇-酸-水展开,得 R_f 值为 0.37。同一样品用同一展开剂在硅胶板(B)上展开,得 R_f 值为 0.65,问哪一块硅胶板的活性大些?为什么?
7. 应用薄层色谱法测定样品中亚胺硫磷的含量时,吸附剂为硅胶G,展开剂为7+3正己烷-乙酸乙酯,展开后得如下数据:

标准试样的斑点面积 102mm^2;未知试样的斑点面积 101mm^2;标准样品稀释后的斑点面积 53mm^2;标准样品溶液稀释一倍。

已知标准试样质量为 $2\times10^{-2}\text{mg}$,试计算未知试样中亚胺硫磷的质量分数。

阅读园地

色谱分析的创始人——茨卫特

色谱分析是分析化学和有机化学中重要的实验方法。1937年,瑞士大化学家卡雷在获得诺贝尔化学奖时曾经说过:"对于天然有机化合物的研究工作来说,几乎没有一项发明其作用之大能超过色谱分析法的。"

色谱分析法的发明人米哈依尔·茨卫特原是俄罗斯人,他的幼年是在土耳其度过的。后来全家移居瑞士,他在日内瓦和洛桑两地,先后从小学读到大学。他学习过植物学、物理学和化学。1894年,在他22岁时,获得植物学方面的博士学位。由于论文做得很出色,获得了戴维奖学金。1896年,全家回到俄罗斯,他受华沙大学的聘请担任讲师,讲授植物分类学和生理学,后来提升为副教授。1907年,在他35岁时,升为兽医学院教授,不久又改任华沙理工学院教授,他的主要研究工作都是在这一时期完成的。

米哈依尔·茨卫特
(Michail Tsvett, 1872—1920)

最早研究色谱分析的是朗格,他是一位生理学家。朗格将某种有色物质滴到一张滤纸上,观察到它们扩散成一圈一圈的圆形环。

但是,第一个认识色谱分析是一种有用的分析和分离方法的则是茨卫特。他做了以下实验,把旋复花粉填充到一个吸附柱中,再将植物汁液通过柱子,此时观察到非常有趣的现象:一开始,流过柱子下部的溶液是无色的,之后,柱子上部的旋复花粉变成绿色,而流出的溶液变成黄色。很明显,植物汁液中的成分被分离开来了。

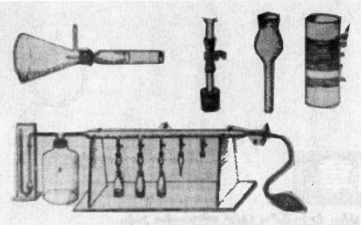
茨卫特所用的色谱分析仪

茨卫特在吸附柱中填充碳酸钙，用石油醚抽提绿色植物叶子中的色素，然后让抽提液通过吸附柱。抽提液中的各个组分按照吸附能力的大小在吸附柱上形成了不同颜色的色带。然后再让某一种溶剂流过吸附柱，抽提液中的各个组分在吸附柱上进一步得到分离。在吸附柱最上面的是绿色的叶绿素，中间是黄色的叶黄素，最下层是胡萝卜素的黄色色素。如果把圆柱状的吸附剂（碳酸钙）分层切开，各种色素就得到了分离。再用乙醇为溶剂，就可以从吸附剂中提取出叶绿素、叶黄素、胡萝卜素等较纯的组分。这样色谱分析就发展成为一种定性和定量分析方法。

茨卫特的第一篇关于色谱分析的论文于 1903 年发表在华沙的《生物学》杂志上，后来的几篇论文于 1906～1910 年发表在德国的《植物学》杂志上。论文详细地叙述了利用自己设计的仪器将叶绿素、叶黄素、胡萝卜素分离的方法。可是由于这些论文发表在不大出名的期刊上，所以没有受到化学界的注意。一直到 1931 年，R. 库恩才发现了色谱分析的重要性，加以推广和应用。而色谱图（chromatogram）和色谱法（chromatography）这两个名词也是茨卫特最早使用的。

第一次世界大战爆发后，茨卫特离开波兰回到莫斯科，在那里他得了肺病，以后就迁居到莫斯科以南的沃罗涅什。1920 年因肺病不治而逝世，终年仅 48 岁。

现在，色谱法虽然有了很大的发展，但是茨卫特创立的色谱法原理至今仍具有广泛的指导作用。

第四章
未知物结构鉴定方法

 学习指南

有机化合物的系统鉴定法是以化学方法为依据的一套较完整的对有机化合物进行定性鉴定和对其组成元素、官能团进行定量测定的科学方法。分析仪器的快速发展使有机分析新增了所需样品量非常少,可很快制备出足够量的化合物来完成结构鉴定的"四谱"(紫外光谱、红外光谱、核磁共振谱、质谱,简称"四谱"),它是结构鉴定的重要手段之一,紫外光谱可以帮助了解有机化合物分子中的共轭体系及其取代情况。红外光谱可以帮助了解有机化合物分子中的官能团及分子骨架的情况。核磁共振波谱可以帮助了解某些官能团及分子骨架的连接情况。从质谱中可以得到正确的相对分子质量和分子中某些结构单元的信息从而得出分子式,它正逐步代替化学分析法。尽管用化学方法来实现结构鉴定是一项繁杂、费时且较难完成的工作,然而化学法可告知我们如何着手分析,分离提纯化合物,它是进行仪器测试之前必用的一种方法。要得到满意的未知物鉴定结果,必须综合应用各种分析方法,化学法和四谱法两者可相互补充、相互结合,不可忽略任何一方。

第一节 紫外吸收光谱法鉴定

一、识读紫外光谱图

紫外光谱(简称 UV)是有机化合物分子中各种电子吸收了紫外光辐射的能量发生跃迁而产生的。由于紫外光谱与电子运动有关,所以又称为电子光谱。

1. 光谱特性

光既是电磁波又是辐射能。光具有波粒二象性,光的衍射、干涉及偏振等现象主要表现出波动性,而光的发射与吸收主要表现出微粒性。

光的波动特征可以用波长(λ)、频率(ν,单位为 s^{-1},单位时间内通过某一点的波数),波数($\bar{\nu}$,波长的倒数)等一些物理量来描述,它们之间的关系为:

$$\nu = \frac{c}{\lambda} \qquad \bar{\nu} = \frac{1}{\lambda} \tag{4-1}$$

式中 c——光速,$2.99792458 \times 10^8 \, m/s$。

第四章 未知物结构鉴定方法

波长的单位有多种,有用 nm(纳米)、μm(微米)、cm(厘米)、m(米)来表示,它们的相互关系如下:

$$1nm = 10^{-3} \mu m = 10^{-7} cm = 10^{-9} m$$

当光与物质相互作用时(例如光电效应),光主要表现出微粒的特征,即可以将光看做是一束高速运动的粒子流,每一个粒子具有一定的能量,称做"光量子"或"光子"。每一种频率的光子的能量 E 为:

$$E = h\nu = h\frac{c}{\lambda} = hc\frac{1}{\lambda} \tag{4-2}$$

式中 h——普朗克常数,6.626×10^{-34} J·s。从式(4-2)可见,光子的能量(E)与光的频率(ν)成正比,与波长(λ)成反比,波长越长,频率越低,能量越低。

根据波长的不同,电磁波可划分为几个区域,不同波长的电磁辐射作用于被研究物质的分子,可引起分子内不同能级的改变,即不同的能级跃迁,由此可采用不同的波谱或光谱技术。表 4-1 为电磁波谱区域及各区域相对应的波谱或光谱技术。

表 4-1 电磁波谱区域及波谱或光谱技术

波长范围	电磁辐射光区	能级跃迁类型	波谱技术
$10^{-4} \sim 10^{-2}$ nm	γ射线区	核内部能级跃迁	Mössbauer 谱
$10^{-2} \sim 10$ nm	X 射线区	核内层电子能级跃迁	电子能谱
100~200nm	真空紫外区	核外层电子能级跃迁(价电子或非键电子)	紫外光谱
200~380nm	近紫外区		
380~780nm	可见光区		可见光谱
2.5~25μm	红外光区	分子振动-转动能级跃迁	红外光谱
0.1~50cm	微波区	分子转动能级跃迁	纯转动光谱
		电子自旋能级跃迁(磁诱导)	电子顺磁共振谱
50~500cm	射频区	核自旋能级跃迁(磁诱导)	核磁共振谱

2. 紫外光谱的产生

(1)价电子及跃迁类型 在有机化合物分子中价电子主要有三种类型:即形成单键的 σ 电子;形成双键的 π 电子;氧、氮、硫、卤素等含有未成键的孤对 n 电子。可以用甲醛分子中价电子表示(见下)。

$$\text{H}-\underset{\underset{\text{H}}{\overset{\sigma\rightarrow}{|}}}{\text{C}}\overset{\pi}{=}\text{O}: \leftarrow n$$

这三种价电子跃迁有 3 种形式:形成单键的 σ 电子跃迁;形成双键的 π 电子跃迁;未成键的 n 电子跃迁。

电子跃迁一般有 σ→σ* 跃迁,n→σ* 跃迁,π→π* 跃迁和 n→π* 跃迁四种类型,表 4-2 列出了各种跃迁所需能量大小顺序及强度比较。

表 4-2 各种跃迁所需能量大小顺序及强度比较

跃迁能量	σ→σ*	>n→σ*	≥π→π*	≥n→π*
吸收强度	强	弱	强	弱
吸收波长范围/nm	<150	<250	>160	>200
键型	C—C C—H	C—N: C—O: C—X: C—S:	C=C C=N C=O C=S	C=N: C=O: C=S:

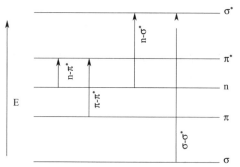

图 4-1 分子轨道的能级和电子跃迁

（2）紫外光谱的产生　当分子中的价电子从成键轨道或非成键轨道跃迁到较高能级的反键轨道（用 * 号标注）所需要的能量通常在 1～20eV 之间，这种价电子能级跃迁所吸收的能量相当于紫外及可见光子的能量。因而由价电子能级跃迁所产生的光谱称为紫外及可见光谱，习惯上简称为紫外光谱。图 4-1 表示分子轨道的能级和电子跃迁。

（3）电子跃迁与紫外吸收的关系

① σ→σ* 跃迁（烃类）。σ→σ* 跃迁一般是指化合物分子中的 σ 电子，只产生 σ→σ* 跃迁，仅有碳碳键和碳氢键的饱和烃发生 σ→σ* 跃迁，此类跃迁所需要的能量较大，它们的吸收带通常出现在远紫外区。如甲烷 125nm，乙烷 135nm。正因为饱和烃的紫外光谱出现在远紫外区，所以在一般的紫外测定中，正己烷、环己烷等常被用作溶剂。

当这类化合物的氢原子被电负性大的 O、N、S、X 取代后，产生 n→σ* 跃迁，由于孤对 n 电子比 σ 电子易激发，使吸收带向长波移动，故含有 —OH、—NH$_2$、—NR$_2$、—OR、—SR、—Cl、—Br 等基团，有红移现象，但也落在远紫外区。只有个别带有 n 电子的，或同一碳原子上连有多个杂原子的饱和化合物可在 200nm 以上有吸收带，如：

CH_3NH_2 215.5nm（ε=600）　　173.7nm（ε=2200）

$(CH_3)_3N$ 227nm（ε=900）　　199nm（ε=4000）

② n→σ* 跃迁（含有孤对电子的化合物）。含有杂原子（如 O、N、S、X 等）的有机化合物，都含有 n 非键电子，它可以发生 n→σ* 跃迁，此类跃迁所需能量较大，有的吸收带出现在远紫外区，有的吸收带出现在近紫外区。

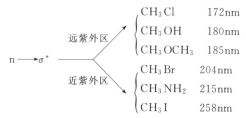

由上述数据可以看出，当具有 n 电子的取代原子由 Cl 变到 I 时，随着原子半径的增加，n 电子愈易激发，结果使 n→σ* 跃迁的能量减小，吸收带移至近紫外区。

醇类和醚类在近紫外区无吸收，所以也常用作紫外测定中的溶剂。

③ π→π* 跃迁（烯烃类）。化合物中含有 π 电子的一般产生跃迁，比如只有一个双键的烯烃，π→π* 跃迁所需要的能量和相应的吸收峰出现在远紫外区。例如：

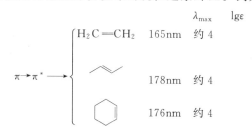

分子中如果存在两个或两个以上的双键，而且形成共轭体系，则最高占有分子轨道（简称 HOMO）和最低未占有分子轨道（简称 LUMO）之间的能量差 ΔE 减小，导致 π→π* 跃迁出

现在近紫外区,摩尔吸光系数 ε 大于 10^4。以乙烯及共轭烯烃为例,它们的电子跃迁与紫外吸收的关系如图 4-2。

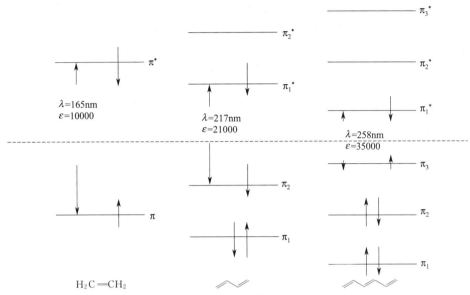

图 4-2 乙烯及共轭烯烃电子跃迁与紫外吸收的关系

共轭烯烃化合物随着共轭链的增长,π 电子的离域作用越来越大,一方面 HOMO 的能量逐步升高,而另一方面 LUMO 的能量又逐步降低,致使两者的能量差 ΔE 也逐步减小。由于 π→π* 跃迁所需的能量变小,λ_{max} 向长波方向发生红移,有的甚至出现在可见光区,所以共轭链越长,颜色也越深。

④ n→π* 跃迁(醛、酮类)。由于醛、酮类化合物官能团为 C=O,它们既有 π→π* 跃迁,又有 n→π* 跃迁,由于 n 非键轨道比 π 成键轨道的能量高,所以 n→π* 跃迁所需的能量比 π→π* 跃迁的低,吸收峰出现在近紫外区,λ_{max} 为 270~300nm。虽然 π→π* 跃迁所需的能量也较低,但因 n 轨道和 π 轨道处于不同的空间区域,它们在空间伸展的方向不同,故发生 π→π* 跃迁的概率较小,摩尔吸光系数 ε 值也就较小,一般在 10~50 之间。

饱和醛、酮化合物的 π→π* 跃迁出现在远紫外区,吸收波长 λ_{max} 在 250nm 左右,摩尔吸光系数 ε 值也较大。

3. 紫外吸收光谱的表示

(1) 紫外吸收带的强度表示法　紫外光谱中吸收带的强度遵从 Lamber-Beer 定律。

$$A = \lg \frac{I_0}{I} = kbc \tag{4-3}$$

式中　A——吸光度(absorbance);
　　　I_0——入射光的强度;
　　　I——透射光的强度;
　　　b——吸收池内溶液的光程长度,cm;
　　　c——溶液中吸光物质的浓度;
　　　k——吸光系数。若溶液浓度以质量浓度[即每升溶液中所含溶质的质量(g),单位 g/L]表示时,相应的吸光系数则为质量吸光系数,以 a 表示,其单位为 L/(g·cm)。若溶液的浓度以物质的量浓度(mol/L)表示时,相应的吸光系数称为摩尔吸光系数,以 ε 表示,其单位为 L/(mol·cm)。

摩尔吸光系数 ε 是吸光物质的重要参数之一,它表示物质对某一特定波长光的吸收能力。因此测试条件一定时,ε 为常数,它是鉴定化合物及定量分析的重要数据。

紫外光谱中吸收带的强度可用 A、ε 或 $\lg\varepsilon$ 表示,数值越大,吸收强度亦越大。

(2) 吸收光谱的表示法　紫外光谱可以图表示或以数据表示。

图示法:常见的有 $A\sim\lambda$ 作图,$\varepsilon\sim\lambda$ 作图或 $\lg\varepsilon\sim\lambda$ 作图(见图 4-3),波长的单位为 nm。

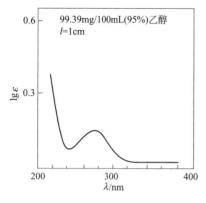

图 4-3　4-己酮酸甲酯的紫外光谱

数据表示法:以谱带的最大吸收波长 λ_{max} 和 ε_{max}(或 $\lg\varepsilon_{max}$)值表示。如 λ_{max} 237nm(ε104) 或 λ_{max} 237nm($\lg\varepsilon$4.0)。例如,$CH_3I\lambda_{max}$258nm(ε387),巴豆醛($CH_3CH=CH-CHO$) λ_1 218nm(ε18000 或 $\lg\varepsilon$4.26),λ_2 320nm(ε30 或 $\lg\varepsilon$1.48),表示化合物有两个吸收带,其最大吸收分别是 λ_1,λ_2。

对于测定物质组成不确定时,可用百分吸光系数 $A_{1cm}^{1\%}$ 或 $E_{1cm}^{1\%}$ 表示。如 $A_{1cm}^{1\%}$237=0.625 表示样品质量浓度 1%,通过 1cm 样品池,在波长 237nm 处测得的吸光度为 0.625。若样品的相对分子质量为 M,则 $A_{1cm}^{1\%}$ 或 $E_{1cm}^{1\%}$ 与 ε 的关系见式(4-4)。

$$\varepsilon = A_{1cm}^{1\%} \times 0.1M \tag{4-4}$$

在一定的测试条件下,λ_{max} 和 ε_{max} 为一常数。有机分子中,$\lg\varepsilon > 3.5$,为强收带($\varepsilon > 5000$),$\lg\varepsilon$ 在 2.5~3.5(ε200~5000)为中等强度吸收带。$\lg\varepsilon$1~2.5(ε10~200)为弱吸收带。

(3) 常用光谱术语

① 生色团 (chromophore)。指能在 200~850nm 波长范围内产生特征吸收带的具有不饱和键的基团,例如 C=C、C=O、C=N、N=N 等,它们均含有 π 键,主要发生的是 $n\to\pi^*$ 和 $\pi\to\pi^*$ 跃迁。表 4-3 列出了某些常见生色团的吸收特性。

表 4-3　某些常见生色团的吸收特性

生色团	实　例	溶　剂	λ_{max}/nm	ε_{max}/[L/(mol·cm)]	跃迁类型
烯	$C_6H_{13}CH=CH_2$	正庚烷	177	13000	$\pi\to\pi^*$
炔	$C_5H_{11}C\equiv CCH_3$	正庚烷	178	10000	$\pi\to\pi^*$
			196	2000	—
			225	160	—
羧基	$\underset{CH_3COH}{\overset{O}{\|}}$	乙醇	204	41	$n\to\pi^*$
酰胺基	$\underset{CH_3CNH_2}{\overset{O}{\|}}$	水	214	60	$n\to\pi^*$
羰基	$\underset{CH_3CCH_3}{\overset{O}{\|}}$	正己烷	186	1000	$n\to\sigma^*$
			280	16	$n\to\pi^*$
	$\underset{CH_3CH}{\overset{O}{\|}}$	正己烷	180	大	$n\to\sigma^*$
			293	12	$n\to\pi^*$
偶氮基	$CH_3N=NCH_3$	乙醇	339	5	$n\to\pi^*$
硝基	CH_3NO_2	异辛烷	280	22	$n\to\pi^*$
亚硝基	C_4H_9NO	乙醚	300	100	$n\to\pi^*$
			665	20	
硝酸酯	$C_2H_5ONO_2$	二氧杂环己烷	270	12	$n\to\pi^*$

② 助色团（auxochrome）。是一些含有未共用的 n 电子对的氧原子、氮原子或卤素原子的基团。如—OH、—OR、—NHR、—SH、—Cl、—Br、—I，它们都含有未成键的 n 电子。助色团不会使物质具有颜色，但引进这些基团能增加生色团的生色能力，使其吸收波长向长波方向移动，并增加了吸收强度。

③ 红移（red shift）和蓝移（blue shift）。由于取代基或溶剂的影响造成有机化合物结构的变化，使吸收峰向长波或短波方向移动的现象称为红移和蓝移。

④ 增色效应（hyperchromic effect）和减色效应（hypochromic effect）。由于取代基或溶剂的影响造成有机化合物的结构变化使吸收峰强度（吸收峰高度）增加或减小的效应分别称为增色效应和减色效应。

在紫外光谱中，这四种变化可用图 4-4 来表示。苯的吸收光谱图如图 4-5 所示。

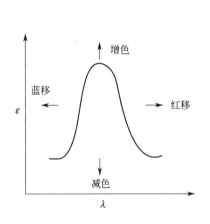 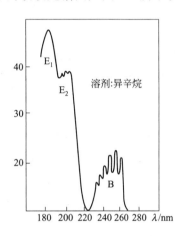

图 4-4 吸收谱带的位移术语　　　　　　　图 4-5 苯的吸收光谱图

⑤ 末端吸收（end absorption）。指吸收曲线随波长变短而强度增大，直至仪器测量的极限，而不显示峰形。这种现象是由于吸收带出现在更短波长处所致。极限处吸收称为末端吸收。

⑥ 肩峰。指吸收曲线在下降或上升处有停顿，或吸收稍微增加或降低的峰，是由于主峰内隐藏有其他峰。

⑦ 溶剂效应。在不同溶剂中谱带产生的位移称之溶剂效应，这是由于不同极性的溶剂对基态或激发态样品分子的生色团作用不同，或稳定化程度不同所致，如图 4-6 所示。

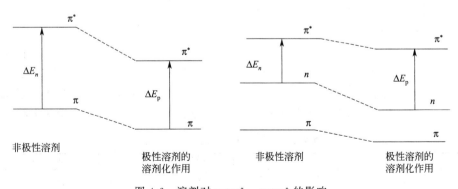

图 4-6 溶剂对 π→π*、n→π* 的影响

在大多数 π→π* 跃迁中，基态的极性小于激发态，极性溶剂对于激发态的稳定作用大

于基态，导致极性溶剂中 ΔE_p 降低，λ_{max} 长波方向移动。C=O 双键的 n→π* 跃迁，基态的极性大于激发态的极性，极性溶剂对基态的稳定作用大于对激发态的稳定作用，导致极性溶剂中 ΔE_p 升高，λ_{max} 短波方向移动。

4. 吸收带

（1）吸收带类型 吸收带指吸收峰在紫外光谱中的波带位置，根据电子和分子轨道的种类，可把吸收带分为 4 种类型，见表 4-4。

表 4-4 吸收带的四种类型

吸收带类型	跃迁类型	ε_{max}	吸收峰特征	实例
R	n→π*	≤100	弱	羰基、硝基
K	π→π*	≥10000	很强	共轭烯（丁二烯，苯乙烯等）
B	π→π*	250～3000	多重吸收带	苯、苯同系物
E	π→π*	2000～10000	强	芳环中的 C=C

R 带（基团型）主要是由 n→π* 引起，即发色团中孤电子对 n 电子向 π* 跃迁的结果。此吸收带强度较弱 ε_{max}≤100，吸收波长一般在 270nm 以上。如丙酮在 279nm，ε_{max}=15；乙醛在 291nm，ε_{max}=11。

K 带（共轭型），由于 π→π* 跃迁引起，其特征是吸收峰强，ε_{max}≥10000，具有共轭体系。如有发色团的芳香族化合物（如苯乙烯、苯乙酮）的光谱中的 K 带，随着共轭体系的增加，其波长红移并出现增色效应。

B 带（苯型）专指苯环上的 π→π* 跃迁。在 230～270nm 形成一个多重吸收峰（其形状类似人的手掌，俗称五指峰，如图 4-5 所示），通过其细微结构可识别芳香族化合物。但一些有取代的苯环可引起此带的消失。

E 带（乙烯型）也产生于 π→π* 跃迁，可看成苯环中 π 电子相互作用而导致激发态的能量发生裂分的结果。如苯的 π→π* 跃迁可以观察到 3 个吸收带 E_1、E_2 和 B 带，其中 E_1 带常落在真空紫外区一般不易观察到。

（2）溶剂对吸收带的影响 由于紫外光谱的测定大多数是在溶液中进行的，而溶剂的不同将会使吸收带的位置及吸收曲线的形态有着较大的影响，λ_{max} 位置会发生变化，见表 4-5。

表 4-5 不同溶剂对硝基苯中 π→π* 跃迁的影响

溶剂	水	乙醇	庚烷	气相
λ_{max}/nm	265.5	259.5	251.8	233.1

一般来讲，极性溶剂会造成 π→π* 吸收带发生红移，而使 n→π* 跃迁发生蓝移，而非极性溶剂对上述跃迁影响不太明显。

在进行紫外测定中，所选择的溶剂必须在样品吸收范围内应无吸收。溶剂不同，UV 干扰范围也不同。以水作溶剂，在 1cm 厚的样品池中测得溶剂吸光度为 0.1 时的波长为溶剂的剪切点（cutoff point），剪切点以下的短波区，溶剂有明显的紫外吸收，剪切点以上的长波区，可认为溶剂无吸收。表 4-6 列出常见溶剂的剪切点，当在此波长以上使用时无溶剂吸收。

表 4-6 常见溶剂的干扰极限（1cm）

溶剂	λ/nm	溶剂	λ/nm	溶剂	λ/nm	溶剂	λ/nm
水	205	乙醇 95%	204	庚烷	210	四氯化碳	265
甲醇	205	乙醚	215	二氯甲烷	232	苯	280
环己烷	205	己烷	195	氯仿	245	丙酮	330

二、使用紫外光谱仪

按光路紫外-可见分光光度计可分为单光束式及双光束式两类；按测量时提供的波长数又可分为单波长分光光度计和双波长分光光度计两类。单光束分光光度计的特点是结构简单、价格低，主要适于做定量分析。其不足之处是测定结果受光源强度波动的影响较大，因而给定量分析结果带来较大误差。双光束分光光度计的特点是能连续改变波长，自动地比较样品及参比溶液的透光强度，自动消除光源强度变化所引起的误差。对于必须在较宽的波长范围内获得复杂的吸收光谱曲线的分析，此类仪器极为合适。

本节主要以 UV7504C 紫外-可见分光光度计为例简述分光光度计的使用步骤。UV-7504C 紫外-可见分光光度计的外形和键盘分别如图 4-7 和图 4-8 所示。

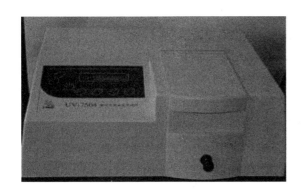

图 4-7 UV-7504C 紫外-可见分光光度计外形图

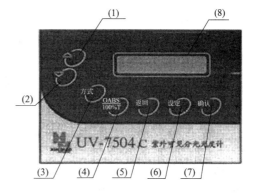

图 4-8 UV-7504C 紫外-可见分光光度计键盘

1. 仪器键盘功能

仪器键盘共有 7 个键组成，其基本功能介绍如下。

(1) "▲" 键 此键有 4 个功能：
① 在浓度状态下（C）按此键，浓度参数自动增加；
② 在斜率状态下（F）按此键，斜率参数自动增加；
③ 在 WL=XXXXnm（波长改变）按此键，波长参数自动增加；
④ 在仪器完成自检后，波长停在 546nm 时，按此键可以快速进入预设波长。

(2) "▼" 键 此键有 4 个功能：
① 在浓度状态下（C）按此键，浓度参数自动减少；
② 在斜率状态下（F）按此键，斜率参数自动减少；
③ 在 WL=XXXXnm（波长改变）按此键，波长参数自动减少；
④ 在仪器完成自检后，波长停在 546nm 时，按此键可以快速进入预设波长。

(3) "方式" 键 按此键，仪器的测试模式在吸光度、浓度、透射比间转换。

(4) "$\frac{OABS}{100\%T}$" 键 在吸光度状态下，按此键仪器将自动将参比调为 "0.000A"；在透射比状态下，按按此键仪器将自动将参比调为 "100%T"。

(5) "返回" 键 若仪器在非实时状态下按此键返还到实时状态，仪器在设置参数的状态下，按此键便返回到非设置参数状态。

(6) "设定" 键 按此键第一次显示自动设置的参数，第二次后参数方式将自动切换。

(7)"确认"键　按此键为确认一切参数设置有效，若不按此键，则设置无效。

2. 操作步骤

① 开机：接通电源，开机预热 20min，至仪器自动校正后，显示器显示 "546.0nm 0.000A"，仪器自检完毕，即可进行测试。

② 用"方式"键设置测试方式，根据需要选择吸光度（A）、浓度（c）、透射比（T）。

③ 选择分析波长，按设定键屏幕显示 "WL＝XXX.Xnm" 字样，按 "▲"、"▼" 调节到所需波长，按确认键确认，稍等，待仪器显示出所需波长，并已经把参比调成 0.000A 时，即可测试。

④ 将参比样品溶液和被测样品溶液放入比色皿槽中，盖上样品室盖，将参比样品溶液推入光路，按 "0ABS/100％T" 键调节 0ABS/100％T。

⑤ 当仪器显示 "0.000A" 或 "100％T" 后，将被测样品推入光路，依次测试被测样品的数据，记录。

⑥ 测量完毕，取出吸收池，清洗并晾干后入盒保存。关闭电源，拔下电源插头，盖上仪器防尘罩，填写仪器使用纪录。

⑦ 清洗各玻璃仪器，收拾桌面，将实验室恢复原样。

三、解析紫外光谱图

在有机结构分析的四大类型谱仪中，紫外-可见光分光光度计是最价廉，也是最普及的仪器，且测定时样品用量少，速度快。因此在可行的情况下应尽量利用紫外光谱数据来解决结构分析上的问题。但由于紫外光谱主要反映分子中不饱和基团的性质，用其确定化合物的结构式困难的，需同其他谱配合。

1. 不饱和有机化合物的紫外吸收

(1) 非共轭的不饱和有机化合物　含有孤立双键的化合物，由于它们都含有 π 电子不饱和体系，当分子吸收一定能量的光子时，可以发生 σ→σ*，π→π*、π→σ* 的跃迁。带有未共用的 n 电子还会发生 n→σ* 及 n→π* 的跃迁。

π→π* 跃迁大部分在 200nm 以下，如乙烯的 π→π* 跃迁的两个吸收带分别是 λ_{max}＝165nm（ε＝1000），λ_{max}＝182nm（ε＝10000）。乙醛中羰基的 π→π* 跃迁为 λ_{max}＝182nm（ε＝10000），n→π* 跃迁吸收带很弱，但出现在近紫外区，在羰基化合物中，随着烷基或助色团的加入，n→π* 跃迁吸收带发生蓝移，见表 4-7。

表 4-7　一些羰基的 n→π* 跃迁吸收带

化合物	λ_{max}/nm	ε_{max}	溶剂	化合物	λ_{max}/nm	ε_{max}	溶剂
甲醛	310	5	异戊烷	乙酸	204	41	乙醇
乙醛	289	17	己烷	乙酰胺	214	—	水
丙酮	279	15	己烷	乙酰氯	235	53	己烷

(2) 共轭体系的有机化合物　共轭体系的化合物中的 π→π* 跃迁由于能量降低因此发生明显的红移。大多数出现在 200nm 以上的区域。如乙烯的 π→π* 跃迁在 182nm，而 1,3-丁二烯在 217nm。对于共轭体系化合物的紫外光谱研究得很多，从中也得出了一些规律性的内容。

① 共轭双烯及多烯化合物。对于共轭双烯和多烯化合物 π→π* 跃迁（K 带），随着取代基的变化及共轭体系延伸，吸收谱带发生一些规律性的变化，其中伍德沃德（Wood ward）总结出一个取代双烯的经验规则，见表 4-8。

第四章 未知物结构鉴定方法

表 4-8 计算取代共轭双烯紫外 λ_{max} 值的伍德沃德规则（EtOH 溶液）

项　目	规　则	项　目	规　则
非同环①共轭双烯母体基本值	214nm	双键碳原子上每一个取代基	
		—R	加 5nm
		—O—COR	加 0nm
母体同环共轭双烯基本值		—OR	加 6nm
	253nm	—Cl，—Br	加 5nm
		—NR$_2$	加 60nm
每个延伸共轭双键	加 30nm		
每个环外双键②	加 5nm		
每个烷基取代或环残基	加 5nm		

① 表中的环均指六元环，若为五元环或七元环基本值分别为 228nm 和 241nm，链状二烯基本值为 217nm。
② 环外双键是指双键的两个碳原子中有一个碳原子在环上。

在计算中当同环双烯和异环双烯同时存在则以同环双烯为基本值。λ_{max} 的值以计算值最大为计算结果。

一个未知物，当它可能是二烯、三烯或四烯时，可以利用伍德瓦尔德-费塞尔经验规则计算 λ_{max}。如果结构合理，一般计算值是与实验值比较接近的。但该规则不适合交叉共轭体系，也不适用于芳香系统。

由于分子中各基团之间的相互作用，或空间立体阻碍，常使得伍德瓦尔德规则产生误差。在这方面已有人对此规则作了修正〔见 J. Org. Chem. 24，436 (1959)；29，3527 (1964)〕。

通常，反式异构体的 λ_{max} 值及其 ε 值都大于相应的顺式异构体。

在烯烃中，虽然激发态的极性比基态大，但与溶剂仍未能形成较强的作用，所以溶剂对这类化合物的 λ_{max} 的影响忽略不计。

[例 4-1] 计算下列化合物的 λ_{max}

母体基本值	214nm
环残基	2×5＝10（nm）
环外双键	5nm
计算值	229nm
实测值	232nm

[例 4-2] 计算松香酸的 λ_{max}

异环双烯基本值	214nm
取代基 d	5nm
环外残基 a，b，c	3×5＝15（nm）
环外双键	5nm
计算值	239nm
实测值	241nm

[例 4-3] 计算麦角甾醇在乙醇中的 λ_{max}

同环双烯基本值	253nm
环残基	4×5＝20（nm）
环外双键	2×5＝10（nm）
计算值	283nm
实测值	282nm

[例 4-4] 计算下列结构的 λ_{max}

同环双烯基本值	253nm
环残基	5×5=25（nm）
环外双键	3×5=15（nm）
延伸共轭双键	2×30=60（nm）
计算值	353nm
实测值	355nm

以上规则是经验性的，只要误差在±5nm 以内，就可认为 $\lambda_{计算}$ 与 $\lambda_{实测}$ 是一致的。此规则不能预测吸收带的强度，也不能预测其精细结构。对于共轭双键超过 4 个以上的共轭体系，上述经验规则的准确性较差。可利用式(4-5)进行计算。

对于链状共轭多烯化合物，随着共轭双键数目的增多，$\pi \rightarrow \pi^*$ 跃迁所需的能量减小，吸收带就越向长波方向移动，强度也增大。当共轭双键数目增加到一定程度时，吸收带便进入可见光区。例如：全反式 β-胡萝卜素，它具有 11 个共轭双键，其 λ_{max} 值为 452nm，呈现橙红色。某些物质，它的 λ_{max} 值虽然在 400nm 以下，但吸收带的尾部拖入可见光区，呈现浅浅的颜色。

四烯以上的共轭多烯，其 λ_{max} 值及 ε 值可按照费塞尔和肯恩所提出的公式进行计算，ε 值的计算式是半经验的，有时误差较大，计算值与实测值符合得不很好。

$$\lambda_{max(己烷溶液)} = 114 + 5M + n(48.0 - 1.7n) - 16.5R_{(环内)} - 10R_{(环外)} \quad (4-5)$$

$$\varepsilon_{max(己烷溶液)} = 1.74 \times 10^4 n$$

式中　M——取代烷基数；

　　　n——共轭双键数；

　　　$R_{(环内)}$——含环内双键的环数；

　　　$R_{(环外)}$——含环外双键的环数。

② α,β 不饱和羰基化合物。此类化合物在紫外区域主要是 $n \rightarrow \pi^*$ 和 $\pi \rightarrow \pi^*$ 跃迁，前者在 320nm 左右有一个 ε<100 的弱吸收带。而 $\pi \rightarrow \pi^*$ 跃迁在 (220~260)nm 之间有强吸收带（ε<10000）。例如，4-甲基-3-戊烯-2-酮在己烷中分别为 $n \rightarrow \pi^*$ 跃迁 λ_{max}=322.6nm（ε=90），$\pi \rightarrow \pi^*$ 跃迁 λ_{max}=238nm（ε=12600），此类化合物的 $\pi \rightarrow \pi^*$ 跃迁的位置随着取代基结构的不同而有规律的变化着，也可用已建立的经验规则计算这种吸收的 λ_{max} 值，见表 4-9。

表 4-9　α,β 不饱和羰基化合物 λ_{max} 值的经验规则（乙醇中）

$\overset{\delta}{-}C=\overset{\gamma}{C}-\overset{\beta}{C}=\overset{\alpha}{C}-\underset{R}{C}=O$	λ_{max}/nm
母体烯酮(开链或大于五元环)	215
五元环烯酮	202
醛类	207
同环共轭双烯	加 39
每个延伸双键	加 30
每个环外双键	加 5

续表

取代基		α	β	γ	δ 及 δ+1, δ+2...
	—R 烷基	10	12	18	18
		10	10	10	酸或酯类为 10
	—Cl	15	12	12	12
	—Br	25	30	25	25
	—OH	35	30	30	50
	—OR	35	30	17	31
	—SR		85		
	—OCOR	6	6	6	6
	—O⁻	50	75		
	—NR₂		95		酸或酯类为 70
	—NHR		95		酸或酯类为 70

[例 4-5] 计算下列化合物的 λ_{max} （乙醇中）

母体基本值	215nm
α-烷基取代	10nm
β-烷基取代	2×12＝24（nm）
计算值	385nm
实测值	388nm

母体基本值	215nm
延伸双键	2×30＝60（nm）
环外双键	5nm
同环双烯	39nm
β-烷基取代	12nm
δ-烷基取代	3×18＝54（nm）
计算值	385nm
实测值	388nm

③ 芳香族化合物。在芳香族化合物中以苯型芳烃最重要。苯有三个吸收带，E_1 带（$\lambda_{max}=184nm$，$\varepsilon=47000$），E_2 带（$\lambda_{max}=204nm$，$\varepsilon=47000$），B 带（$\lambda_{max}=254nm$，$\varepsilon=250$）均由 $\pi \to \pi^*$ 跃迁形成。其中 B 带可观测到一个多重峰，很易识别，是苯的典型特征带。

单取代苯视取代基的不同，使苯的谱带发生不同程度的红移。

一般来说，连有推电子基团的红移强弱顺序为：$CH_3 < Cl < Br < OH < OCH_3 < NH_2 < O^-$

连有吸电子基团的红移强弱顺序为：

$^+NH_3 < —SO_2NH_2 < CO_2^- \leqslant CN < —COOH < COCH_3 < CHO < NO_2$

例如，苯酚有两个吸收带 $\lambda_{max}=211nm$（$\varepsilon=6200$）和 $\lambda_{max}=270nm$（$\varepsilon=1450$），当用碱处理后变成 ⌬—ONa，则紫外光谱吸收带变为 $\lambda_{max}=236nm$（$\varepsilon=9400$）和 $\lambda_{max}=287nm$（$\varepsilon=2600$），因此通过这一变化可判断是否是酚羟基。

对于芳香醛、酮、羧酸和酯类的 λ_{max} 计算，Scott 总结了经验规则，见表 4-10。

表 4-10 ⌬—C(=O)—X 型化合物的 Scott 经验规则（乙醇中）

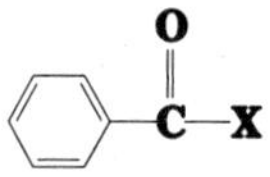

母体基本值 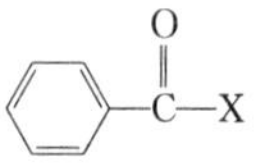 ⌬—C(=O)—X		λ_{max}/nm		
X=烷基或环残基		246		
=H		250		
=OH 或 OR		230		
		增量/nm		
		邻位	间位	对位
取代基	—R	3	3	10
	—OH,—OR	7	7	25
	—O⁻	11	20	78
	—Cl	0	0	10
	—Br	2	2	15
	—NH₂	13	13	58
	—NHAc	20	20	45
	—NR₂	20	20	85
	—NHR	—	—	73

[例 4-6] 计算

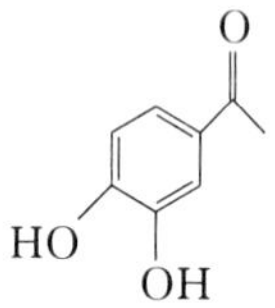

芳酮基本值	246nm
m-OH	7nm
p-OH	25nm
计算值	278nm
实测值	279nm

[例 4-7] 计算

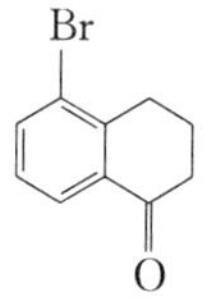

芳酮基本值	246nm
o-环残基	3nm
m-Br	2nm
计算值	251nm
实测值	248nm

当邻位连接体积大的基团，可减弱羰基与苯环间的共平面性。因此，可造成计算值与实测值有较大偏差。例：

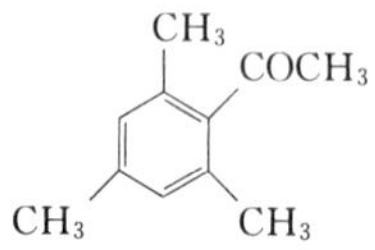

$\lambda_{max计算} = 262$nm；$\lambda_{max实测} = 242$nm

④ 杂环化合物。具有芳香性的杂环化合物在紫外光谱中有明显的吸收。五元杂环化合物如吡咯、呋喃、噻吩等与苯环吸收曲线不特别相似，但仍在 200～230nm 区域内出现吸收，见表 4-11。

表 4-11 杂环化合物的 λ_{max} 和 ε_{max}

化合物	λ_{max}/nm	ε_{max}	溶剂
呋喃 (O)	207	9100	环己烷
噻吩 (S)	231	7100	环己烷
吡咯 (NH)	208	7700	环己烷

2. 初步估计共轭体系的分子结构

由紫外-可见光谱图中可以得到各吸收带的 λ_{max} 和相应的 ε_{max} 两类重要数据,它反映了分子中生色团或生色团与助色团的相互关系,即分子内共轭体系的特征,并不能反映整个分子的结构。现将紫外光谱与有机分子结构的关系归纳如下。

① 化合物在 220~700nm 内无吸收,说明该化合物是脂肪烃、脂环烃或它们的简单衍生物(氯化物、醇、醚、羧酸类等),也可能是非共轭烯烃。

② 220~250nm 范围有强吸收带($lg\varepsilon \geqslant 4$,K 带)说明分子中存在两个共轭的不饱和键(共轭二烯或 α,β-不饱和醛、酮)。

③ 200~250nm 范围有强吸收带($lg\varepsilon$ 为 3~4),结合 250~290nm 范围的中等强度吸收带($lg\varepsilon$ 2~3)或显示不同程度的精细结构,说明分子中有苯基存在。前者为 E 带,后者为 B 带,B 带为芳环的特征谱带。

④ 250~350nm 范围有低强度或中等强度的吸收带(R 带),且峰形较对称,说明分子中含有醛、酮羰基或共轭羰基。

⑤ 300nm 以上的高强度吸收,说明化合物具有较大的共轭体系。若高强度具有明显的精细结构,说明为稠环芳烃、稠环杂芳烃或其衍生物。

⑥ 若紫外吸收谱带对酸、碱性敏感,碱性溶液中 λ_{max} 红移,加酸恢复至中性介质中的 λ_{max}(如 210nm)表明为酚羟基的存在。酸性溶液中 λ_{max} 蓝移,加碱可恢复至中性介质中的 λ_{max} 如 230nm,表明分子中存在芳氨基。

3. 根据波长 λ_{max} 的大小,判别化合物为何种结构。

(1) 用紫外光谱区别三氯乙醛及其水溶液

Cl_3—CHO(己烷中):在 $\lambda_{max}=290$nm 处出现吸收峰,$\varepsilon=33$,表示有醛基。

Cl_3—CHO(水中):在 $\lambda_{max}=290$nm 处不出现吸收峰,表示无醛基。

(2) 用紫外光谱测定异亚丙基丙酮的结构 分子式为 $C_4H_{10}O$,具有两种结构式,共轭体系:$\lambda_{max}=235$nm,$\varepsilon=12000$;非共轭体系 $\lambda_{max}>220$nm 处无吸收。

4. 根据波长 λ_{max} 的位移,判别化合物的骨架

未知化合物与已知化合物的紫外线吸收光谱一致时,可以认为两者具有同样的发色基团,根据这个原理可以推定未知化合物的骨架。

例如,黄烷酮的 A 和 C 环具有 2,4-二羟基-乙酰苯或 2,4,6-三羟基乙酰苯的共轭系,这些共轭系都有特别的吸收带,因此根据紫外线吸收光谱就能判断未知样品含有哪一种共轭系。

5. 测定互变异构现象

紫外光谱广泛地应用于互变异构体的测定。某些有机物在溶液中可能有两个或两个以上

互变的异构体处于动态平衡中，这种异构体的互变过程，常伴随有双键的移动。最常见的互变异构现象是某些含氧化合物的酮式异构体与烯醇式异构体之间的互变异构。例如，乙酰乙酸乙酯有两种互变异构体，如下图：

$$H_3C-\overset{O}{\underset{}{C}}-CH_2-\overset{O}{\underset{}{C}}-OC_2H_5 \rightleftharpoons H_3C-\overset{O-H}{\underset{}{C}}=CH-\overset{O}{\underset{}{C}}-OC_2H_5$$

酮式异构体分子中不存在共轭体系，其 λ_{max} 在 272nm，烯醇式异构体分子中存在共轭体系，其 λ_{max} 由于分子内双键的移动而移到 243nm，两者的吸收光谱特性不同。在溶液中这两种异构体含量的比例与溶剂的性质有关。在水一类的极性溶剂中，由于酮式异构体能与水形成氢键，使体系能量降低，以达到稳定状态，所以酮式异构体占优势。而在已烷一类的非极性溶剂中，烯醇式异构体虽然不能与非极性溶剂形成氢键，但可以形成分子内氢键，所以其比例上升，溶剂极性越小，烯醇式异构体的比例越大。

6. 紫外谱图集和数据检索

解析紫外光谱时，最常用的索引和光谱集主要是《The Sadtler Standard Spera，Ultraviolet》。《The Sadtler Standard Spera，Ultraviolet》由 Sadtler Research Laboratories 编。自 1964 年的第 1 卷至 1996 年的第 170 卷，共收集了 4.82 万张标准紫外光谱。给出了化合物的名称、分子式、样品来源、熔点或沸点、溶剂。至多给出 5 条谱带的最大吸收波长（λ_{max}nm）及相应的吸收系数（absorptivity，简称 A）。附有化合物名称索引（Alphabetical Index），化合物分类索引（Chemical Classes Index），分子式索引（Molecular Formula Index），光谱号码索引及紫外光谱搜索表（Locator Index）。Locator Index 共有五栏，第一栏内给出化合物的最大吸收 λ_{max} 及相应的 A 值，每个化合物至多给出 5 条谱带（$\lambda_1 \sim \lambda_5$）及相应的 A 值。从左至右，λ_{max} 由小到大排列。第二栏至第五栏依次给出峰数目、红外光谱序号、紫外光谱序号及溶剂（N——中性、A——酸性、B——碱性）。第一栏的 λ_1 自 200nm 始，λ_{max} 由小到大排列。若已测得未知物的紫外光谱，由此表可方便地查到与其结构近似的标准谱图序号，若未知物紫外光谱数据及测试条件与此表某标准谱数据及测试条件完全相符，则可认为未知物的结构与标准谱的结构一致或部分一致。

另外还有其他几种索引和光谱集，包括以下几种。（1）《Ultraviolet and Visible Absorption-Spectra》，H. M. Hershenson 编。Academic Press 出版，共有两卷。Index for 1930-1954（1956 年），Index for 1955-1959（1961 年）。该书没有光谱，只有文献出处，化合物名称按字母顺序排列。（2）《Organic Electronic Spectra Data》，由 Interscience 不定期出版，从 1960 年出版的第 1 卷到 1973 年出版的第 9 卷，收集了 1946-1967 年的文献。从分子式可以查出化合物名称，λ_{max}（lgε），原始文献，测定溶剂，没有谱图。（3）《Ultraviolet Spectra of Aromatic Compounds》，A. Friedel，M. Orchin 编。Jone Wiley 出版（1951 年）。共收集 579 个光谱，有化合物名称、结构式、溶剂和文献记载，附有化合物名称和分子式索引。（4）《Handbook of Ultraviolet and Visible Absorption Spectra of Organic Compounds》，平山健三编。Plenum press Data Division 出版（1967 年）。共收集 8443 个化合物的数据，从部分结构（生色团）中可以查出 λ_{max}，lgε，原始文献。相反，从 λ_{max} 也可查出 lgε。

四、紫外光谱图解析实例

解析紫外光谱图应考虑吸收带的位置（λ_{max}）、吸收带的强度（ε 值）及吸收带的形状三个方面。由吸收带的位置判断共轭体系的大小，而吸收带的强度和形状可用于判断 K 带、E 带、B 带、R 带。

紫外光谱图一般都比较简单，多数化合物只有一两个吸收带，容易解析，但确定化合物的结构需要配合经验计算或查阅标准图谱。

[例 4-8] 确定紫罗兰酮 α,β 异构体的结构。已知紫罗兰酮两种异构体结构如下：

(a) (b)

紫外光谱测得 α-异构体的 λ_{max} 228nm（ε14000），β-异构体的 λ_{max} 296nm（ε11000）。

解 运用表 4-9 的数据分析推算（a）、（b）的 λ_{max}：

$$\lambda_{max}(a)=215+12=227(nm) \quad \lambda_{max}(b)=215+30+3\times18=299(nm)$$

将计算值与实测值比较，α-紫罗兰酮的结构为（a），β-紫罗兰酮的结构为（b）。

[例 4-9] 叔醇（A）经浓 H_2SO_4 脱水得到产物 B，已知 B 的分子式为 C_9H_{14}，紫外光谱测得 λ_{max} 242nm，确定 B 的结构。

解 产物 B 的分子式是 C_9H_{14}，叔醇失去一分子水。失水可经由两个途径发生，1,2-位失水得到产物的结构为 （a）；1,4-位失水，双键发生移动，得到产物的结构为

（b）。

由表 4-8 数据计算：

(a) $\lambda_{max}(a)=214+3\times5=229$（nm）

(b) $\lambda_{max}(b)=214+4\times5+5=239$（nm）

通过经验计算可知，产物 B 的结构为（b），即 1,4-位失水容易发生。

知识拓展

1. 诱导效应

键的极性和电子云在键中的分布，不仅取决于键合原子的电负性和核间距离，同时也受到分子中邻近共价键的影响，使共价键的电子云密度分布发生变化，称之为电子效应。电子效应主要包括诱导效应和共轭效应两种。

在分子中引进一个原子或原子团后，可使分子中电子云密度分布发生变化，而这种变化不但发生在直接相连部分，也可以影响到不直接相连部分，这种因某一原子或基团的极性而引起电子沿着碳链向某一方向移动的效应，亦即 σ 键的电子移动，称为诱导效应（I）。如由吸电子的原子或原子团引起的诱导效应称作吸电子诱导效应，记作 -I，由给电子的原子或原子团引起的诱导效应称给电子诱导效应，记作 +I。例如在分子中引入一个氯原子，因氯原子的电负性比碳大，C—Cl 键是极性共价键，使 C 上电子云密度减少。

$$\cdots C_3\text{—}C_2\text{—}C_1 \longrightarrow Cl$$

由于 C_1 电子密度减少，又会吸引 C_1—C_2 键的电子对向其靠近，使本来没有极性的 C_1—C_2 共价键产生微弱极性，使 C_2 上的电子密度减少。C_2 又会吸引 C_3，使 C_2—C_3 共价

键产生极性,依次类推。常用一个短的箭头来表示诱导效应产生电子偏移的情况

$$-\overset{|}{\underset{|}{C}}\to\overset{|}{\underset{|}{C}}\to\overset{|}{\underset{|}{C}}\to Cl \quad -\overset{|}{\underset{|}{C}}=\overset{|}{\underset{|}{C}}\to\overset{|}{\underset{|}{C}}\to Cl$$

$$CH_3 \longrightarrow CH=CH_2$$

下列基团具有吸电子诱导效应。

① 电负性比较大的原子:—F,—Cl,—Br

② 含氮、氧原子的基团:—NO_2,—$\overset{O}{\underset{\|}{C}}$—,—COOH,—OR,—OH,—$NR_2$

③ 不饱和烃基:—⟨◯⟩,—C≡CH,CH_2=CH—

一般的饱和脂肪烃基都具有推电子的诱导效应。

诱导效应具有以下三个特点:a. 诱导效应的强弱取决于基团吸电子或给电子能力的大小,吸电子或给电子能力越强,诱导效应越强;b. 诱导效应具有叠加性。如果几个基团作用于同一个共价键,则这个键所受的诱导效应是几个基团诱导效应的向量和,方向相同时相加,方向相反时相减;c. 诱导效应是沿σ键传递的,随着距离的增加,这种作用迅速减弱。一般间隔3个单键时这种作用就基本消失了。

2. 共轭效应

共轭(或离域)效应的产生与诱导效应不同,它产生于sp^2杂化轨道的共平面性,只有碳原子的共平面,才能使p轨道相互平行,侧面重叠而发生离域。共轭二烯烃中的两个双键被一个单键隔开,即含有 C=C—C=C ,这种结构体系称为π-π共轭体系。在此共轭体系中,4个碳均为sp^2杂化,四个碳原子上的4个p轨道形成了一个大π键。电子在大π键中活动区域得到扩大,造成离域。由于电子的离域,使得共轭体系中的电子云密度的分布和键长发生平均化。"共轭"即表示"相互联系,相互影响"的意思。共轭效应有如下几个特点。

① 形成共轭体系后分子的势能降低,结构趋于稳定。

② 共轭体系中单双键差别减小,键长有平均化趋势。例如:

孤立的单双键长　　C—C　$1.54×10^{-10}$ m　　C=C　$1.34×10^{-10}$ m

1,3-丁二烯键长　　C—C　$1.48×10^{-10}$ m　　C=C　$1.37×10^{-10}$ m

③ 由于离域的π电子可以在整个共轭体系内流动,当共轭体系一端的电子密度受到影响时,整个共轭体系中每一个原子的电子密度都受到影响,共轭体系有多长,影响的范围就有多长,不受距离限制。

④ 由于共轭体系内各原子仍保留着一部分单双键的属性,电子在各原子间流动速度不同,所以影响的结果常使共轭体系中各原子的电子云密度出现疏密交替的现象。例如:

$H^+ \quad \overset{\delta-}{CH_2}=\overset{\delta-}{CH}-\overset{\delta-}{CH}=\overset{\delta-}{CH_2} \quad \overset{\delta+}{CH_2}=\overset{\delta-}{CH}-\overset{\delta+}{CH}=\overset{\delta-}{O}$

根据p轨道重叠的类型不同,共轭体系可分为如下几种。

① π-π共轭。在1,3-丁二烯分子中,单双键相互交替,π电子产生离域形成共轭体系。这种两个π轨道重叠形成的共轭体系称为π-π共轭体系。

② p-π共轭。π键的两个p轨道与其相邻原子上的p轨道相互平行重叠,使成键电子发生离域产生共轭效应,称为p-π共轭。例如在氯乙烯分子中。氯原子上带有未共用电子

的 p 轨道与 π 轨道处于共平面，而侧面重叠，形成 p-π 共轭体系。共轭效应使氯原子的电子向双键转移，C—Cl 键具有部分双键性质，且 C—Cl 键的极性减小。

	C—Cl 键长	偶极矩
CH_3CH_2—Cl	1.78×10^{-10} m	6.8×10^{-30} C·m
$CH_2=CH$—Cl	1.72×10^{-10} m	4.8×10^{-30} C·m

③ 超共轭。当共轭体系存在烷基时，烷基中 C—H 键的 σ 电子可以与共轭体系的 π 电子产生超共轭效应。

3. 空间效应

(1) 几何构型 共轭体系受到空间效应的影响而不能很好共平面时，它们的紫外吸收波长和摩尔消光系数也会受到影响。在多烯型 C=C—C=C、苯乙烯型 $C=C-C_6H_5$ 或 α,β 不饱和酮型中，反式异构体的立体阻碍小，共平面程度大，所以反式异构体一般都比顺式异构体的吸收波长要长，摩尔消光系数 ε 要大。

以二苯乙烯为例，反式的两个苯环可与烯的 π 键共平面而形成一个大共轭体系，其 λ_{max}（反）为 294nm（$\varepsilon_{max}=27600$）；顺式的两个苯环由于空间阻碍与烯的 π 键不能很好共平面，其 λ_{max}（顺）为 280nm（$\varepsilon_{max}=10500$）。二苯乙烯顺反异构体的紫外吸收光谱如图 4-9 所示。

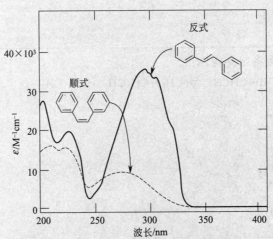

图 4-9 二苯乙烯的紫外吸收光谱图

(2) 邻位效应 以发色团或助色团取代的苯，如果在 2-位或 2-、6-位上另有取代基时，由于这些取代基产生的立体阻碍即"邻位效应"，使发色团或助色团与苯环之间的共轭受到限制，导致摩尔消光系数减小。当取代基大到一定程度时，由于它们所产生的立体阻碍非常大，这时不仅 ε_{max} 减小，而且 λ_{max} 也向短波方向移动（蓝移）。

4. 溶剂效应

化合物在极性溶剂中测定紫外光谱，使 n→π* 发生蓝移，π→π* 发生红移。要了解其原因，首先要搞清各种轨道的极性情况。

在极性溶剂中，化合物与溶剂相互的静电作用或氢键作用都可使基态或激发态趋于稳定化。如果基态的极性比激发态大，基态的能量比激发态降低的更多；反之，则激发态的能力比基态降低的更多。图 4-10 表示各种轨道的极性情况。

n轨道
极性最大

π*轨道
极性次之

π轨道
极性最小

图 4-10　各种轨道及其极性

对 n→π* 来说，n 轨道的极性大于 π*，亦即基态极性大于激发态，所以在极性溶剂的溶剂化作用下，基态 n 轨道的能量降低的更多，结果 $\Delta E_p > \Delta E_n$（ΔE_p、ΔE_n 分别代表在极性溶剂与非极性溶剂中的激发态与基态之间的能量差），跃迁能量增加而使 λ_{max} 发生蓝移。

对 π→π* 来说，轨道的极性 π* 大于 π，亦即激发态的极性大于基态，所以在极性溶剂的溶剂化作用下，激发态 π* 轨道的能量降低的更多，结果 $\Delta E_p < \Delta E_n$，跃迁能量降低而使 λ_{max} 发生红移。

既然紫外吸收光谱存在着溶剂效应，所以对于紫外吸收光谱图应注明测定时所使用的溶剂。

习 题

1. 用 UV 区别下列各组异构体：

(1) $CH_3CH=CHCH=CHCH_3$ 与 $CH_2=CH(CH_2)_2CH=CH_2$

(2) [结构式] 与 [结构式]

(3) Ph,Ph / H,H C=C 与 Ph,H / H,Ph C=C

(4) $HO-\underset{}{\bigcirc}-\overset{O}{\underset{\|}{C}}-CH_3$ 与 $\underset{}{\bigcirc}-\overset{O}{\underset{\|}{C}}-OMe$

(5) $\underset{}{\bigcirc}-\overset{O}{\underset{\|}{C}}-CH(CH_3)_2$ 与 $\underset{}{\bigcirc}-CH_2CH_2-\overset{O}{\underset{\|}{C}}-CH_3$

2. 推断下列各组化合物的紫外最大吸收波长：

(1) $CH_3CH=CHCH=CHCH_3$

(2) [结构式]=CHCH=CH_2

(3) [结构式]

3. 用伍德沃德规则推断下列化合物的最大吸收波长：

(1) [结构式] 与 [结构式]

第四章 未知物结构鉴定方法

(2) [结构式] 与 [结构式]

4. 下列烯酮的 λ_{max} 值为：224nm ($\varepsilon_{max}=9750$)，235nm ($\varepsilon_{max}=14000$)，253nm ($\varepsilon_{max}=9550$)，及 248nm ($\varepsilon_{max}=6890$)，试指出各值分属于哪些化合物？

(a) $CH_3COCH=CHCH_3$
(b) [结构式]
(c) $(CH_3)_2C=CHCOCH_3$
(d) [结构式]

5. 试计算下列化合物在己烷溶液中的 λ_{max}，用紫外光谱法是否可以加以辨别。

(a) [结构式]   (b) [结构式]

6. 一种半萜烯 α-莎草酮（α-cyperone），原推断结构式如下

[结构式]

后测定其紫外光谱，发现 $\lambda_{max}^{EtOH}=251nm$，据此判断该结构式是否合理；如不合理，试以该骨架为基础，提出合理结构式。

7. 麦角甾醇（A）经 oppenauer 氧化得到两个分子式为 $C_{28}H_{42}O$ 的异构体（B）和（C），它们各自的紫外最大吸收波长为 249nm（$\varepsilon=20000$）和 280nm（$\varepsilon=33000$）。写出（B）和（C）的结构式。

(A) [结构式]

8. 0.745g 的化合物（A）溶 100mL 乙醇中，在 1cm 的比色池中测定，紫外强吸收带最大吸收波长为 243nm，其吸收度为 0.520。求这个最大吸收波长所对应的摩尔吸收率（ε）。

(A) [结构式]

第二节　红外吸收光谱法鉴定

一、识读红外光谱图

红外吸收光谱和紫外-可见吸收光谱同属于分子光谱。当分子吸收外界辐射能后，总能

量变化是电子运动能量变化、振动能量变化和转动能量变化的总和。由于紫外可见光区的波长为 200～780nm,分子吸收该光区辐射获得的能量足以使价电子发生跃迁而产生紫外可见吸收光谱。然而分子振动能级跃迁同时伴随着转动能级间跃迁需要的能量较小,若用吸收能量较低的红外光子照射分子时将引起振动与转动能级间的跃迁,由此产生的分子吸收光谱称为红外吸收光谱或称振-转光谱。

1. 红外吸收光谱的形成及产生

分子必需满足两个条件才能吸收红外辐射。

① 分子振动或转动时,必须有瞬间偶极矩的变化。

分子作为一个整体来看是呈电中性的,但构成分子的各原子的电负性却各不相同,分子可显示出不同的极性。分子在不停地振动过程中,其正负电荷的大小是不变的,但正负电荷中心距离会发生改变,因此分子偶极矩也发生改变。这种因分子振动而使偶极矩发生瞬时变化的分子则为具有红外活性的分子,这与分子是否具有永久偶极矩无关。例如,CO_2 分子是一个线型分子,其永久偶极矩等于零,但它的不对称振动时必然能显示偶极矩的变化,因此 CO_2 分子是具有红外活性的分子。而同核双原子分子,例如,H_2、N_2、O_2 属于非红外活性分子。

② 只有当照射分子的红外辐射的频率与分子某种振动方式的频率相同时,分子才能吸收能量,从基态振动能级跃迁到较高能量的振动能级,从而在图谱上出现相应的吸收带。

振动类型:分子的简正振动可分为化学键的伸缩振动和弯曲振动两大类。伸缩振动是指化学键两端的原子沿键轴方向作来回周期运动,振动过程中键角不发生改变,它可分为对称伸缩振动(symmetric stretching vibration)与反对称伸缩振动(ansymmetric stretching vibration),分别用 ν_s 和 ν_{as} 表示。例如亚甲基的伸缩振动(图 4-11)。

图 4-11 亚甲基的伸缩振动模式

弯曲振动(或称变形振动)是指使化学键角发生周期性变化的振动,用 δ 表示。如果弯曲振动完全位于平面上,则称面内弯曲振动,如果弯曲振动的方向垂直于分子平面,则称为面外弯曲振动。剪式振动和平面摇摆振动为面内弯曲振动,非平面摇摆和扭曲振动为面外弯曲振动。例如亚甲基的弯曲振动(图 4-12)。

图 4-12 亚甲基的弯曲振动模式

("+"表示运动方向垂直于纸面向里,"-"表示运动方向垂直于纸面向外)

同一种键型,其反对称伸缩振动的频率大于对称伸缩振动的频率,远大于弯曲振动的频率,而面内弯曲振动的频率又大于面外弯曲振动的频率。

2. 实际分子的振动

(1) 双原子分子的振-转跃迁　将双原子分子的两个成键原子看做是两个质量不同的刚性小球,而键便看做是将两球连接起来的弹簧,则分子的振动可视为一个简谐振动,其振动频率符合胡克(Hooke)定律。当两个不同原子组成的分子振动时,分子的电荷中心与两个原子核同步振荡,分子仿佛是一个振荡着的电偶极子。此偶极子受到频率连续变化的红外照射时,可吸收某些频率的红外辐射,从而增大分子的振动能量。当所吸收的红外频率与提高该分子的能级所需的频率一致时，此频率与原子质量间呈下列关系式：

$$\bar{\nu}=\frac{1}{2\pi c}\sqrt{\frac{K\times 10^5}{\frac{m_1 m_2}{m_1+m_2}\times\frac{1}{N}}} \tag{4-6}$$

式中　$\bar{\nu}$——频率，以波数为单位，cm^{-1}；

　　　c——光速，$3\times 10^{10}\, cm/s$；

　　　K——力常数（键强度），相当于弹簧的胡克常数，N/cm；

m_1，m_2——原子质量，g，$\frac{m_1 m_2}{m_1+m_2}=\mu$（折合质量）；

　　　N——阿佛加德罗常数。

由于不同波长的电磁辐射作用于被研究物质的分子，可引起分子内不同能级的改变，即不同的能级跃迁。

利用式(4-5)，可计算不同双原子分子的振动频率。

[例 4-10]　计算 C—O 键的振动频率。

查表 4-12，知 C—O 键的 K 值 $5.0\,N/cm=5.0\times 10^5\, dg/cm$。

$$\bar{\nu}(C-O)=\frac{1}{2\times 3.1415\times 3\times 10^{10}}\sqrt{\frac{5.0\times 10^5\times 6.023\times 10^{23}}{\frac{12\times 16}{12+16}}}=1112\,cm^{-1}$$

可将固定值提出，即 $\frac{1}{2\pi c}\sqrt{10^5\times 6.023\times 10^{23}}=1302$

则式(4-6)可简化为：

$$\bar{\nu}=1302\sqrt{\frac{K}{\mu}} \tag{4-7}$$

表 4-12　常见原子对的力常数及折合质量

原子对	$K/(N/cm)$	μ(以氢原子为单位)	原子对	$K/(N/cm)$	μ(以氢原子为单位)
C—C	4.5	6	C—H	5.1	0.923
C=C	9.6	6	O—H	7.7	0.941
C≡C	15.6	6	C—N	5.8	6.16
C—O	5.0	6.85	N—H	6.4	0.933
C=O	12.1	6.85			

由表 4-12 可见，力常数与化学键的键能成正比。基团频率与力常数成正比，与折合质量成反比。振动频率、力常数、折合质量之间的关系如下。

① 质量相近的基团，力常数按下列顺序递减：三键>双键>单键。其振动频率也相应降低：即三键（$2500\sim 2000\,cm^{-1}$）>双键（$1800\sim 1600\,cm^{-1}$）>单键（$1500\sim 700\,cm^{-1}$）。

② 同一基团，伸展振动（改变键长）需要能量较高，其力常数较变形振动大，故伸缩振动频率>变形振动（改变键角）频率。

③ 振动频率与原子质量的关系：质量小的原子，振动后回复平衡所需的力较大，故具有较高的频率。因此，氢与其他原子形成的键具有最高的频率，而溴、碘及大多数金属则占据最低的频率。

(2) 多原子分子的振动　多原子分子的振动由伸缩振动、弯曲振动以及它们之间偶合振动组成。分子振动时，分子中各原子之间的相对位置称为该分子的振动自由度。一个原子在

空间的位置可用 x、y、z 三个坐标表示，有 3 个自由度。n 个原子组成的分子有 $3n$ 个自由度，其中 3 个自由度是平移运动，3 个自由度是旋转运动，线型分子只有 2 个转动自由度（因有一种转动方式，原子的空间位置不发生改变），余下的都是分子内部的振动自由度。所以非线型分子的振动自由度为（$3n-6$），线型分子的振动自由度为（$3n-5$），这些基本振动称简正振动（normal virbration）。一个分子的复杂振动可以看成是由各简正振动叠加而成的，当分子的某一简正振动导致偶极矩变化，它的振动频率又恰与照射它的辐射频率相同，分子就能吸收光子，在图谱上出现一个吸收带。图 4-13 所示了非线型三原子分子 9 个自由度的分配。

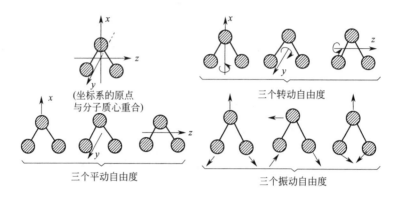

图 4-13　非线型三原子分子 9 个自由度的分配

（3）实际分子振动谱线减少或增加的原因　上面我们是以简正振动的方式描述振动的。实际分子的振动不完全是这样的，有时，某些分子的吸收峰多一些，而一些分子则少一些。如具有 12 个原子组成的分子按照 $3n-6$ 计则应有 30 个振动自由度，即有 30 条吸收谱线，但实际这些谱线数目与计算产生差距。谱线有时会发生减少或增加，谱线减少的原因主要有以下几点。

① 在分子的各简正振动时，有的振动频率相同，它们的吸收带重合，这种现象称为简并。

② 分子振动时，若不发生偶极矩变化的则不发生吸收。例如，CO_2 有 4 种简正振动（$3 \times 3 - 5 = 4$），如图 4-14 所示。

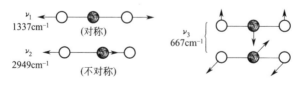

图 4-14　CO_2 简正振动

图 4-14 中频率为 ν_1 简正振动是对称伸缩振动，在振动时无偶极矩变化，所以显示红外非活性；ν_3 是二重简并振动。因此，CO_2 的振动光谱中，仅在 $2949cm^{-1}$ 及 $667cm^{-1}$ 附近观察到两个吸收带。

③ 由于仪器的分辨率低，有些峰检测不出来；有些频率不同的峰发生重合；有些振动超出红外检测区域。

另外谱线也会发生增加，谱线增加主要有以下一些原因形成的。

大多数吸收谱线为基频谱带，除基频外，还可产生以下频带。

① 倍频（泛频）带（over tone）。出现在强的基频带频率的大约2倍处（实际上比两倍低），一般都是弱吸收带（强度为基频的1/10或1/100）。例如，C=O伸缩振动频率约在1700cm^{-1}处，其倍频带出现在约3400cm^{-1}处，通常和—OH的伸缩振动吸收带相重叠。

② 合频（组频）带（combination tone）。也是弱吸收带，出现在两个或多个基频频率之和或频率之差附近。如基频分别为ν_1和ν_2的吸收带，其合频带可能出现在$\nu_1+\nu_2$或$\nu_1-\nu_2$附近。例如一取代苯在2000～1660cm^{-1}有吸收带，即为$\delta_{(C-H)}=(1000～700cm^{-1})$的合频。

③ 振动偶合（vibrational coupling）。当分子中两个或两个以上相同的基团与同一个原子连接时，其振动吸收带常发生分裂，形成双峰，这种现象称为振动偶合。有伸缩振动偶合、弯曲振动偶合、伸缩与弯曲振动偶合三类。

例如，$(CH_3)_2CH$—中的两个甲基相连在同一碳上，其$\delta_{(C-H)}$的频率相互偶合，则在1380cm^{-1}和1350cm^{-1}处出现强度相近的两个振动频率，是由弯曲振动偶合引起的。

丙二酸$CH_2(COOH)_2$中的羰基在1740cm^{-1}和1710cm^{-1}出现两个吸收峰，是羰基伸缩振动偶合引起的。

④ 费米共振（Fermi resonance）。当强度很弱的倍频带或组频带位于某一强基频吸收带附近时，弱的倍频带或组频带和基频带之间发生偶合，使得倍频带或组频带加强，而基频带强度降低，这个振动称为费米共振。

例如，醛在2820cm^{-1}和2720cm^{-1}处出现两个峰，原因是醛基上$\nu_{(C-H)}$在2800cm^{-1}基频处，而$\delta_{(C-H)}$的倍频也在2×1400=2800cm^{-1}附近。结果使醛基在2800cm^{-1}附近出现两个峰，如图4-15所示。

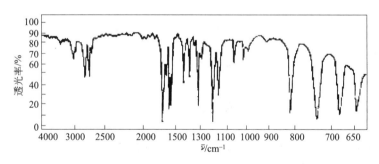

图4-15　苯甲醛的红外光谱

3. 红外光谱图

(1) 红外光波波长范围　红外光波波长位于可见光波和微波波长之间0.75～1000μm范围。其中0.75～2.5μm为近红外区，2.5～25μm为中红外区，25～1000μm为远红外区。其中应用最广的是从2.5～15.4μm的中红外区。由$\bar{\nu}(cm^{-1})=\dfrac{10^4}{\lambda(\mu m)}$可知，2.5～15.4$\mu m$波长范围对应于4000～650cm^{-1}。大多数有机化合物及许多无机化合物的化学键振动均落在这一区域。

(2) 红外光谱图　图4-16为氯仿的红外光谱图。以波长λ或波数$\bar{\nu}$为横坐标，表示吸收峰的位置。波数是单位厘米长度相应的波的数量。即

$$\bar{\nu}(\text{cm}^{-1}) = \frac{1}{\lambda(\text{cm})} = \frac{10^4}{\lambda(\mu\text{m})}$$

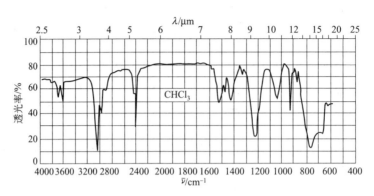

图 4-16 氯仿的红外光谱

例如，3.5μm 的波长的红外光的波数为：

$$\bar{\nu}(\text{cm}^{-1}) = \frac{10^4}{3.5} = 2857 \text{cm}^{-1}$$

纵坐标表示吸收峰的强度，多以透光率（T）表示，自下而上从 0～100。吸收峰的强度遵循比尔-朗伯（Beer-Lambert）定律，吸收强度越低，透光率越大；当无吸收时，曲线在图的最上部。所谓的吸收峰实际上是由上向下的谷。

红外光谱的特征吸收，不仅表现在峰的位置，而且也表现在峰的强度和峰形方面，文献上常表示峰的强度符号为：vs(very strong)：很强；s(strong)：强；m(medium)：中强；w(weak)：弱。

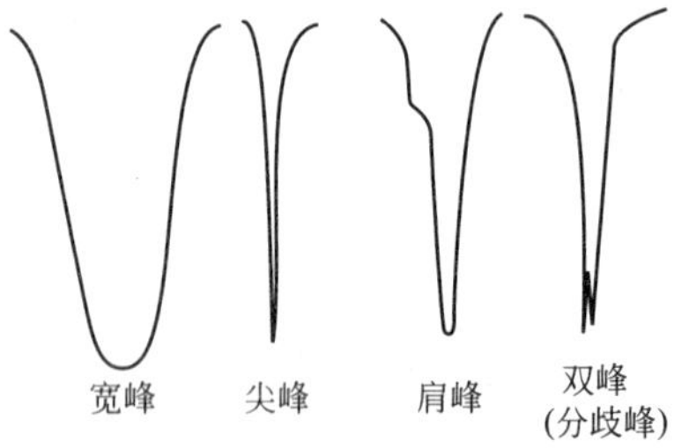

表示形状的为宽峰、尖峰、肩峰、双峰等类型，如图 4-17 所示。

表示振动的符号如下。ν：伸展振动；δ：弯曲振动；ν_{as}：反对称伸展；ν_s：对称伸展；δ_{as}：反对称弯曲；δ_s：对称弯曲

图 4-17 红外光谱吸收峰形状

(3) 红外光谱的特点　红外光谱与其他方法相比，具有如下优势：

① 固态、液态、气态的试样均能分析；

② 几乎所有的有机化合物均有其特征的红外吸收光谱；

③ 红外常规仪器价格低廉，便于普及；

④ 样品用量少（可达 μg 级）；

⑤ 可采用多种测量技术，如光声光谱（DAS）、衰减全反射光谱（ATR）等。

二、使用红外光谱仪

1. 红外光谱仪

目前红外光谱仪大多为色散型双光束分光光度计（见图 4-8），仪器主要有五部分组成：光源，单色光器，检测器，放大器和记录器。

(1) 光源　红外光谱仪中所用的光源通常是一种惰性固体，用电加热使之发射高强度的连续红外辐射。常用的有电加热的能斯特灯及硅碳棒。能斯特灯用氧化锆、氧化钇和氧化钍烧结而成的中空棒和实心棒。工作温度约为 1700℃，在此高温下导电并发射红外线。但在

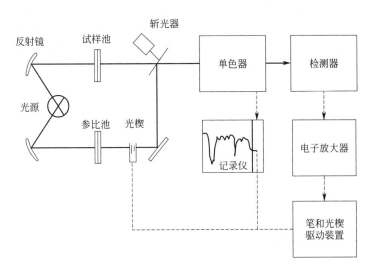

图 4-18 双光束红外分光光度计示意

室温下是非导体,因此,在工作之前要预热。它的特点是发射强度高,使用寿命长,稳定性较好。缺点是价格比硅碳棒贵,机械强度差,操作不如硅碳棒方便。硅碳棒是由碳化硅烧结而成,工作温度在 1200~1500℃。

(2) 吸收池 因玻璃、石英等材料不能透过红外光,红外吸收池要用可透过红外光的 NaCl、KBr、CsI、KRS-5 (TlI58%,TiBr42%) 等材料制成窗片。用 NaCl、KBr、CsI 等材料制成的窗片需注意防潮。固体试样常与纯 KBr 混匀压片,然后直接进行测定。

(3) 单色光器 单色光器的功能是把通过样品槽和参比槽后进入入射狭缝的复色光变成单色光射到检测器上,色散原件为光栅或棱镜。由于棱镜大多数为盐类(如氟化锂、氟化钙、氯化钠、氯化钾)等材料,易受水汽浸蚀,所以仪器放置需要有严格的干燥条件,室内的温度和湿度要进行控制。

(4) 检测器 它接受由单色光器入射来的红外光。常见的红外光谱检测器有热电偶式、电阻式和高莱池等三种。

2. 红外光谱仪操作步骤

用来测试红外光谱的容器一定要对红外线透明,一般选用氯化钠和溴化钾等盐晶,所以不能用水溶液或含水样品。下面重点介绍 NICOLET 6700 傅里叶变换红外光谱仪的操作步骤。该仪器性能为:光谱范围 $4000 \sim 400 cm^{-1}$;分辨率 $0.09 cm^{-1}$;信噪比 24000∶1。

(1) 电源的开启 打开稳压电源开关,待电压稳定于 220V 后,开启一级插线板,开启二级插线板。

(2) 开机 按一下顺序开机,红外主机,电脑显示器,电脑主机。

开启 EZ OMNIC 软件:双击电脑桌面(或程序中 OMNIC E.P.S.)上的 EZ OMNIC 窗口,打开软件,参见图 4-19。

(3) 实验条件的设置 点击菜单中的"collect",打开"Experiment Setup",正确选择"扫描次数"、"分辨率"以及采样、采集背景的方式,最好选择"collect background before every sample"参见图 4-20。

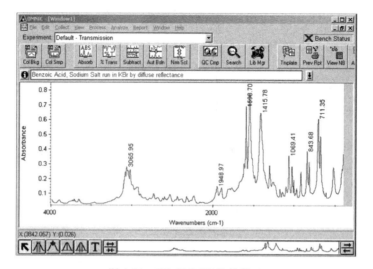

图 4-19　EZ OMNIC 软件窗口

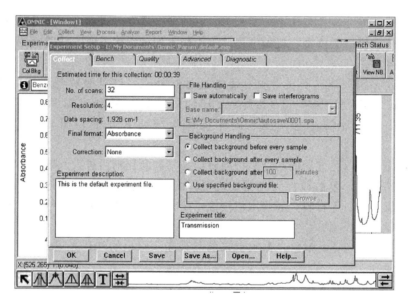

图 4-20　EZ OMNIC 仪器设置窗口

（4）制样　按正确的制样方法制样。

（5）样品测试　点击菜单中的"collect"，打开"collect Sample"命令，按选定的采集数据方式，如采用 4 中的选择，则要在采集背景图后，再打开试样窗口插入样品晶片，作样品谱图。

样品溶液可注入液体吸收池内进行测定。将吸收池的两个聚四氟乙烯塞打开，用注射器依次注入纯溶剂及待测溶液，各洗涤吸收池 2～3 次，然后注满待测溶液。溶液从一个口注入，从另一个口溢出时认为吸收池已充满溶液，塞紧塞子。将充满溶液的吸收池置于红外光谱仪的光路中，对四氯化碳溶液在 $4000\sim1350 cm^{-1}$ 范围内扫描，对二硫化碳溶液在 $1350\sim 650 cm^{-1}$ 范围内扫描。

将夹有或含有样品的溴化钾片安置在磁性压片架上，连同压片架一起置于红外光谱仪的光路中，在 $4000\sim 650 cm^{-1}$ 区间扫描以绘制红外吸收光谱。

(6) 标峰　点击"analyse"栏标峰，或手动标峰。

(7) 结束　打印分析结果，操作结束，退出 EZ OMNIC。

三、制备红外光谱样品

红外光谱分析中，样品的制备及处理占有重要地位，如果样品处理不当，即使仪器性能再好，也不能得到令人满意的红外吸收光谱图。

1. 红外光谱分析对样品的要求

① 样品的浓度和测试厚度应适宜。一般使红外谱图中大多数吸收峰透光率处于20%～60%范围为宜。样品太稀、太薄会使弱峰或光谱细微部分消失，但太浓、太厚会使强峰超出标尺。

② 样品应不含水分，包括游离水和结晶水。因为水不仅会腐蚀吸收池盐窗，还会干扰样品分子中羟基的测定。

③ 样品应是单一组分的纯物质，其纯度应大于98%，否则会因杂质光谱干扰而引起光谱解析时"误诊"，也不便与标准光谱图对照。

2. 样品的制备

(1) 气体样品　气体样品的红外测试可采用气体池进行。在样品导入前先抽真空，样品池的窗口多用抛光的 NaCl 或 KBr 晶片。常用的样品池长 5cm 或 10cm，容积为 50～150mL。由于水蒸气在中红外区有强的吸收峰，所以，气体池一定要干燥。样品测完后，用干燥的氮气流冲洗。

(2) 液体样品　测定液体样品时，使用液体池。低沸点样品可采用固定池，一般常用的为可拆卸池，即将样品直接滴于两块盐片之间，形成液体毛细薄膜（液膜法）进行测谱。对于某些吸收很强的液体试样，需用溶剂配成浓度较低的溶液再滴入液体池中测谱。选择溶剂时要注意溶剂对溶质应有较大的溶解度，溶剂在较大波长范围内无吸收，不腐蚀液体池的盐片，对溶质不发生反应等。常用的溶剂有二硫化碳、四氯化碳、三氯甲烷、环己烷等。

(3) 固体样品　一般常用3种方法制样：压片法、糊状法及薄膜法。

① 压片法。把 1～2mg 固体样品放在玛瑙研钵中研细，加入 100～200mg 磨细干燥的碱金属卤化物（多用 KBr）粉末，混均匀后，加入压模内，在压片机上加压，制成厚约 1mm，直径约 10mm 的透明片子，然后进行测谱。

② 糊状法。将固体样品研成细末，与糊剂（如液体石蜡油）混合成糊状，然后夹在两窗片之间进行测谱。石蜡油是一精制过的长链烷烃，具有较大的黏度和较高的折射率。用石蜡油做糊剂不能用来测定饱和碳氢键的吸收情况。此时可以用六氯丁二烯代替石蜡油做糊剂。

③ 薄膜法。把固体样品制成薄膜来测定。薄膜的制备有两种方法：一种是将样品熔融后直接涂在盐片上。这种方法适用于熔点低、熔融时不分解、不升华，没有其他化学变化的物质。另一种是先把样品溶于挥发性溶剂中制成溶液，然后涂在盐片上，待溶剂挥发后，样品遗留在盐片上而形成薄膜，大多数聚合物样品可这样处理。

四、解析红外光谱图

在红外光谱图中有许多谱带，其频率、强度和形状与分子结构密切相关。各类有机化合物含有其特定的官能团（如醇、酚含有—OH，羧酸含有—COOH），特定的官能团具有特有的红外吸收带，这些吸收带称特征吸收带。在了解并掌握这些特征吸收带的基础上，就可以根据红外光谱图，确认某些官能团的存在，判断化合物的类型。这对于红外光谱谱图的解析，推导化合物的结构很有帮助。图 4-21 为各类振动红外吸收频率范围。

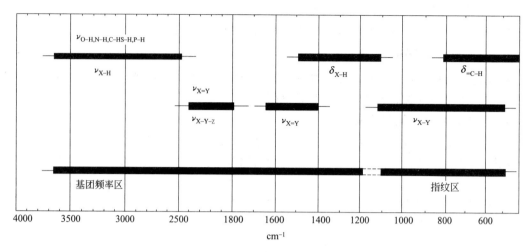

图 4-21 各类振动红外吸收频率范围

1. 红外光谱的分区

为了解析谱图和推导结构的方便，习惯上把红外光谱图按波数范围分为 4 大区域。每个区域都对应于某些特征的振动吸收。

(1) 4000~2500cm^{-1}氢键区　此区为各类 X—H 单键的伸缩振动区，X 代表 O、N、C、S 等原子，主要包括 O—H、N—H、C—H 等的伸缩振动。O—H 伸缩振动在 3700~3100cm^{-1}，氢键的存在使频率降低，谱带变宽，它是判断有无醇、酚和有机酸的重要依据。C—H 伸缩振动，分饱和烃和不饱和烃两类，以 3000cm^{-1}为区分的界线，不饱和 C—H 键的伸缩振动在 3000cm^{-1}以上，饱和烃的 C—H 伸缩振动在 3000cm^{-1}以下。

(2) 2500~2000cm^{-1}区域　此区是三键和累积双键的伸缩振动区，该区谱带较少，主要包括 R—C≡C—R′（2190~2260cm^{-1}）、R—C≡C—H（2100~2140cm^{-1}）和 C≡N（2400~2100cm^{-1}针状强吸收）等三键的伸缩振动和累积双键—C=C=O、—C=C=C—、—N=C=O 等的反对称伸缩振动。

(3) 2000~1500cm^{-1}区域　此区为双键伸缩振动区，主要包括 C=O、C=C、C=N、N=O 等键的伸缩振动以及—NH$_2$ 的剪式弯曲振动，芳环的骨架振动、芳香族化合物倍频谱带。羰基的伸缩振动在 1850~1600cm^{-1}，所有羰基化合物在该区均有很强的吸收带，而且往往是谱图中第一强峰，很有特征，是判断有无羰基化合物的主要依据。其位置按酸酐、酯、醛、酰胺等不同而异，这对判断羰基种类很有价值。

C=C 伸缩振动吸收峰出现在 1600~1660cm^{-1}，一般比较弱，但当邻接基团差别比较大时，吸收峰较强。单核芳烃的 C=C 伸缩振动出现在 1500~1480cm^{-1}和 1600~1590cm^{-1}两个区域，这两个峰是鉴别有无芳核存在的重要标志之一。一般前者较强，后者较弱。

苯的衍生物在 2000~1667cm^{-1}区域出现 C—H 面外弯曲振动的倍频峰。它的强度很弱，但吸收峰的数目和形状与芳核的取代类型有关。因此，将它和 900~600cm^{-1}区域苯环的 C—H 面外弯曲振动吸收峰结合起来，共同确定苯的取代类型是很可靠的。

(4) 1500~670cm^{-1}区域　此区为除氢外 X—Y 单键的伸缩振动和 X—H 键的面内、面外弯曲振动。该区的光谱比较复杂，鉴定有价值的特征谱带主要有：C—H、O—H 的弯曲振动和 C—O、C—N 等键的伸缩振动以及 C—C 骨架振动。其中 1300~670cm^{-1}的区域称为指纹区，不同结构的同一类化合物其红外光谱的差异主要在此区域。该区谱图对结构上的细微变化非常敏感，就像人的指纹一样。这对区别结构类似的化合物很有帮助。

表 4-13 列出了红外光谱中一些基团的吸收区域及特征频率

表 4-13 红外光谱中一些基团的吸收区域

区域	基团	吸收频率 /cm^{-1}	振动形式	吸收强度	说明
第一区域	—OH（游离）	3650～3580	伸缩	m,sh	判断有无醇类、酚类和有机酸的重要依据
	—OH（缔合）	3400～3200	伸缩	s,b	
	—NH_2，—NH（游离）	3500～3300	伸缩	m	
	—NH_2，—NH（缔合）	3400～3100	伸缩	s,b	
	—SH	2600～2500	伸缩		
	C—H 伸缩振动				不饱和 C—H 伸缩振动出现在 3000cm^{-1} 以上
	不饱和 C—H				
	≡C—H（三键）	3300 附近	伸缩	s	末端=CH_2 出现在 3085cm^{-1} 附近
	=C—H（双键）	3010～3040	伸缩	s	
	苯环中 C—H	3030 附近	伸缩	s	强度上比饱和 C—H 稍弱，但谱带较尖锐
	饱和 C—H				饱和 C—H 伸缩振动出现在 3000cm^{-1} 以下（3000～2800cm^{-1}），取代基影响较小
	—CH_3	2960±5	反对称伸缩	s	
	—CH_3	2870±10	对称伸缩	s	
	—CH_2	2930±5	反对称伸缩	s	三元环中的 CH_2 出现在 3050cm^{-1}
	—CH_2	2850±10	对称伸缩	s	—C—H 出现在 2890cm^{-1}，很弱
第二区域	—C≡N	2260～2220	伸缩	s 针状	干扰少
	—N≡N	2310～2135	伸缩	m	
	—C≡C—	2260～2100	伸缩	v	R—C≡C—H 2100～2140；R—C≡C—R′，2190～2260；若 R′=R，对称分子无红外谱带
	—C=C=C—	1950 附近	伸缩	v	
第三区域	C=C	1680～1620	伸缩	m,w	
	芳环中 C=C	1600,1580 1500,1450	伸缩	v	苯环的骨架振动
	—C=O	1850～1600	伸缩	s	其他吸收带干扰少，是判断羰基(酮类、酸类、酯类、酸酐等)的特征频率，位置变动大
	—NO_2	1600～1500	反对称伸缩	s	
	—NO_2	1300～1250	对称伸缩	s	
	S=O	1220～1040	伸缩	s	
第四区域	C—O	1300～1000	伸缩	s	C—O 键(酯、醚、醇类)的极性很强，故强度强，常成为谱图中最强的吸收醚类中 C—O—C 的 ν_{as}=1100±50 是最强的吸收。C—O—C 对称伸缩在 900～1000，较弱
	C—O—C	900～1150	伸缩	s	
	—CH_3，—CH_2	1460±10	CH_3 反对称变形	m	大部分有机化合物都含有 CH_3、CH_2 基，因此此峰经常出现
	—CH_3	1370～1380	CH_2 变形	s	
	—NH_2	1650～1560	对称变形	m—s	
	C—F	1400～1000	变形	s	
	C—Cl	800～600	伸缩	s	
	C—Br	600～500	伸缩	s	
	C—I	500～200	伸缩	s	
	=CH_2	910～890	伸缩	s	
	$\text{—(CH}_2\text{)}_n\text{—}$ $n>4$	720	面外摇摆 面内摇摆	v	

注：s—强吸收；b—宽吸收带；m—中等强度吸收；w—弱吸收；sh—尖锐吸收峰；v—吸收强度可变。

2. 主要官能团的特征频率和识图要领

（1）烷烃　直链烷烃最基本的结构单元是 CH_3 和 CH_2 的 σ_{C-H} 键。图 4-22 是石蜡油的红外光谱图。

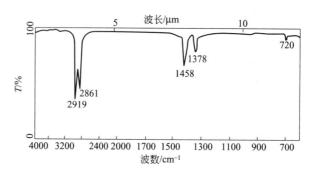

图 4-22　石蜡油的红外光谱

图 4-22 中，C—H（CH_3 和 CH_2）键的伸缩振动频率吸收处为 $2919cm^{-1}$、$2861cm^{-1}$（强）。

C—H（CH_3）键的弯曲振动频率吸收处为 $1458cm^{-1}$、$1378cm^{-1}$（中强）。

C—H（CH_2）键的弯曲振动频率吸收处为 $1458cm^{-1}$（强）。

分子中具有—$(CH_2)_n$—链节，n 大于或等于 4 时，在 $720cm^{-1}$ 处有一个吸收峰。

图 4-23 为 2,4-二甲基戊烷的红外光谱图。

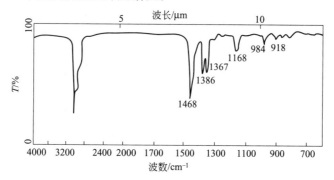

图 4-23　2,4-二甲基戊烷的红外光谱

上述谱图中，C—H 键的伸缩振动频率吸收处约为 $2930cm^{-1}$、$2860cm^{-1}$。

C—H 键的弯曲振动频率吸收处为 $1468cm^{-1}$。

H_3C-CH-（CH_3）和 $H_3C-C-CH_3$ 两种类型的甲基分裂吸收频率处为 $1386cm^{-1}$、$1367cm^{-1}$，它们的吸收强度大致相等。如果在 $1380cm^{-1}$ 处附近出现分裂的两个吸收峰，它们吸收强度之比约为 1∶2 时（长波方向的吸收峰强度大），即为 $H_3C-\underset{CH_3}{\overset{CH_3}{C}}-CH_3$。

（2）烯烃　烯烃的结构特征是具有 C=C 双键和 C=C—H σ键。在分析谱图时要注意它们频率吸收的位置。

图 4-24 所示的 1-辛烯的红外光谱图中，C=C—H σ键的伸缩振动频率吸收处为

$3080cm^{-1}$,环丙烷的C—H σ键在$3080\sim3040cm^{-1}$处也有强吸收峰,注意不要混淆。

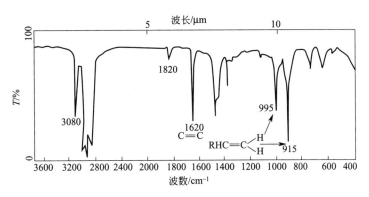

图4-24 1-辛烯的红外光谱

$\diagup$C=C$\diagdown$ 双键的伸缩振动频率吸收处为$1620cm^{-1}$。

端烯烃 C=C—H σ键的面外弯曲振动频率的特征吸收处为$995cm^{-1}$,$915cm^{-1}$。

波数$1820cm^{-1}$是吸收频率$915cm^{-1}$的倍频。

烯烃双键碳上有不同取代基时的频率吸收情况和顺、反式异构体不同频率吸收位置如表4-14所示。

表4-14 几种碳碳双键上C—H键的吸收频率的位置(面外弯曲)

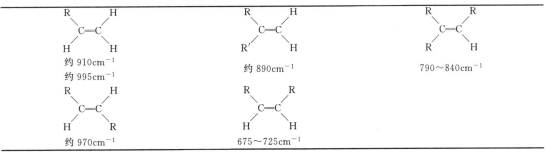

图4-25是顺式及反式4-辛烯的红外光谱图。

顺式4-辛烯谱图(a)中,C—H(C=C—H)σ键的伸缩振动频率吸收处为$3000cm^{-1}$。C—H(CH_3和CH_2)键的弯曲振动频率吸收处为$1450cm^{-1}$,$1368cm^{-1}$。

C=C双键的伸缩振动频率吸收处为$1645cm^{-1}$。

顺式烯烃的特征吸收频率为$710cm^{-1}$。

反式4-辛烯谱图(b)中,反式烯烃的特征吸收频率是$968cm^{-1}$。但有趣的是$1640cm^{-1}$附近并没有产生C=C双键振动频率的吸收,这是由于C=C双键伸缩振动没有产生偶极矩的变化,即没有红外活性。

(3) 炔烃 炔烃化合物结构上的特征是含有C≡C三键和C≡C—H的σ键。若C≡C三键在分子对称部位,就不会有C≡C三键的伸缩振动频率吸收,这给判别分子结构带来了困难,此时只能借助于核磁共振等其他方法来进行鉴别。

1-辛炔的谱图(图4-26)中,除饱和的C—H键在$2930cm^{-1}$、$2860cm^{-1}$、$1460cm^{-1}$、$1380cm^{-1}$附近处有吸收外,C≡C—H的σ键伸缩振动频率吸收移至$3320cm^{-1}$处,即移向高波数方向。

C≡C三键的伸缩振动频率吸收处为$2120cm^{-1}$。要注意的是—N=C=N—碳二亚胺在

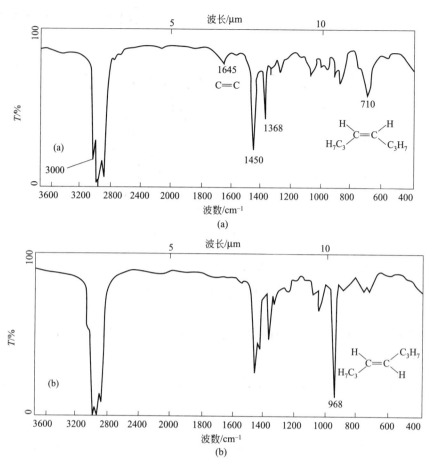

图 4-25 顺式 (a) 及反式 (b) 4-辛烯的红外光谱

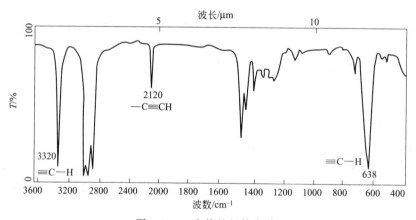

图 4-26 1-辛炔的红外光谱

$2155cm^{-1}$ 处和 $C\equiv N$ 三键在 $2200cm^{-1}$ 附近都有振动频率吸收,不要混淆。

在 $C\equiv C-H$ 中,$C-H$ 键的弯曲振动频率吸收处为 $638cm^{-1}$。

(4) 芳烃 芳香族化合物主要有 3 个特征吸收,$C-H$ 键的伸缩振动、苯环碳架的振动和 $C-H$ 的面外弯曲振动。

苯环碳碳骨架振动频率吸收较强,是鉴别芳香族化合物的重要信息。$C-H$ 键振动频率吸收较弱,但可作为旁证。$C-H$ 的面外弯曲振动频率吸收峰较强,是判别环上取代基相对位置的重要依据。

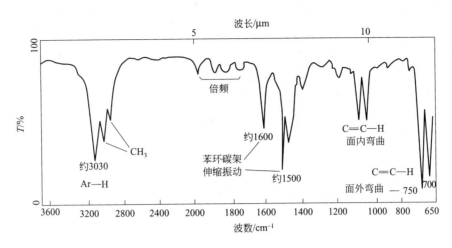

图 4-27　甲苯的红外光谱

图 4-27 所示甲苯谱图中，苯环上的 C—H 单键伸缩振动频率吸收为 3030cm^{-1} 附近。

苯环碳架振动频率的两个吸收峰在 1600cm^{-1} 和 1500cm^{-1} 附近。需提醒的是，苯环骨架振动频率吸收峰，有时会在 1600~1500cm^{-1} 区域出现 3 个或 4 个峰。

苯环骨架上 C—H(C=C—H) σ 键面外弯曲振动频率吸收峰在 750cm^{-1} 和 700cm^{-1} 附近处。也是苯环上具有单取代基的特征。若在 1700~2000cm^{-1} 之间有锯齿状的倍频吸收峰，是进一步确证单取代苯的重要旁证，这也是与间位二取代苯的重要区别。图 4-28 是苯环取代情况的红外吸收光谱特征图。

（5）卤代烃　卤代烃的特征是 C—X 键的振动频率吸收峰。不同的 C—X 键振动频率吸收的位置如表 4-15 所示。

表 4-15　C—X 键振动频率吸收区域

键	吸收区域/cm^{-1}	吸收强度
C—F	1000~1850	很强
C—Cl	750~850	强
C—Br	500~680	强
C—I	200~500	强

由表 4-15 可见，红外光谱对 C—I、C—Br 的鉴定较困难，因为常用的红外光谱仪操作范围仅在 4000~600cm^{-1} 之间，此外，C—X 吸收峰的频率容易受到邻接基团的影响，吸收峰位置变动较大，尤其是含氟、含氯的化合物变化更大，而且用溶液法或液膜法测定时，常出现不同构象引起的几个伸展吸收带。因此红外光谱对含卤有机物的鉴定受到一定限制。

（6）醇、酚和醚　醇的红外光谱吸收特征是 O—H 和 C—O 键的振动频率。醇的 O—H 键伸缩振动频率，一般在 3600~3200cm^{-1} 区域。其中游离醇的 O—H 键在 3600cm^{-1} 附近有一个陡而强的吸收峰，如果 O—H 键以缔合氢键存在，则吸收峰变成强而宽的谱带，二分子或多分子的缔合体在 3500~3200cm^{-1} 之间；若分子内以缔合氢键存在时，吸收频率会更低。

醇的 C—O 键伸缩振动具有强而宽的吸收，又因醇的结构不同，吸收峰的位置也有明显差异，见表 4-16。

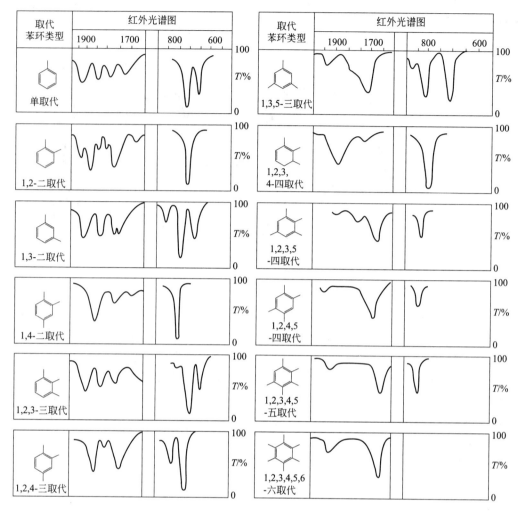

图 4-28 苯环取代情况的红外吸收光谱图

表 4-16 醇的 C—O 伸缩振动频率吸收位置

键	吸收区域/cm^{-1}	键	吸收区域/cm^{-1}
一级醇	1050 附近	三级醇	1200 附近
二级醇	1125 附近	Ar-OH 酚	1230 附近

酚与醇的 C—O 伸缩振动有相似之处,但它们之间可以分别通过 1600cm^{-1} 及 1500cm^{-1} 附近苯环骨架振动频率及苯环取代基的特征频率吸收峰加以区分。

醚与醇之间最明显的区别是醚在 3600~3200cm^{-1} 之间没有吸收峰。

(7) 醛酮　醛酮结构的共同特征是含有 $\diagup$C=O 羰基,其红外光谱吸收在 1680~1750cm^{-1} 区域,有一个很强的伸缩振动频率吸收峰,这是鉴定羰基最明显的证据。

如果将丙酮的 $\diagup$C=O 吸收峰 1720cm^{-1} 作为标准,当羰基与双键共轭时,吸收峰要向低波数方向移动约 40,与苯环共轭时,吸收峰也要向低波数方向移动(其他酸、酯也有类似情况。)

醛和酮的区别是醛在 2730cm^{-1} 附近有一个弱的 C—H 伸缩振动频率吸收峰,而酮没有。

(8) 羧酸　羧酸的结构特征是 $\diagdown$C=O、C—O、O—H 含有三个要素。

羧酸的 C=O 一般在 1760cm^{-1} 附近，但羧酸通常是以双分子缔合体存在，由于氢键作用使 C=O 的吸收峰向低波数区移动到 1725～1700cm^{-1}，羧酸的 C=O 吸收强度要比酮还要强。

羧酸的 O—H 伸缩振动，也因双分子缔合作用，导致在 3300～2500cm^{-1} 之间的宽吸收峰，这是判别羧酸的最好标志。

(9) 胺和酰胺　胺化合物的结构特征是含有 N—H 和 N—C 键。N—H 键伸缩振动频率吸收在 3500～3300cm^{-1} 区域，N—C 键的伸缩振动频率吸收区域：脂肪胺在 1230～1030cm^{-1}，芳胺在 1380～1250cm^{-1} 区域。

此外，伯胺的 N—H 键弯曲振动频率吸收在 1650～1560cm^{-1} 和 900～650cm^{-1} 处均有强吸收峰。

一级、二级和三级胺之间的判别，可利用一级胺分子内有两个 N—H 键，因此在 3500～3300cm^{-1} 之间会出现两个吸收峰，二级胺只有一个吸收峰，三级胺在 3500～3300cm^{-1} 区域不会有任何吸收峰。

酰胺的结构特征包含 $\diagdown$C=O、C—N、N—H 键三个要素，因此酰胺既含有胺类特性，又显示 C=O 化合物的特征。

对 C=O 键，由于受到邻接原子诱导效应（I）和共轭效应（M）的作用，导致吸收峰位置的位移。其吸收频率略低于相应的酮。

① 酯。羧酸酯中，因诱导效应大于共轭效应，C=O 的振动频率吸收峰向高波数方向用，使吸收峰出现在 1750～1735cm^{-1} 区域。

② 胺。酰胺中，因共轭效应大于诱导效应，C=O 的振动频率吸收峰向低波数方向移动，使吸收峰出现在 1680～1630cm^{-1} 区域。

3. 红外吸收光谱解析一般程序

一个未知化合物仅用红外光谱解析结构是十分困难的。一般在进行光谱解析前，要做一些简单的化学分析，如未知物的颜色、气味、灼烧，元素分析，溶解度试验等，这些分析可以给光谱的解析提供更有价值的信息。

与其他谱比较，红外光谱谱图的解析更带有经验性、灵活性。其解析主要是在掌握影响振动频率的因素及各类化合物的红外特征吸收谱带的基础上，按峰区分析，指认某谱带的可能归属，结合其他峰区的相关峰，确定其归属。在此基础上，再仔细归属指纹区的有关谱带，综合分析，提出化合物的可能结构。必要时查阅标准图谱或与其他谱（^{1}H NMR，^{13}C NMR，MS）配合，确证其结构。

(1) 了解样品来源及测试方法　红外光谱要求样品纯度 98% 以上。不纯的样品在谱图中会产生干扰谱带，甚至有的干扰谱带较强，给谱图解析带来困难。因此尽可能地从下面几个方面详尽了解样品的情况。

① 样品的来源——合成方法或从何种动、植物体中提取而来。

② 样品的纯度、颜色、气味、沸点、熔点、折射率、样品物态、灼烧后是否残留灰分等。

③ 样品的化学性质。

④ 元素分析结果，相对分子质量或质谱提供的分子离子峰，并由此求出分子式。

⑤ 红外光谱测定条件和制样方法及所用仪器分辨率。

（2）计算不饱和度　化合物分子中的不饱和度，对结构的推测非常有帮助，可以确定化合物中环和（或）π键的数目。有机化合物分子的不饱和度（UN）表示化合物分子中碳原子的不饱和程度。它等于π键与环数之和。三键为两个不饱和度。计算公式见式(4-8)。

$$UN = n_4 + 1 + \frac{1}{2}(4n_6 + 3n_5 + n_3 - n_1) \tag{4-8}$$

式中，n_6、n_5、n_4、n_3、n_1 分别为分子中所含六价、五价、四价、三价、一价原子的数目。根据计算得出：UN=1 则分子中含有一个双键或一个环；UN=2 则分子中含有一个三键或两个双键，或 2 个环，或一个双键一个环；一个芳环的 UN=4；饱和链状化合物的 UN=0。

（3）解析光谱

① 先易后难。先分析特征频率区中的特征吸收带，由特征吸收带可知道分子中的主要官能团和取代基。在此基础上，再分析指纹区的谱带，可进一步得到一些分子结构信息。

② 根据谱带的位置、强度、宽度等特征，推测官能团可能与什么取代基相连接。

③ 从分子中减去已知基团所占用的原子，从分子的总不饱和度中扣除已知基团占用的不饱和度。根据剩余原子的种类和数目以及剩余的不饱和度，并结合红外光谱，对剩余部分的结构做适当的估计。

在根据红外光谱判断存在某基团时，要尽可能地找出其各种相关吸收带，切不可仅根据某一谱带即下该基团存在的结论。

同理，在判断某种基团不存在时也要特别小心，因为某种基团的特征振动可能是非红外活性的，也可能因为分子结构的原因，其特征吸收变得极弱。

④ 提出结构式。如果分子中的所有结构碎片都成为已知（分子中的所有原子和不饱和度均已用完），那么就可以推导出分子的结构式。在推导结构式时，应把各种可能的结构式都推导出来，然后根据样品的各种物理的、化学的性质以及红外光谱排除不合理的结构。

（4）确证解析结果　在推断出化合物的结构之后，可以有以下几种验证方法。

① 设法获得纯样品，绘制其光谱图进行对照，但必须考虑到样品的处理技术与测量条件是否相同。

② 若不能获得纯样品时，可与标准光谱图进行对照。当谱图上的特征吸收带位置、形状及强度相一致时，可以完全确证。当然，两图绝对吻合不可能，但各特征吸收带的相对强度的顺序是不变的。

常见的标准红外光谱图集有 Sadtler 红外谱图集、Coblentz 学会谱图集、API 光谱图集、DMS 光谱图集。

③ 对复杂样品，若不能作出完全肯定的推断，往往与质谱、核磁共振谱等方法联合解析。

4. 红外光谱图解析要点

红外光谱法是鉴定有机化合物结构的重要手段之一，但不能过分强调红外光谱在结构分析中的作用，因为单单依靠红外光谱准确确定化合物的机会很少。有时，有些有经验的化学工作者根据化合物的气味比利用红外光谱更容易推测化合物的结构。例如，从质谱或作钠熔实验确定有机化合物存在有卤素比用红外光谱法更可靠。

解析红外光谱时应注意如下事项。

① 从高频开始解析，预测试样分子中可能存在的基团，然后用指纹区吸收带进一步确证。

② 不要期望去解析谱图中的每一个吸收带，因为一般有机化合物谱图吸收带中仅有 20%属于定域振动，仅对这部分吸收峰才能作出完全的归属。

③ 要更多的信赖否定证据，即在某一特殊区域里吸收带不存在的信息比吸收带存在的信息更有价值，因为任一吸收带的产生，有时会有几种可能的起源。

④ 反复核对谱图中符合某一结构的证据，预测某一取代基团可能会引起振动吸收向高波数或低波数移动的大概范围，一般报道的基团振动频率区间常常考虑到电子效应影响的极端情况，如果无电子效应影响时，化合物基团的振动频率值可预测在文献或手册中引征的波数范围中间数据。

⑤ 处理谱图的谱带强度时要倍加小心，特别是将烃类化合物的数据运用于强极性化合物时更要慎重。

⑥ 研究不同制样技术得到的两张谱图之间的任何一点变化，特别是聚集态（固态或纯液态）在非极性溶剂和稀溶液之间的差别，这些差别揭示了缔合效应，由此可识别出分子内或分子间氢键。通常，缔合效应能引起基团伸缩振动频率降低而变形振动频率升高，并使吸收峰峰形明显加宽。

⑦ 怀疑试样中含有杂质时（谱图中有许多中等强度吸收带或具有肩峰的强带），用适当方法纯化，再制谱，以得到恒定不变的谱图。

⑧ 在用溶液法作谱时，要识别因不合适的吸收池长度造成的死区。

⑨ 核对仪器频率的标准化偏差，并作必要的校正。

⑩ 扣除样品介质（溶剂）或溴化钾压片吸潮产生的干扰吸收带。

5. 萨特勒红外标准图谱的使用

在红外光谱资料积累的基础上已出版大量的光谱集、数据表和光谱索引汇编，可供在确定一些已知化合物的结构时进行图谱核对。重要的光谱集有 Sadtler 红外谱图集、Coblentz 学会谱图集、API 光谱图集、DMS 光谱图集。而最广泛应用的是美国 Sadtler 研究实验室编辑和出版的大型光谱集《Sadtler Reference Spectra Collections》。这里仅对 Sadtler 红外谱图集的检索作一详细介绍。

(1) Sadtler Reference Spectra 分类　这部分大型光谱集以活页式出版，自 1967 年开始，逐年增加，现包括 51000 张标准红外谱图，40000 张标准紫外光谱图和 24000 张核磁共振标准图。自 1980 年开始又收集 C-13 核磁共振标准谱图同时定期地增订一些特别有兴趣和有实际用途的光谱。主要有三类。

① 标准光谱。是纯度在 98%以上化合物的红外光谱（棱镜和光栅光谱）的标准图谱以及紫外-可见光谱、近红外光谱、核磁共振的标准图谱。

② 专用光谱。分无机化合物、有机金属化合物、药物、生物化合物、甾族化合物几类。

③ 商品光谱。主要是工业产品的光谱，如农业化学品、多元醇、表面活性剂，单体和聚合物等主要工业产品门类 20 种。

(2) Sadtler Reference Spectra 索引

① 总光谱索引（Total Spectra Index）。包括各种形式的索引，每种索引都能查到红外、紫外和核磁共振的序号。索引形式大致如下。

字母顺序索引（Alphaletical Index），按化合物英文名称的字母顺序排列索引。由化合物的英文名称可查出其相应的光谱图序号。

序号索引（Numerical Index），按光谱的连续序号排列。如以标准红外（棱镜）的序号排列，序号前给出化合物的名称，序号后给出相应化合物的红外（光栅）、紫外、核磁共振氢谱及核磁共振碳谱的序号。由一谱的序号可查找到其他谱的序号。

分子式索引（Molecular Formula Index），按 Hill 系统排列，即先列 C、H，其他按字母顺序，因此排列顺序为 C、H、Br、Cl、F、I、N、O、P、S、Si、M，原子数目由小到大排列。分子式前给出化合物的名称，分子式后给出各类光谱的谱图序号。若已知化合物的分子式及英文名称，查找十分方便。

化学分类索引（Chemical Class Index），可用以方便地查出同系列化合物的一组光谱序号。便于查找那些只知道是何类型而对其结构不十分清楚的化合物的光谱序号。

② 红外光谱索引（Infrared Spec-Finder）。棱镜光谱用波长索引（Wave Length Index），光栅光谱用波数索引（Wave Number Index）。在得到光谱图而对化合物的类型和结构一无所知的情况下使用。

③ 紫外光谱探知表（Ultraviolet Spectra Locater）。

④ 核磁共振化学位移索引（NMR. Chemical Shift Index）：自 1980 年以后增加 C-13 核磁共振索引，同时在总光谱索引中都在最后一项增加 ^{13}C-NMR 栏目。

（3）Sadtler 化学分类索引　索引的编制是将化合物分为 6 大类，每 1 类给予一个类号

1—脂环族　　　　　　4—杂环化合物
2—脂肪族　　　　　　5—杂环芳香族
3—芳香族　　　　　　6—无机化合物

并将所有的官能团分为 97 类，用数码或代码表示，并在索引的首页介绍，索引主要按官能团的数码顺序编排，官能团相同的则以化合物名称的字顺排列。表 4-17 是化学分类索引的一个片段，官能度（Functionality）这一栏中共有五列，第一、二、三列为官能团分类号，如前三列 6、72、83 分别代表分子中存在的官能团：羧基、醚、氯，如化合物只有两个官能团，则第三列空白，第四列为官能团的数目，如"3"表示有三种官能团，第五列为化合物的分类号，如表中"3"为芳香族的类号。官能团栏后为各光谱的序号，如从后面几栏可读出红外、紫外、核磁共振和差热分析图谱序号。

表 4-17　化学分类索引（片段）

项目	C	H	Br	Cl	F	I	N	O	P	S	Si	M	官能度	棱镜	光栅	UV	NMR	DTA
Acetiacid/pchboro phenyl	8	7		1				3					6,72,83,3,3	13139	259	457	V500	
Aceticacid/4-chloco-phenylene-dioctyl	10	9		1				6					6,72,83,3,3	11931				
Aceticacid/4-chloro-o-toly-loxyl	9	9		1				3					6,72,83,3,3	5667		3794		1506

（4）Sadtler 红外谱线索引

① 红外棱镜标准光谱谱线索引。编制方法是以波长 μm 为单位，记下第一吸收带（即最强的谱带）的位置，将红外光谱划分 13 个区域，把出现于各区域中的最强吸收带位置的一位小数值记入表内，透射率低于 60% 的谱带略去（表 4-18）。

第四章 未知物结构鉴定方法

表 4-18 红外棱镜光谱的谱线索引（片段）

14	13	12	11	10	9	8	7	6	5	4	3	2	第一吸收	化学分类			光谱序号
4	6	—	—	2	—	0	8	2	—	5			14.4	87		1 3	839
4	5	9	—	—	8	0	6	4	—	2	4	—	14.4	6	5	2 3	34593
4	5	—	—	6	6	8	3	9	8	—	4	9	14.4	46		1 3	17410
4	5	—	—	4	6	8	1	9	8	—	4	9	14.4	46		1 3	17410
4	4	9	1	9	7	7	—	7	—	—	3		14.4	73		1 3	8045

例如，图 4-29 为未知物的红外光谱，利用谱线先找出第一吸收谱带 14.4μm，然后依次查对各区域的数码，找出相应的光谱序号为 17410，所代表的 Sadtler 标准谱图与图 4-29 完全相同，可以确定这个未知物的结构为 3-苯基丙醛。

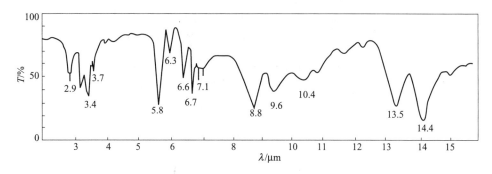

图 4-29 未知物的红外光谱

记录未知物光谱的数码时需注意以下几点。

控制样品的厚度，使谱图的第一吸收谱带透射率应在 0~20％范围；谱图如以波数为坐标，应换算为波长单位；同一区域出现强度相近的两条最强谱带时，一般可任取其一，在谱线索引中已把各种可能的情况都选编在内，也可将两种可能都进行查对，以扩大查找的可能性；谱带位置力求正确（误差±0.1μm），为扩大查找机会应把±0.1μm 的各种可能都考虑进去，尤其是第一吸收谱带更应如此；3μm 和 4μm 两个区域的谱带，如不是第一吸收带一般不予考虑。

② 红外光栅标准光谱谱线索引。以波数为单位，首先按第一吸收谱带（strongest band）顺序排列，见表 4-19，将第一谱带 1690cm^{-1} 谱图编在一起。然后在 4000~2000cm^{-1} 范围内每 200cm^{-1} 划分一个区域，2000~400cm^{-1} 范围内每 100cm^{-1} 划分一个区域。每一区域记入其中的最强吸收谱带位置的尾数（误差±10cm^{-1}）。在（20~4）cm^{-1} 波数区域内的一位数值为该区域最强吸收谱带波数的十位数，例如，表 4-19 中 30 项下的 60，表示谱带位置为 2960cm^{-1}；16 项下的 9，表示谱带位置为 1690cm^{-1}；12 项下的 2，表示谱带位置为 1220cm^{-1}。在 40~20cm^{-1} 区域范围内出现的一位数和两位数，所代表的谱带位置示例见表 4-20。

表 4-19 红外光栅光谱的谱线索引（片段）

40	38	36	34	32	30	28	26	24	22	20	19	18	17	16	15	14	13	12	11	10	9	8	7	6	5	4	第一谱带	光谱序号
—	—	—	—	—	60	7	—	—	—	—	—	—	—	9	9	5	—	2	8	1	9	—	4	9	7	—	1690	2047①
											—	—	—	9	9	9	0	6	3	—	—	—	—	5	9	—	1690	2367
											1	9	—	2	—	—	—	—	—	—	—	—	—	5	9	8	1690	2466
—	—	30	—	20	—	—	—	—	—	—	1	9	2	9	0	5	3	3	—	—	—	—	—	5	—	—	1690	2986

① 2047 号光谱谱线 cm^{-1}：2960，2870，1690，1590，1220，1180，990，740，690，570。

表 4-20 谱带位置

40	38	36	34	32	30	28	26	24	22	
—	—	—	40	—	20	5	—	—	—	=3340,2920,2850
—	—	—	00	8	20	4	—	—	—	=3300,3280,2920,2840

查对时与棱镜光谱相似，先找出第一吸收谱带的位置，然后查对各波数区域的数码，图 4-30 为未知物的光谱。

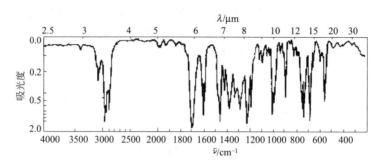

图 4-30 未知物的光谱

经查对，红外光谱序号为 2047，相应于以下芳香酮的结构：

$$\text{C}_6\text{H}_5\text{COCH}_2\text{CH}_2\text{CH}_3$$

五、红外光谱图解析实例

[例 4-11] 分子式 C_6H_{14} 红外光谱如下，推导其结构。

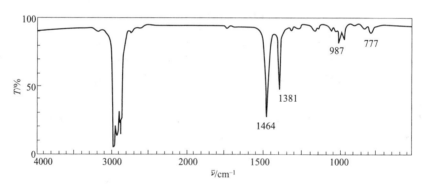

解 分子式为 C_6H_{14} 化合物的不饱和度 UN=0，为饱和烃类化合物。3000~2800cm^{-1}（s）为饱和 C—H 伸缩振动。第二、三峰区无特征吸收带。1464cm^{-1} 为 δ_{CH_2}，δ_{asCH_3}。1381cm^{-1} 为 δ_{sCH_3}，该谱带无裂分，表明无同碳二甲基或同碳三甲存在。

777cm^{-1}（w）为 CH_2 平面摇罢振动，该振动吸收频率随 $-(CH_2)_n-$ 中 n 值的改变而改变，n 值增大，波数降低。777cm^{-1}（$n=1$）表明该化合物无 $n>1$ 的长链烷基存在，只有 CH_3CH_2 基存在（乙基中 CH_2 平面摇摆振动 780cm^{-1}）。

综合以上分析，因分子中即无异丙基、异丁基存在，又无 $n>1$ 的长链烷基存在，所以化合物的结构只能是：

$$CH_3CH_2CH(CH_3)CH_2CH_3$$

[**例 4-12**] 分子式 C_8H_7N 的红外光谱如下，推导其结构。

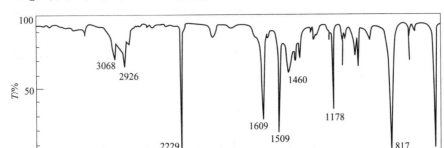

解 分子式 C_8H_7N，UN=(8+1)+1/2-7/2=6，UN>4，化合物可能含有苯基。

红外光谱分析：3500～3100cm^{-1}，无吸收带，表时无 N—H、≡C—H 存在。3030cm^{-1}(w) 为═C—H 或苯氢的伸缩振动，结合第三区域的相关峰 1609cm^{-1}(m)，1509cm^{-1}(m) 的苯环的骨架伸缩振动，确认苯基的存在。817cm^{-1}(s) 苯环上相邻两个氢的面外弯曲振动，表明是对位取代苯 (860～800cm^{-1})。

2229cm^{-1} (s，尖)，从谱带的强度及峰位判断为 C≡N 伸缩振动，且与苯基相连 (2260～2210cm^{-1})。

2920cm^{-1}(w) 为 CH_3 的伸缩振动，1450cm^{-1}(w) 及 1380cm^{-1}(w) 为 δ_{CH_3}。

综合以上分析，化合物结构式为：

$$CH_3-\bigcirc-C\equiv N$$

该结构与分子式相符，与谱图相符。图中 1177cm^{-1} 为苯氢面内弯曲振动。

[**例 4-13**] 分子式 $C_4H_6O_2$，红外光谱如下，推导其结构。

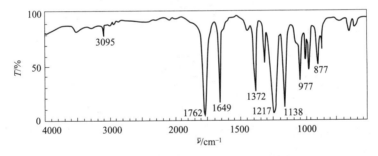

解 分子式 $C_4H_6O_2$，UN=(4+1)-3=2，分子中可能含有 C═C，C═O。3095cm^{-1} (w) 为 ═C—H 伸缩振动，结合 1649cm^{-1}(s) 的 $\nu_{C=C}$，认为化合物存在烯基，该谱带吸收强度较正常 $\nu_{C=C}$ 谱带强度 (w 或 m) 大，说明该双键与极性基团相连，此处应与氧相连。该谱带波数在 $\nu_{C=C}$ 正常范围，表明 C═C 不与不饱和基 (C═C，C═O) 相连。1762cm^{-1} (s) $\nu_{C=O}$ 结合 1217cm^{-1}(s．b) 的 ν_{as}C—O—C 及 1138cm^{-1}(s) 的 ν_sC—O—C，认为分子中有酯基 (COOR) 存在。$\nu_{C=O}$(1762cm^{-1}) 较一般酯 (1740～1730cm^{-1}) 高波数位移，表明诱导效应或环张力存在，此处氧原子与 C═C 相连，p-π 共轭分散，诱导效应突出。

根据分子式和以上分析，提出化合物的两种可能结构如下：

$$A: CH_2=CH-\overset{O}{\overset{\|}{C}}-O-CH_3 \qquad B: CH_2=CH-O-\overset{O}{\overset{\|}{C}}-CH_3$$

A 结构 C=C 与 C=O 共轭，$\nu_{C=O}$ 低波数位移（约 1700cm^{-1}）与谱图不符，排除。B 结构双键与极性基氧相连，$\nu_{C=C}$ 吸收强度增大，氧原子对 C=O 的诱导效应增强，$\nu_{C=O}$ 高波数位移，与谱图相符，故 B 结构合理。

1372cm^{-1}(s)，CH$_3$ 与 C=O 相连，δ_s 强度增大。977cm^{-1}(s) 为反式烯氢的面外弯曲振动，877cm^{-1} 为同碳烯氢的面外弯曲振动。

知识拓展

影响基团振动频率与谱带强度的因素

在分子中各种基团的振动不是孤立进行的，要受到分子其他部分以及测定状态外部条件的影响，因此同一基团的振动在不同结构中或不同环境中其吸收位置或多或少要有所移动。

影响基团频率位移的因素可分为两类：内部因素和外部因素。内部因素主要是分子本身的结构因素，外部因素主要是试样的物理状态、溶剂、样品厚度等的不同导致光谱吸收带的位置和强度出现一定的差异。本小节主要就氢键、电子效应对基团振动频率的影响作一阐述。

(1) 氢键 醇、羧酸、酰胺及胺类都可能产生分子间或分子内氢键，形成二缔合或多缔合状态。由于氢键的形成，使氢原子周围的力场发生变化引起分子中 X—H 键振动频率的改变。在气态或稀的非极性溶剂中，样品呈自由状态，X—H 键伸缩振动吸收带窄而尖锐，在固态、液态及浓溶液中，样品分子因形成氢键而呈缔合态，吸收带增宽，强度增加，并且向低频移动，图 4-31 展示了不同浓度环己醇溶液的 ν_{OH}。

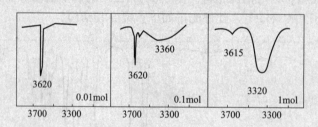

图 4-31 不同浓度环己醇溶液的 ν_{OH}（溶剂 CCl$_4$）

从图中可看出，随着浓度增加，OH 缔合程度增大，ν_{OH} 吸收谱带向低波数移动，强度增大，带变宽。游离态 OH 的伸缩振动位于高波数端，带尖锐。

(2) 电子效应 电子效应是通过成键电子起作用。诱导效应和共轭效应都会引起分子中成键电子云分布发生变化。在同一分子中，诱导效应和共轭效应往往同时存在，在讨论其对吸收频率的影响时，由效应较强者决定。电子效应最为显著的表现就是对不饱和键的红外吸收频率影响，尤其是 C=O 的伸缩振动。这是因为电子效应引起了不饱和键电子云分布的变化，势必导致力常数的变化，从而使得吸收带位置发生变动。

利用诱导效应和共轭效应，可以解释各种取代基对 C=O 伸缩振动频率的影响。如果羰基的碳原子上连有一个吸电子基团，例如酰卤，由于卤原子（如氯）具有强的吸电子作用，使羰基的力常数增强，吸收频率增高。一般酰氯的 C=O 伸缩振动频率在 1800cm^{-1} 附近，而正常酮的 C=O 伸缩振动为 1715cm^{-1}。在酰胺中，共轭效应占支配地位，由于 —NH$_2$ 中的 N 上孤电子对参与共轭，使羰基的力常数减小，吸收频率也相应降低，所以一般酰胺中羰基伸缩振动频率在 1670cm^{-1} 附近。

从上可得出结论：当 C═O 主要受到吸电子基团影响时，力常数增加，伸缩振动频率升高，当有基团与其共轭（包括 p-π 及 π-π 共轭）时，使得键长趋向于平均化，重键的键长变长，则力常数减小，伸缩振动频率下降。共轭效应对其他重键如 C═C、C≡C、C═N、P═O 等的影响也和 C═O 类似。

（3）影响谱带强度的因素　谱带强度与偶极矩变化的大小有关，偶极矩变化越大，谱带强度越大。而偶极矩变化和分子（或基团）本身的偶极矩有关，极性较强的基团，振动中偶极矩变化较大，对应的吸收谱带较强。例如，C═O 基和 C═C 双键都是不饱和键，但吸收强度差别很大，C═O 基的吸收很强，而 C═C 基的吸收却较弱。

基团的偶极矩还与结构的对称性有关，对称性越强，振动时偶极矩变化越小，吸收谱带越弱。例如 C═C 双键在下面三种结构中，吸收强度差别很明显。

$$\begin{array}{ccc} R-CH=CH_2 & R-CH=CH-R' & R-CH=CH-R' \\ (a)\ \varepsilon=40 & (b)\ 顺式\ \varepsilon=10 & (c)\ 反式\ \varepsilon=2 \end{array}$$

结构（a）的对称性较差，（b）居中而（c）的对称性最强，因此（a）的 C═C 基吸收峰较强而（c）的吸收峰较弱，几乎看不到。

习　题

1. 已知 $K(C═O)=12\times10^5$ dyn/cm，$K(P═S)=5\times10^5$ dyn/cm。计算 C═O 及 P═S 的伸缩振动基频。

2. 用 IR 区别下列异构体。

（1）　CH$_3$—⟨　⟩—COOH　　　⟨　⟩—COOCH$_3$

（2）　　　　CH$_3$CH$_2$CH$_2$CH$_2$OH

（3）　⟨　⟩═O　　　⟨　⟩═O

（4）　⟨　⟩═O　　　⟨　⟩═O（带 CH$_3$）

3. 化合物 A，分子式为 C$_8$H$_7$N，熔点为 27℃，其 IR 谱图如习题图 1 所示，试推测 A 的结构。

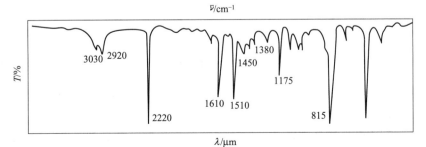

习题图 1

4. 根据下述红外光谱图（习题图2），判断其相应结构。

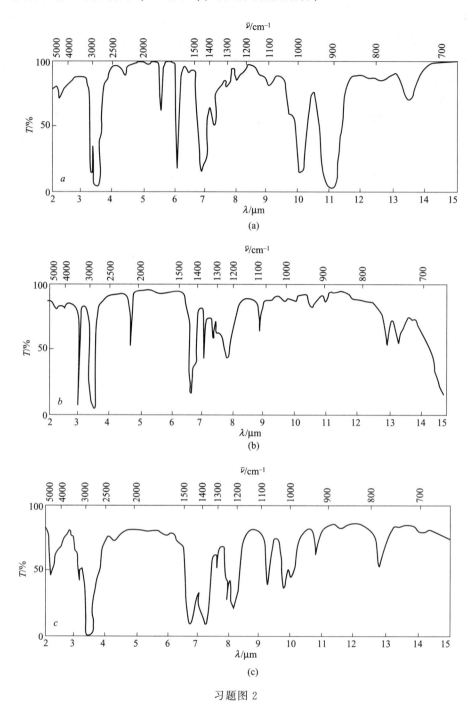

习题图 2

(1) 由图 2(a) 识别化合物是己烷、1-己烯，还是 1-己炔？

(2) 由图 2(b) 识别化合物是 1-己炔，还是 3-己炔？

(3) 由图 2(c) 识别化合物是 2,2-二甲基丁烷、3,3-二甲基-1-丁烯还是 3,3-二甲基-1-丁炔。

5. 某化合物 A，分子式 C_7H_9N，可溶于 $w_B = 5\%$ 盐酸中，它的 IR 光谱如习题图 3 所示，试推断其结构。

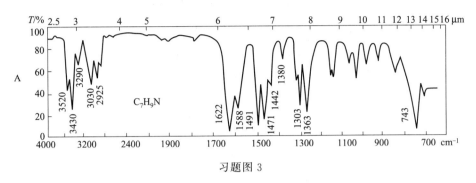

习题图 3

6. 根据习题图 4 红外光谱决定化合物 B 至 E 的结构（B，C，D，E 的分子式分别为 C_7H_9O，$C_3H_6O_2$，C_9H_{12}，$C_4H_6O_2$）。

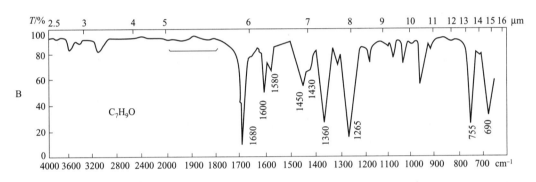

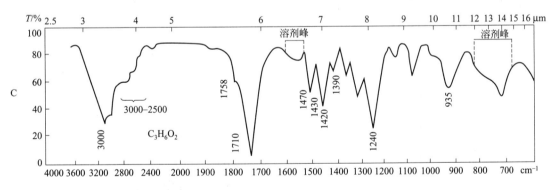

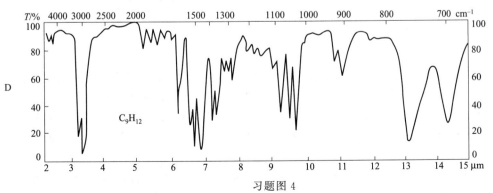

习题图 4

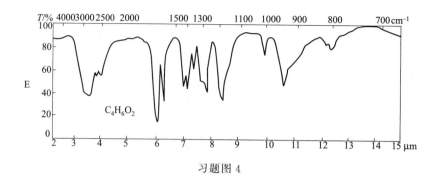

习题图 4

第三节　核磁共振波谱法鉴定

一、识读核磁共振谱图

核磁共振波谱法类似于红外和紫外吸收光谱法，不过它是在磁场的作用下，试样选择吸收射频区的某些电磁辐射。所吸收的频率决定于试样分子中某一种原子核的特性，而且随着核的周围结构不同又有所差异。

核磁共振谱中最常用的是氢谱（HNMR），它能提供分子中不同类型氢原子的情报，例如氢原子的化学环境，不同环境下各种类型氢原子的数目，以及每个氢原子相邻基团的结构等信息，因此氢谱是分子结构分析的有力工具。

1. 核磁共振图谱

图 4-32 是 60MHz 仪器测定的乙苯 $C_6H_5CH_2CH_3$ 的核磁共振图谱。一张核磁共振图谱通常可以给出 3 种参数。

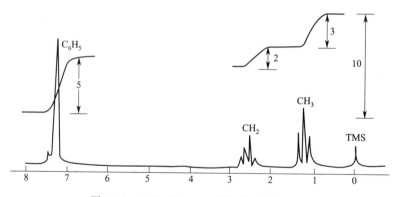

图 4-32　$C_6H_5CH_2CH_3$ 的氢核磁共振图谱

（1）NMR 谱中信号的数目，即氢核等价性问题　在分子中化学环境相同的氢核，其共振磁场相同，出现一个信号，这些氢核成为化学等性氢核。化学环境不同的几个氢核，其共振磁场不同，当然就出现了相应数目的信号。因此在 NMR 谱中，信号的数目是反映分子中包含有多少种类的等性氢核。例如，图 4-32 表示分子中包含 3 种等性氢核。氢核等价性问题即在其后介绍。

（2）NMR 谱中信号的位置，即化学位移　NMR 谱中信号的数目仅表示分子中含有多少种类的氢核，至于它们是什么类型的氢核，它们在分子中具有什么样的化学位移，周围基团的结构如何等都要从信号的位置,即化学位移来判断。如果化学位移δ在0.9~1.3范围,可能是烷烃氢核;δ在4.8~7.5范围,可能是烯烃氢核;δ在6.0~9.5范围,可能是芳烃氢核;δ在$(9.0~10)\times10^{-6}$范围,可能是醛基氢核等等。化学位移用δ表示。在图中,$\delta_{CH_3}=1.25$,$\delta_{CH_2}=2.65$,$\delta_{C_6H_5}=7.27$,由此可能判断可能含有芳环、烷烃等基团。

(3) NMR谱中信号的面积,即氢核计数 NMR谱汇总信号的强度由信号的面积来表示。信号面积直接与给出信号的氢核数目成正比。因为每一个能量子的吸收都是出于同一个原因,即氢核的自旋转向。转向的氢核越多,吸收的能量越多,信号的强度也就越大。峰面积通常可用积分曲线求出。图4-32中峰面积比(积分线高度比)为:

$$C_6H_5 : CH_2 : CH_3 = 5 : 2 : 3$$

积分线是从低磁场往高磁场的。积分线的总高度与所有质子的数目成正比,而每一个阶梯的高度与相应峰的质子数成正比。因此可以用积分线推定质子数。常用有两种方法。

第一种方法:已知分子式时,可以从积分线求出质子的绝对数目。例如,图4-32中积分线共10格,从分子式知道有10个质子,一格就相当于$\frac{10}{10}=1$个质子。最右边阶梯3格相当于3个质子,最左边的阶梯为5格就相当于5个质子。

第二种方法:分子式不知道时,以不重叠的单一尖峰为标准,例如,在分子中有甲氧基时,在δ为3.22~4.40处会出现甲氧基的质子信号——单一尖峰。用3除相应阶梯格数,就可知道每一个质子相当于多少格,这种方法一般都以CH_3峰的积分线作标准。

(4) NMR谱中信号裂分的峰数,即偶合常数 核之间的相互干扰作用使谱线发生裂分,裂分峰之间的距离用偶合常数J表示,单位是Hz。在图4-32中$J=7Hz$。裂分的峰数表示邻近碳原子上的质子数目。

2. 化学位移

根据核磁共振条件是否可以推想,对于同一种原子核,例如氢核,由于它们的磁旋比相同,若照射的频率一定,则它们的共振磁场强度应该都相同?即不管分子中的哪一个氢核,也不管是哪一种化合物中的氢核,只要是氢核,若用相同的频率照射时,其共振磁场就相同?事实并非如此,早在1950年人们就发现在给定的照射频率下,分子中各个氢核因其化学环境不同,而在不同的磁场强度下共振,这种共振磁场的位移就称为化学位移,它是人们用以研究分子结构的重要依据。

(1) 化学位移的产生 实践中发现,在外加磁场的作用下,氢核外围电子将在垂直于外加磁场的平面上绕核旋转,产生了一种感应磁场,其磁场强度为$H_感$,但是$H_感$的方向与外加磁场方向相反,它抵消了一部分外加磁场对氢核的作用。这种效应称为屏蔽效应。$H_感$的大小与外加磁场的强度成正比,即$H_感=\sigma H_0$,其中σ称为屏蔽常数。因此原子核实际所受的磁场强度$H_N=H_0-H_感=H_0(1-\sigma)$。则原来共振条件中的磁场强度($H_0$)应改为$H_0(1-\sigma)$来表示。显然,为了补偿由于电子屏蔽所削弱的外场强度,在实验中就要增大外加磁场,直到H_N的值等于没有电子屏蔽时即裸核所需的H_0,满足原有的共振条件。屏蔽作用越大,共振所需的外场强度就越高。

例如,氯乙烷(CH_3CH_2Cl)分子中,有两种类型的氢核,即CH_3和CH_2,因为CH_2更接近Cl,受Cl拉电子效应的影响更大,使得CH_2中的氢核周围电子云密度降低,而CH_3与Cl相距较远,它的氢核周围电子云密度较大,所以受电子屏蔽作用较强,因此CH_3中的氢核比CH_2中的氢核共振所需的磁场强度更高。由此引起氢核共振磁场的差别,即化学位移。

实际上化学位移的差别是很小的，就氢核而言，在60MHz的仪器中，各种类型的氢核化学位移之差一般不超过600Hz，但是这种微小的差异却是极其重要的现象，它传递了分子结构的信息，使核磁共振技术在有机分析中发挥了极大作用。

（2）化学位移的表示法　在有机化合物中，处于不同化学环境中的氢磁核产生的共振频率差 $\Delta\nu$ 与磁核的共振频率 ν 相比非常小，大约是百万分之几，因此要用共振频率的绝对值描绘或比较磁核时很不方便。所以目前实际采用的是相对表示法。

通常选用四甲基硅烷（TMS）作为标准物质，测定样品和标准物质的吸收频率之差。由于同一种氢核在不同仪器上，用频率表示的化学位移值是不相同的，因此为了得到一个与仪器无关的数据，则将样品和标准物质的吸收频率之差（以Hz为单位），除以以Hz为单位的实际操作频率 ν_1（即振荡器频率），即得到无量纲的化学位移单位 δ：

$$\delta = \frac{\nu_{样品} - \nu_{TMS}}{\nu_1} \times 10^6 \tag{4-9}$$

由于照射频率与位移频率相差 10^6 数量级，因此乘以 10^6 是为使数值便于读写。此时 δ 值单位是"百万分之一"，即 10^{-6}。

当仪器为60MHz时，δ 值的1个 10^{-6} 相当于60Hz，10个 10^{-6} 相当于600Hz。如果仪器是100MHz时，δ 值的1个 10^{-6} 相当于100Hz，10个 10^{-6} 相当于1000Hz。

四甲基硅烷（TMS）之所以用来作为标准物质，是因为它不活泼、易挥发、无毒性、便宜，并且只有一个信号。由于绝大多数有机分子中氢核的屏蔽作用均小于TMS中氢核的屏蔽作用，发生共振所需外加磁场强度均比TMS中氢核共振所需的外磁场强度小，因此TMS信号出现在氢原子共振频率的一个极端，则规定TMS的 $\delta = 0$，故绝大多数有机化合物中的氢核峰出现在TMS的左边，所得值为负，为方便起见，负号都不加。

用 δ 值表示化学位移时，当外磁场强度自左至右扫描逐渐增大时，δ 值却自左至右逐渐减小。δ 值范围一般在10~0之间。凡是 δ 值较大的氢核，就说它处于低场，位于图谱的左边。δ 值较小的氢核，说明它处于高场，位于图谱的右边。TMS的共振吸收峰位于图谱最右边。

1970年IUPAC建议化学位移一律采用 δ 值，规定TMS左边的峰 δ 为正值，右边的峰 δ 为负值，这和早期的规定正好相反，在看早期文献时应予以注意。过去文献上采用的 τ 值与 δ 值的关系为：$\tau = 10 - \delta$。

3. 影响化学位移的因素

分子中各类氢核因周围电子的抗屏蔽作用不同而产生了化学位移，这种屏蔽效应主要有以下几种。

（1）局部屏蔽　局部屏蔽主要决定于氢核周围的电子云密度，即取决于氢核近邻原子的电负性大小。近邻原子电负性越强，则氢核周围电子云的密度越低，屏蔽效应越弱，结果氢核共振磁场就越向低场偏移；反之，近邻原子的电负性越弱，氢核周围电子云密度就越大，屏蔽效应就越强，结果氢核共振磁场就越向高场偏移。例如，下面所列各种甲基氢核的共振磁场随着所连接的原子电负性增加而共振在更低磁场，即化学位移逐渐增大。

	CH_3F	CH_3OH	CH_3Cl	CH_3Br	CH_3I	CH_4	TMS
δ	4.06	3.40	3.05	2.68	2.16	0.23	0
X电负性：	4.0	3.5	3.0	2.8	2.5	2.1	1.8

当电负性较大的元素与质子的距离增大时，δ 值逐渐减小，例如：

	CH_3Br	CH_3CH_2Br	$CH_3CH_2CH_2Br$	$CH_3CH_2CH_2CH_2CH_2CH_2Br$
δ	2.68	1.65	1.04	0.90

电负性较大的元素的原子数目增多，将增大化学位移，例如：

	FCH_2F	$ClCH_2Cl$	$BrCH_2Br$	ICH_2I
δ	5.45	5.33	4.94	3.90
	CH_3Cl	CH_2Cl_2	$CHCl_3$	
	3.05	5.33	7.24	

（2）远程屏蔽　远程屏蔽是由于分子中其他原子或基团的电子运动对某一氢核所产生的影响。在外加磁场中电子绕核环流，特别是 π 电子的环流所产生的磁场对空间某一氢核可能起屏蔽作用，也可能起去屏蔽作用，这种屏蔽称为远程屏蔽。远程屏蔽的特点是各向异性，它的大小与正负是距离平方的函数。使氢核共振移向高场的叫正屏蔽效应，使其移向低场的称为负屏蔽效应。例如苯环（图 4-33）的氢核，由于 π 电子的环流所产生的磁场，在氢核所在处恰好与外加磁场方向一致，起了去屏蔽作用。由于它加强了作用在氢核上的外加磁场强度，因此苯环上的氢核共振信号出现在相当低的磁场位置，其化学位移为 7.23。

双键（图 4-34）和羰基（图 4-35）的 π 电子的环流，在空间所产生的屏蔽效应也是各向异性。如图所示。因此在双键平面上下的氢核处于正屏蔽区，共振发生在高磁场，而在双键平面中的氢核处于去屏蔽区，共振发生在低场。这就是为什么开链烯烃氢核的化学位移比相应烷烃氢核约高 4ppm，羰基的屏蔽效应与双键相似，例如醛基氢核共振在很低磁场，就是因为它处在醛羰基的去屏蔽区。

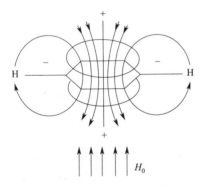

图 4-33　苯环的屏蔽作用

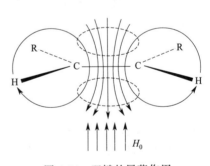

图 4-34　双键的屏蔽作用

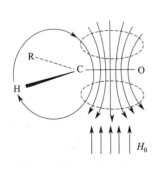

图 4-35　羰基的屏蔽作用

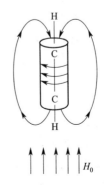

图 4-36　三键的屏蔽作用

炔烃（图 4-36）氢核从电负性来看，其共振磁场应低于烯烃，但事实上乙炔氢核的共振磁场却比乙烯氢核高场，约在 1.8，这也是远程屏蔽引起的。三键上 π 电子的环流对分子轴上的氢核起了屏蔽作用，使其共振移向高场。

（3）范德华效应　当两个原子非常靠近时，由于电子云互相排斥，结果使这些原子周围的电子云密度都要减小，从而屏蔽效应显著下降，使化学位移值往低场偏移。例如下面的笼式化合物（图 4-37）。

δ 值：H_a＝5.52，H_b＝2.4，H_c＝1.1，其中 H_a、H_b 由于范德华效应使化学位移增大。

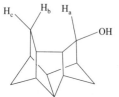

图 4-37　笼式化合物

（4）氢键效应　氢键的形成由于去屏蔽效应，使 δ 值往低场偏移。例如乙醇分子形成氢键时，羟基氢核的化学位移要增加 4.6。

氢键的形成能大大改变羟基或其它基团上氢核的化学位移。因为分子间的氢键的多少是跟样品的浓度、溶剂的性能和纯度有很大关系，所以羟基的化学位移可以在一个很大的范围内变动。在核磁谱图内，羟基的峰也比较宽。一般来说，R—OH（R 为烷基）的化学位移范围是在 0.5～4.5；而 Ar—OH（酚）的化学位移是在 4.5～10 之间。

羧酸类化合物在溶液中，可以形成双分子的氢键：

$$R-C\begin{matrix}O\cdots H-O\\O-H\cdots O\end{matrix}C-R$$

故酸中—OH 氢的化学位移是在 9～13 之间。

分子内的氢键同样可以影响到羟基氢的化学位移。在乙酰丙酮的烯醇异构体中，由于形成分子内的氢键，则羟基氢的化学位移 δ 为 15.4。

$$CH_3-C\overset{O}{\underset{}{}}\cdots\overset{H}{\underset{}{}}\cdots\overset{O}{\underset{}{}}C-CH_3$$

同样，酚类化合物的羟基，当可以形成分子内的氢键时，化学位移有同样的改变。如苯酚羟基上氢的化学位移 δ 为 5.6，而在邻羟基苯甲酸甲酯中，由于形成分子内的氢键，芳环羟基上氢的化学位移 δ 为 10.5。

（5）溶剂效应　同一种样品在不同溶剂中的化学位移值是不相同的，溶质质子受到各种溶剂的影响而引起化学位移的变化叫做溶剂效应。溶剂效应主要是溶剂的各向异性效应及溶质与溶剂间生成氢键的影响。例如与碳相连的质子在 CCl_4、$CDCl_3$ 中的化学位移变化不大，如用 60MHz 的仪器测定，差别仅为 ±6Hz。但若选用其他芳香性溶剂则变化较大，如吡啶和苯能出现约 30Hz 的变化。溶剂效应对于 OH、SH、NH_2 和 NH 等含活泼氢的基团影响更大。

4. 偶合常数

（1）自旋-自旋偶合引起峰的分裂　采用低分辨的核磁共振仪时各类化学环境等同的质子构成一个单独的共振吸收峰，但当使用高分辨核磁共振仪时，发现谱中不再是单峰，而是一组一组多重峰。图 4-38、图 4-39 显示了乙醇在不同分辨率的核磁共振仪下所产生的核磁共振谱。

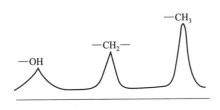 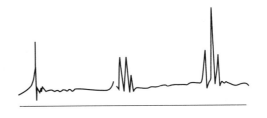

图 4-38 乙醇的核磁共振谱（低分辨率）　　　图 4-39 乙醇的核磁共振谱（高分辨率）

形成多重峰的原因是由于分子内部相邻氢核的磁相互作用，结果使共振跃迁能级发生裂分，产生多重共振跃迁。这种相邻核自旋之间的相互干扰作用称为自旋-自旋偶合（spin-spin coupling），简称自旋偶合。由自旋偶合引起的谱线增多的现象称为自旋-自旋裂分，简称自旋裂分。

通常相距较远的两个自旋氢核之间（如 —C—C—C— 中 H_a、H_b）没有相互作用，但相距较近时

（如 —C—C— 中 H_a、H_b），H_b 核自旋磁场的方向可以与外加磁场相同（平行的）；同样也可以与外加磁场相反（反平行的）。在室温下，这两种可能性的比约为 1:1.0000099，也就是说，由于自旋偶合 H_a 核的吸收峰在 NMR 谱图上裂分为强度相等的双重峰，反过来 H_a 核对 H_b 核也会发生同样的作用（图 4-40）。

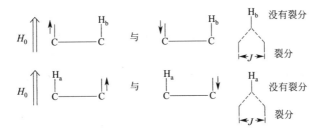

图 4-40 邻位氢核偶合示意图

由于这种氢与氢邻近的结构在有机化合物中经常出现，这样在氢核磁共振谱中就能常常看到自旋偶合引起的裂分现象，这也说明了这些现象之间的关系是结构分析中一个很重要的环节。

（2）偶合常数　以 1,1,2-三溴乙烷的 NMR 谱图（图 4-41）为例来解释偶合常数。

在 1,1,2-三溴乙烷的 NMR 中，可以看到这个分子有两种不同的氢，一组为 a，另一组为 b，它们的化学位移分别是 $\delta_a=4.15$，$\delta_b=5.80$。从图 4-41 中亦可见到 a 为二重峰，b 为三重峰。这是由于 a 组的氢与 b 组的氢有偶合的缘故。

在 a 组氢中，两峰之间的频率差为 $|\nu_a-\nu_a'|$，这可以从谱图上测量出来。这频率差的大小与 b 组氢和 a 组氢偶合的强弱有关，以偶合常数（coupling constant）来表示，通常符号是 J，单位是赫（Hertz）。J_{ab} 表示了 a 组氢与 b 组氢偶合的偶合常数。

在 b 组氢中，三峰之间的频率差为 $|\nu_b-\nu_b'|$ 和 $|\nu_b'-\nu_b''|$，两者应该相等，即 ν_b' 刚好在 ν_b 和 ν_b'' 之中。这是 b 组氢受 a 组氢偶合引起的裂分现象，频率差是 J_{ba}，很明显 $J_{ab}=J_{ba}$。

这也证实了两组氢的裂分是相互关联的。

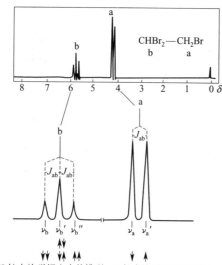

图 4-41 1,1,2-三溴乙烷的核磁共振谱图与偶合解释

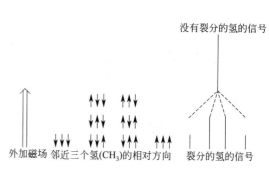

图 4-42 一个氢与邻近三个氢核偶合形成四重峰的示意

（3）$n+1$ 规律 如果考虑体系 $-\underset{\underset{H_b}{|}}{\overset{\overset{H_a}{|}}{C}}-\underset{\underset{H_a}{|}}{\overset{\overset{}{|}}{C}}-$，那么 H_a 核只受到一个邻位 H_b 核的偶合，因而可以裂分为两个强度相等的峰，但 H_b 核受到两个 H_a 核的偶合，由于 H_a 核自旋磁场方向有四个可能的组合，其中两种组合是相同的，因此 H_b 核的吸收峰应裂分为三重峰，它们的相对强度为 1：2：1。这个分析结果与 1,1,2-三溴乙烷的核磁共振谱的情况相吻合（图 4-41），即 a 组氢是二重峰，相对强度相等；b 组氢是三重峰，相对强度是 1：2：1。

同理，对于体系 $-\underset{\underset{H_b}{|}}{\overset{\overset{H_a}{|}}{C}}-\underset{\underset{H_a}{|}}{\overset{\overset{}{|}}{C}}-H_a$，$H_a$ 核都只受一个 H_b 核自旋偶合效应，吸收峰裂分为双重峰；而 H_b 核则受到三个 H_a 核的偶合效应，由于 H_a 核有不同的自旋磁场组合，H_b 的吸收峰裂分为四重峰，其相对强度为 1：3：3：1（图 4-42）。这也是和 1,1-二溴乙烷的核磁共振谱的结果相符合（图 4-43）。在那里，b 组氢是一个四重峰，相对强度是 1：3：3：1。

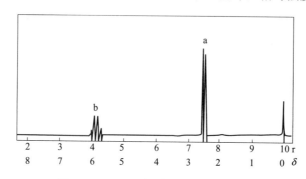

图 4-43 1,1-二溴乙烷的核磁共振谱图

我们可以从此归纳出 $n+1$ 规律，即：当一个氢核有 n 个相邻近的全同氢核存在时，其 NMR 吸收峰裂分为 $n+1$ 个，峰间距离即为偶合常数 J；各峰相对强度之比，等于二项式 $(a+b)^n$ 的展开式各项系数 C_n^m 之比，即

```
n: 0                                    1
   1                        1       1
   2                    1       2       1
   3                1       3       3       1
   4            1       4       6       4       1
   5        1       5      10      10       5       1
   6    1       6      15      20      15       6       1
```

我们可以用 $(n+1)$ 规律分析溴乙烷的核磁共振波谱（图 4-44）。CH_3CH_2Br 应该有两组氢，一为 CH_3，它邻近有两个氢与之偶合，所以应该是三重峰，相对强度为 $1:2:1$。另一组为 CH_2，它邻近有三个氢与之偶合，所以应该是四重峰，相对强度为 $1:3:3:1$。这和图 4-44 所示结果是一致的。

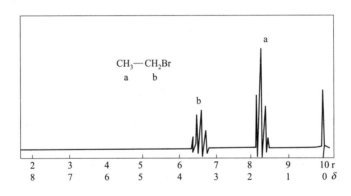

图 4-44 溴乙烷的氢核磁共振谱图

对于 $-\overset{|}{\underset{H_a}{C}}-\overset{|}{\underset{H_b}{C}}-\overset{|}{\underset{H_c}{C}}-$ 体系，如果 H_a 和 H_c 是对称相同的，例如 $CH_3\overset{|}{\underset{Br}{C}}HCH_3$ 的两个甲基是完全一样的，那么可以把两个 CH_3 的氢看成是一组（图 4-45 中的 H_a），它受一个氢（CH-Br）偶合，所以是二重峰；而 C—H（图 4-48 中的 H_b）是另一组氢，它与 6 个相邻的氢偶合，所以应该是七重峰，相对强度是 $1:6:15:20:15:6:1$。但是粗略一看，H_b 的吸收峰可能被误认为五重峰。实际上要是考虑到五重峰的相对强度是 $1:4:6:4:1$，这和谱图（图 4-45）本身不符，就不会得出错误的推论了。

如果在 $-\overset{|}{\underset{H_a}{C}}-\overset{|}{\underset{H_b}{C}}-\overset{|}{\underset{H_c}{C}}-$ 体系里，H_a 和 H_c 有明显的不同，而 $J_{ab} \approx J_{bc}$，那么 $n+1$ 规律还是适用的，以丙苯的核磁共振谱（图 4-46）为例，丙基上的氢的吸收峰确实可依 $n+1$ 规律分析：b 组的 CH_2 是六重峰，因为邻近有 5 个氢。但是若 $J_{ab} \neq J_{bc}$ 则峰的裂分应按照 $(n+1)(n'+1)$ 来计算。

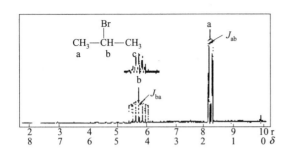
图4-45　2-溴丙烷的氢核磁共振谱图

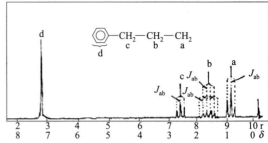
图4-46　丙苯的氢核磁共振谱图

5. 核磁共振波谱仪简介

图4-47为核磁共振示意图。

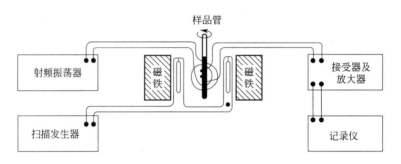
图4-47　核磁共振示意

（1）磁铁　提供均匀而稳定的磁场。磁铁上绕有扫描线圈，通以直流电，产生一种附加磁场，用它来调节原有磁场的强度以进行扫描。

（2）射频振荡器　可射几种固有频率的无线电波，对氢核来说常用的是60MHz、90MHz、100MHz等。

（3）射频接收器　接受信号并放大记录。

（4）核磁共振实验方法　由共振条件可知，实现核磁共振的方法只有两种。

① 固定射频频率，改变磁场强度，即磁场扫描。一般仪器都采用这种方法。

将样品用频率固定的电磁波照射，同时逐渐增加外加磁场的强度，直到外加磁场强度 $H_0=\dfrac{2\pi\nu_{回旋}}{\gamma}$，即符合共振条件，能量就被吸收，并在电流计上显示出来；进一步增加外加磁场强度 H_0 时，则电流计读数又降到原有水平，因此记录的能量吸收曲线由图中所示，峰尖对应的磁场即共振磁场。

② 固定磁场强度而连续改变射频频率，即频率扫描。置样品于强度固定的外加磁场之中，逐渐改变电磁波频率，当 $\nu_{跃迁}=\dfrac{\gamma}{2\pi}H_0$ 时，即共振吸收，出现吸收峰。

通常仪器都是采用磁场扫描，然后再将磁场折算成频率而记录图谱。

二、解析核磁共振氢谱

从核磁共振谱的每个吸收峰可以得到化学位移、自旋分裂和偶合常数、积分高度3个主要参数，利用这些参数可以解析图谱，在此仅就一级图谱的解析作一简介。

1. 一级 ¹H-NMR 波谱必须满足以下条件

① 两个质子群的化学位移差 $\Delta\nu$ 至少是偶合常数 J 的 6 倍以上，即 $\dfrac{\Delta\nu}{J} \geqslant 6$。

② 同一组核中各氢核要磁全同。即分子中同一组核的氢既要化学等价又要以相同的偶合常数与组外其它任何的核相偶合的称为磁全同。例如 CH_2F_2 中两个 H 和两个 F 的任何一个偶合都是相同的，且它们都是化学等价的，则称为磁全同。

③ 一级图谱谱形的规律符合 $n+1$ 规律。

2. 一级 ¹H-NMR 波谱解析的一般程序

① 尽可能详尽地了解样品的概况，例如样品来源、物理化学性质，以便为结构分析提供有益的信息并保证被测样品足够纯，以避免杂质的共振信号对样品信号的干扰。

② 对全未知的样品，应首先测定相对分子质量、元素组成，得到分子式，计算不饱和度。

③ 针对所得 ¹H-NMR 谱，要识别溶剂的干扰峰、杂质峰（一般 ¹H-NMR 谱中积分比不足一个氢的峰可作杂质峰处理）、识别活泼氢的吸收峰。

④ 由每组峰的积分基线作一水平线，量取其与该组峰积分上限之间的距离，计算各组峰的积分高度之简比（峰面积比），即为质子数目的最简比，最低积分高度的峰至少含有 1 个氢（杂质峰除外）。若积分简比数字之和与分子式中氢数目相等，则积分简比代表各组峰的质子数目之比。若分子式中氢原子数目是积分简比数字之和的 n 倍，则积分简比要同时扩大 n 倍才等于各组峰的质子数目之比。

⑤ 直接从图上获取化学位移和偶合常数值。根据化学位移估计各组峰所代表 ¹H 核的类型，对化学位移范围较宽的—OH、—NH_2 和—SH 基团信号，必要时可通过改变温度、添加重水等操作改变其化学位移来确定。

⑥ 根据峰的形状、峰的数目及 J 的大小，利用 ($n+1$) 规律进行分析，以确定基团和基团之间的相互关系。当分子具有对称性时，会使谱图出现的峰组数减少。例如当峰组相当于氢原子数目为 2、4、6、9 时，应考虑可能会有 2 个次甲基（CH）、2 个亚甲基（CH_2）、2 个甲基（CH_3）、3 个甲基（CH_3）存在。

对每组峰的峰形应进行仔细分析。分析时最关键之处为寻找峰组中的等间距和峰组间的等间距。每一种间距相当于一个偶合常数，通过对峰组的分析可以找出不同的 J，并找出相互偶合的关系。通过此途径可找出邻碳上氢原子的数目。

⑦ 综合以上分析，根据化合物的分子式、不饱和度、可能的基团及相互偶合情况，导出可能的结构式。不含质子基团（如 NO_2、C=O、C≡N、C≡C、—X、—SO_2—、—SO—等）的存在可由分子式、不饱和度减去所推导出的可能基团的 C、H、O 原子数目及不饱和度数目之后导出。

⑧ 验证所推导的结构式是否合理：组成结构式的元素的种类和原子数目是否与分子式的组成一致，基团的 δ 值及偶合情况是否与谱图吻合。若这两点均满足，可认为结构合理。有的谱图可能推导出一种以上的结构，难以确证时，需与其他谱（MS,¹³C-NMR，IR，UV）配合或查阅标准谱图。

3. 各类质子的化学位移及经验计算

由于化学位移的大小与分子中氢核所处的化学环境密切有关，因此就有可能根据化学位移的大小来研究氢核所处的化学环境，即有机化合物分子结构的情况。表 4-22 给出了各类质子的化学位移范围，在初步解析图谱时可供参考。也可以根据经验公式计算各类质子的化学位移，下面作一简略介绍。

（1）烷烃　利用表 4-21 的数据及 Shoolery 公式可计算 X—$\overset{\overset{Z}{|}}{CH}$—Y 中质子的 δ。

对于 X—$\overset{\overset{Z}{|}}{CH}$—Y 型化合物中氢核的化学位移可以用 Shoolery 经验公式估算，X、Y、Z 的引入对于 H 的 δ 值影响有加和性：

$$\delta_{-CH-} = 0.23 + \sum C_i \tag{4-10}$$

式中，0.23 为 CH_4 的 δ 值，C_i 值见表 4-21。

表 4-21　取代基对—CH—δ 值的增值

取代基	C_i	取代基	C_i	取代基	C_i
—F	3.6	—OCOR	3.13	—C≡CR	1.44
—Cl	2.53	—COR	1.70	—C≡CAr	1.65
—Br	2.33	—CONR$_2$	1.59	C=C	1.32
—I	1.82	—NR$_2$	1.57	—N=C=S	2.86
—OH	2.56	—COOR	1.55	—CF$_3$	1.14
—NO$_2$	2.46	—SR	1.64	—CF$_2$	1.21
—OR	2.36	—CN	1.70	—CH$_2$R	0.67
—OAr	3.23	—C$_6$H$_5$	1.85	—CH$_3$	0.47

各类质子的化学位移范围值见表 4-22。

[例 4-14]　计算 $BrCH_2Cl$ 的 δ（括号内为实测值）

$$\delta = 0.23 + 2.33 + 2.53 = 5.09(5.16)$$

利用式(4-9)，计算值与实测值误差通常小于 0.6，但有时可达 1.0。

对于较复杂的烷基化合物（RY）也可利用表 4-23 可直接查出相对于取代基（Y）的 α、β 及 γ 位质子的 δ 值。若有两个取代基，可粗略用此表数值叠加计算。

[例 4-15]　计算 δ 值（括号内为实测值）：

CH_3CHBr_2：　　　　　　取模型化合物 CH_3CH_2Y

　　Y＝H　　$\delta(CH_3)$　0.86　（基值）

　　Y＝Br　　$\delta(CH_3)$　1.66　增值：1.66－0.86＝0.80

　　CH_3CHBr_2：$\delta(CH) = 0.86 + 0.80 \times 2 = 2.46$ (2.47)

$\overset{b}{Cl}\overset{a}{CH_2}CH_2CN$：取模型化合物 $CH_3\overset{\beta}{CH_2}\overset{\alpha}{CH_2}Y$

　　Y＝H　　$\delta(CH_2)$　1.33　（基值）

　　Y＝Cl　　α 位增值：3.47－1.33＝2.14

　　　　　　β 位增值：1.81－1.33＝0.48

　　Y＝CN：　α 位增值：2.29－1.33＝0.96

　　　　　　β 位增值：1.71－1.33＝0.38

　　　　$\delta(a) = 1.33 + 0.96 + 0.48 = 2.77$ (2.80)

　　　　$\delta(b) = 1.33 + 2.14 + 0.38 = 3.85$ (3.76)

表 4-22 各类质子的化学位移范围值

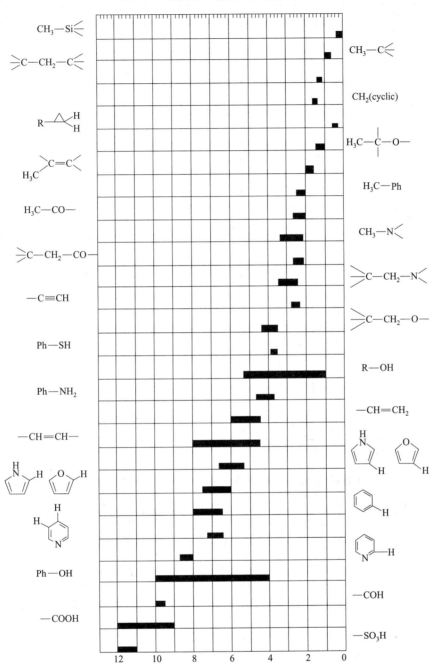

表 4-23 取代烷烃化合物（RY）的化学位移

Y	CH$_2$Y		CH$_3$CH$_2$Y		CH$_3$CH$_2$CH$_2$Y			(CH$_3$)$_2$CHY		(CH$_3$)$_3$CY
	CH$_3$		CH$_2$	CH$_3$	αCH$_2$	βCH$_2$	CH$_3$	CH	CH$_3$	CH$_3$
H	0.23		0.86	0.86	0.91	1.33	0.91	1.33	0.91	0.89
—CH=CH$_2$	1.71		2.00	1.00				1.73		1.02
—C≡CH	1.80		2.16	1.15	2.10	1.50	0.97	2.59	1.15	1.22
—C$_6$H$_5$	2.35		2.63	1.21	2.59	1.65	0.95	2.89	1.25	1.32

续表

Y	CH$_2$Y	CH$_3$CH$_2$Y		CH$_3$CH$_2$CH$_2$Y			(CH$_3$)$_2$CHY		(CH$_3$)$_3$CY
	CH$_3$	CH$_2$	CH$_3$	αCH$_2$	βCH$_2$	CH$_3$	CH	CH$_3$	CH$_3$
—F	4.27	4.36	1.24						
—Cl	3.06	3.47	1.33	3.47	1.81	1.06	4.14	1.55	1.60
—Br	2.69	3.37	1.66	3.35	1.89	1.06	4.21	1.73	1.76
—I	2.16	3.16	1.88	3.16	1.88	1.03	4.24	1.89	1.95
—OH	3.39	3.59	1.18	3.49	1.53	0.93	3.94	1.16	1.22
—O—	3.24	3.37	1.15	3.27	1.55	0.93	3.55	1.08	1.24
—OC$_6$H$_5$	3.73	3.98	1.38	3.86	1.70	1.05	4.51	1.31	
—OCOCH$_3$	3.67	4.05	1.21	3.98	1.56	0.97	4.94	1.22	1.45
—OCOC$_6$H$_5$	3.88	4.37	1.38	4.25	1.76	1.07	5.22	1.37	1.58
	3.70	3.87	1.13	3.94	1.60	0.95	4.70	1.25	
—OSO$_2$C$_6$H$_4$CH$_3$	2.18	2.46	1.13	2.35	1.65	0.98	2.39	1.13	1.07
—CHO	2.09	2.47	1.05	2.32	1.56	0.93	2.54	1.08	1.12
—COCH$_3$									
—COC$_6$H$_5$	2.55	2.92	1.18	2.86	1.72	1.02	3.58	1.22	
—COOH	2.08	2.36	1.16	2.31	1.68	1.00	2.56	1.21	1.23
—CO$_2$CH$_3$	2.01	2.28	1.12	2.22	1.65	0.98	2.48	1.15	1.16
—CONH$_2$	2.02	2.23	1.13	2.19	1.68	0.99	2.44	1.18	1.22
—NH$_2$	2.47	2.74	1.10	2.61	1.43	0.93	3.07	1.03	1.15
—NHCOCH$_3$	2.71	3.21	1.12	3.18	1.55	0.96	4.01	1.13	
—SH	2.00	2.44	1.31	2.46	1.57	1.02	3.16	1.34	1.43
—S—	2.09	2.49	1.25	2.43	1.59	0.98	2.93	1.25	
—S—S—	2.30	2.67	1.35	2.63	1.71	1.03			1.32
—CN	1.98	2.35	1.31	2.29	1.71	1.11	2.67	1.35	1.37
NC	2.85			3.30①			4.83	1.45	1.44
—NO$_2$	4.29	4.37	1.58	4.28	2.01	1.03	4.44	1.53	

① CH$_3$(CH$_2$)$_3$NC 的数据（无溶剂）。

(2) 烯烃 取代基对烯氢的 δ 值的影响见表 4-24。表中的数值是相对于乙烯 δ(5.25) 的位移参数值。利用表中的数值和式(4-11) 即可计算烯氢的 δ 值。由于双键上的取代基都处于同一平面上，它们对于烯氢的影响比较单纯，计算值与实测值误差一般在 0.3 以内。

$$\delta(=CH—)=5.25+Z_\text{同}+Z_\text{顺}+Z_\text{反} \tag{4-11}$$

表 4-24 取代基对于烯氢 δ 值的影响

取代基	$Z_\text{同}$	$Z_\text{顺}$	$Z_\text{反}$	取代基	$Z_\text{同}$	$Z_\text{顺}$	$Z_\text{反}$
—H	0	0	0	—OR(R 饱和)	1.22	−1.07	−1.21
—R	0.45	−0.22	−0.28	—OR(R 共轭)	1.21	−0.60	−1.00
—R(环)	0.69	−0.25	−0.28	—OCOR	2.11	−0.35	−0.64
—CH$_2$O,I	0.64	−0.01	−0.02	—Cl	1.08	0.18	0.13
—CH$_2$F(Cl,Br)	0.70	0.11	−0.04	—Br	1.07	0.45	0.55
—C≡C	1.00	−0.09	−0.23	—I	1.14	0.81	0.88
—C=C(共轭)	1.24	0.02	−0.05	\NR（R 饱和)	0.80	−1.26	−1.21
—C=O	1.10	1.12	0.87	\CN	0.27	0.75	0.55
—C=O(共轭)	1.06	0.91	0.74	\NCO	2.08	−0.57	−0.72
—CO$_2$H	0.97	1.41	0.71	—Ar	1.38	0.36	−0.07
—CO$_2$H(共轭)	0.80	0.98	0.32	—SR	1.11	−0.29	−0.13
—COOR	0.80	1.18	0.55	—F	1.54	−0.40	−1.02
—COOR(共轭)	0.78	1.01	0.46	—CHO	1.02	0.95	1.17

Z 是同碳取代基及顺式、反式取代基对烯氢化学位移（以 5.25 为基值）的影响。

[例 4-16] 计算下列化合物中 H 的 δ 值（括号内为实测值）

查表：

$Z_{同}$ 2.11；$Z_{顺}$ −0.35；$Z_{反}$ −0.64

$\delta(a) = 5.25 + (-0.64) = 4.61$ (4.43)

$\delta(b) = 5.25 + (-0.35) = 4.90$ (4.74)

$\delta(c) = 5.25 + 2.11 = 7.36$ (7.18)

查表：

	$Z_{同}$	$Z_{顺}$	$Z_{反}$
—R	0.45	−0.22	−0.28
—Ph	1.38	0.36	−0.07

$\delta(a) = 5.25 + 0.45 + 0.36 = 6.06$ (6.08)

$\delta(b) = 5.25 + 1.38 + (-0.22) = 6.41$ (6.28)

（3）芳氢　取代基对苯氢 δ 值的影响见表 4-25。$S_{邻}$、$S_{间}$、$S_{对}$ 分别为邻位、间位、对位取代基对苯氢化学位移（以 7.30 为基数）的影响。利用表中的数据和式(4-12)可计算取代苯中苯氢的 δ 值。通过计算可预计苯环上取代基的位置。

$$\delta = 7.30 - \sum S \tag{4-12}$$

表 4-25　取代基对苯环芳氢化学位移的影响

取代基	$S_{邻}$	$S_{间}$	$S_{对}$	取代基	$S_{邻}$	$S_{间}$	$S_{对}$
—OH	0.45	0.10	0.40	—CH=CHR	−0.10	0.00	−0.10
—OR	0.45	0.10	0.40	—CHO	−0.65	−0.25	−0.10
—OCOR	0.20	−0.10	0.20	—COR	−0.70	−0.25	−0.10
—NH$_2$	0.55	0.15	0.55	—COOH(R)	−0.80	−0.25	−0.20
—CH$_3$	0.15	0.10	0.10	—Cl	−0.10	0.00	0.00
—CH$_2$—	0.10	0.10	0.10	—Br	−0.10	0.00	0.00
—CH	0.00	0.00	0.00	—F	0.33	0.05	0.25
—CCH$_3$	0.02	0.13	0.27	—I	−0.37	0.29	0.06
—CH$_2$OH	0.13	0.13	0.13	—NO$_2$	−0.85	0.10	−0.55

[例 4-17] 计算下列化合物中 H 的 δ 值（括号内为实测值）

查表：

	$S_{邻}$	$S_{间}$	$S_{对}$
—OR	0.45	0.10	0.40
RCH=CH—	−0.10	0.00	−0.10

$\delta(a) = 7.30 - (0.45 + 0) = 6.85$ (6.8)

$\delta(b) = 7.30 - [0.10 + (-0.10)] = 7.30$ (7.3)

查表：

	$S_{邻}$	$S_{间}$	$S_{对}$
—OH	0.45	0.10	0.40
—COR	−0.70	−0.25	−0.10

$\delta(a) = 7.30 - [0.45 + (-0.25) + 0.10] = 7.00$ (6.76)

$\delta(b) = 7.30 - [0.45 + (-0.10) + 0.10] = 6.85$ (6.98)

$\delta(c) = 7.30 - [0.45 + (-0.70) + 0.10] = 7.45$ (7.21)

a 与 b 的 δ 计算值与实测值趋势相反，可能由于多取代的影响。在复杂结构中，由于各种基团的各向异性及其他结构因素的影响，计算值与实测值差别较大。

(4) 活泼氢的化学位移 常见的活泼氢如—OH、—NH$_2$、—SH，由于它们在溶剂中质子交换速度较快，并受形成氢键等因素影响（温度、溶剂、浓度），δ值变化范围较大，表 4-26 列出各种活泼氢 δ 值的大致范围。一般说来，酰胺类、羧酸类缔合峰均为宽峰，有时隐藏在基线里，可从积分高度判断其存在。醇、酚峰形较钝，氨基、巯基峰形较尖。

表 4-26 活泼氢的化学位移

化合物类型	δ	化合物类型	δ
醇	0.5～5.5	RSH，ArSH	1～4
酚	4～8	RSO$_3$H	11～12
酚(分子内氢键)	10.5～16	RNH$_2$	0.4～3.5
烯醇	15～19	ArNH$_2$	2.9～4.8
羧酸	10～13	RCONH$_2$，ArCONH$_2$	5～7
肟	7～10	RCONHR′，ArCONHR	6～8

三、解析核磁共振氢谱实例

[例 4-18] 氰基乙酸乙酯 NCCH$_2$^{c}COOCH$_2$^{b}CH$_3$^{a} 的核磁共振谱如下图所示，试解释各个吸收峰。

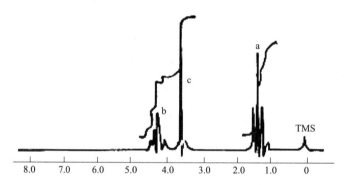

解 CH$_3$(a) 的 δ 值，参考表 4-23，δ 为 1.0 左右，因受邻近—CH$_2$—干扰裂分为三重峰，J=7。从积分高度比应有 3 个 H。

—CH$_2$—(b) 的 δ 值，参考表 4-23，并用 Shoolery 公式计算。δ 为 4 左右。因受邻近 CH$_3$ 的干扰裂分为四重峰，J=7。从积分高度比应有 2 个 H。

—CH$_2$—(c) 的 δ 值，参考表 4-23，并用 Shoolery 公式计算。δ=3.5。邻近没有氢核的自旋偶合干扰，所以为单峰。从积分高度比应有 2 个 H。

[例 4-19] 某化合物的分子式为 C$_8$H$_{12}$O$_4$，其 ^{1}H-NMR 谱图（60MHz）如下所示，试推导其结构。

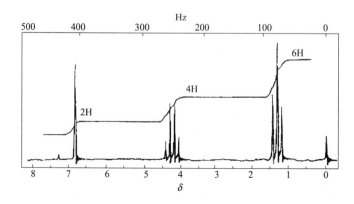

解 由分子式计算不饱和度 UN=3。

从谱图显示的三组峰可知,其积分比为 1:2:3,总和为 6,恰为分子式中 H 原子的一半,说明化合物为对称结构。

由表 4-22 知从低场到高场,三组峰分别为烯氢、去屏蔽的饱和碳氢和碳相连的饱和碳氢。

$\delta=1.32$(三重峰)和 $\delta=4.25$(四重峰)的偶合常数相同($J=7Hz$),说明分子中有乙基,其中亚甲基与氧相连而处于较低场,可能为—COOCH$_2$CH$_3$

$\delta=6.9$ 为烯氢,因在羰基的去屏蔽区处在较低场,说明双键碳与羰基相连。

综合所述该分子的结构碎片为:

$$=CHCOCH_2CH_3$$
$$\quad\quad\;\;\overset{O}{\|}$$

由于分子为对称结构从而推断其分子结构为丁烯二酸二乙酯。

$$CH_3CH_2OCCH=CHCOCH_2CH_3$$

[**例 4-20**] 某芳香酯的分子式为 $C_{10}H_{12}O_3$,其 ^{1}H-NMR 谱图如下所示,试推导其结构。

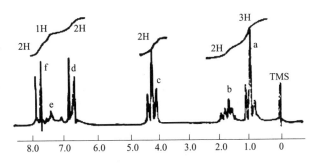

解 由分子式计算不饱和度 UN=5

由分子式可知它有 12 个 H,从谱图的积分高度比可以看出 a、b、c、d、e、f 各个吸收峰的氢原子数分别为 3,2,2,2,1 和 2。

峰(a)$\delta=1.04$ 处三重峰,有 3 个 H,$J=7Hz$,为邻近有—CH$_2$—的—CH$_3$ 峰。

峰(b)$\delta=1.88$ 处多重峰,有 2 个 H,$J=7Hz$,为左右双方都有邻近的氢如 R—CH$_2$—R'(R,R'为烃基)中的—CH$_2$—峰。

峰(c)$\delta=4.38$ 处三重峰,有 2 个 H,$J=7Hz$,为邻近有一个—CH$_2$—的另一个—CH$_2$—峰,同时另一侧可能连有 O。

从上述三个吸收峰分析,可能为—OCH$_2$CH$_2$CH$_3$ 基团。

峰(d)$\delta=7.55$ 处单峰,有 1 个 H,用 D$_2$O 交换后,峰形消失,可能为—OH。

由于已知化合物的分子式为 $C_{10}H_{12}O_3$,并为一芳香酯类,因此它的化学结构可能为:

HO—◯—COOCH$_2$CH$_2$CH$_3$

峰(d)$\delta=6.95$ 及峰(f)$\delta=7.95$ 都为双重峰,各有 2 个 H,这应是苯环上的 4 个 H。这两个双重峰的 J 约为 9Hz,说明它们是两组相邻成对的氢核,即两个取代基互在对位,所以它的化学结构确定为:

HO—◯—COOCH$_2$CH$_2$CH$_3$

[例 4-21] 求正丙苯及异丙苯混合物中两者的相对含量，此混合物的 ^{1}H-NMR 谱如下图所示：

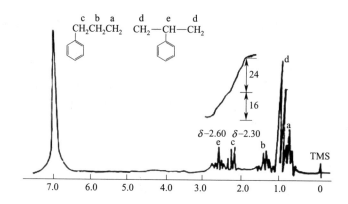

解 两种异构体的苯环芳氢在 $\delta=7$ 附近为一典型的单取代苯芳氢的单峰。

正丙苯：$\delta_{CH_3(a)}=0.72$，三重峰；$\delta_{CH_2(b)}=1.35$，多重峰；$\delta_{CH_2(c)}=2.30$，三重峰，积分高度 24 格。

异丙苯：$\delta_{CH_3(d)}=1.0$，二重峰；$\delta_{CH(e)}=2.60$，应为七重峰，现为五重峰；积分高度 16 格。

根据 $\delta2.30$ 及 $\delta2.60$ 的积分高度，可以求出两种异构体的分别含量：

$$正丙苯\% = \frac{\frac{1}{2}\delta2.30\text{峰的积分高度}}{\frac{1}{2}\delta2.30\text{峰的积分高度}+\delta2.60\text{峰的积分高度}} \times 100\%$$

$$= \frac{\frac{1}{2}\times 24 \text{格}}{\frac{1}{2}\times 24 + 16} \times 100\% = 43\%$$

$$异丙苯\% = 100\% - 43\% = 57\%$$

知识拓展

1. 核磁共振的基本原理

（1）**核的自旋** 实践证明有些原子核（质量数和原子序数均为偶数的核）是不会自旋的，例如 $^{12}C_6$、$^{16}O_8$ 等，而另一些原子核却像陀螺一样绕着某一个轴做旋转运动，例如 $^{13}C_6$、$^1H_1$ 等。由于原子核带有一定的正电荷，当原子核作自旋运动时，这些电荷随着原子核一起运动，因此就产生一个磁场和相应的磁矩（μ），这种原子核本身就像一个小磁针，在外加磁场中能够受射频的作用而发生核磁共振现象。

核自旋可以用自旋量子数（I）表示，不会自旋的核，$I=0$，而 $^{13}C_6$、$^1H_1$，$I=1/2$。如果置自旋核于外加磁场（H_0）之中，则磁矩（μ）相对于外加磁场有 $2I+1$ 种取向。对于氢核，$I=1/2$，所以只有两种取向，这两种不同的取向对应着两种不同的能量，其中一种取向是 μ 与 H_0 平行，为低能态 E_1，另一种取向是 μ 与 H_0 反平行，为高能态 E_2，如图 4-48。此即所谓核在磁场中发生能级分裂。能级间的能量差 $\Delta E = E_2 - E_1$，它与磁场

强度 H_0 成正比。

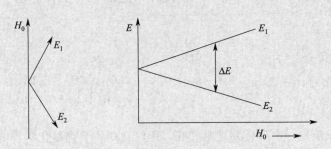

图 4-48 氢核磁矩相对 H_0 的两种取向、能量差

(2) 核磁共振产生 对于一定的原子核，磁能级间的能差只与外加磁场 H_0 有关，当 H_0 为零时，ΔE 亦等于零，意即当外加磁场消失时，便不再有磁能级的分裂。能级差与外加磁场强度关系如下：

$$\Delta E = h\nu_{射} = \frac{\gamma h}{2\pi} H_0 \tag{4-13}$$

h 为 Plank 常数。若要观察核磁共振现象，即磁矩由低能级取向变为高能级取向，则必须向它照射电磁波，当这种电磁波的能量 $h\nu_{射}$ 恰好等于能量差 ΔE 时，就被吸收而发生能级跃迁，此即核磁共振现象。

磁能级跃迁频率与外加磁场的关系为：

$$\nu_{跃迁} = \frac{\gamma}{2\pi} H_0 \tag{4-14}$$

式中，γ 为磁旋比 (magnetogyric ratio)。此即核磁共振条件。由上式可知，对于某一特定的核（即 γ 一定），则其共振频率将随仪器磁场强度的增加而明显增大。

另一方面，由于核在磁场中具有自旋运动，而自旋轴与外加磁场 (H_0) 方向成一定的夹角，自旋的核受到一定扭力而导致自旋轴绕磁场方向发生回旋，回旋轴的方向和外磁场方向一致。如图 4-49 所示。

实验证明核回旋的频率 ($\nu_{回旋}$) 与外加磁场强度 (H_0) 成正比：

$$\nu_{回旋} = \frac{\gamma}{2\pi} H_0 \tag{4-15}$$

与式(4-13) 比较，两式完全相同，说明相同的核其回旋频率也只与外加磁场 (H_0) 有关。故当满足 $\nu_{照射} = \nu_{跃迁} = \nu_{回旋} = \frac{\gamma}{2\pi} H_0$ 的条件时，将同时产生磁能级的跃迁和回旋运动，这种现象称为核磁共振现象，此时的 ν 称为共振频率。

2. 化学等价质子

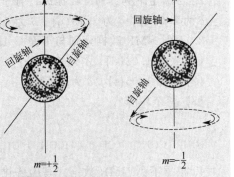

图 4-49 ^{1}H 原子核的自旋与回旋

一个质子的化学位移是由质子外的电子环境所决定的，在一个分子中，不同环境下的质子在不同（外加）磁场强度下发生吸收，相同环境下的质子在相同（外加）磁场强度下发生吸收。通常将环境相同的质子

称为等性质子。等性质子在核磁共振中具有相同的化学位移，这些质子又称为是化学等价质子。

例如：

这些分子中只给出一个核磁共振吸收峰，所以这些质子都是化学等价的。

在下列分子中由于质子所处化学环境不同，因此出现不同种类的质子：

CH_3CH_2Cl CH_3CHCl_2 $CH_3CH_2CH_2CH_2Br$ $(CH_3)_2C=CH_2$
  a b   a b a   a b c d   a   b

二种质子　　　　二种质子　　　　　四种质子　　　　　二种质子

三种质子　　　　　四种质子　　　　　四种质子

习 题

1. 在测定 $C_4H_8Br_2$ 的两种异构体的 NMR 谱时，得到以下结果，问各自的结构是什么？(s：单峰；d：双峰；t：三重峰；q：四重峰；m：多重峰)

(1) δ 为 1.7 (d,6H)，δ 为 4.4(q, 2H)

(2) δ 为 1.2(d, 3H)，δ 为 2.3(q, 2H)，δ 为 3.5(t, 2H)，δ 为 4.2(m, 1H)

2. 当满足下列 NMR 数据时，分子式 C_8H_9Br 的化合物的结构是什么？

δ 为 2.0(d)，δ 为 5.15(q)，δ 为 7.35(m) 积分比为 3∶1∶5

3. 下列 NMR 数据分别与下面 $C_5H_{10}O$ 异构体中的哪一个化合物相对应？

(1) δ 为 1.02(d)，δ 为 2.13(s)，δ 为 2.22(m)

(2) δ 为 1.05(t)，δ 为 2.47(q)

(3) 两个单峰

$(CH_3)_3CCHO$, $(CH_3)_2CHCOCH_3$, $CH_3CH_2CH_2COCH_3$, $CH_3CH_2COCH_2CH_3$, $(CH_3)_2CHCH_2CHO$

4. 根据下列 NMR 数据，写出各化合物的结构式。

(1) $C_4H_7O_2Br$, $\delta 1.97(t, 3H)$, $\delta 2.07(m, 2H)$, $\delta 4.28(t, 1H)$, $\delta 10.97(s, 1H)$

(2) C_3H_6O, $\delta 2.72(m, 2H)$, $\delta 4.73(t, 4H)$

(3) $C_4H_8O_3$, $\delta 1.27(t, 3H)$, $\delta 3.66(q, 2H)$, $\delta 4.13(s, 2H)$, $\delta 0.95(s, 1H)$

5. 根据下列 ^1HNMR 谱图（见习题图1），判断该谱图的结构是 (A)$CCl_3CH_2CHCl_2$ 还是 (B)$Cl_2CHCHClCHCl_2$，请说明理由。

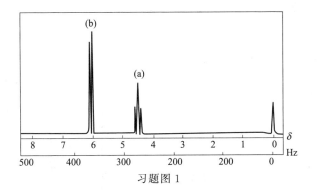

习题图 1

6. 某化合物的分子式为 $C_5H_9Cl_3$，其核磁共振氢谱数据如下。δ：1.99(s, 6H)；4.3(d, 2H)；6.55(t, 1H)。

判断该谱图所表示的结构式是下列哪一个？

$$(CH_3)_2\underset{Cl}{\overset{Cl}{C}}CHCH_2Cl \qquad (CH_3)_2\overset{Cl}{C}CH_2CHCl_2$$

A   B

7. 某化合物分子式为 $C_6H_{12}O_2$，红外光谱表明在 $1700cm^{-1}$ 及 $3400cm^{-1}$ 有强吸收峰。该化合物的 ^1HNMR 谱数据如下：$\delta=1.2$(6H，单峰)；$\delta=2.2$(3H，单峰)；$\delta=2.6$(2H，单峰)；$\delta=4.0$(1H，单峰)，判断该化合物是下列哪一个结构？

$$CH_3-\overset{O}{\underset{\parallel}{C}}CH_2\underset{OH}{\overset{CH_3}{\underset{|}{\overset{|}{C}}}}CH_3 \qquad CH_3-\overset{O}{\underset{\parallel}{C}}-\underset{CH_3}{\overset{CH_3}{\underset{|}{\overset{|}{C}}}}-CH_2OH$$

A   B

8. 从下列核磁共振氢谱图求出每一种化合物的结构。

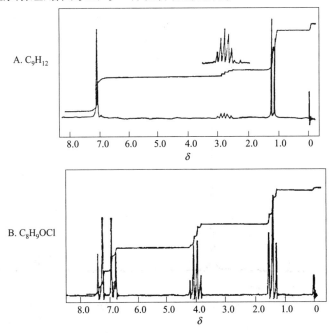

C. $C_9H_{10}O_3$

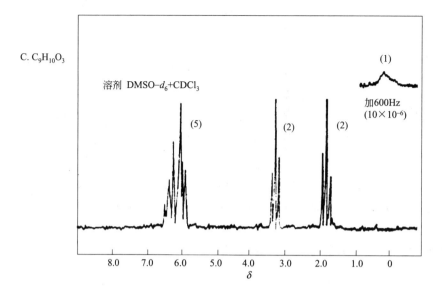

D. $C_{15}H_{14}O_2$

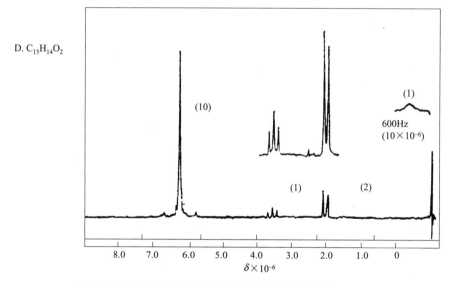

E. $C_{10}H_{12}O_2$

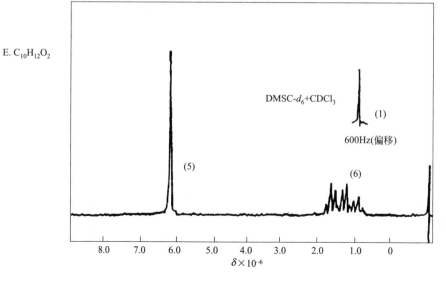

第四节 质谱法鉴定

有机分子在高真空条件下,受到一定能量的电子流轰击或强电场的作用后,丢失价电子生成分子离子,同时化学键也发生某些有规律裂解,生成具有不同质量的带正电荷的离子。将这些离子按质荷比 m/z(离子质量 m 与其所带电荷数 z 之比)的大小被收集并记录的谱称为质谱(mass spectrum,MS),此方法就称为质谱法。此法的重要特点之一就是用极少量的化合物(10^{-9} g)即可记录到它的质谱,从而得知有关分子结构的信息以及化合物准确的相对分子质量和分子式。因此该法现广泛用于有机合成、石油化工、生物化学、天然产物、环境保护等研究领域。特别是色谱与质谱的联用,为有机混合物的分离、鉴定提供了快速、有效的分析手段。

一、识读质谱图

1. 质谱的表示法

质谱的表示方法有 3 种:质谱图、质谱表和元素图。

(1) 质谱图 图 4-50 是甲苯的质谱图,以 m/e 值为横坐标。

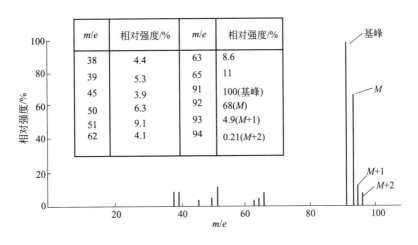

图 4-50 甲苯的质谱图

对于大部分离子来说,电荷 $e=1$,所以 m/e 就是离子的质量。对应于每个离子 m/e 值各得到一个信号强度,以信号强度(峰强度)为纵坐标。各峰的强度与离子多少成正比,峰越高表示形成的离子越多。为了能更清楚地表示主要的各离子峰,一般质谱图都采用棒图表示。将图中最强的一个峰的强度作为 100%,此峰为基峰,其他离子的峰强度则用它和基峰作相对比较求出它们的相对强度(相对丰度)。

(2) 质谱表 通常有两项,一项是质荷比 $m/z(m/e)$,另一项是相对强度。文献中常用这种形式报导。表 4-27 为甲苯的质谱。

(3) 元素图表 高分辨率质谱仪常和计算机联用,计算机可以将质谱图上每一个峰的强度用其所代表的元素组成打印出一张元素图,从元素图中不仅可以知道分子离子的元素组成,而且也可以知道每一个碎片离子的元素组成。退色海萤发光胺的元素图如表 4-28。元素图中的星号数目表示相对强度,15-17 表示碳-氢数目;如 CHN_5 栏中的 15-17 即表示 $C_{15}H_{17}N_5$,又如 CHN_1 中的 1-4 表示 CH_4N。

表 4-27　甲苯的质谱

m/e	基峰相对强度/%	m/z	分子离子峰相对强度/%
38	4.4	92(M)	100
39	5.3	93(M+1)	7.23
45	3.9	94(M+2)	0.29
50	6.3		
51	9.1		
62	4.1		
63	8.6		
65	11		
91	100(基峰)		
92	68(分子离子峰)		
93	4.9(M+1)		
94	0.21(M+2)		

退色海萤发光胺结构式为：

$$\text{退色海萤发光胺结构式}$$

表 4-28　退色海萤发光胺的元素图

m/e	强度	CHN$_5$	CHN$_4$	CHN$_3$	CHN$_2$	CHN$_1$
267	＊＊＊＊	15-17				
250	＊＊＊＊＊		15-14			
237	＊＊＊		14-13			
224	＊＊＊＊		13-12			
209	＊		12-9			
197	＊＊			12-11		
196	＊			12-10		
183	＊＊＊			11-9		
182	＊＊＊			11-8		
155	＊＊＊				10-7	
142	＊＊＊				9-6	
141	＊＊					10-7
140	＊					10-6
130	＊＊					9-8
129	＊＊					9-7
128	＊					9-6
127	＊＊					9-5
125	＊＊			6-11		
124	＊＊＊			6-10		
118	＊					8-8
117	＊＊					8-7
116	＊＊					8-6
115	＊＊					8-5
114	＊＊					8-4
113	＊＊					8-3
44	＊＊＊＊＊					2-6
30	＊＊＊					1-4

2. 各种质谱术语

基峰：质谱图中离子强度最大的峰，规定其相对强度（relative intensity，RI）或相对丰度（relative abundance，RA）为100。

质荷比：离子的质量与所带电荷数之比，用 m/z 或 m/e 表示。m 为组成离子的各元素及其同位素的原子核的质子数目和中子数目之和，如 H 1；C 12，13；N 14，15；O 16，17，18；Cl 35，37 等。z 或 e 为离子所带正电荷或所丢失的电子数目，通常 z（或 e）为 1。

3. 各种离子类型

质谱主要是对离子源内形成的各种离子进行分析检测。在离子源内形成的离子类型有：分子离子、同位素离子、碎片离子、重排离子、亚稳离子、多电荷离子及第二离子（即离子和分子相互作用产生的离子）。了解和识别它们，对于质谱解析大有帮助。

（1）分子离子　一个分子经电子轰击源轰击后，失去一个外层价电子而形成带正电荷的离子称为分子离子。由于形成这种离子所需的能量最少，因而它是最易生成的离子，通常是一个自由基型离子，以 $M^{\dot{+}}$ 或 $M^{+\cdot}$ 表示之，在质谱谱中分子离子所呈现的峰称为"分子离子峰"，一般位于质荷比最高的一端（质谱图右端）。因其只失去了一个电子，致使该离子只带一个单位的正电荷，故 $m/z=m/1=m$，所以这种离子的质量也就是该化合物的相对分子质量。

结构类型不同的化合物生成的分子离子稳定性也不同，导致谱中分子离子峰的强、弱甚至消失，因此有时最高质荷比的峰不一定是分子离子峰。对于有机物，杂原子上未共用电子（n 电子）最易失去，其次是 π 电子，再其次是 σ 电子。所以对于含有氧、氮、硫等杂原子的分子，首先是杂原子失去一个电子形成分子离子，此时正电荷的位置处在杂原子上。

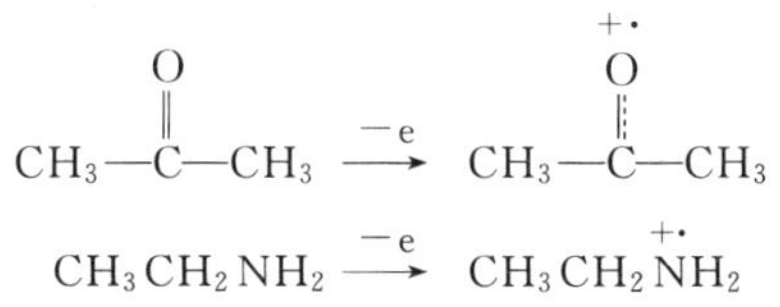

$$CH_3-\overset{\overset{O}{\|}}{C}-CH_3 \xrightarrow{-e} CH_3-\overset{\overset{\overset{+\cdot}{O}}{\|}}{C}-CH_3$$

$$CH_3CH_2NH_2 \xrightarrow{-e} CH_3CH_2\overset{+\cdot}{N}H_2$$

具有 π 键的芳香族化合物和共轭烯烃，因含有 π 电子易失去一个电子形成稳定的正离子，分子离子很稳定，分子离子峰的强度较大；脂环化合物的分子离子峰强度也较大，因脂环化合物至少要断裂两个键，才能形成碎片离子，因此分子离子也很稳定，为中等强度峰；含有羟基或具有多分支的脂肪族化合物，分子离子不稳定，分子离子峰的强度很小，有时不出现。各类化合物的分子离子稳定性次序如下：

芳香族＞共轭链烯＞脂环化合物＞烯烃＞直链烷烃＞硫醇＞酮＞胺＞酯＞醚＞酸＞支链烷烃＞醇。

不少化合物的分子离子容易裂解，分子离子峰很弱或消失，这就给判断分子离子峰造成了困难。此时可根据下述方法来辨认分子离子峰。

① 有机化合物通常由 C、H、O、N、S 和卤素等原子组成，其相对分子质量应符合氮规律，即分子中含有偶数氮原子或不含氮原子时，其相对分子质量应为偶数，含有奇数氮原子时，相对分子质量应为奇数，这就是"氮规律"。氮规律对于判断分子离子是很有用的，凡不符合氮规律者，就不是分子离子。

② 分子离子峰必须有合理的碎片离子，表 4-29 列出了常见由分子离子丢失的碎片及可能来源。如有不合理的碎片就不是分子离子峰，例如分子离子不可能裂解出两个以上的氢原

子和小于一个甲基的基团，这样的裂解需要很高的能量，质谱中很少见到。因此，如果碎片离子峰与质量数最高的峰（同位素峰除外）之间相差 3~14 个质量单位，则表示这个质量数最高的峰不是分子离子峰。

表 4-29 常见由分子离子丢失的碎片及可能来源

碎片离子		丢失的碎片及可能来源
$M-1, M-2$	$H\cdot, H_2$	醛、醇等
$M-15$	$\cdot CH_3$	侧链甲基、乙酰基、乙基苯等
$M-16$	$\cdot NH_2, O$	伯酰胺、硝基苯等
$M-17, M-18$	$\cdot OH, H_2O$	醇、酚、羧酸等
$M-19, M-20$	$\cdot F, HF$	含氟化合物
$M-25$	$\cdot C\equiv CH$	炔化物
$M-26$	$CHCH, \cdot CN$	芳烃、腈化物
$M-27$	$\cdot CHCH_2, HCN$	烃类、腈化物
$M-28$	CH_2CH_2, CO	烯烃、丁酰基类、乙酯类、醌类
$M-29$	$\cdot C_2H_5, \cdot CHO$	烃类、丙酰类、醛类
$M-30$	NO, CH_2O	硝基苯类、苯甲醚类
$M-31$	$\cdot OCH_3, \cdot CH_2OH$	甲酯类、含 CH_2OH 侧链
$M-32$	CH_3OH	甲酯类、伯醇、苯甲醚
$M-33$	$H_2O+\cdot CH_3, HS\cdot$	醇类、硫醇类
$M-34$	H_2S	硫醇类、硫醚类
$M-35, M-36$	$\cdot Cl, HCl$	含氯化合物
$M-41$	$\cdot C_3H_5$	丁烯酰、脂环化合物
$M-42$	$C_3H_6, \cdot CH_2CO$	丙酯类、戊酰基、丙基芳醚
$M-43$	$\cdot C_3H_7, CH_3CO\cdot$	丁酰基、长链烷基、甲基酮
$M-44$	CO_2	酸酐
$M-45$	$\cdot OC_2H_5, \cdot COOH$	乙酯类、羧酸类
$M-47, M-48$	$CH_3S\cdot, CH_3SH$	硫醚类、硫醇类
$M-56$	C_4H_8	戊酮类、己酰基等
$M-57$	$\cdot C_4H_9, C_2H_5CO\cdot$	丙酰类、丁基醚、长链烃
$M-59$	$C_3H_7O\cdot$	丙酯类
$M-60$	CH_3COOH	羧酸类、乙酸酯类
$M-61$	$CH_3C(OH)_2\cdot$	乙酸酯的双氢重排
$M-61, M-62$	$\cdot SC_2H_5, C_2H_5SH$	硫醇类、硫醚类
$M-79, M-80$	$\cdot Br, HBr$	含溴化合物
$M-127, M-128$	$\cdot I, HI$	含碘化合物

③ 根据化合物的分子离子的稳定性及裂解规律来判断分子离子峰。例如，醇类的分子离子峰很弱，甚至看不到，但却常常在 M-18 处出现明显的脱水峰，当 α-C 上有 CH_3 时，该醇还能在 M-15 处出现 M-15 的脱甲基的峰，这两个峰间的质量差数为 3 个质量单位。因此，若在醇类的质谱图上出现质量差为 3 的碎片离子峰时：及 $m_2=M$-15。该醇的分子离子质量就可能为 m_1+18 或 m_2+15。

④ 降低轰击电子能量到化合物的离解位能附近（10~20eV），可以避免由于多余的能量使分子离子进一步裂解。

⑤ 采用其他电离方式使化合物离子化。例如，采用化学电离源，场解析电离源等，可使碎片峰较弱或减小，分子离子峰增强，就容易判断分子离子峰。

（2）同位素离子 有机化合物常见的十几种元素如 C、H、O、N、S、Cl、Br 等（除 F、P、I 以外）都有同位素，各同位素的丰度比见表 4-30。

表 4-30 有机物常见元素的同位素丰度比

符 号	丰 度 比	符 号	丰 度 比	符 号	丰 度 比
^1H	$^2H/^1H=0.0015$	^{16}O	$^{17}O/^{16}O=0.0037$	^{32}S	$^{33}S/^{32}S=0.0080$
^2H		^{17}O		^{33}S	
		^{18}O	$^{18}O/^{16}O=0.0020$	^{34}S	$^{34}S/^{32}S=0.0444$
^{10}B	$^{10}B/^{11}B=0.2343$	^{28}Si	$^{29}Si/^{28}Si=0.0511$	^{35}Cl	$^{37}Cl/^{35}Cl=0.324$
^{11}B		^{29}Si		^{37}Cl	
		^{30}Si	$^{30}Si/^{28}Si=0.0338$		
^{12}C	$^{13}C/^{12}C=0.0112$	^{19}F		^{79}Br	$^{81}Br/^{79}Br=0.980$
^{13}C				^{81}Br	
^{14}N	$^{15}N/^{14}N=0.0037$	^{31}P		^{127}I	
^{15}N					

当分子中含有丰度较高的同位素原子时，分子离子峰附近会有质量较高的其他峰出现，此峰即为同位素峰，这是由于较重的同位素引起的结果。同位素峰的强度比与同位素的丰度比是相当的。

例如，苯的分子离子峰位于 $m/z=78$ 处，这是由 $^{12}C_6{}^1H_6$ 离子产生的峰，但在 $m/z=79$ 处也出现一个峰，它是由 $^{13}C_6{}^1H_6$ 产生的峰。另外，$^{12}C_6{}^1H_5{}^2H$ 离子也可能存在，但因天然界的 ^2H 只占氢元素的 0.015%，由它引起的质量变化极小，可忽略不计。由于 ^{13}C 与 ^{12}C 的丰度比为 0.0112，也就是说每一碳原子只有 1.1% 的概率是 ^{13}C，故峰 79 的强度是峰 78 强度的 6.6%。

从表 4-30 中可看出：F、P、I 对 $(M+1)$，$(M+2)$ 的相对丰度（RA）无贡献，^{37}Cl、^{81}Br 对 $(M+2)$ 有重大贡献。C、H、O、N 组成的化合物，$(M+1)$ 的 RA 主要是 ^{13}C 和 ^{15}N 的贡献，$(M+2)$ 的 RA 主要是 2 个 ^{13}C 同时出现和 ^{18}O 的贡献。^2H、^{17}O 同位素 RA 太低，常忽略不计。^{34}S 对 $(M+2)$ 的 RA 有较大贡献，^{29}Si 及 ^{30}Si 的存在，对 $(M+1)$，$(M+2)$ 的 RA 也有较大贡献。

由上所述，由于 S、Cl 和 Br 这些元素在 M、$M+2$ 处出现特征性强度的离子峰，据此可鉴定分子是否含有 S、Cl 和 Br。溴乙烷的质谱如图 4-51 所示。

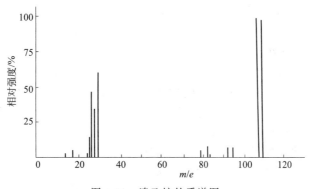

图 4-51 溴乙烷的质谱图

图中 $m/z=108$，110 处有两个相邻的强峰，这是由 ^{79}Br 和 ^{81}Br 产生的结果。溴乙烷的分子离子按下列方式断裂：

$$C_2H_5Br^{\dot{+}} \longrightarrow CH_3CH_2^+ + Br\cdot$$
$$m/z=108、110 \qquad m/z=29$$
$$\longrightarrow CH_2=\overset{+}{C}H + H_2$$
$$m/z=27$$

(3) 碎片离子　碎片离子是指在离子源中分子离子的键断裂产生的离子，因所用电子流的能量高（70eV），分子获得的能量也高，因而可产生不同的键断裂，形成质量更小的离子。由于键断裂位置不同，同一个分子离子可产生不同大小的碎片离子，而其相对量与键断裂的难易有关，即与分子结构有关。

根据质谱中几个主要的碎片离子峰，可以粗略地推测化合物的大致结构，表 4-31 列出质谱中常见碎片离子的质量和可能的结构组成，可供参考。

表 4-31　部分常见碎片离子的质量和可能的组成

m/z	与此质量相关的基团	可能的组成	m/z	与此质量相关的基团	可能的组成
15	CH_3	—	43	C_3H_7	正-C_3H_7、芳香丙醚
16	NH_2	$ArSO_2NH_2$、—$CONH_2$	43	CH_3CO	甲基酮
17	OH	—	44	CO_2	酯（重排）、酐
17	NH_3	—	45	CO_2H	羧酸
18	H_2O	醇、醛、酮等	45	OC_2H_5	乙酯
19	F	氟化物	46	C_2H_5OH	乙酯
20	HF	—	48	NO_2	$Ar-NO_2$
26	C_2H_2	芳香碳氢化合物	48	SO	芳香亚砜
27	HCN	芳香腈,芳香胺	55	C_4H_7	丁酯
28	CO	含氮杂环化合物醌	56	C_4H_8	Ar-正-C_5H_{11} Ar-异-C_5H_{11}
28	C_2H_6	芳香乙醚、乙酯、正丙	57	C_4H_9	丁基酮
29	CHO	酮	57	C_2H_5CO	乙基酮
29	C_2H_5	—	58	C_4H_{10}	—
30	C_2H_6	Ar-正-C_3H_3、正基酮	60	CH_3COOH	乙酰化合物
30	CH_2O	—	69	C_5H_9	—
30	NO	芳香甲醚	70	C_5H_{10}	—
31	OCH_3	$Ar-NO_2$	71	C_5H_{11}	$C_5H_{11}X$
32	CH_3OH	甲酯	73	$COOC_2H_5$	乙酯
33	H_2O+CH_2	甲酯	76	C_6H_4	$C_6H_9XC_4H_4Y$
34	H_2S	—	77	C_6H_5	C_6H_4X
41	C_3H_5	硫醇	79/81(1:1)	Br	—
42	CH_2CO	丙酯	80/82(1:1)	HBr	—
42	C_3H_8	甲基酮、$ArNHCOOH$ 正或异丙酮			

(4) 重排离子　当分子离子裂解为碎片离子时，一些通过简单键的断裂，同时还伴随着分子内原子或基团的重排生成的碎片离子，称为重排离子。有少数重排是无规律的，其重排结果很难预测，通常称为任意重排，在结构测定上毫无意义。而大多数重排是有规律的，称为特定重排。研究这类重排对预测化合物的结构是很有用的。例如 Mclafferty 重排（麦氏重排）是其中重要的一种。只要在有机化合物中不饱和基团的 γ 位上存在氢原子，都会或多或少地发生该重排，麦氏重排的不饱和基团，既可以是双键也可以是三键或环结构，因此可发生麦氏重排的化合物种类极多，有醛、酮、羧酸、酯、芳烃、芳醚、烯烃、酰胺、腈等。

麦氏重排的特点是：分子内部原子的重新排列，分子中一定要有双键，通过分子中基团的 β 键断裂失去一个中性分子，并同时将 γ-碳原子上的氢原子通过环状转移至极性基团上，生成重排离子。例如，正丁基甲基酮的重排

用符号 —⌒O→ 表示在裂解过程中发生了重排。

还有一种特定重排,是通过逆-狄尔斯-阿德尔(Retro-Diels-Alder)裂解反应而生成的。也是断裂两根键,失去一个中性分子,但它是以双键为起点的重排,没有氢原子的转移这种重排为骨架重排,主要发生在环己烯型结构的化合物中。例如:

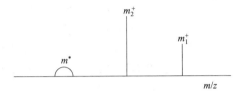

(5) 亚稳离子 在电离室形成的一个质荷比为 m_1^+ 的分子离子或碎片离子,在加速过程中或加速以后在进入磁场之前的短暂时间内,由于离子相互碰撞产生裂解而失去一个中性碎片,形成了质荷比为 m^* 的新碎片离子,此即称为亚稳离子。由于亚稳离子 m^* 有部分能量被失去的中性碎片带走,因此在检测器上记录到的 m^* 的质荷比小于电离室中形成的碎片离子 m_2^+,且往往是跨几个质量数的低强度的宽峰。这种峰叫"亚稳峰"或"亚稳离子峰",如下所示。

在 m_1、m_2 和 m^* 之间有如下关系:$m^* = \dfrac{(m_2)^2}{m_1}$ $(m_1 > m_2)$

亚稳离子峰的出现表明 m_1^+ 和 m_2^+ 之间失去了中性碎片,因此可以从亚稳离子峰的出现找出 m_1^+ 和 m_2^+ 的母子关系,证明 $m_1^+ \to m_2^+$ 这一裂解途径的存在。亚稳离子对推测分子结构有帮助,可帮助寻找和判断离子在裂解过程中的相互关系,从而了解裂解途径,直接为质谱解析提供一个可靠信息。

例如,有一裂解过程:

$$m_1^+ \xrightarrow{-CO} m_2^+$$
$$m/z\ 105 \qquad\qquad m/z\ 77$$

如果有一亚稳离子峰 $m^* = 56.5$,且符合 $m^* = \dfrac{(m_2)^2}{m_1} = \dfrac{77^2}{105} = 56.5$,则可以证明存在上述的裂解过程。但是没有亚稳离子峰出现,不能否定没有这一裂解过程。

(6) 多电荷离子 有些分子在离子室中,失去2个或2个以上的电子,形成多电荷离子。其质荷比为 $m/2z$ 或 $m/3z$,在分子离子 m/z 的 $1/2$ 或 $1/3$ 位置处出现多电荷离子峰。具有 π 电子系统的芳烃、杂环或高度共轭不饱和化合物,能够失去2个电子,因此双电荷离子是这类化合物的特征。如果为奇数质量的化合物,它的双电荷离子的质荷比为非整数,与亚稳离子峰不同,双电荷离子峰为强度小的尖峰,如果为偶数质量的化合物,它的双电荷离子的质荷比为整数,但此时它的同位素峰 $(M+1)/2z$ 却为非整数,可用以识别。

二、利用质谱确定分子式

当分子离子确定以后,在低分辨率质谱仪中可以以此峰高为基峰求出 $(M+1)$、$(M+2)$ 同位素峰的相对强度,再利用 Beynon 表可求出分子式,此为同位素丰度法。而在高分辨率质谱中,可准确地给出精确分子量,根据其质量推出分子式,此为高分辨率质谱法。

1. 相对分子质量的测定

准确地测定相对分子质量，对解释质谱和推断结构是很重要的。如前所述，分子失去一个电子生成分子离子，则分子离子峰所在处的质量数就为待测化合物相对分子质量。如果分子离子峰的 m/z 值为 56，即表明所测化合物的相对分子质量是 56。

可见利用质谱可既快又准确地测定化合物的相对分子质量，但是有的化合物的分子离子峰很弱甚至不出现，加上由于同位素的存在，质谱中出现 $(M+1)$，$(M+2)$ 等峰，这样使分子离子峰的识别困难，甚至判断错误，因此测定待测化合物的相对分子质量时，首要的就是要能够准确地找出分子离子峰，其识别方法见前述。

有时还会遇到这样一种情况，如分子式分别为 C_3H_4O、$C_2H_4N_2$、C_4H_8 的化合物其相对分子质量都是 56，因此它们的分子离子峰都应该位于 m/z 为 56 处，这样就难以区分这个 $m/z=56$ 的峰到底是由哪一个化合物产生的。实际上根据规定 ^{12}C 的相对原子质量恰好是 12，其他各元素的相对原子质量并不是整数，例如，$^1H=1.00785$、$^{16}O=15.994915$、$^{14}N=14.003074$。因此不同原子组成的分子，其相对分子质量不可能完全相同，只不过其整数部分相同，而小数点后面的数值并不一样，所以上述几个化合物的相对分子质量分别为：56.026215、56.037448、56.062600。如果能够精确地测定这些数值，不仅可以得到精确的相对分子质量，还可由之推知相应原子的组成，即待测化合物的分子式，这就要求使用高分辨率的质谱仪。

2. 分子式的测定

利用质谱测定分子式有两种方法：同位素丰度法和高分辨质谱法。

(1) 同位素丰度法　该法是通过正确测定分子离子峰 M 和分子离子的同位素 $(M+1)$、$(M+2)$ 峰的相对强度，然后根据 $(M+1)/M$ 和 $(M+2)/M$ 的质量分数来决定分子式。常有两种途径：

① 查 Beynon 表法。　Beynon 等利用同位素丰度 $(M+1)$、$(M+2)$ 与分子离子峰 M 之比 $[(M+1)/M 和 (M+2)/M]$ 与含 C、H、O、N 等元素的化合物的分子式之间的关系，通过详细计算制成的表（Beynon 表，见附录一）。下面通过实例说明如何用此表来决定分子式。

[例 4-22]　有一化合物在质谱的高质量区有三个峰，m/z 为 150、151、152（设 150 为分子离子峰）它们的强度比如下，求该化合物的分子式。

150 (M)	100%	
151 ($M+1$)	9.9%	
152 ($M+2$)	0.9%	

解　从 $(M+2)/M=0.9$ 就可知道此化合物不含 S、Cl 和 Br。在 Beynon 的表中相对分子质量为 150 的式子共有 29 个，其中 $(M+1)/M$ 的质量分数在 9%~11% 的式子有以下 8 个：

	分子式	($M+1$)	($M+2$)
a	$C_7H_{10}N_4$	9.25	0.38
b	$C_8H_8NO_2$	9.23	0.78
c	$C_8H_{10}N_2O$	9.61	0.61
d	$C_8H_{12}N_3$	9.98	0.45
e	$C_9H_0N_3$	10.87	0.54
f	$C_9H_{10}O_2$	9.96	0.84
g	$C_9H_{12}NO$	10.34	0.68
h	$C_9H_{12}N_2$	10.71	0.52

根据氮规律，分子离子峰为150，质量数为偶数，分子中不应含奇数氮，因而b、d、e、g四个式子可排除掉。另外再根据价键规则（氢原子数目必须大于或等于1/2的碳原子数目），则e式也可排除。再根据$(M+1)/M$为9.9%，说明分子式中含有9个碳，故只可能是f、h两个式子，其中$C_9H_{10}O_2$的$(M+1)=9.96$和$(M+2)=0.84$与实测值9.9和0.9很接近，因此可推测此化合物的分子式为$C_9H_{10}O_2$。

② 利用同位素峰的相对丰度推导化合物分子式。设由C、H、O、N元素组成的化合物其通用分子式为$C_xH_yN_zO_w$（x、y、z、w分别为C、H、N、O的原子数目），则根据表4-30及同位素对M+1、M+2相对丰度的贡献，得出下式：

$$\frac{RA(M+1)}{RA(M)}\times 100=1.1x+0.37z \tag{4-16}$$

$$\frac{RA(M+2)}{RA(M)}\times 100=\frac{(1.1x)^2}{200}+0.2w \tag{4-17}$$

式（4-16）略去了^{2}H，^{17}O的贡献。化合物若含硫，设硫原子数为s，则式（4-16）和式（4-17）改写如下：

$$\frac{RA(M+1)}{RA(M)}\times 100=1.1x+0.37z+0.8s \tag{4-18}$$

$$\frac{RA(M+2)}{RA(M)}\times 100=\frac{(1.1x)^2}{200}+0.2w+4.4s \tag{4-19}$$

化合物若含氯和溴，其同位素峰的相对丰度按$(a+b)^n$的展开式系数推算，在此便不多述，可参阅其他相关的书籍作进一步了解。

根据价键规则，氢的数目$y=M-(12x+16w+14z)/1$

最后还需判断导出的分子式是否合理。合理的分子式，除该式的式量等于相对分子质量外，还要看其是否符合氮律，不饱和度是否合理，UN<0，不合理，UN过大而组成式子的原子数目过少，不符合有机化合物的结构，也不合理。

下面仅通过一例来说明如何运用上述关系式推导化合物的分子式。

[例 4-23] 某化合物的质谱图见下图

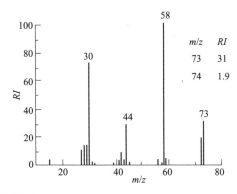

该化合物的质谱数据见下表：

m/z	RA	m/z	RA	m/z	RA	m/z	RA	m/z	RA
15	3.03	30	73	40	1.3	44	29	59	3.9
27	11	31	1.3	41	3.6	45	0.89	71	0.36
28	14	32	0.38	42	8.7	56	3.5	72	19
29	13.9	39	0.81	43	3.2	57	1.3	73	31
						58	100	74	1.9

试推导其分子式

解 由图可知高质荷比区为 $m/z\ 73$, 74。设 $m/z\ 73$ 为 $M^{+\cdot}$，与相邻强度较大的碎片离子 $m/z\ 58$ 之间（$\Delta m = 73-58 = 15$）为合理丢失（$\cdot CH_3$），可认为 $m/z\ 73$ 为化合物的分子离子峰，则 $m/z\ 74$ 为 $(M+1)$ 峰。因 $M^{+\cdot}$ 的 m/z 为奇数，表明 A 中含有奇数个氮，利用表中的数据及式 (4-15) 计算如下：

$$\frac{1.9}{31} \times 100 = 1.1x + 0.37z$$

设 $z=1$，则 $x=(6.1-0.37)/1.1 \approx 5$，若分子式为 C_5N，其式量大于 73，显然不合理。

设 $z=1$, $x=4$，则 $y=73-12\times 4-14\times 1=11$

因此可能的分子式为 $C_4H_{11}N$，UN$=0$。该式组成合理，符合氮律，可认为是化合物的分子式。计算偏差大是由于 $m/z\ 72$ $(M-1)$ 离子的同位素峰的干扰。

（2）**高分辨质谱法** 用高分辨质谱仪器可以测定化合物的精确质量，随仪器的分辨率增加，测量的精度增加。

用低分辨仪器测定如 CO、N_2、C_2H_4 和 CH_2N 的元素组成的质量都是 28，如果用高分辨仪器测定，可以得到误差±0.006 的精确质量。根据精确质量就可以将这些元素组成区别开来，利用高分辨质谱仪器测得分子离子的质量，再用 Beynon 表就可以决定分子式。

三、利用质谱图推测化合物结构

1. 各类化合物的质谱图解析

（1）**饱和脂肪烃类** 图 4-52 是两个构异烷烃质谱图。

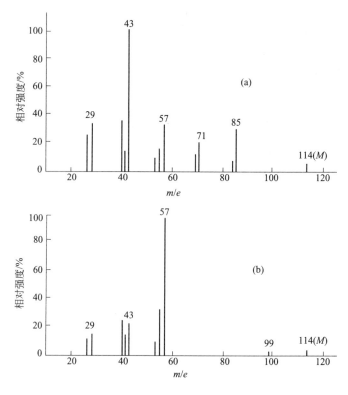

图 4-52 两个异构烷烃质谱图

饱和脂肪烃质谱有下列特征。

① 脂肪碳链的分子离子,在分支部分的链受到侧链烃基推电子诱导效应,键的极化度大,容易断裂,正电荷保留在取代基较多的碳原子碎片上。支链越多,越易断裂。

② 饱和脂肪烃类的分子离子经 C—C 键断裂生成一组碎片离子。它们的 m/e 分别是 29、43、57、71、85…而质量相差却都是 14。

③ 由于烃基推电子诱导效应的影响,因此断裂时优先丢失的是较大的烃基,一般 $C_3H_7^+$ (m/e 43) 及 $C_4H_9^+$ (m/e 57) 的峰特别强,有时是基峰。

④ 支链化合物易丢失一个甲基形成 M-15 的峰。直连化合物的 M-15 峰很小。

(2) 芳香烃 图 4-53 是丁苯异构体的质谱图。

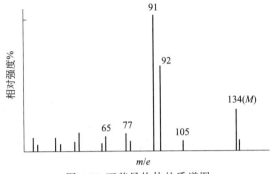

图 4-53 丁苯异构体的质谱图

芳烃的质谱特征如下。

① 在芳香族化合物的质谱中,由于芳香族环稳定,使分子离子峰强度较大。

② 带烃基的侧链芳环,断裂常发生在侧链部分,产生稳定的䓬鎓离子可进一步断裂形成环戊二烯基离子 $C_5H_5^+$ 和环丙烯基离子 $C_3H_3^+$,质谱上出现明显的 m/e 65 和 39 的峰。

③ 具有 γ-氢原子的侧链芳烃,失去一个中性分子发生麦氏重排,产生 C_7H_8 离子 (m/e 92)。

④ 芳香核断裂生成一系列特征碎片离子 (m/e=77、64、51、…)。

(3) 醇和醚

① 分子离子峰很小,有时不出现(例如醇)。

② 醇分子中与氧原子相邻的 C—C 键易发生 β-断裂,形成氧鎓离子 $H_2C=\overset{+}{O}H$ (m/e=31)。醚能发生同样断裂形成 $H_2C=\overset{+}{O}R$,这样的离子还可以进一步断裂成氧鎓离子,此碎

片离子是相当稳定的，所以 $m/e=31$ 的峰是基峰。

③ 醚的 C—O 键还可以发生 α-断裂，电荷留在烷基碎片上。易产生质荷比 29、43、57、71 等峰。

④ 醇在 $M-18$ 处常因失去水分子而出现一个明显的有时很突出的峰。

（4）羰基化合物

① 羰基化合物氧原子上未配对电子很易失去一个电子变成分子分子离子，所以醛和酮的分子离子峰都较明显。

② 与羰基直接相连的碳键易发生 α-断裂生成 $R-C\equiv\overset{+}{O}$ 碎片离子，由于 CO 是稳定的中性分子，生成的 $R-C\equiv\overset{+}{O}$ 碎片离子会进一步断裂失去 CO 形成 R^+。

③ 当烷基碳数在 3 以上，并有 γ-氢原子存在时，则会发生麦氏重排，形成 $m/e=44+14n$ 的特征系列离子。

④ 醛和酮与羰基相连的碳键也能发生异裂形成 R^+。

2. 质谱的应用与解析

推测化合物的结构，解析未知样的质谱图，大致按以下程序进行。

① 标出各峰的质荷比数，尤其要注意高质荷比区的峰。

② 识别分子离子峰。首先在高质荷比区假定分子离子峰，判断该假定的分子离子峰与相邻碎片离子峰关系是否合理（表 4-9）。然后判断其是否符合氮律。如两者均相符，可认为是分子离子峰。

③ 分析同位素峰的相对强度比及峰与峰间的 Δm 值，判断化合物是否含有 Cl、Br、S、Si 等元素及 F、P、I 等无同位素的元素。

④ 推导分子式，计算不饱和度。由高分辨质谱仪测得的精确相对分子质量或由同位素峰的相对强度计算分子式。若二者均难以实现，则由分子离子峰丢失的碎片及主要碎片离子进行推导，或与其他方法配合。

⑤ 由分子离子峰的相对强度了解分子结构的信息。分子离子峰的相对强度由分子的结构所决定，结构稳定性大，相对强度就大。对于相对分子质量约为 200 的化合物，若分子离子峰为基峰或强峰，谱图中碎片离子较少，表明该化合物是高稳定性分子，可能为芳烃或稠环化合物。例如：萘分子离子峰 m/z 128 为基峰，蒽醌分子离子峰 m/z 208 也是基峰。

分子离子峰弱或不出现，化合物可能为多支链烃类、醇类、酸类等。

⑥ 由特征离子峰（表 4-31）及丢失的中性碎片了解可能的结构信息。

若质谱图中出现系列 C_nH_{2n+1} 峰，则化合物可能含有长链烷基。若出现或部分出现 m/z 77、66、65、51、40、39 等弱的碎片离子峰，表明化合物含有苯基。

若 m/z 91 或 105 为基峰或强峰，表明化合物含有苄基或苯甲酰基。若质谱图中基峰或强峰出现在质荷比的中部，而其他碎片离子峰少，则化合物可能由两部分结构较稳定，其间由容易断裂的弱键相连。如菸碱：

（结构式） m/z 84(100)

⑦ 综合分析以上得到的全部信息，结合分子式及不饱和度，推导出化合物的可能结构。

⑧ 分析所推导的可能结构的裂解机理，看其是否与质谱图相符，确定其结构，并进一步解释质谱，或与标准谱图比较，或与其他谱（^{1}H-NMR，IR）配合，确证结构。

四、利用质谱图推测化合物结构实例

[例 4-24] 某化合物的质谱如下图所示,由谱图推导其结构。

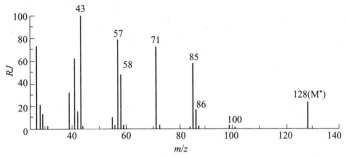

解 设高质荷比区 m/z 128 为 $M^{+\cdot}$ 峰,与相邻碎片离子峰 m/z 100 (M-28),m/z 99 (M-29) 之间关系合理(见表 4-29),故该峰为分子离子峰,其质荷比为偶数,表明分子中不含氮或含偶数氮。

图中出现 m/z 43 (100) 及 m/z 57、71、85、99 等系列 C_nH_{2n+1} 或 $C_nH_{2n+1}CO$ 碎片离子峰,无明显含氮的特征碎片峰 (m/z 30、44、⋯),可认为化合物不含氮,图中无苯基的特征峰。

图中还出现 m/z 58,86,100 的奇电子离子峰应为 γ-氢的重排峰,表明化合物含有 C=O,结合无明显 (M-1) (H),(M-45) (COOH),(M-OR) 的离子峰(可排除为醛、酸、酯类化合物的可能性),可认为该化合物为酮类化合物。

由 m/z 100 的 (M-28) (CH_2=CH_2) 及 m/z 86 的 (M-42) (C_3H_6) 的奇电子离子峰可知分子中有以下基团存在:$CH_3CH_2CH_2CO$—,$CH_3CH_2CH_2CH_2CO$— 或 $(CH_3)_2CHCH_2CO$—。

由于 $M^{+\cdot}$ 的 m/z 为 128,可导出化合物的分子式为 $C_8H_{16}O$,UN=1,则此化合物的可能结构为:

A:$CH_3CH_2CH_2COCH_2CH_2CH_2CH_3$

B:$CH_3CH_2CH_2COCH_2CH(CH_3)_2$

主要裂解过程如下

$$CH_3-CH_2\overset{29}{|}CH_2\overset{43}{|}CO\overset{71}{|}CH_2\overset{85}{|}C_3H_7$$
$$\underset{99}{}\underset{85}{}\underset{57}{}\underset{43}{}$$

由 m/z 113 (M-15) 峰判断,化合物的结构为 B 更合理。

知识拓展

1. 离子的开裂

(1) 开裂的表示方法 分子中共价键的断裂叫做开裂,开裂有3种表示方法。

① 均裂。σ键上的两个电子,均裂后在每个碎片上各占有一个电子。用单钩箭头($\curvearrowright$)表示一个电子的转移。

$$X \stackrel{\frown}{-} Y \longrightarrow X\cdot + Y\cdot$$

② 异裂。σ键上的两个电子,异裂后两个电子停留在任何一个碎片上,用双钩箭头($\curvearrowright$)表示两个电子的转移。

$$X \stackrel{\frown}{-} Y \longrightarrow X + Y$$

③ 半异裂。已离子化的σ键的开裂。

$$X \stackrel{+}{-} \cdot Y \longrightarrow X^+ + Y\cdot$$

(2) 键的开裂方式 有机分子的裂解,无论是正电荷诱导还是自由基引发的,均可认为生成的正电荷离子越稳定,裂解反应越易进行。

① α-开裂和β-开裂。α-开裂是具有正电荷基团(正电荷在杂原子上)的碳原子和与之

$$R \stackrel{\frown}{-} CH_2 \stackrel{\cdot +}{-} NHR' \longrightarrow R\cdot + CH_2 \stackrel{+}{=} NHR'$$

相连的α碳原子之间的开裂,此开裂主要是由自由基位置引发的均裂。例如:

$$R \stackrel{\frown}{-} CH_2 \stackrel{\cdot +}{-} OH(R') \longrightarrow R\cdot + CH_2 \stackrel{+}{=} OH(R')$$

$$R \stackrel{\frown}{-} \underset{\overset{\|}{O^+}}{C} - H \longrightarrow R\cdot + HC \stackrel{+}{\equiv} O$$

$$R \stackrel{\frown}{-} \underset{\overset{\|}{O^+}}{C} - OR' \longrightarrow R\cdot + R'OC \stackrel{+}{\equiv} O$$

所有含杂原子的化合物都可能发生,它是简单开裂中最常见且重要的开裂。当有两个杂原子同时存在时,开裂难易程度是含氮化合物最易开裂:

$$N > S > O > X(卤素)$$

当杂原子两侧均为烷基时,都可发生α-开裂,大的烷基优先脱去。例如:

$$R - \underset{\overset{\|}{O}}{\overset{+\cdot}{C}} - R' \quad (若R' > R,则R'先脱去)。$$

β-开裂是α碳和β碳之间的键的开裂。双键系统易发生β-开裂。例如:

$$C=C\underset{\alpha}{-}C\underset{\beta}{\stackrel{\frown}{-}}C\underset{\gamma}{-}C \stackrel{\beta-开裂}{\longrightarrow} C=C-\overset{+}{C} + \cdot C-$$

β-开裂得到的正离子因与双键或杂原子共轭而被稳定。

② σ键开裂。σ键开裂是由金属性强的杂原子(S、P、Si等)所引起的。断裂位置在杂原子和其相邻碳的σ键上。例如:

$$RS + \cdot R' \stackrel{σ-开裂}{\longrightarrow} RS^+ + \cdot R'$$

③ i裂解(诱导裂解)。电负性很大的杂原子易发生i裂解,这是由于正电荷的诱导,吸引一对电子(σ成键电子)而发生的分裂,正电荷移位,停留在烷基碳上。例如:

$$R-CH_2 \stackrel{\frown}{-} \overset{+}{X} \stackrel{i裂解}{\longrightarrow} R-\overset{+}{C}H_2 + X\cdot$$

(3) 影响开裂的因素 各种离子的形成虽可能通过不同的途径,但影响其开裂的因素约可归纳为下列三种。

① 化学键的相对强度，化学键的相对强度可由键能大小反映出来，键能小的共价键先断裂。

② 所产生的碎片离子的稳定性，这是直接影响键断裂的最重要因素。键断裂除了形成正离子外，还有中性分子和自由基，它们的稳定性对键的断裂均有一定的影响。以生成稳定的正离子最为重要。

③ 位阻因素，原子或官能团的空间位置也会对键的断裂有一定的影响。

上述各种因素都和分子结构有关，在键断裂过程中，很难说哪一种是决定性的。虽然断裂产物的稳定性经常是主要的，但也可能因不同因素的影响产生平行的两种或多种断裂，例如苯丁酮的开裂：

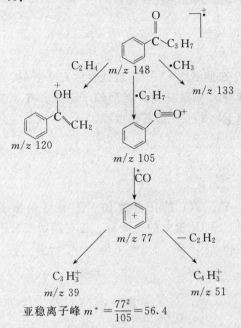

亚稳离子峰 $m^* = \dfrac{77^2}{105} = 56.4$

该化合物的质谱图如图 4-54 所示，

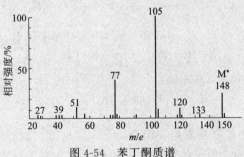

图 4-54　苯丁酮质谱

(4) 离子开裂的一般规律　对大量化合物进行系统研究后发现分子离子的断裂是按照一定规律进行的，这些规律与化学反应过程的机理解释相似，了解和研究这些规律对解释质谱或阐明待测物结构式有用的。其断裂一般遵循下述几个规律。

① 在支链烷烃中断裂发生在支链碳原子上，一般是支链碳上取代基大的优先断裂。这是因为脂肪碳链的正碳离子，在分支部分的键受到侧链烃基推电子诱导效应，键的极化度大，容易断裂，正电荷保留在取代基较多的碳原子上，因为这样的正碳离子由于 σ 键的超共轭效应有比较大的稳定性。正碳离子的稳定性一般为：

$$R_3C^+ > R_2HC^+ > RH_2C^+ > CH_3$$

叔正碳离子上取代基最多，σ键超共轭效应最强，正电荷离域效果最大，所以最稳定，最优先产生。

② 芳香环（包括杂环）和脂环化合物分子离子较稳定，分子离子峰较大。前者的稳定是由于π键的共轭效应，后者由于脂环中丢失碳原子要断开两个碳碳键，能量要求太大，不容易发生。

③ 含有双键的化合物，其分子离子较稳定，但分子中双键的存在，由于其π电子云使所生成的阳碳离子稳定，因此容易在双键的C_α—C_β键处发生β-断裂，形成丙烯基正离子，这种断裂称为丙烯基断裂。其断裂过程为：

$$\underset{\alpha\quad\beta\quad\gamma}{\text{C=C—C}\!\!\not|\!\!\text{—C—C}}\,^{\dagger}\longrightarrow \text{C=C—C}^+$$

④ 含侧链的芳烃，通常在侧链的C_α—C_β键处发生在β-断裂，称为苄基断裂。由于产生的苄基离子上正电荷与苯环大π键发生共轭而趋于稳定，在大多数情况下生成的芳基离子立即重排形成更稳定的䓬鎓离子，其断裂过程：

$$\text{Ph—C}\!-\!\text{C}\!\not|\!-\!\text{C}\,^{\dagger}\longrightarrow \text{Ph—C}^+ \longrightarrow \bigcirc^+\quad m/e=91$$

⑤ 含有杂原子（如氮、硫、氧）的化合物R—X，由于杂原子的存在能使正电荷稳定，容易引起邻接杂原子的C_α—C_β键处的β-断裂，正电荷留在杂原子碎片上。例如：

$$\underset{\overset{+}{N}H_2}{\text{R—HC—R}'} \longrightarrow \underset{\overset{+}{N}H}{\text{R—CH}} + \cdot\text{R}'$$

$$\searrow \underset{\overset{+}{N}H}{\text{R}\cdot + \text{HC—R}'}$$

$$\text{R—CH}_2\text{—O—CH}_2\text{—R}' \longrightarrow \text{R—CH}_2\text{—}\overset{+}{\text{O}}\text{—CH}_2 + \cdot\text{R}'$$

$$\searrow \text{R}\cdot + \text{H}_2\text{C=}\overset{+}{\text{O}}\text{—CH}_2\text{—R}'$$

$$\underset{\overset{+}{O}H}{\text{R—HC—R}'} \longrightarrow \underset{\overset{+}{O}H}{\text{R—CH}} + \cdot\text{R}'$$

$$\searrow \underset{\overset{+}{O}H}{\text{R}+\ \text{HC—R}'}$$

醇、胺、醚、卤化物等都易发生β-断裂。

⑥ 含有以双键连接的杂原子的化合物（如醛、酮、酯等）容易发生α-断裂，生成稳定的 —C≡X$^+$ 型离子，这是由于杂原子上p电子与C$^+$发生共轭而致稳。例如：

$$\underset{\overset{\ddot{\text{X}}}{\parallel}}{\text{R—C—R}'} \longrightarrow \underset{\overset{\ddot{\text{X}}}{\parallel\!\!\!\parallel}}{\text{R—C}}$$

$$\text{H}_3\text{C}\!\overset{1}{\not|}\!\text{C}\!\overset{2}{\not|}\!\text{H} \qquad \overset{1}{\nearrow}\ \underset{\overset{+}{\text{O}}}{\text{C—H}} \quad m/e=29$$

$$\underset{\overset{\cdot+}{\text{O}}}{\parallel} \qquad \overset{2}{\searrow}\ \underset{\overset{+}{\text{O}}}{\text{H}_3\text{C—C}} \quad m/e=43$$

$$H_3C\overset{1}{\vdots}\overset{2}{C}\vdots C_3H_7 \begin{array}{c}1\nearrow\\ \\ 2\searrow\end{array} \begin{array}{l} C-CH_3 \quad m/e=43 \\ \parallel \\ O_+ \\ \\ C-C_3H_7 \quad m/e=71 \\ \parallel \\ O_+ \end{array}$$
$$\overset{\parallel}{O^{\cdot+}}$$

$$C_2H_5\overset{1}{\vdots}\overset{2}{C}\vdots OCH_3 \begin{array}{c}1\nearrow\\ \\ 2\searrow\end{array} \begin{array}{l} C-C_2H_5 \quad m/e=57 \\ \parallel \\ O_+ \\ \\ C-OCH_3 \quad m/e=59 \\ \parallel \\ O_+ \end{array}$$
$$\overset{\parallel}{O^{\cdot+}}$$

⑦ 脱去中性小分子（如 H_2O、H_2S、NH_3、CH_3COOH、CH_3OH、CO、HCN 等）的断裂。例如：

$$R-CH_2-CH_2^+ \longrightarrow R^+ + H_2C=CH_2$$
$$R-C\equiv O^+ \longrightarrow R^+ + CO$$

⑧ 重排断裂（当含有碳氧双键、碳碳双键、碳氮双键，并且与双键相连的链上有 γ 碳，γ 碳上有 γ-H 时，一般会发生麦氏重排）。

其机理是：六元环过渡，γ-H 时转移到杂原子上，同时 β 键发生断裂，生成一个中性分子和一个自由基阳离子。

2. 质谱计

在介绍质谱仪之前，先举一个形象化的例子：一个瓷花瓶，被外界投来的一块小石子打碎，如果将这些被打碎的大小不等的各个碎片收集起来，并按破裂形式进行并接，就能恢复成为原来的花瓶形状，质谱法就类似于这种情况。

(1) **质谱计及其工作原理** 质谱仪器按记录离子的方法不同可分为质谱仪（mass spectrograph）和质谱计（mass spectrometer），前者用照相法记录后者用电学方法记录，有机分析常用的是单聚焦和双聚焦质谱计（如图 4-55、图 4-56 所示）。按性能分可有高分辨和低分辨质谱，低分辨质谱图中离子峰的质量均为整数；而高分辨质谱可以精确地测量离子的质量，准确度可达四位小数。

尽管质谱仪种类很多，工作原理也不尽相同，但它们都离不开 6 个部分：真空系统；进样系统；样品的离子化系统；各种离子的分离系统；离子质荷比的确认、丰度放大和检测系统；记录和数据处理系统。因而质谱计主要由高真空系统；进样系统；离子源；加速电场；质量分析器；检测和记录系统组成。

单聚焦质谱计的工作过程是：在 $133\times10^{-5}\sim133\times10^{-6}$ Pa 的真空下，由进样系统将样品通过推杆直接导入离子化室进行气化（或样品先在贮气器中气化，然后导入离子化室）。在离子化室中，分子在 $10\sim100$ eV 的电子束轰击下，使分子电离失去一个电子形成分子离子，也可使其进一步破裂产生不同质量的正离子。然后这些带电荷的离子受到一个电场（$1000\sim8000$ V）的加速进入质量分析器（离子化后产生的少量负离子、游离基及中性分子不被加速而被真空泵抽走）。

(2) **质谱计的主要性能指标——分辨率** 分辨率 R 是仪器分离质量数为 M_1 及 M_2 的相邻两质谱峰的能力。若近似等强度的质量分别为 M_1 及 M_2 的两个相邻峰正好分开，则质谱计的分辨率定义为：

$$R = \frac{M}{\Delta M} \tag{4-20}$$

式中： $M = \dfrac{M_1 + M_2}{2}$ $\qquad \Delta M = M_2 - M_1$

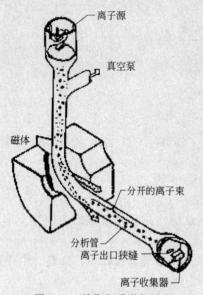

图 4-55 单聚焦质谱仪示意

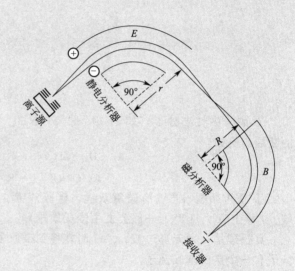

图 4-56 Nier-Jonhson 双聚焦质谱计

目前国际上对正好分开有两种定义，即 10%谷和 50%谷。10%谷则定义两峰重叠后形成的谷高为峰高的 10%，则可认为两峰正好分开，如图 4-57 所示。50%谷则定义两个峰在 50%峰高的地方相交，就认为这两个峰正好分开。

当然同一分辨率值，10%谷的定义比 50%谷的高，目前国际上趋向磁质谱计采用 10%谷的定义，四级质谱计采用 50%谷的定义。

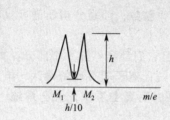

图 4-57 分辨率

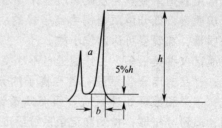

图 4-58 分辨率的计算

在实际测量中，很难找到两个质量峰等高，并且重叠后的谷高正好为峰高的 10%（或 50%）。为此在扫描记录的质谱中选择两个峰（如图 4-58），然后按式(4-21) 计算：

$$R = \frac{M}{\Delta M} \times \frac{a}{b} \tag{4-21}$$

式中 a——两峰顶间的距离；

b——其中一峰在高度为 5%峰高 h 处的峰宽。

例如有质量数为 500 和 501 的两峰，使之刚好分开，即满足两相邻峰间的谷的高度为峰高的 10%时，仪器的分辨率为：

$$R = \frac{500}{501-500} = \frac{500}{1} = 500$$

若仪器分辨率为10000，则分离质数为500附近的两峰的情况为：

$$10000 = \frac{500}{\Delta M} \quad \Delta M = 0.05$$

这表示可将质量数为500.00和500.05的两峰刚好分开。

一般分辨率在1000以下的为低分辨率质谱计，它只能分开质量差为1的峰，单聚焦质谱计则属此类。这类仪器可测得相对分子质量的整数值。分辨率在10000以上的为高分辨率质谱计，双聚焦质谱计属于此类，它能精确测定离子质量数到几位小数。利用高分辨质谱计有利于化学结构分析。例如，CO、N_2、CH_2N和C_2H_4这4种物质有相同的质荷比28，为进一步判断它们，需要用高分辨质谱计。这4种物质的精确质量数分别为：

CO　27.9949；N_2　28.0062；CH_2N　28.0187；C_2H_4　28.0313

习　题

1. 有一未知化合物的MS谱，仔细观察分子离子峰区时，其相对丰度为$m/z=148$ (100%)，$m/z=149$ (8.83%)，$m/z=150$ (0.94%)。求该化合物应属于下列哪一个分子式？

$C_6H_{12}O_4$　　$C_8H_4O_3$　　$C_9H_{12}N_2$　　$C_{11}H_{16}$

2. 有一未知化合物，其MS谱的分子离子峰和同位素峰分别为$M(164)=100\%$，$M+1\times(165)=11.1\%$，$M+2\times(166)=1.04\%$，从下列分子式中选择出该未知化合物。

$C_9N_{14}N_3$，$C_{10}H_{14}NO$，$C_{10}H_{12}O_9$，$C_9H_{10}NO_2$，$C_7H_{16}O_4$，$C_{11}H_{16}O$

3. 由C、H、O组成的未知物其分子离子峰为$M(288)=100\%$，$M+1\times(289)=20\%$，试推断该化合物的分子组成中最多含有碳原子的数目。

4. 一个酯($M=116$)，在质谱中出现下述碎片离子：$m/z=31(43)$，29(57)，43(27)。在化合物(A)，(B)和(C)中，哪一个结构与谱图一致？

$(CH_3)_2CHCOOC_2H_5$　　$CH_3CH_2COOCH_2CH_3$　　$CH_3CH_2CH_2CH_2COOCH_3$

5. 下列两个质谱图(A与B)中(见习题图1)，哪一个是3-甲基-2-戊酮，哪一个是4-甲基-2-戊酮？

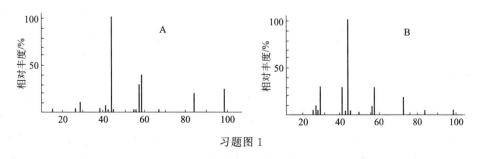

习题图1

6. 某化合物的质谱图如习题图2所示，试推其结构。峰$m/z(159):m/z(158)=6.2:92.5$或$m/z(159):m/z(158)=6.7:100$。

7. 某化合物，为白色固体，熔点121～123℃，分子式为$C_7H_6O_2$，其质谱如习题图3所示，推其结构式，并将图中各质荷比与其相应的离子对应，写出其转化过程。

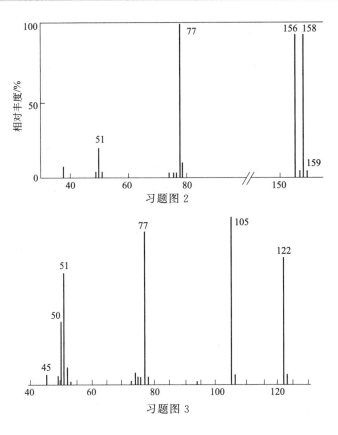

习题图 2

习题图 3

阅读园地

质谱仪的发明者阿斯顿

阿斯顿（Francis William Aston，1877—1945）是英国物理学家，他长期从事同位素和质谱的研究。他首次制成了聚焦性能较高的质谱仪，并用此来对许多元素的同位素及其丰度进行测量，从而肯定了同位素的普遍存在。同时根据对同位素的研究，他还提出了元素质量的整数法则。因此他荣获了1922年的诺贝尔化学奖。

毕业于英国伯明翰大学的阿斯顿，在大学学习期间，特别是他当物理研究生时，已显示出他在制作实验仪器和实验技巧上有着出众的才能。毕业后他的导师波印亭将他得意的助手阿斯顿推荐给人才辈出的著名的科研机构——卡文迪许实验室主任汤姆逊。灵巧地在汤姆逊的指导下，发明了可以检查放电管真空泄漏的螺管和拍摄抛物线轨迹的照相机，据此就可以测出同位素及其原子量。从此阿斯顿致力于元素同位素的研究。

第一次世界大战结束后，阿斯顿又回到卡文迪许实验室，开始新的攻关。此时著名物理学家卢瑟福接替了汤姆逊原先的工作，卢瑟福对阿斯顿的工作给予了很大的鼓励和具体的指导。阿斯顿根据他原先改进的测定阳射线的气体放电装置，又参照了当时光谱分析的原理，设计出一个包括有离子源、分析器和收集器三个部分组成的，可以分析同位素并测量其质量及丰度的新仪器，这就是质谱仪，这一仪器也可以称为阳射线的光谱仪，是他从事阳射线和同位素研究的结晶。这种仪器对于测量的结果精度达到千分之一。因此这一仪器帮助阿斯顿在同位素的研究中大显身手。

第四章 未知物结构鉴定方法

他首先使用这一新的仪器证明氖的确存在 Ne20 和 Ne22 两种同位素，又因它们在氖气中的比例约为 10∶1，所以氖元素的平均原子量约为 20.2（后来的研究又发现氖存在第三种同位素 Ne21，氖元素的平均相对原子质量为 20.18）。随后，阿斯顿使用质谱仪测定了几乎所有元素的同位素。实验的结果表明几乎所有的元素都存在着同位素。阿斯顿在 71 种元素中发现了 202 种同位素。长期以来，元素一直是化学研究的主要对象，直到今天，由于阿斯顿的杰出工作，人们才发现元素具有这么丰富的内容。

阿斯顿运用质谱仪对众多元素所作的同位素研究，不仅指出几乎所有的元素都存在同位素，而且还证实自然界中的某元素实际上是该元素的几种同位素的混合体，因此该元素的原子量也是依据这些同位素在自然界占据不同比例而得到的平均原子量。阿斯顿的工作获得了科学界的高度评价。卢瑟福在给几位科学家同行的信中说："阿斯顿利用他发明的质谱仪，发现了氖、氯、汞等元素的同位素。阿斯顿是一个好的实验家，很有技巧，因为他拼命工作了多年，理应获得这个成功。"

阿斯顿有一句名言："要做更多的仪器，还要更多地测量。"这实际上是卡文迪许实验室的一个传统，这一传统要求科学工作者要学会自己动手去制作仪器，亲手去做实验，通过基本实验技巧的训练，才能成为一个优秀的科学家。这句名言也正是阿斯顿自己一生科研生涯的写照。在他荣获 1922 年的诺贝尔化学奖后，他仍然坚持工作在实验室，对质谱仪作进一步的改进和完善，从而使他后来又制成了三台质谱仪，其倍率达两千倍，精度达十万分之一。现在通过质谱仪，已测出地球上存在的同位素达 489 种，其中稳定同位素有 264 种，天然放射性同位素有 225 种。此外还发现人工放射性同位素达 2000 多种。建设这些知识的宝库当然有阿斯顿的一份重要的贡献。

1945 年 11 月 20 日，阿斯顿在剑桥大学因病逝世，终年 68 岁。他在科学事业上的杰出贡献使他获得不少荣誉，人们为了纪念他，特地把他制作和发明的许多仪器都妥善地保存下来，展示在伦敦博物馆和卡文迪许实验室博物馆内。

第五章 未知物结构确定

学习指南

鉴定未知物结构包括测定相对分子质量，决定分子式，鉴定分子中存在哪些官能团、化学键，确定这些有机基团之间的相互位置关系，最后将结构完全定出来，本章将解决结构如何完全确定问题。在对一个未知化合物进行鉴定过程中，可以获得许多信息，如物理性质、某种元素是否存在、溶解度、波谱数据、与某些分类试剂的反应性及化合物在特定实验中的反应性等。这就必须对所得信息加以归纳和解释，判断化合物中存在哪些官能团，并确定这些官能团在结构中的连接方式，以期得到化合物可能的结构。本章第一节给出了各类有机化合物官能团的特征反应和光谱数据。第二节阐述了如何从实验数据着手归纳相关信息，并确定分子结构。第三节给出了验证有机物结构的方法。

第一节 官能团的化学和光谱鉴定

一、鉴定烃类化合物

烃分为饱和烃和不饱和烃两大类。饱和烃又有链状烷烃和环烷烃之分；不饱和烃则有烯烃、炔烃和芳烃三类。

烃类化合物在元素组成上只含有碳和氢两种元素。因此在元素定性分析时，检验不出氮、硫、卤素等元素。在溶解度分组试验中，烷烃属 I 组；烯烃、炔烃属 N 组；芳烃多数属 I 组，有些多烷基取代的芳烃等属 N 组。

1. 烷烃

① 物态。$C_1 \sim C_4$ 为气体，$C_5 \sim C_{17}$ 为液体，C_{18} 以上为固体。烷烃有特殊的气味。灼烧时呈黄色无烟火焰。

② 元素定性分析。不含氮、硫、卤素。

③ 溶解度试验。不溶于所有的分组溶剂，属 I 组。

④ 化学检验。无可用于检验的特征反应。

⑤ IR。甲基和亚甲基的 ν_{C-H} 在 $3000\sim2800cm^{-1}$，δ_{C-H} 在 $1480\sim1370cm^{-1}$；CH_3 的 δ_{as} 约在 $1380cm^{-1}$ 处。

⑥ ^1HNMR。δ_{C-H} 为 $0.0\sim2$。

烷烃在常温下不活泼，由于分子中没有活性官能团，因而没有适用于鉴别它的特征反应，一般采用光谱分析。

(1) 红外光谱鉴定 烷烃（不包括含张力环的环烷烃）在 $3000\sim2800cm^{-1}$、$1460cm^{-1}$ 和 $1380cm^{-1}$ 处有甲基和亚甲基 C—H 的伸缩振动和变形（或弯曲）振动谱带。这些谱带的位置比较恒定，易于识别。烷烃碳链中的甲基约在 $1375cm^{-1}$ 处，呈现特征吸收带。假如烷烃分子中存在有异丙基，则在约 $1380cm^{-1}$ 处有两个强度相等的分裂峰，如果这两个峰的强度不相等，则分子中可能存在有叔丁基。异丙基在 $922\sim919cm^{-1}$，叔丁基在 $932\sim926cm^{-1}$ 处有甲基面外摆动产生的弱吸收峰。

(2) 核磁共振谱鉴定 烷烃中的氢在 ^1H 核磁共振谱中，其化学位移（δ）都处于高场，在 $0.0\sim2.0$。

2. 烯烃

① 物态。与烷烃类似。

② 元素定性分析。不含氮、硫、卤素。

③ 溶解度试验。溶于浓硫酸，属 N 组。

④ 化学检验。溴的四氯化碳试验；高锰酸钾溶液试验。

⑤ IR。$\nu_{=C-H}$ 在 $3100\sim3000cm^{-1}$（中）；$\nu_{C=C}$ 在约 $1850cm^{-1}$（中）；$\nu_{=CH_2(或=CHR)}$ 在 $1000\sim650cm^{-1}$（强）。

⑥ ^1HNMR。$\delta_{=CH}$ 为 $4.5\sim6.0$。

⑦ 共轭体系在近紫外或可见区，π-π* 跃迁有强吸收带。

烯烃不溶于水、稀酸和稀碱，但能溶于浓硫酸，属于溶解度 N 组中的非含氮化合物。

(1) 化学鉴定 溴的四氯化碳与含烯键的化合物起加成反应，溴色褪去，但无 HBr 放出。

$$\begin{array}{c}\diagdown\\\diagup\end{array}C=C\begin{array}{c}\diagup\\\diagdown\end{array}+Br_2\longrightarrow\begin{array}{c}\quad\;Br\\|\;\;|\\-C-C-\\|\;\;|\\Br\end{array}$$

在室温下烷烃或芳烃与试剂不起反应。

烯键与高锰酸钾溶液作用，紫色褪去，并有红棕色 MnO_2 沉淀生成。

$$\begin{array}{c}\diagdown\\\diagup\end{array}C=C\begin{array}{c}\diagup\\\diagdown\end{array}+2KMnO_4+4H_2O\longrightarrow\begin{array}{c}-C-C-\\|\;\;|\\OH\;OH\end{array}+2MnO_2\downarrow+2KOH$$

(2) 波谱鉴定

① 红外光谱鉴定。烯烃和含烯键化合物：$\nu_{=C-H}$ 在 $3100\sim3000cm^{-1}$ 与芳烃 $\nu_{=C-H}$ 也落在该区域，因此在同时具有芳香环和烯键的化合物中，要注意观察 C=C 区的吸收特征，或配合 ^1HNMR 来判断烯键。

在约 $1650cm^{-1}$ 有烯烃的另一谱带 $\nu_{C=C}$，中等强度。共轭二烯烃在这个区域内有两个吸收峰，分别位于 $1650cm^{-1}$ 和 $1600cm^{-1}$ 处，其中位于 $1600cm^{-1}$ 处的峰与孤立双键的 $\nu_{C=C}$ 峰能明显地区分开。

在 $1000\sim850cm^{-1}$ 区域，烯烃有强的 $\delta_{=C-H}$ 吸收带，吸收频率与双键上取代基的种类，数目和立体因素有关。具体取代情况见表 5-1。

表 5-1　几种双键的 δ_{C-H}（面外）

结　构	$\nu_{=C-H}/cm^{-1}$	$\delta_{=C-H}$（面外）$/cm^{-1}$
R−CH=CH₂	3095～3070	990, 910
RR'C=CH₂		890
(顺) RHC=CHR'		965
(反) RHC=CHR'	3040～3010	730～875
RR'C=CHR''		840～800

② 核磁共振谱鉴定。烯碳质子的化学位移在 4.5～6.0 之间，通常用公式：

$$\delta_H = 5.25 + Z_{同} + Z_{顺} + Z_{反}$$

$$\begin{array}{c} R_{顺} \diagdown \diagup H \\ C=C \\ R_{反} \diagup \diagdown R_{同} \end{array}$$

Z_i 是由于双键上连有的取代基（R_i）影响，引起待计算烯碳质子化学位移相对于乙烯质子的增量（可查表 4-24）。

高度对称的烯烃，显示不出特征的 $\nu_{C=C}$ 的吸收峰。因此，鉴定高度对称的烯烃时，红外光谱就不起作用；相反，化学检验法则更为有效。

③ 紫外光谱鉴定。具有共轭双键的化合物，一般均可用紫外吸收光谱加以鉴定，它们的最大吸收波长（λ_{max}）随着共轭体系的增长而加大。

3. 炔烃

① 物态。与烷烃类似。灼烧时有黑烟。
② 元素定性分析。不含氮、硫、卤素。
③ 溶解度试验。溶于浓硫酸，属 N 组。
④ 化学检验。溴的四氯化碳试验；高锰酸钾溶液试验；炔金属化合物试验。
⑤ IR。$\nu_{\equiv CH}$ 在 3300～3200 cm^{-1}（中）；$\nu_{-C\equiv C-}$ 在 2300～2100 cm^{-1} 弱的尖细峰；$\delta_{\equiv CH}$ 在 650～600 cm^{-1}（强）。
⑥ ^{1}HNMR。$\delta_{\equiv CH}$ 为 1.6～3.4。
⑦ 共轭体系在近紫外或可见区，π-π* 跃迁有强吸收带。

炔烃不溶于水、稀酸和稀碱，属溶解度 N 组中的非含氮化合物。

（1）化学鉴定　与烯烃一样，炔烃可使黄色的溴的四氯化碳溶液及紫色的高锰酸钾溶液褪色。

$$-C\equiv C- \xrightarrow{Br_2-CCl_4} \begin{array}{c} Br\ Br \\ | \ \ | \\ -C-C- \\ | \ \ | \\ Br\ Br \end{array}$$

$$-C\equiv C- \xrightarrow{KMnO_4} -COOH + -COOH$$

未端炔烃可与硝酸银的氨溶液产生白色沉淀：

$$RC\equiv CH + Ag(NH_3)_2NO_3 \longrightarrow RC\equiv CAg\downarrow + 2NH_3 + H_2O$$
（白色）

可使氯化亚铜的氨溶液产生红棕色沉淀：

$$RC\equiv CH + Cu(NH_3)_2Cl \longrightarrow RC\equiv CCu\downarrow + 2NH_4Cl + NH_3$$
（红棕色）

上述两个反应可用来检验炔烃中 —C≡CH 存在。

(2) 波谱鉴定

① 红外光谱鉴定。炔烃类有三键（—C≡C—）本身的伸缩振动，在 2300～2100cm^{-1} 附近为较弱的尖细峰，这个区域内很少有其他基团的吸收出现。三键旁 C—H 伸缩振动，在 3300～3200cm^{-1} 附近，中强吸收峰，在此区域内出现的谱带还有（醇）和 ν_{NH}（胺），但是这两种谱带都较宽，易与 $\nu_{\equiv CH}$ 相区分。炔烃三键上氢，其 $\delta_{\equiv CH}$（面外）在 650～600cm^{-1}（强）。

② 核磁共振谱鉴定。未端炔烃三键上的氢由于炔键的屏蔽作用，化学位移处于较高场，一般为 1.6～3.4。

4. 芳烃

① 物态。苯和多数烷基取代苯都是具有芳香气味的无色液体。稠环和多环芳烃多为无色固体。灼烧时有浓黑烟。

② 元素定性分析。不含氮、硫、卤素。

③ 溶解度试验。溶于浓硫酸中的属 N 组，不溶于浓硫酸中的属 I 组。

④ 化学检验。氯仿-无水氯化铝试验；甲醛-浓硫酸试验。

⑤ IR。芳烃有三组特征吸收谱带。

$\nu_{C=C}$，1600～1500cm^{-1}（可变）

ν_{C-H}（芳环），3100～3000cm^{-1}（弱）

δ_{C-H}（芳环），900～650cm^{-1}（强）

⑥ ^{1}HNMR。芳环上氢的化学位移（δ）处在低场，δ 为 6～9 之间；对于苯，其 $\delta=7.27$。

⑦ MS。芳烃的质谱中通常有强的䓬离子（tropyllium ion）峰，$m/z=91$，它常是烷基取代芳烃的单峰。

⑧ UV。用紫外光谱鉴定芳烃类化合物比较有效，它具有可测定的特征谱带。

(1) 化学鉴定

① 氯仿-无水氯化铝试验。芳香族化合物在无水氯化铝存在下与氯仿作用，生成有色的 Ar_3C^+，在无水氯化铝表面显各种颜色。

$$3ArH + CHCl_3 \xrightarrow{无水\ AlCl_3} Ar_3CH + 3HCl$$
（无色）

$$Ar_3CH + Ar_2C^+ HAlCl_4^- \rightleftharpoons Ar_3C^+ AlCl_4^- + Ar_2CH_2$$
（有色）

各种芳烃的典型颜色见表 5-2：

表 5-2　各种芳烃的典型颜色

苯及其同系物	氯代芳烃	萘	联苯	菲	蒽
橘红色-红色	橘红色-红色	蓝色	紫色	紫色	绿色

② 甲醛-浓硫酸试验。芳烃与甲醛-浓硫酸试剂显颜色反应，可用来区别不溶于冷浓硫酸芳烃和烷烃，各种芳烃的典型颜色如下：

苯、甲苯、正丁苯　　　　　　　　　　红色
仲丁基苯　　　　　　　　　　　　　　粉红色
叔丁基苯、1,3,5-三甲苯　　　　　　　 橙色
联苯、三联苯　　　　　　　　　　　　蓝色-绿蓝色
卤代芳烃　　　　　　　　　　　　　　粉红色-紫色
烷烃、环烷烃及其卤化物　　　　　　　不显色或黄色

(2) 波谱鉴定

① 红外光谱鉴定。芳环的特征吸收谱带较易于识别。芳环上的 $\nu_{=C-H}$，在 $3100\sim3000\,cm^{-1}$ 处（中），芳环碳架的 $\nu_{C=C}$，在 $1600\sim1500\,cm^{-1}$（可变），将这两处的谱带联系起来，即表明为芳环。当芳环与不饱和基团或带有 n 电子的基团相连接时，则芳环碳架的 $\nu_{C=C}$ 在 $1580\,cm^{-1}$ 处发生吸收。

芳环上碳氢键的弯曲振动吸收在 $900\sim650\,cm^{-1}$ 处（强）。这是芳香族化合物在 $900\,cm^{-1}$ 以下出现的最强谱带，也是苯及其同系物在低频处的特征谱带。根据这个区域出现的吸收谱带的位置，可以判断二取代芳烃取代基在环上的相对位置，芳环 δ_{C-H} 如下：邻二取代苯，δ_{C-H} 在 $770\sim735\,cm^{-1}$；间二取代苯，δ_{C-H} 在 $710\sim690\,cm^{-1}$ 和 $810\sim750\,cm^{-1}$；对二取代苯，δ_{C-H} 在 $840\sim810\,cm^{-1}$ 处。环上具有单取代基时，其环 δ_{C-H} 在 $710\sim690\,cm^{-1}$ 和 $770\sim730\,cm^{-1}$ 处。

当芳环上连有极性取代基，如硝基、羟基、酯基和酰氨基时，则芳环上 δ_{C-H} 的吸收频率也随之而变动，在这种情况下，就不容易确定其二取代化合物基团的相对位置。

② 核磁共振谱鉴定。苯环 H 核的化学位移（δ）为 7.27。当苯环上连接有取代基时，其化学位移的值取决于取代基的性质和位置。可用公式计算：

$$\delta_H = 7.27 + S_{邻} + S_{间} + S_{对}$$

式中，$S_{邻}$、$S_{间}$、$S_{对}$ 是一元取代苯邻、间、对位质子。

R 为烷基时，它对苯环上邻、间、对位 H 核的化学位移影响不大，它们仅呈现微宽的单峰，邻位 $H\delta=7.10$；间位 $H\delta=7.18$；对位 $H\delta=7.10$。

R 为供电子取代基时，环上 H 核与苯的 H 核比较，其化学位移出现在高场一侧，$\delta<7.27$，它们的屏蔽效应次序是：邻位＞对位＞间位。

R 为吸电子取代基时，环上 H 核与苯的 H 核比较，其化学位移出现在低场一侧，$\delta>7.27$，它们的去屏蔽效应次序是：邻位＞对位＞间位。

由此可见，通常可以根据芳环 H 核的 δ 值来确定取代基的类别。

③ 紫外光谱鉴定。苯的紫外光谱有三个谱带，其中两个为 E 带，一个为 B 带。

E 带：$\lambda_{max}\,184\,nm$　　　$\varepsilon\,60000$
　　　$\lambda_{max}\,204\,nm$　　　$\varepsilon\,7900$
B 带：$\lambda_{max}\,256\,nm$　　　$\varepsilon\,200$

苯的紫外特征吸收谱带是 B 带，其他芳香族化合物也有这一特征吸收带。苯在气态或非极

性溶剂中测定时,在230~270nm(ε200)呈现一系列振动的精细结构。当使用极性溶剂或在苯环上导入了具有π电子或n电子的基团时,其精细结构消失。

当苯环上的氢被助色团或发色团取代后,其λ_{max}向长波方向移动,并有致强效应,λ_{max}为205~260nm(lgε4)和260~300nm(lgε2.5~3.5)。

④ 质谱鉴定。烷基苯的质谱中,均呈现有特征的䓬锜离子峰,$m/z=91$。当烷基≥3时,还有 [结构式] 正离子峰出现,其$m/z=92$。如果$m/z=92$的峰强度为$m/z=91$的8%,这是由于锜离子的同位素引起的,即$7×1.1\%=7.7\%$,所以不能得出烷基≥3的判断。

5. 有机卤化物

与烃类一样,卤化物有脂肪族和芳香族两类。卤化物的活性,既取决于与卤原子相连接的烃基,又受卤原子种类的影响。

① 物态。烷基和烯基卤化物的沸点比同碳数相应的烃都高。在各种卤化物中,氟化物的沸点最低。C_1~C_2的烷基氯是气体,甲基溴是气体,其他烷基卤均为液体(不包括氟化物)。芳基卤化物大多数是无色液体,有一些芳香气味,灼烧时有黑烟。

② 元素定性分析。含卤素

③ 溶解度试验。不溶于所有的分组溶剂,属Ⅰ组。

④ 化学检验。硝酸银乙醇溶液试验;碘化钠丙酮溶液试验;芳卤化物可用甲醛-浓硫酸试验和氯仿—无水氯化铝检验其芳香性。

⑤ IR。碳卤键的振动频率,在一般使用的红外光谱仪上检测不出来,所以利用红外光谱鉴定C—X基团不很理想。

ν_{C-F} 1250~960cm^{-1} ν_{C-Br} 667~290cm^{-1}
ν_{C-Cl} 830~500cm^{-1} ν_{C-I} 600~200cm^{-1}

⑥ ^{1}H-NMR。在烷基卤化物中,—CHX中H核的化学位移与卤原子电负性大小有关。卤原子的电负性越大,则连接卤原子碳上H核的化学位移越移向低场。

⑦ MS。利用质谱鉴定卤化物是很有用的,特别是氯化物和溴化物,它们在质谱中均有同位素峰,易于识别和判断。

(1) 化学鉴定

① 硝酸银乙醇溶液试验。卤化物与硝酸银乙醇溶液作用,生成卤化银沉淀,乙醇在反应中是溶剂。

$$R-X + AgNO_3 \xrightarrow{乙醇} AgX\downarrow + RONO_2$$

以离子键结合的各种卤化物盐类,如卤化铵盐最易起反应,在室温下立即形成卤化银沉淀。

具有RCOX、RCH=CHCH$_2$X、RCHXOR、R$_3$CCl、RCHBrCH$_2$Br、RI等也可在室温下与硝酸银乙醇溶液立即起反应。

伯氯化物、仲氯化物、同碳二溴化物(RCHBr$_2$)以及2,4-二硝基氯苯等,在室温下无显著反应,但加热后,能反应产生沉淀,其中以伯卤烷反应最慢。

直接与双键或芳基相连的卤化物如RCH=CHX、ArX,以及多卤化物如CHCl$_3$,和某些卤代醚如ROCH$_2$CH$_2$X等,在加热的条件下也不与硝酸银试剂反应而无沉淀生成。

② 碘化钠丙酮溶液试验。烷基氯化物或溴化物与碘化钠的丙酮溶液反应,生成氯化钠或溴化钠沉淀。氯化钠和溴化钠均不溶于丙酮溶剂中,故有沉淀析出就表明为正结果。由于氟化物生成的氟化钠易溶于丙酮,所以本试验通常只适用于检验氯化物和溴化物。

(2) 波谱鉴定

① 红外光谱鉴定。卤化物的碳卤键（C—X）的伸缩振动，多数都在 $620cm^{-1}$ 以下发生吸收，特别是溴化物与碘化物的 ν_{C-X} 吸收谱带，用一般的红外光谱仪是测不出的，故利用红外光谱鉴定卤化物受到了一定的限制。

② 核磁共振谱鉴定。脂肪族卤化物，其 H 核的化学位移取决于卤原子的电负性，及与这 H 核相连接的碳的支链化程度。

③ 质谱鉴定。在卤化物的质谱中，芳基卤化物显示较强的分子离子峰。溴化物与氯化物，因为它们具有同位素，所以还可以根据其同位素峰的相对丰度来判断这类化合物中的溴和/或氯原子的数目。

二、鉴定含氧化合物

有机含氧化合物是有机化合物中类别最多的一大类化合物。常见的有醇、酚、醚、醛、酮、羧酸、酸酐和酯类等，在溶解度试验中，分为酸性含氧化合物（羧酸、酚、烯醇）和中性含氧化合物（醇、醛、酮、酯、醚、酸酐）两类，它们中的低相对分子质量以及含两个以上官能团的化合物能溶于水，列在 S_1 和 S_2 组中，相对分子质量较大的化合物不溶于水，列在 A_1、A_2 和 N 组（其中含氮和/或硫的含氧化合物列在 M 组）。

1. 羧酸

① 物态。C_8 以下的一元脂肪族羧酸在室温下是无色液体。C_8 以上的羧酸、二元羧酸以及芳香族羧酸为无色固体。$C_1 \sim C_3$ 的一元羧酸有强烈的刺激性酸味；$C_4 \sim C_6$ 一元羧酸有难闻的臭味；C_7 以上的羧酸因相对分子质量加大而气味减小。

② 元素定性分析。不含氮、硫和卤原子（含有杂原子基团的除外）。

③ 溶解度试验。$C_1 \sim C_4$ 羧酸能与水混溶，C_5 羧酸在水中的溶解度为 3.7g/100g 水，仍属溶于水，以上羧酸均属 S_{1A} 组。其他的羧酸均属 A_1 组。

④ 化学检验。羧酸的异羟肟酸试验；中和当量测定。

⑤ IR。羧酸的红外光谱中，有 3 个特征吸收谱带：

ν_{CH} 约 $3000cm^{-1}$（强,特宽）

$\nu_{C=C}$ $1760 \sim 1650cm^{-1}$（强）

δ_{OH}（面外） 约 $920cm^{-1}$（中强,宽）

⑥ ^1HNMR。羧酸 α-碳上的 H，其化学位移 δ 为 $2.0 \sim 2.5$；羧基中 H 的化学位移 δ_H 为 $10 \sim 13$，加重水处理后，此处的 H 信号消失。

(1) 化学鉴定 用标准的氢氧化钠碱溶液滴定来测定中和羧酸的物质的量，是检验和鉴定羧酸最有效的方法。若羧酸的相对分子质量不同，则中和掉的氢氧化钠的物质的量也不同，当相对分子质量已知，则可计算分子中羧基数目。

$$RCOOH + NaOH \longrightarrow RCOONa + H_2O$$

$$羟基数目 = \frac{MV(NaOH)c(NaOH)}{m \times 1000}$$

式中 M——样品的相对分子质量；

$V(NaOH)$——消耗掉的标准氢氧化钠溶液的体积，mL；

$c(NaOH)$——标准氢氧化钠溶液的物质的量浓度，mol/L；

m——样品的质量，g。

(2) 波谱鉴定

① 红外光谱鉴定。游离态羧酸的 ν_{OH} 约在 $3520cm^{-1}$（中），但羧酸的分子间氢键比醇类强，

所以 ν_{OH} 出现在 $3200\sim 2500\text{cm}^{-1}$ 呈强而特宽的带，中心位于 3000cm^{-1} 处，这是羧酸的特征带。若在很稀的非极性溶剂中，或在气相中测定羧酸的红外光谱，其 ν_{OH} 谱带出现在 3520cm^{-1} 处。

羧酸有强的 $\nu_{C=O}$ 带，若是单体脂肪酸，则其 $\nu_{C=O}$ 约在 1760cm^{-1} 处，其强度比酮的 $\nu_{C=O}$ 吸收还要强。该带受共轭和分子内氢键等因素的影响较为显著，例如共轭羧基的 $\nu_{C=O}$ 带较饱和脂肪羧酸低。

羧基中的碳氧单键的 ν_{C-O} 在 $1320\sim 1210\text{cm}^{-1}$ 区；羟基的弯曲振动 δ_{OH}（面内）在 $1440\sim 1395\text{cm}^{-1}$ 区，δ_{OH}（面外）则约在 920cm^{-1} 处。

② 核磁共振谱鉴定。羧酸的 ^{1}H 核磁共振谱有显著的特征，其化学位移落在远低场 δ 为 $10\sim 13$。羧羟基的 H 信号吸收位置受温度、浓度和所用的溶剂影响而不同。鉴定羧酸时若对羧羟基发生疑问，可在样品中滴加少于重水（D_2O）再进行测定。若在 $\delta 10\sim 13$ 处共振信号消失，而在 $\delta 4.5\sim 5.0$ 观察到 HOD 的单峰，即可确定为羧酸。

2. 酯

① 物态。多数脂肪族和芳香族酯都是无色液体，具有各种香味。一些酚形成的酯多半是固体。

② 元素定性分析。不含氮、硫、卤原子（含杂原子取代基的除外）。

③ 溶解度试验。C_5 以下的酯在水中可溶或微溶，为 S_1 组。C_5 以上的酯属 N 组。

④ 化学检验。异羟肟酸试验

⑤ IR。$\nu_{C=O}$ 在 $1820\sim 1720\text{cm}^{-1}$，$\nu_{C-O}$ 在 $1300\sim 1000\text{cm}^{-1}$ 均有强吸收带。

⑥ ^{1}HNMR。酯结构中 α-碳上的氢，其化学位移 δ 为 $2.0\sim 2.5$。酯基部分与氧相连接 α-碳上的氢，其化学位移。芳香族酯类，其芳环上 H 核的化学位移比苯略在低场，而其邻位 H 核的 δ 约在 8.2，间位和对位 H 核的 δ 为 $7.5\sim 7.6$。

(1) 化学鉴定

异羟肟酸试验：酯与羟胺作用，生成异羟肟酸，后者在酸性溶液中与三氯化铁溶液生成蓝-红色。

$$RCOOR' + H_2NOH \longrightarrow RCONHOH + R'OH$$
$$\text{羟胺} \qquad \text{异羟肟酸}$$

$$3RCONHOH + FeCl_3 \longrightarrow (RCONHO)_3Fe + 3HCl$$
$$\text{异羟肟酸铁}$$

本试验是检验酯的灵敏方法。多数酯与羟胺反应，再加氯化铁，于 2min 内即呈正结果。某些酯由于与羟胺的作用较慢，故与氯化铁显色也需较长时间。酸酐和酰氯也与盐酸羟胺反应，所得异羟肟酸再加氯化铁可得到与酯一样的显色反应。

(2) 波谱鉴定

① 红外光谱鉴定。酯的 $\nu_{C=O}$ 在 $1820\sim 1720\text{cm}^{-1}$（强），$\alpha,\beta$-不饱和酯和芳酯的 $\nu_{C=O}$ 在 $1735\sim 1715\text{cm}^{-1}$，这和饱和脂肪酮的 $\nu_{C=O}$（1715cm^{-1}）很靠近，但酯有 ν_{C-O}，在 $1300\sim 1000\text{cm}^{-1}$ 两个强的吸收，这样把两者区别开来。同时还可借助在 $1100\sim 1031\text{cm}^{-1}$ 区的 ν_{C-O-C} 来加以验证。一个酯的红外光谱，必定有以上 3 种吸收带。

② 核磁共振谱鉴定。酯的 ^{1}H 核磁共振谱，依据其结构，能给出以下几种化学位移的信号。

酯的羧酸部分 α-H：$R-\underset{H}{\overset{|}{C^\alpha}}-COOR'$ $\qquad \delta$ 为 $2.0\sim 2.5$

酯的醇部分 α-H：

$$RC(=O)-O-\overset{H}{\underset{}{C^\alpha}}-R'$$ δ 为 3.2～4.5

苯甲酯的芳环 H：

对 H，间 H，邻 H 位于 —COOR' 的苯环上

邻位 H　δ 约 8.2
间位 H　δ 约 7.5
对位 H　δ 约 7.6

羧酸苯酯的芳环 H

$RC(=O)-O-$ 苯环（邻 H, 间 H, 对 H）

邻位 H　δ 约 7.1
间位和对位 H　δ 约 7.3

③ 质谱鉴定。在酯的质谱中，其碎片离子通常来自 2 种开裂方式，一种是碳氧双键与相邻 α-碳之间的键或 C—O 单键开裂，开裂过程中可以得到 4 种碎片离子，下面以羧酸甲酯为例示出其开裂方式：

$$R\overset{\overset{O^+}{\|}}{C}-O-CH_3 \longrightarrow R^+ + \overset{\overset{+}{O}}{\overset{\|}{C}}-O-CH_3$$
$$m/z\ 59$$

$$R\overset{\overset{O^+}{\|}}{C}-O-CH_3 \longrightarrow R-\overset{+}{C}\equiv O + \overset{+}{O}-CH_3$$
$$m/z\ 31$$

另一种是针对烷基在 3 个碳以上且烷基的 γ 位上又有氢的酯，则可发生 β 开裂，同时伴有 γ-H 的转移，即 Mclafferty 重排：

$$\begin{array}{c}R\\CH\\CH_2\\CH_2\end{array}\!\!\!\!\!\!\!\!\!\!\!\!\!\overset{H}{\underset{}{}}\!\!\!\!\!\!\!\!\!\!\!\!\!\overset{\overset{+}{O}}{\|}C-OMe \xrightarrow{-(RCH=CH_2)} \underset{CH_2}{\overset{OH}{\underset{\|}{C}}}-OMe$$
$$m/z\ 74$$

3. 酸酐

① 物态。脂肪族一元酸酐，自乙酸酐到癸酸酐均为无色液体。二元酸酐和芳酸酐均为固体。低级酸酐有刺激味。

② 元素定性分析。不含氮、硫、卤原子。

③ 溶解度试验。除乙酸酐（每 100g 水中溶解 12g）外，其余的酸酐均不溶于水而溶于浓硫酸，属 N 组。注意，低级酸酐易水解而溶于水。

④ 化学检验。酸酐的异羟肟酸试验。

⑤ IR。酸酐的红外光谱中呈现两个 $\nu_{C=O}$ 特征谱带，$\nu_{C=O(as)}$ 约在 $1825cm^{-1}$；$\nu_{C=O(s)}$ 约在 $1758cm^{-1}$ 处。

⑥ ^1HNMR。α-H 的化学位移 δ 约为 2.3。

（1）化学鉴定　酸酐与酯类似，可用于检验的特征反应不同，最常用的是异羟肟酸试验。

(2) 波谱鉴定

① 红外光谱鉴定。在对酸酐进行红外光谱测定时,应使样品尽可能地保持干燥。酸酐的红外光谱有两个特征的 C=O 伸缩谱带,一个是两个 C=O 的对称伸缩带 $\nu_{C=O(s)}$ 约为 1758 cm^{-1} 处,另一个是两个 C=O 的不对称伸缩带 $\nu_{C=O(as)}$ 约为 1825 cm^{-1}。

酸酐结构中碳氧单键的在 1047 cm^{-1}。环状酸酐的 ν_{C-O} 在 1299～1176 cm^{-1} 和 952～909 cm^{-1} 区域内。乙酸酐的 ν_{C-O} 在 1125 cm^{-1} 处。

② 核磁共振谱鉴定。酸酐 ^1H 核磁共振谱中,α-H 的化学位移 δ 2.3 处。此外,由于酸酐易吸湿水解,还可能在远低场（δ 9.5～13）出现羧基氢的共振吸收峰。纯度高而绝对干燥的酸酐则不会有羧基氢的吸收峰。

③ 质谱鉴定。酸酐在质谱中不存在分子离子峰,也往往凭借无分子离子峰这一点来鉴定酸酐。在质谱中的基峰是酰鎓离子,它是由羰基碳与相连氧开裂而成的。

例如,丙酸酐的质谱,其开裂方式和形成的主要碎片如下:

$$CH_3CH_2C(O)OC(O)CH_2CH_3 \xrightarrow[-[CH_3CH_2C(=O)-O]]{-e} CH_3CH_2C\overset{+}{=}O \xrightarrow{-CO} CH_3\overset{+}{C}H_2 \xrightarrow{-H_2} C_2H_3^+$$

$$m/z\ 57\ (基峰) \quad m/z\ 29 \quad m/z\ 27$$

由此可见,在质谱中不存在 $m/z=130$ 的丙酸酐分子离子峰。

4. 酰卤

① 物态。最常见的酰卤为酰氯。大多数酰氯均为无色液体,某些芳酰氯是固体。酰氯有强烈的刺激味。低级酰氯极易吸湿分解。

② 元素定性分析。含有卤原子。

③ 溶解度试验。C_5 以下的酰氯极易遇水分解而溶于水,其他的酰卤溶于浓硫酸,属 N 组。

④ 化学检验。硝酸银乙醇溶液试验；异羟肟酸试验。

⑤ IR。脂肪族酰氯的羰基 $\nu_{C=O}$ 在 1815～1785 cm^{-1} 区。芳酰氯中由于羰基和苯环共轭,故 $\nu_{C=O}$ 出现在 1770～1727 cm^{-1} 区,是双峰。

⑥ ^{1}HNMR。酰氯 α-碳上氢的化学位移 δ 在 2.0～2.5。芳环氢视其位置不同,化学位移不同：邻位 H,δ 约为 8.0；间位和对位 H,δ 7.2～7.8。

(1) 化学鉴定　酰卤是一类化学活性很高的化合物。主要表现在酰卤的碳卤键易与水、醇、氨或胺等化合物反应,分解生成相应的羧酸、酯、酰胺和卤化氢。因此酰卤在水中的溶解度,实际上是水解产物的特性。酰氯对硝酸银乙醇溶液试验、异羟肟酸试验呈正结果,酰氯还通过与氨或胺反应形成固体酰胺加以检验。

(2) 波谱鉴定

① 红外光谱鉴定。对酰氯做光谱分析时,很重要的一点是样品和检测系统都必须在极干燥的条件下进行,否则会影响鉴定的结果,因为酰氯是极易吸湿分解的化合物。脂肪族酰氯的 $\nu_{C=O}$ 在 1815～1785 cm^{-1} 区域,若有双键与 C=O 共轭,可使 $\nu_{C=O}$ 波数减少 15 cm^{-1},而且这些羰基谱带由于 Fermi 共振而出现双峰。

② 核磁共振谱鉴定。在酰氯的 ^{1}H 核磁共振谱中,酰氯 α-碳上 H 的化学位移 δ 在 2.0～2.5。芳酰氯其芳环上 H 核的化学位移,视其位置而不同：邻位 Hδ 约为 8.0；间位和对位 H 为 7.2～7.8。在对酰氯进行核磁共振分析时,不应使用含羟基的溶剂,因它易与羟基起反应。所用的酰氯也必须是高纯度和绝对无水的,否则在该谱中会出现因水解而出现的羧基 H 峰。

5. 酚

① 物态。酚类中除间甲酚和卤代酚是液体外，其余的一元酚均为低熔点固体。一元酚都具有特殊的气味。纯的酚应为无色，但因极易被氧化成醌而呈现颜色。有些酚因结构上连有硝基等发色团而显颜色。

② 元素定性分析。不含氮、硫、卤原子（取代酚除外）。

③ 溶解度试验。除苯酚不溶于水外，其余的一元酚都属 A_2 组，二元酚和多元酚因芳环上羟基增多而溶于水，属 S_1 组。

④ 化学检验。氯化铁试验；溴水试验。

⑤ IR。酚羟基的 ν_{O-H} 在 3400～3200 cm^{-1}（多聚、强、宽）；酚的 ν_{C-O} 约在 1350 cm^{-1} 或 1200 cm^{-1}（强，宽）。

⑥ ^{1}HNMR。酚羟基上的 H 的 δ 为 5～8。

⑦ UV。酚的紫外光谱在鉴定酚类时特别有用，当酚羟基转变为相应的氧负离子时，其吸收发生红移。

(1) 化学鉴定

① 氯化铁试验。许多酚与氯化铁水（或吡啶）溶液作用，呈蓝色、紫色、绿色或红色棕色反应。

$$3ArOH + 3C_5H_5N + FeCl_3 \longrightarrow \underset{\text{(有色)}}{Fe(OAr)_3} + 3C_5H_5N^+HCl^-$$

烯醇型化合物对本试验呈正结果，常呈紫红色、红色或红棕色。苯酚、萘酚及其环取代的衍生物对本试验均呈正结果。难溶于水的酚对氯化铁水溶液试验呈负结果，但若改用氯化铁吡啶溶液，灵敏度可大大地提高，产生特征性的蓝色、紫色、紫红色、绿色或红棕色，所呈现的颜色与试剂浓度、反应时间、酸碱度均有关系。

大多数硝基酚、2,6-二叔丁基酚、对苯二酚、羟基苯磺酸、羟基萘磺酸、间或对羟基苯甲酸等酚类均呈负结果，邻羟基苯甲酸呈正结果。

② 溴水试验。许多酚类水溶液，迅速和溴水作用，产物通常以沉淀析出。

易被溴取代的酚或芳胺均呈正结果。一些在水中溶解度很大的酚，它的溴取代产物有时也能溶于水，它们使溴退色而无沉淀析出。

能使溴退色的化合物较多，例如烯烃、烯醇型化合物以及一些易被氧化的化合物，但是它们均不能与溴生成固体沉淀。

(2) 波谱鉴定

① 红外光谱鉴定。酚的红外光谱与醇类似，浓度较大的酚溶液，由于存在分子间的氢键，其羟基的 ν_{O-H} 在 3400～3200 cm^{-1}（强且宽）。在很稀的溶液或气相中，"游离" 羟基的 ν_{O-H} 在 3600～3500 cm^{-1} 区，是中等强度的尖峰，与羧酸的 ν_{O-H} 有明显差别。酚的碳氧单键的 ν_{C-O} 约在 1200 cm^{-1}，羟基的弯曲振动 δ_{O-H}（面内）约在 1350 cm^{-1}，δ_{O-H}（面外）在 750～650 cm^{-1}，宽带。此外酚还有芳环碳架 $\nu_{C=C}$ 和环 ν_{C-H}。根据以上谱带足以对酚进行鉴定。

② 核磁共振谱鉴定。酚类化合物中酚羟基的 H 核化学位移与醇羟基的 H 核类似，它受

温度、浓度和溶剂性质的影响，亦即受到氢键键合程度的影响。酚羟基的 H 核信号出现在 δ 为 5~8 范围内。若酚分子结构中存在分子内氢键，如邻硝基苯酚，则该羟基的 H 核信号出现在较低场（δ 为 6~12）。

③ 紫外光谱鉴定。酚类的紫外光谱中有中等强度的吸收，但当酚在碱性溶液中转变为酚盐时，其主要吸收峰红移，且强度增强。

④ 质谱鉴定。在酚类的质谱中，其分子离子峰一般都是基峰，因为芳环对分子离子具有稳定作用。苯酚或其他酚经开裂后，失去一个 CO 得到 $M-28$ 的离子峰和/或失去一个 CHO 得到 $M-29$ 的离子峰，如下所示：

$$\underset{\substack{m/z\,94\\ \text{分子离子峰}}}{\text{[结构式]}} \longrightarrow \text{[结构式]} \xrightarrow{-CO} \underset{\substack{m/z\,66\\ (M-28)}}{\text{[结构式]}} \xrightarrow{-H\cdot} \underset{\substack{m/z\,65\\ (M-29)}}{\text{[结构式]}}$$

6. 醇

① 物态。醇从 C1 起就是液体，它们具有较高的沸点，无色，有特殊的气味，C12 以上的醇是固体。多元醇是高沸点黏稠液体或固体。

② 元素定性分析。不含氮、硫、卤原子（含有氮、硫、卤基团的醇除外）。

③ 溶解度试验。C3 以下的一元醇与不能混溶，且能溶于乙醚，是 S1 组中性化合物。C4 溶于水，溶解度不大，但仍属 S1 组。从 C5 起不溶于水，属 N 组。二元醇或多元醇都易溶于水，难溶或不溶于乙醚，属 S2 组。

④ 化学检验。酰化试验；硝酸铈铵试验；N-溴代丁二酰亚胺试验；高碘酸试验。

⑤ IR。羟基的 ν_{O-H} 在 3400~3200 cm^{-1} 区（缔合、强、宽）；碳氧键的 ν_{C-O} 在 1260~1000 cm^{-1}（强）。

⑥ 1HNMR。羟基 H 核的化学位移（δ）在 0.5~5.0，若加重水后，则此信号消失。

(1) 化学鉴定

① 酰化试验。醇和酰化试剂作用，生成酯类，酯可用异羟肟酸试验检验，还可以从气味（酯通常有特殊的香味）和溶解度的变化观察到酯的生成，常用的酰化剂有乙酰氯和苯甲酰氯。

$$ROH + CH_3COCl \longrightarrow ROCOCH_3 + HCl$$
$$ROH + C_6H_5COCl + NaOH \longrightarrow C_6H_5COOR + NaCl + H_2O$$

② 硝酸铈铵试验。碳原子数在 10 以下的伯、仲、叔醇，均能与硝酸铈铵试剂作用，生成红色的配合物。

$$ROH + (NH_4)_2Ce(NO_3)_6 \longrightarrow \underset{\text{(红色配合物)}}{(NH_4)_2Ce(OR)(NO_3)_5} + HNO_3$$

本试验的试剂是硝酸铈铵的硝酸溶液，呈黄色，它能与含有羟基的多数化合物作用，形成红色配合物，C_{10} 以下的伯醇、仲醇、叔醇均呈正结果。乙二醇、多元醇、羟基酸、羟基醛或羟基酮以及糖类也与本试剂呈正结果。

③ N-溴代丁二酰亚胺试验。是区分伯、仲、叔醇的一种方法。3 种不同的醇与溴和 N-溴代丁二酰亚胺反应，给出 3 种不同的结果。伯醇给出橙色；仲醇给出橙色后，即行消色；叔醇不呈色。

烯丙醇、苄醇或叔戊醇在本试验中都给出像仲醇那样的结果。十八醇以内的伯醇都能正常地反应。乙二醇单醚给出像伯醇一样的结果。环己醇给出与仲醇一样的结果。

④ 高碘酸试验。大多数邻二醇和 α-羟基醛或 α-羟基酮都能被高碘酸氧化形成醛、羧酸和碘酸。碘酸与硝酸银作用可得白色碘酸银沉淀,借此检验以上化合物。

$$RCH(OH)-CH_2(OH) + HIO_4 \longrightarrow RCHO + HCHO + HIO_3$$

$$RCH(OH)-C(=O)-R' + HIO_4 \longrightarrow RCHO + HO-C(=O)-R' + HIO_3$$

高碘酸对于邻二醇、α-羟基醛、α-羟基酮、邻二酮类、α-羟基酸和 α-氨基醇等均呈正结果,其氧化速度按上列次序依次递减。β-二羰基化合物和其他含有活泼亚甲基的化合物也呈正结果。

(2) 波谱鉴定

① 红外光谱鉴定。醇羟基的 ν_{O-H} 在 3400~3200cm^{-1} 区域。但缔合的羟基,其 ν_{O-H} 在 3400~3200cm^{-1}(通常在 3333 cm^{-1})处,比游离羟基的吸收频率约低 300cm^{-1},且谱带变宽,强度增强。醇中碳氧键的 ν_{C-O} 在 1200~1000cm^{-1} 处有强吸收,若将此区域的谱带与 ν_{O-H} 谱带联系起来,便可判断羟基的存在。

② 核磁共振谱鉴定。醇 α-碳上的 H 核,$-\underset{\underline{H}}{\overset{|}{C}}-OH$,与烷烃碳上的 H 核相比较,其化学位移要高(2.3~2.5),即出现在较低场。醇 β-碳上的 H 核,$\underline{H}-\overset{|}{\underset{|}{C}}-\overset{|}{\underset{|}{C}}-OH$,其化学位移比烷烃上的 H 核高 0.1~0.3。

羟基 H 核的共振信号呈单峰,其化学位移受溶剂性质、浓度和温度的影响而变化,δ 为 2~4.5。若在非极性溶剂中,浓度又很稀,则 δ 约为 0.5。

③ 质谱鉴定。在醇类化合物的质谱中,通常观察不到它们的分子离子峰,因为醇的分子离子峰难以检出。因此,在测定醇的相对分子质量时,往往先将醇转变成它的三甲基硅醚衍生物,而后再进行质谱测定。虽然三甲基硅醚的分子离子峰的强度也较低,但它有强的 M-CH$_3$ 峰,从而能推导出醇的相对分子质量。

7. 醚

① 物态。简单的脂肪族醚和芳香族醚都是液体,有特殊的气味。二苯醚是固体。

② 元素定性分析。不含氮、硫、卤原子(含杂原子取代基的除外)。

③ 溶解度试验。C$_4$ 以下的醚如乙醚溶于水,但溶解度不大,属 S$_1$ 组。其他的醚均溶于浓硫酸,属 N 组。

④ 化学检验。氢碘酸试验

⑤ IR。简单的脂肪族醚,其 $\nu_{C-O-C(as)}$ 在 1150~1085cm^{-1}(强);$\nu_{C-O-C(s)}$ 约 1125cm^{-1}(弱)。芳醚(ArOR)的 $\nu_{C-O-C(as)}$ 在 1275~1200cm^{-1}(强);$\nu_{C-O-C(s)}$ 在 1075~1020cm^{-1}(强)。

⑥ ^{1}HNMR。醚的 ^{1}H 核磁共振谱,其 α-碳上 H 核的化学位移为 3.2~3.6,与醇中 α-碳上相应的 H 核类似。当醚的一个 R 被芳基取代后,则 α-碳上 H 核的化学位移移向较低场。

(1) 化学鉴定 氢碘酸试验:醚与氢碘酸作用可使碳氧键断裂生成碘代烷。

$$R-O-R' + 2HI \longrightarrow RI + R'I + H_2O$$

易挥发的碘代烷与硝酸汞作用,生成朱红色的碘化汞。

$$2RI + Hg(NO_3)_2 \longrightarrow HgI_2 + 2RONO_2$$

在醚的结构中，必须有一个 CH_3 以下的烷基才能与氢碘酸作用生成易挥发的碘代烷。

本试验对含甲基和乙基的醚最为有用。R 基在 C_4 以上的醚不易与氢碘酸作用生成碘代烷，即使有碘代烷生成，由于沸点较高而不易挥发，使检验呈负结果。羧酸甲酯或羧酸乙酯对本试验呈正结果。低级醇如甲醇、乙醇、丙醇，由于能与氢碘酸作用，同样呈正结果。

(2) 波谱鉴定

① 红外光谱鉴定：检验醚的特征反应少，故用红外光谱鉴定醚就较为重要。在醚的红外光谱中，最重要的是 C—O—C 所引起的伸缩振动谱带，也是醚的特征谱带。当氧上的 n 电子与 π 电子共轭时，此谱带有明显的位移。

醚的 ν_{as} 都是强吸收谱带。醇和酯等鉴定醚有一定的干扰，因为结构中有 C—O 键的化合物，在醚的特征吸收区域都会出现谱带。当然，对醚来说，它只有这一区域的特征带，而醇还会有 ν_{O-H} 特征带，酯还有 $\nu_{C=O}$ 特征带。所以若在红外光谱图中只显示出 ν_{C-O-C} 的谱带而没有在 3900～3200 cm^{-1} 的 ν_{O-H} 谱带和/或 1850～1550 cm^{-1} 的 $\nu_{C=O}$ 谱带，则该化合物就可鉴定为醚。

② 核磁共振谱鉴定。醚的 ^1H 核磁共振谱的特征峰也只是表现在与氧相连的 α-碳上的 H。其 α-碳上 H 核的化学位移为 3.2～3.6。当醚的一个 R 被芳基取代后，则 α-碳上 H 核的化学位移移向较低场，δ 为 6.75～7.2，比苯的化学位移（δ=7.27）在稍高场。

8. 醛和酮

① 物态。醛类中除甲醛（沸点 -21℃）、乙醛（沸点 20℃）外，其他醛均为无色液体或固体。甲醛有强烈的刺激气味。酮类都是无色液体或固体。醛和酮都有特殊气味。

② 元素定性分析。不含氮、硫、卤原子（含杂原子取代基的除外）。

③ 溶解度试验。C_4 以下的醛、酮及 2-戊酮、3-戊酮均属 S_1 组。其余的醛和酮都不溶于水而溶于浓硫酸，属 N 组。

④ 化学检验：2,4-二硝基苯肼试验；品红醛试验；Tollen 试验；碘仿反应。

⑤ IR。醛和酮共有的特征谱带是羰基的 $\nu_{C=O}$ 谱带。饱和脂肪族醛的 $\nu_{C=O}$ 在 1725 cm^{-1} 处；饱和脂肪族酮的 $\nu_{C=O}$ 在 1715 cm^{-1} 处；羰基与芳环相连接或与双键相连接的酮，其 $\nu_{C=O}$ 在 1680～1666 cm^{-1} 区域。

醛基的 ν_{C-H} 在 2820 cm^{-1} 和 2720 cm^{-1} 处有弱峰，将此区域的谱带与 $\nu_{C=O}$ 联系起来可以鉴定醛。

⑥ ^1HNMR。醛基（—CHO）上的 H 核化学位移在远低场，δ 为 9.4～10.5。

(1) 化学鉴定

① 2,4-二硝基苯肼试验。2,4-二硝基苯肼是检验醛和酮羰基最重要和最有代表性的一个反应。醛和酮与 2,4-二硝基苯肼反应，生成黄色或橙-红色的 2,4-二硝基苯腙沉淀。

$$\text{C=O} + H_2NHN-\underset{NO_2}{\underset{|}{\bigcirc}}-NO_2 \longrightarrow \text{C=NHN}-\underset{NO_2}{\underset{|}{\bigcirc}}-NO_2$$

大多数醛和酮与 2,4-二硝基苯肼作用生成不溶于水的固体结晶，有的产物最初可能是油状物，静置若干时间后会有结晶析出。有些长链脂肪族酮生成油状物而不得到固体产物。缩醛对本试剂呈正结果，因为缩醛在水中易水解为醛而与苯肼试剂反应。

② 品红-醛试验。品红是一种桃红色三苯甲烷染料，它和亚硫酸作用后，制得无色的品红-醛试剂（Schiff's 试剂），当试剂与醛作用，失去亚硫酸，产生具有醌型结构的紫-红色染料。脂肪醛易与本试剂反应，芳香族醛反应较慢，酮呈负结果。

$$(H_2N\text{-}\!\!\bigcirc\!\!)_2C=\!\!\bigcirc\!\!=N^+H_2Cl^- + 3H_2SO_4 \longrightarrow (HO_2SHN\text{-}\!\!\bigcirc\!\!)_2\overset{SO_3H}{\underset{}{C}}\!\!-\!\!\bigcirc\!\!-NH_3^+Cl^- + 2H_2O$$

(Schiff's 试剂，无色)

$$\text{Schiff's 试剂} \longrightarrow (R\text{-}\overset{H}{\underset{OH}{C}}\text{-}O_2SHN\text{-}\!\!\bigcirc\!\!)_2\overset{SO_3H}{\underset{}{C}}\!\!-\!\!\bigcirc\!\!-NH_3^+Cl^- \xrightarrow{-H_2SO_3}$$

$$(R\text{-}\overset{H}{\underset{OH}{C}}\text{-}O_2SHN\text{-}\!\!\bigcirc\!\!)_2C=\!\!\bigcirc\!\!=NH_2Cl^-$$

(红紫色带蓝色阴影)

品红是一种桃红色的三苯甲烷染料，与亚硫酸作用后成为无色的品红醛试剂。试剂与醛反应后就产生具有蓝色色调的紫红色溶液。某些酮和不饱和化合物能与亚硫酸反应而使试剂回到原来的品红染料，而呈桃红色，因此反应结果呈桃红色不能视为正结果。

③ Tollen 试验。醛类能还原 Tollen 试剂，产生银镜或黑色金属银沉淀。

$$RCHO + 2Ag(NH_3)_2OH \longrightarrow 2Ag\downarrow + RCO_2NH_4 + H_2O + 3NH_3$$

酮类不能还原 Tollen 试剂，因此常用来区别醛和酮类。

④ 碘仿反应。碘仿反应是检验甲基酮（CH_3COR）的一个特有反应。反应试剂是碘的碘化钾溶液，在氢氧化钠溶液中与样品作用，得到具有特殊药气味的浅黄色碘仿结晶和羧酸钠。

$$3I_2 + 6NaOH \longrightarrow 6NaOI + 3H_2O$$

$$(H)R\text{-}\underset{O}{\overset{}{C}}\text{-}CH_3 + 3NaOI \longrightarrow (H)R\text{-}\underset{O}{\overset{}{C}}\text{-}CI_3 + 3NaOH$$

$$(H)R\text{-}\underset{O}{\overset{}{C}}\text{-}CI_3 + NaOH \longrightarrow (H)R\text{-}\underset{O}{\overset{}{C}}\text{-}ONa + CHI_3\downarrow$$

(浅黄色)

由于所用的试剂能使相应的醇氧化为甲基酮（或醛），因此碘仿反应也可以用来检验具有 $CH_3CH(OH)\text{—}$ 型结构的醇类。有些化合物如 CH_3COCH_2COOR、CH_3COCH_2CN、$CH_3COCH_2NO_2$ 及 β-酮酸酯等，在与本试剂发生反应时，易分解为乙酸，乙酸不发生碘仿反应。

(2) 波谱鉴定

① 红外光谱鉴定。饱和脂肪醛、酮的 $\nu_{C=O}$ 分别在 $1725cm^{-1}$ 和 $1715cm^{-1}$，彼此接近，故不能以此来加以区分。但在这一区域内很少有其他官能团的谱带出现。

醛基的 $\nu_{C_{sp^2}\text{-}H}$ 在 $2720cm^{-1}$ 和 $2820cm^{-1}$ 附近有中-弱的双谱带，是醛基的特征带，酮无此带，故常用以区别醛、酮。芳香族醛的醛基在这一区域内有较明显的双峰，它不受 $\nu_{C\text{-}H}$ 的干扰。在脂肪族醛中，醛基的 $\nu_{C\text{-}H}$ 与烷基的 $\nu_{C\text{-}H}$ 在这一区域内有部分重叠，以致只能见到醛基 $\nu_{C\text{-}H}$ 的一个小肩峰。若将这区域内出现的双峰或小肩峰与 $\nu_{C=O}$ 谱带联系在一起，可作为判断醛基的依据。

甲基酮在 $1365\sim1355cm^{-1}$ 有一强而锐的特征峰。

当羰基与双键或苯环共轭时，$\nu_{C=O}$ 降低 $40\sim25cm^{-1}$，出现在 $1685\sim1665cm^{-1}$。

② 核磁共振谱鉴定。醛和酮的 ^1H 核磁共振谱有很大的差异，这主要是因为醛的羰基上

直接连有氢,此 H 核化学位移 δ 为 9.4~10.5,在远低场,因此醛基的 H 核是很容易识别的。此外醛基碳是 sp^2 杂化的,而 α-碳则是 sp^3 杂化的,这两种不同型杂化碳上的 H 核偶合时,其偶合常数只有 1~3Hz,它的裂分峰常重叠在其他裂分峰上,这也是醛的 ^{1}HNMR 谱的特征之一。酮无以上现象,酮 α-碳上的 H 核受电负性大的羰基影响,其化学位移在稍低场。甲基酮中,甲基质子为单峰,δ 为 2.0~2.5,容易辨认。

③ 紫外光谱鉴定。饱和醛、酮的紫外光谱在近紫外区有很弱的吸收,这种弱的吸收是由羰基氧上的 n 电子跃迁到 π^* 反键轨道产生的 R 谱带。如果羰基和双键共轭时,则此 R 谱带会红移,更为重要的是,共轭使强的 K 谱带从远紫外区移向近紫外区。K 谱带的确切位置给出了共轭体系中存在的取代基数目及其位置的信息。

④ 质谱鉴定。在羰基化合物的质谱中,其碎片主要来自于羰基相邻基团的开裂,例如酮有如下的开裂:

$$R-\underset{\underset{O}{\parallel}}{C}-R' \longrightarrow R-C\overset{+}{\equiv}O + R'\cdot$$
（脂肪族酮） $R-\overset{..}{\underset{..}{C}}=\overset{+}{O}$

不同的基团使电荷稳定的能力不同。一般基团稳定电荷能力的次序为 Ar>R>H。例如,苯乙酮质谱中有一个很强的 m/z 105 峰（$C_6H_5-\overset{+}{C}\equiv O$）和一个很弱的 m/z 43 峰（$CH_3\overset{+}{C}\equiv O$）。

醛的质谱中,由 CHO 正离子形成的峰（m/z 29）通常较小,但很有特征。因此,在鉴定醛时,此 m/z 29 峰特别有用,不能因为峰小而忽略之。

三、鉴定含氮化合物

在溶解度分组试验中,有机含氮化合物分为碱性,中性和弱酸性 3 类,碱性含氮化合物,溶于水的属 S_B 组,不溶于水的属 B 组,常见的有胺类和肼类,以胺类最重要。列入 A_2 和 M 组的酸性和中性含氮化合物中,硝基、亚硝基、偶氮化合物大多具有颜色,且容易被还原；酰胺、酰亚胺、腈、肟等大多是无色物质,容易被水解,因此对于有色物质最好先试还原作用,无色物质先试水解作用。

1. 胺

① 物态。胺类中除了二芳胺、三芳胺和一些芳环取代的胺是固体外,其余大多是液体,而且具有类似氨和鱼腥臭味。纯胺均为无色的,但因易被氧化常含有杂质而呈浅黄、黄或棕色。

② 元素定性分析。含有氮（有杂原子取代基除外）。

③ 溶解度试验。C_1~C_4 胺都溶于水,呈碱性,属 S_B 组,其余的脂肪族胺属 B 组。芳香族胺除了二苯胺和三苯胺外,大多属 B 组。

④ 化学检验。Hinsberg 试验；酰化试验；亚硝酸试验；柠檬酸-乙酐试验；水合茚三酮试验。

⑤ IR。在氢键缔合状态下的伯胺和仲胺,其 ν_{N-H} 为 3500~3300cm^{-1}（中~弱,狭）,叔胺无此处的谱带,也可将胺制成铵盐,观察 3300~2000cm^{-1} 铵谱带。

⑥ ^{1}HNMR。脂肪族伯、仲胺的氮上氢,其化学位移 δ 为 0.5~3。芳香族伯、仲胺的氮上氢,其化学位移 δ 为 3.0~5.0。

⑦ MS。胺类和含氮化合物的分子离子峰对鉴定是很有用的,在解释它们的质谱时要考虑到"氮规律"。

(1) 化学鉴定

① Hinsberg 试验（苯磺酰氯试验）。该试验是以苯磺酰氯或对甲基苯磺酰氯为试剂分别与伯胺、仲胺和叔胺作用，得到不同的结果以达到区分或分离 3 种不同胺的目的。苯磺酰氯与伯胺作用，生成的苯磺酰伯胺，显弱酸性，能溶于稀碱中；与仲胺作用，生成的苯磺酰仲胺呈中性，从碱液中沉淀出来；与叔胺的作用物，在碱性条件下，水解生成原来的胺，这样伯、仲、叔胺完全区别开来。

$$\text{C}_6\text{H}_5\text{SO}_2\text{Cl} + \text{RNH}_2 + 2\text{NaOH} \longrightarrow \text{C}_6\text{H}_5\text{SO}_2\text{NR}^-\text{Na}^+ + \text{NaCl} + 2\text{H}_2\text{O}$$

$$\text{C}_6\text{H}_5\text{SO}_2\text{Cl} + \text{R}_2\text{NH} + \text{NaOH} \longrightarrow \text{C}_6\text{H}_5\text{SO}_2\text{NR}_2 + \text{NaCl} + \text{H}_2\text{O}$$

$$\text{C}_6\text{H}_5\text{SO}_2\text{Cl} + \text{R}_3\text{N} + \text{NaOH} \longrightarrow \text{C}_6\text{H}_5\text{SO}_2\text{NR}_3\text{Cl}^- \xrightarrow{\text{OH}^-} \text{C}_6\text{H}_5\text{SO}_3^- + \text{R}_3\text{N} + \text{Cl}^-$$

样品本身若含有酸性基团，如羧基芳胺等，由于这些羧基本身能与氢氧化钠反应，因而达不到用此反应区分不同胺的目的。

一些带有电负性基团的芳胺，与苯磺酰氯反应较慢，通常在没有与胺形成磺酰胺之前，苯磺酰氯已被水解而呈负结果。

相对分子质量较大的磺酰伯胺，其钠盐在水中的溶解度较小，需要加较多的水才能使之完全溶解，必要时可加热观察其是否溶解。

② 酰化试验。伯、仲胺和酰化试剂作用，生成酰胺，叔胺不起作用，因此可把伯、仲胺和叔胺区分。常用酰化剂是乙酰氯、乙酐和苯甲酰氯。

$$2\text{RNH}_2 + \text{CH}_3\text{COCl} \longrightarrow \text{CH}_3\text{CONHR} + \text{RNH}_2 \cdot \text{HCl}$$

$$\text{RNH}_2 + (\text{CH}_3\text{CO})_2\text{O} \longrightarrow \text{CH}_3\text{CONHR} + \text{CH}_3\text{COOH}$$

③ 亚硝酸试验。脂肪族伯胺与亚硝酸作用，生成的重氮盐不稳定，立即分解成醇和烯烃等混合物，芳香族伯胺在强酸和较低温度下，与亚硝酸作用，生成的重氮盐能与 β-萘酚的碱性溶液起偶联反应，得橘红色偶氮染料。

$$\text{C}_6\text{H}_5\text{NH}_2\cdot\text{HCl} \xrightarrow{+\text{HNO}_2} \text{C}_6\text{H}_5\text{N}_2\text{Cl} \begin{cases} \xrightarrow{\text{微热}} \text{C}_6\text{H}_5\text{OH} + \text{HCl} + \text{N}_2\uparrow \\ \xrightarrow{\beta\text{-萘酚/NaOH}} \text{偶氮染料} + \text{NaCl} + \text{H}_2\text{O} \end{cases}$$

用亚硝酸对芳伯胺进行重氮偶合的反应，常用于单独检验其是否为芳伯胺的一种有效方法。邻位或对位有电负性取代基的芳伯胺，如 2,4-二硝基苯胺、2,6-二溴-4-甲基苯胺不能在盐酸中用亚硝酸钠的重氮化，而必须改用在硫酸中用亚硝酸钠的重氮化法。邻苯二胺不发生重氮化，形成的是黑色偶氮亚胺；间苯二胺虽然发生重氮化，但生成的重氮盐很快与未作用的间苯二胺偶合生成棕色染料；对苯二胺能进行正常的重氮偶合反应。

脂肪族伯胺无此反应。不论是脂肪族还是芳香族伯胺的重氮盐，在室温下均分解并有 N_2 放出，脂肪族胺形成醇，芳香胺形成酚。

④ 柠檬酸-乙酐试验。本方法是专门用于检验叔胺的。一般来说，叔胺均可与柠檬酸-乙酐试剂在加热下发生显色反应，生成的颜色为红色、紫色或蓝色。这个反应为叔胺的特有反应。

⑤ 水合茚三酮试验。这个试验主要用于检验 α-氨基酸。α-氨基酸水溶液与水合茚三酮反应，生成蓝色、紫色或紫红色物质。此反应很灵敏，几微克 α-氨基酸就能显色。同时由于生成的紫色溶液在 570nm 有强吸收峰，其强度与参加反应的氨基酸的量成正比，因而可以定量测定 α-氨基酸的含量。

这种有色物质往往是经几步缩合的产物，产物的颜色则随各种氨基酸而异。

水合茚三酮不仅与 α-氨基酸类化合物有显色反应，而且也能与 β-氨基酸以及脂肪族伯、仲胺反应，形成类似的有色物。脂肪族叔胺及所有的芳胺均无此反应。

(2) 波谱鉴定

① 红外光谱鉴定。伯胺在稀溶液中的红外光谱在 3500～3300cm^{-1} 显示出两个 ν_{N-H} 的弱吸收带，这两个谱带是由于伯胺的氨基上两个氮氢键的不对称和对称伸缩振动引起的。

仲胺在 3500～3300cm^{-1} 处显示出一个由 N—H 伸缩振动引起的单谱带，较弱。叔胺由于其氮上的氢被烷基取代，因此在以上区域不呈任何谱带。

胺和醇一样，分子间可以通过氢键缔合。氢键缔合的胺，其 ν_{C-H} 移向较低的频率。缔合的脂肪族伯胺比醇羟基谱带弱且较尖，氨基的 2 个 N—H 伸缩带在 3400～3330cm^{-1} 和 3330～3250cm^{-1} 处。芳伯胺在稍高频率（较短波长）处吸收。

伯胺的 N—H 弯曲振动吸收带位于 1650～1580 cm^{-1} 区，中等强度，当缔合时，它移向较高频率。脂肪族仲胺的 δ_{N-H} 在谱中难以检测出，芳香族仲胺的 δ_{N-H} 约在 1515 cm^{-1} 处。

脂肪族伯、仲、叔三种胺的 C—N 伸缩为中等到弱的谱带，其吸收在 1250～1020cm^{-1} 区。芳香族胺的 C—N 伸缩为强谱带，位于 1340～1266 cm^{-1} 区。

胺的盐类（铵离子）的 N—H 伸缩振动在 3300～3030 cm^{-1} 区，为强而宽的谱带，而且在 2000～1709cm^{-1} 区有一综合谱带。伯胺的铵盐—NH_3^+，其对称和不对称伸缩产生的强而宽的谱带在 3000～2800 cm^{-1} 区域内，此外，其综合谱带出现在 2800～2000cm^{-1} 区，中等强度，最为显著的是靠近 2000cm^{-1} 处的谱带。仲胺盐，其 N—H 伸缩在 3000～2700cm^{-1} 区有很强的吸收，其多重谱带在 2273cm^{-1} 区，在近 2000cm^{-1} 处可观察到中等强度的谱带。叔胺盐的 N—H 伸缩在较低波数 2700～2250cm^{-1} 处。季铵盐，由于 N 上无氢，故此区域内无吸收。

② 核磁共振谱鉴定。在通常条件下测得的伯胺和仲胺的 ^{1}H 核磁共振谱，其 N—$\underline{H}$ 在 δ 0.5～3.0 处有宽的吸收峰，是由氢迅速交换引起的。在这样的条件下氮上的氢将不与相邻碳上的氢（即 C$\underline{H}$—N$\underline{H}$）发生偶合，故不产生裂分信号。

胺的 α-碳上若连有氢，由于受到氮较强的电负性影响，其吸收在稍低场。

③ 紫外光谱鉴定。应用紫外光谱鉴定芳胺类化合物是较为有用的。氨基氮上的孤电子对可与芳环形成共轭体系，它与苯酚类似，能通过紫外吸收光谱加以测定。

④ 质谱鉴定。利用质谱来鉴定胺类化合物也是很有用的。链状脂肪族胺的分子离子峰的强度一般都是较弱的，而芳香族和脂环族的分子离子峰的强度则较强。胺类和其他所有含氮化合物的分子离子，其 m/z 都是非常有用的。一个分子离子质量为偶数的含氮化合物，

其氮原子数必定是偶数。反之,一个具有奇数分子量的化合物,其氮原子数就一定是奇数。

脂肪族胺类化合物开裂的通式可表示如下:

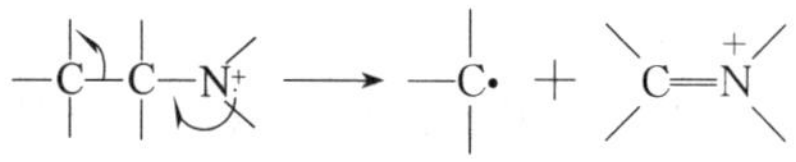

苯胺的开裂方式如下:

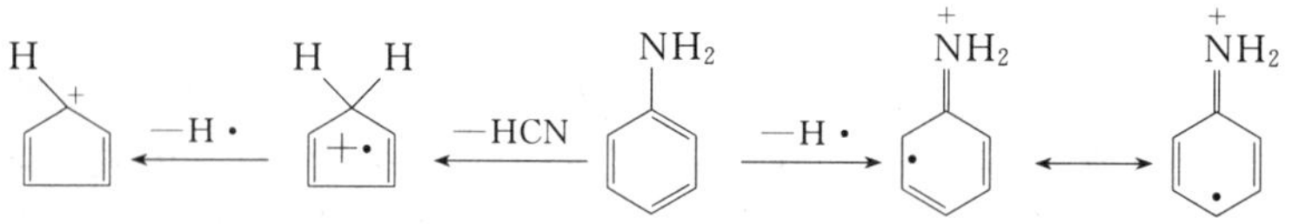

2. 硝基化合物

在弱酸性和中性化合物中,以硝基化合物最为重要,属易还原的化合物。微溶于水。

① 物态。大多数脂肪族硝基化合物是无色有香味的液体。芳香族硝基化合物是无色或淡黄色高沸点液体或低熔点固体,有芳香味,芳环上带有的硝基越多,则颜色越深。

② 元素定性分析。含有氮(含杂原子取代基者除外)。

③ 溶解度试验。脂肪族硝基化合物仅微溶于水或不溶。硝基伯烷或硝基仲烷(即 α-碳上有氢的)属 A_2 组。α-碳上无氢的硝基烷及芳香族硝基化合物均归属于 M 组。

④ 化学检验。氢氧化亚铁试验;氢氧化钠试验。

⑤ IR。硝基化合物有特征的红外光谱吸收带:$\nu_{NO_2(s)}$ 在 $1389 \sim 1259 cm^{-1}$,$\nu_{NO_2(as)}$ 在 $1661 \sim 1499 cm^{-1}$。

⑥ ^1HNMR。硝基化合物 α-碳上氢的化学位移在 $\delta 4.0 \sim 5.0$。芳香族硝基化合物的芳环氢,因硝基吸电子的影响,使化学位移移向低场。邻位氢的 δ 为 $8 \sim 9$;间位和对位氢的 δ 为 $7.5 \sim 8.0$。

(1) 化学鉴定

① 氢氧化亚铁试验。硝基化合物能使浅绿色的氢氧化亚铁氧化为红棕色的氢氧化铁(Ⅲ)沉淀,硝基化合物则被还原为胺。

$$RNO_2 + 6Fe(OH)_2 + 4H_2O \longrightarrow RNH_2 + 6Fe(OH)_3 \downarrow$$

式中的 R 基可以是烷基或芳基。

本试验对所有的硝基化合物均呈正结果,一般都在 30s 内即呈红棕色。硝基化合物氧化氢氧化亚铁的速度与样品在试剂中的溶解度有关。例如,硝基苯甲酸能溶于碱溶液,在此试剂中几乎立即呈红棕色。

凡能氧化本试剂的化合物,如亚硝基化合物、羟胺、醌、硝酸烷基酯和亚硝酸烷基酯均呈正结果。

② 氢氧化钠试验。这种方法主要用检验含有两个或两个以上硝基的芳香族化合物。各种芳香族硝基化合物与氢氧化钠作用时有不同的颜色产生。单硝基芳化物颜色变化不显著;二硝基芳化物产生紫色;三硝基芳化物产生血红色。多硝基芳化物在碱性溶液中能形成一种有色的配合物。

芳香族硝基化合物的芳环上若有羟基、氨基、N-烷基取代氨基或酰胺基时,也会产物显色反应,如硝基酚在本试剂中可呈黄色、黄橙色或黄绿色。

(2) 波谱鉴定

① 红外光谱鉴定。硝基化合物由于具有强极性的氮氧键之间的相互偶合而呈现两个强谱带,一个为硝基的不对称伸缩振动,另一个为硝基的对称伸缩,如下所示,此带很易于识别。

$\nu_{NO_2(as)}$ 1661~1499 cm^{-1} $\nu_{NO_2(s)}$ 1389~1259 cm^{-1}

② 核磁共振谱鉴定。脂肪族硝基化合物，特别是那些在 α-碳上有氢的化合物，其化学位移在稍低场，δ 在 4.0~5.0 之间。

硝基直接连接在芳环上的化合物，由于受到硝基强吸电子基团的影响，芳环邻位氢比苯环上的氢在稍低场吸收。

③ 质谱鉴定。脂肪族硝基化合物的质谱中，分子离子峰通常是很弱的，有时甚至不存在。但是，芳香族硝基化合物的质谱中能显示出稳定的分子离子峰，因为芳环能稳定该分子离子。

硝基化合物质谱中的碎片离子是很有用的，特别是 M-NO$_2$ 峰，常用来代替脂肪族硝基化合物的分子离子峰。

④ 紫外光谱鉴定。芳香族的硝基、亚硝基、偶氮或氧化偶氮化合物，在分子结构上都具有 n 电子和大 π 键的共轭体系，因此这些化合物本身就具有颜色，所以通常可用可见-紫外分光光度计来加以测定。

第二节 有机物结构确定

要完全确定出一个未知化合物的结构，则要进行包括测定相对分子质量，决定分子式，鉴定分子中存在哪些官能团、化学键，确定这些有机基团之间的相互位置关系等一系列的工作。在这一过程中，可以获得诸如物理性质、某种元素是否存在、溶解度、波谱数据、与某些分类试剂的反应性及化合物在特定实验中的反应性等许多信息。如最终要能确定出未知化合物的结构，就必须对所得信息加以归纳和解释，判断化合物中存在哪些官能团，并确定这些官能团在结构中的连接方式，以期得到化合物可能的结构。本节通过几个具体实例，对如何从实验数据着手归纳相关信息，并确定分子结构进行指导。

一、结构已知的化合物结构确定

由于这类化合物在文献上有记载、结构性能已知，仅对分析者来说是未知的，因此在对这些化合物进行结构鉴定时，不必做元素分析，测定相对分子质量及计算分子式，只需鉴定这些化合物及其衍生物的物化性质与文献值相一致。

对于含有羧基的未知化合物，酸和碱的中和当量以及酯的皂化值是很有帮助的两个物理常数。通过这些数据、溶解度分类情况、与化学试剂的反应性等相结合，可给出有关未知化合物分子结构的有用信息。

[例 5-1] 中和当量为 45±1 的有机酸

由于中和当量=羧酸相对分子质量/分子中羧酸数目，由此可见一个酸的中和当量取决于分子中羧基的数目。

假如分子中只存在一个羧基，那么中和当量就等于相对分子质量。如果此化合物是一元酸，那么它的相对分子质量就一定是 44、45 或 46。如果该化合物的相对分子质量是 45，因一个羧基的相对分子质量为 45，那么羧基上就不能连接任何其他基团。相对分子质量为 44 显然是不可能的。相对分子质量为 46，在扣除羧基后的相对分子质量为 1，而只有氢的相对原子质量为1,因此只能为甲酸(HCOOH)。

但此化合物也可能是二元酸。此时,相对分子质量为90±2。两个羧基的相对原子质量是45×2=90,因此可能还剩余相对原子质量为0、1或2的残基。但是没有一个二价原子的相对原子质量为0、1或2。因此二元酸可能是两个羧基相互连接的草酸(HOOC-COOH)。这样,分别假定为一元酸或二元酸,通过中和当量即可推导出两种可能的结构。最终通过化合物的物态和溶解度分类情况,才能判断出甲酸还是草酸。如果中和当量为45±1的化合物是能溶于水和纯醚的液体(溶解度属 S_1 类),则一定是甲酸。如果该化合物能溶于水而不溶于醚的固体(溶解度属 S_2 类),则为无水草酸。

从相对分子质量考虑,显然该酸不可能是三元酸(相对分子质量为135±3)或四元酸(相对分子质量为180±4)。

[例5-2] 一种酸A的中和当量为136±1,不含卤原子、N和S等。化合物A不能使冷的 $KMnO_4$ 溶液褪色,但化合物A的碱性溶液与 $KMnO_4$ 溶液共热1h后,经酸化可生成中和当量为了的沉淀(B)。

假设化合物B是一元酸,则相对分子质量=83±1,减去1个—COOH相对分子质量45,则残基相对分子质量=38±1。

假如此残基由C、H组成,由残基相对分子质量知:可含有3个碳,其相对分子质量为3×12=36,剩余值2±1,可能为 C_3H、C_3H_2、C_3H_3,但化合物B与热不反应,故这些残基都不存在。若为烷烃,不与 $KMnO_4$ 溶液反应的残基应为 C_3H_7,若为环烷烃则为 C_3H_5,显然与残基相对分子质量不符。

假如此残基由C、H、O组成,如含有1个氧原子和1个碳原子,则剩余值=(38−16−12)±1=10±1,B可能的分子式为 $CH_{10}OCO_2H$,显然不合理;如果含有2个氧原子,则剩余值=(38−2×16)±1=6±1,B可能的分子式为 $H_6O_2CO_2H$,显然也不合理。故化合物B不可能是一元酸。

假设化合物B为二元酸,则相对分子质量=2×(83±1)=166±2,含2个羧基=90,则残基=76±2。

假如此残基是饱和脂肪族,它一定是由—CH_2—单元组成,如果有5个—CH_2—=5×14=70,如果有6个—CH_2—=6×14=84,显然都没相当于残基的相对分子质量76±2。

对热 $KMnO_4$ 溶液稳定的还有苯环。苯环是由6个CH基团组成,6×13=78为苯的相对分子质量。如果存在2个羧基,则两个氢原子被羧基所取代,则残基为78−2=76。此值与上述计算值一致,因此化合物B的可能结构为 $C_6H_4(COOH)_2$;则B可能为苯二甲酸。

那么化合物B能否为三元酸吗?如果能,则相对分子质量=3×(83±1)=249±3,3个羧基=3×45=135,则残基=114±3。显然这个残基不可能是芳香族,因为与苯环的相对分子质量不符。也排除苯环上有侧链,因为侧链势必被 $KMnO_4$ 所氧化。但是114±3这个数值与8个 CH_2 基团的相对分子质量(8×14=112)相符,因此 $C_8H_{15}(COOH)_3$ 的相对分子质量(246)与三元酸的相对分子质量(249±3)相符,但由化合物A不能生成这个三元酸,因为A的中和当量为136±1。

假设化合物A是一元酸,则:A的相对分子质量为136±1,减去一个—COOH的相对分子质量45,残基的相对分子质量=91±1。

因为化合物B含有一个对 $KMnO_4$ 稳定的 C_6H_4 基团,这个基团也必然存在于化合物A中。则将相对分子质量为91±1的残基减去 C_6H_4 基团相对分子质量76,剩余值=15±1。连接在苯环上甲基的相对分子质量与剩余值15±1相符。

第五章　未知物结构确定

$$\underset{\text{化合物 A}}{C_6H_4\genfrac{}{}{0pt}{}{COOH}{CH_3}} \longrightarrow \underset{\text{化合物 B}}{C_6H_4\genfrac{}{}{0pt}{}{COOH}{COOH}}$$

中和当量（NE）=136　　中和当量（NE）=83

由此显然可知化合物邻甲基苯甲酸，间甲基苯甲酸或对甲基苯甲酸，三者都会发生上述反应。为了确定准确结构，还需要熔点、制备衍生物或波谱数据等。

这个例子也说明一个事实，即氧化作用常使具有一定中和当量的化合物转变成中和当量较低的产物。通常从羧基数目的增多或分子裂解成较小的碎片推导出分子结构。

二、确定未知化合物的结构

很多情况下经常会遇到一些产品信息很少或者是文献上没有记载、结构性能完全未知的化合物，则要进行全面分析，通常将化学法和"四谱"综合运用来确定未知物的结构，这样可省去很多的麻烦，提高了结构鉴定的效率。

1. 分子式的使用

通常通过元素分析及相对分子质量、或质谱可得到任何未知化合物的分子式，也可获到很多可能官能团的信息，因此分子式具有重要意义。

非环状饱和烃的通式是 C_nH_{2n+2}。在醇、醚、醛缩醇或其他饱和开链化合物中引入氧不改变碳氢比，则分子式为 $C_nH_{2n+2}O_m$。若在饱和分子中引入一个双键或一个环，则会减少2个氢原子；若引入一个叁键，则会减少4个氢原子。因此通过测定碳氢比，可推测分子中的多重键或环的可能数目。

例如，分子式为 $C_8H_{12}O$ 的化合物，比饱和烃少6个氢原子，因此分子中含有3个双键或3个环，或双键、三键和环的某种化合物。该化合物不可能含有苯环，因为苯环比饱和化合物少8个氢原子，所以分子中的氧官能团不可能是酚羟基。

若饱和烃中引入一个卤原子，需要减去一个氢原子。因此饱和开链单卤代烃的通式是 $C_nH_{2n+1}X$。另在饱和烃中引入一个氮原子使其变成开链的饱和胺时，则需要增加1个氢原子，则其分子式为 $C_nH_{2n+3}N$。由此可得到从碳、氢数推导分子式的一般规律：只含有碳、氢和氧的分子中一定含有偶数个氢原子；含有奇数个卤原子或氮原子的化合物一定含有奇数个氢原子；含有偶数个卤原子或氮原子的化合物则一定含有偶数个氢原子。

计算不饱和度有助于结构的推导，当对周期表中第1周期、第2周期元素的非简单氧化态，应谨慎使用不饱和度公式。例如，C_3H_8OS 的不饱和度为零，则可能的结构如下：

$$HOCH_2CH_2SCH_3 \qquad HOCH_2CH_2CH_2SH \qquad CH_3\overset{\overset{O}{\|}}{S}CH_2CH_3$$

最后一个分子式，即亚砜，似乎与上述结果不符。然而，把它写成如下的极性共价键的共振形式，则与上述结果相符合。

$$H_3C-\overset{\overset{\bar{O}}{|}}{\underset{+}{S}}-CH_2CH_3$$

所以3种结构的不饱和度均为零。

2. 化学法与"四谱"的综合运用

① 利用化学法对未知化合物进行物态、物理常数、溶解度分组以及元素分析等初步分析与检验，能判断未知物是单一组分还是混合物，并能得到未知化合物的归属。

② 利用质谱（MS）确定出分子离子峰，从而获得未知物的相对分子质量。利用质谱的分子离子峰（M）和同位素峰（$M+1$，$M+2$）的相对丰度可求得最可能的分子式。再由分子式计算不饱和度，推测出化合物的大致类型。

③ 利用紫外可见吸收光谱（UV），测定未知物溶液在可见-紫外区域内在不同波长处吸收度，计算吸收系数（尤其是摩尔吸收系数），并对主要吸收谱带进行归属（如K带、R带、E带、B带），可获得未知物结构中可能含有的发色团、助色团种类以及初步的连接方式等信息，判定化合物是否存在共轭体系或芳香体系的信息。

④ 通过对未知物进行红外吸收光谱（IR）测试，可推测出化合物中可能含有哪些官能团的信息，亦可推测出化合物的几何构型、晶型、立体构象等信息。固态化合物红外测试可采用压片法、糊法、薄膜法测试，液态化合物可采用液膜法测试，气态化合物可采用气体池测定。

部分含多晶型化合物在研磨和压片过程中，其晶型可能发生变化，可改用糊法测定，同时应根据化合物的结构特点对糊剂的种类进行选择。

⑤ 核磁共振（NMR）可提供分子中各种类型氢的数目、类别、相邻氢之间的关系，甚至空间排列等信息，进而推测出化合物相应官能团的连接状况及其初步结构。溶剂峰或部分溶剂中的溶剂化水峰可能会对化合物结构中部分信息有干扰，因此测试时应选择适宜的溶剂和方法，以使化合物所有信号得到充分显示。

⑥ 将推测出的可能结构式，再利用质谱裂解规律来验证该结构式是否合理。在推导分子结构的过程中，应当把各种波谱有关的数据相互核对，结论应当一致，起到彼此佐证的作用。例如在红外光谱上有醛的特征峰，则核磁共振光谱上也应有醛氢的共振吸收峰，下面以实例来加以说明。

三、未知化合物结构确定实例

[例 5-3] 某一化合物为无色液体，沸点 102℃，其四谱数据如下：

质谱

m/z	丰度/%	m/z	丰度/%	m/z	丰度/%	m/z	丰度/%	m/z	丰度/%
27	40.0	41	26.0	55	3.0	71	76.0	114	13.0(M)
28	7.5	42	10.0	57	2.0	72	3.0	115	1.0
29	8.5	43	100	58	6.0	86	1.0	116	0.06
31	1.0	44	3.5	70	1.0	99	2.0		

紫外光谱

$\lambda_{max/nm}^{EtOH}=273\,nm$	$\varepsilon_{max}=20$

红外光谱

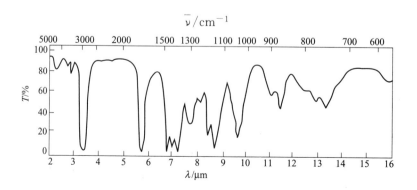

核磁共振谱

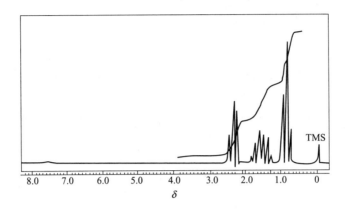

解 将质谱数据中的同位素峰的相对丰度换算为以 M 为 100 时的百分比：

m/z	$M\%$
114(M)	100
115($M+1$)	7.7
116($M+2$)	0.46

查 Beynon 表，相对分子质量为 114，$(M+1)/M$ 相对丰度在 6.7%～8.7%范围内的分子式有以下八个：

项 目	分 子 式	($M+1$)	($M+2$)
a	$C_5H_{12}N_3$	6.74	0.20
b	$C_6H_{10}O_2$	6.72	0.59
c	$C_6H_{12}NO$	7.10	0.42
d	$C_6H_{11}N_2$	7.47	0.24
e	$C_7H_2N_2$	8.36	0.31
f	$C_7H_{14}O$	7.83	0.47
g	$C_7H_{16}N$	8.20	0.29
h	C_8H_2O	8.72	0.53

根据氮规则，质量数为偶数的化合物不含有 N 或含偶数个 N，故式 a、c、g 不可能，而式 e、h 不符合价键规则，于是只有式 b、d、f 可能，其中 $C_7H_{14}O$ 最接近测定值，故最可能的分子式为 $C_7H_{14}O$。计算不饱和度 UN＝1，说明此化合物不是芳香烃类。

从紫外数据，说明有 n→π* 跃迁的 R 吸收带，没有共轭体系的 K 带。

红外光谱在 $1700 cm^{-1}$ 附近有一强峰，示有 C＝O。此化合物可能为脂肪醛或酮，而红外图谱上没有醛基特征峰，故此化合物很可能是脂肪酮。

^{1}H-NMR 谱有三组峰，积分比为 2∶2∶3。$\delta=1$ 附近的三重峰，有 3 个 H，是 CH_3，它们邻近碳有 2 个质子。$\delta=1.6$ 附近的多重峰，有 2 个 H，为 $CH_3CH_2CH_2$—中间的 CH_2。$\delta=2.4$ 附近有三重峰，有 2 个 H，为 $CH_3CH_2CH_2$ 中右边的 CH_2。在 δ 为 9～10 附近没有峰，这就否定了醛。进一步说明此未知物为脂肪酮类化合物。因为分子式含 14 个 H，但 ^{1}H-NMR 谱上只有三种类型质子，故未知物结构推测为：$CH_3CH_2CH_2COCH_2CH_2CH_3$，用质谱进行验证：

$$\underset{M=114}{CH_3CH_2CH_2-\underset{\underset{O}{\|}}{C}-CH_2CH_2CH_3} \xrightarrow[-C_3H_7]{\alpha-\text{开裂}} \underset{m/z\,71}{CH_3CH_2CH_2-\underset{\underset{O}{\|}}{\overset{+}{C}}} \xrightarrow{-CO} \underset{m/z\,43}{C_3H_7^+}$$

[例 5-4] 一未知物为无色液体,沸点165℃,其四谱数据如下:

质谱

m/z	相对丰度/%	m/z	相对丰度/%	m/z	相对丰度/%	m/z	相对丰度/%	m/z	相对丰度/%
27	3	53	2.5	65	3.5	92	1	115	3
39	6	57	1	77	10.5	102	1	117	2.5
41	3.5	58	3	78	3.5	103	5.5	119	15.5
50	2	59	3.5	79	6	104	2.5	120(M)	62.5
51	6	62	1	89	1	105	100	121($M+1$)	6.4
52	2	63	3	91	8	106	9	122($M+2$)	0.3

紫外光谱

λ_{max}^{EtOH}/nm	ε_{max}
217	7200
267	260

红外光谱

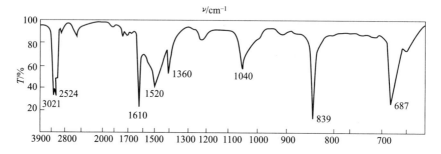

核磁共振谱

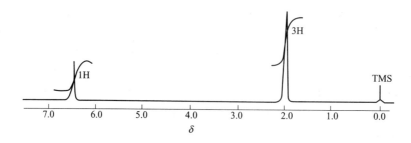

解 先将质谱数据中同位素峰的相对丰度换算为以 M 为 100 时的百分比。

m/z	M/%
120 (M)	100
121 ($M+1$)	10.24
122 ($M+2$)	0.48

查 Beynon 表，相对分子质量为 120，$(M+1)/M$ 在 9.24%～11.24% 范围内式子有两个：$C_8H_{10}N$ 及 C_9H_{12}。根据氮规则，此化合物相对分子质量偶数不可含奇数个 N，故可能的分子式为 C_9H_{12}。

计算不饱和度 UN＝4。可能含有苯环。紫外光谱的 λ_{max} 217nm（7200）为 E 吸收带；267nm（260）为 B 吸收带，说明此化合物含苯环。

红外光谱中，在 1610cm^{-1} 附近有三个吸收峰，为苯环骨架振动的 $\nu_{C=C}$；3201cm^{-1} 附近的峰为苯环的 $\nu_{=CH}$。指纹区 839cm^{-1} 及 687cm^{-1} 两个强峰说明为 1，3，5 三取代苯环，红外光谱无 $\nu_{C=O}$ 及 ν_{O-H} 吸收峰，故不含 C＝O 基及—OH 基。

^{1}H-NMR 谱有两组吸收峰，积分比为 1∶3，δ＝2.15 处单峰。质子数 3，为—CH$_3$；δ＝6.59 处的单峰，质子数 1，为苯环上的三个孤立 H（等价质子）。由于分子中有 12 个 H，故 δ＝2.15 高场处的单峰应含 9 个 H，是苯环上的 3 个 CH$_3$。故推测此化合物的结构可能是：

用质谱验证

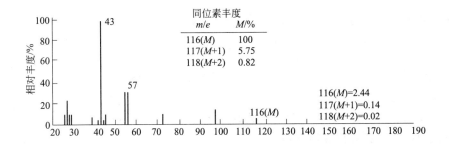

[例 5-5] 一化合物的四谱数据如下，推测其结构。

质谱

m/e	同位素丰度 M/%
116(M)	100
117($M+1$)	5.75
118($M+2$)	0.82

116(M)	2.44
117($M+1$)	0.14
118($M+2$)	0.02

紫外光谱

λ_{max}^{EtOH}/nm	lgε_{max}
232	1.5

红外光谱

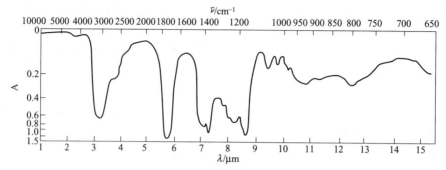

核磁共振谱（溶剂 CCl_4）

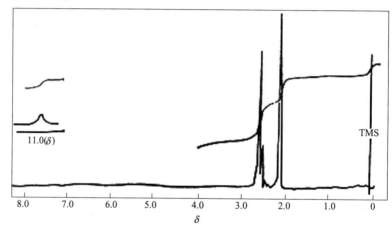

解 将质谱中同位素峰的相对丰度换算为以 M 为 100 时的百分比。

m/z	$M/\%$
116(M)	100
117($M+1$)	5.74
118($M+2$)	0.82

从质谱图中可知，分子离子峰的质量数为 116，则该化合物的相对分子质量为 116；

又有 $(M+2)/M=0.82$，说明化合物中不含 S 和卤素，该峰为氧同位素的贡献，说明分子中含有 O；

又由于分子离子峰 116，质量数为偶数，根据氮规律，分子中不含氮或含偶数氮。则利用谱图中数据及式（4-16）计算碳原子数和氮原子数：

$$\frac{0.14}{2.44}\times 100 = 1.1x + 0.37z$$

设 $z=2$，则 $x\approx 7$，若分子式为 C_7N_2O，则式量等于 128，大于 116，显然不合理，则说明分子中不含氮。

设 $z=0$，则 $x\approx 5$，说明该化合物中碳原子数为 5。

根据式（4-16）计算出氧原子数：

$$\frac{0.02}{2.44}\times 100 = \frac{(1.1\times 5)^2}{200} + 0.2w$$

由此得出 $w\approx 3$，则该化合物分子中含 3 个氧原子，则

H 原子数 $= 116-(12\times 5+16\times 3)=8$

所以此化合物最可能的分子式为 $C_5H_8O_3$，UN=2。

紫外光谱只在262nm处有一弱吸收，为R带。没有共轭体系的K带。

红外光谱：在 $3330\sim2500cm^{-1}$ 间有很宽的缔合—OH的伸缩振动吸收，$1715cm^{-1}$ 处的强峰为 C═O 伸缩振动，此峰较宽，很可能是酮的 C═O 与酸的 C═O 吸收重叠，说明此为脂肪羧酸。

^1H NMR谱：在 $\delta=11.0$ 处质子数为1的单峰，为羧酸质子的吸收。$\delta=2.60$ 处4个质子的峰可能为化学位移几乎相同的两个亚甲基，$\delta=2.12$ 处3个质子的单峰为邻接 C═O 的 CH_3。由此可推测此化合物为乙酰丙酸：$CH_3COCH_2CH_2COOH$。

利用质谱验证

$$CH_3\overset{O}{\underset{\|}{C}}-CH_2 \mid CH_2COOH \xrightarrow{\alpha\text{-开裂}} CH_3-\overset{O}{\underset{\|}{C}}{}^+$$

$m/z116 \quad\quad\quad \downarrow \beta\text{ 开裂} \quad\quad m/z43(峰)$

$$CH_3-\overset{O}{\underset{\|}{C}}-\overset{+}{C}H_2$$

$m/z57$

第三节　有机物结构验证

第二节的实例中给出了利用"四谱"确定和验证有机物结构，对于文献上没有记载、结构性能完全未知的化合物采用这种手段比较合适，但常常面临着高额检验测费的境地，因此对于文献上有记载，结构性能已知，只对检测者来说是未知的化合物，则在经过初步观察、元素定性分析、物理常数测定、溶解度分组试验及官能团检验等步骤后，基本上可以推断出单纯的有机未知样品属于哪种类型的化合物，含有哪些官能团，明确了未知样品的结构，然而仍必须对这个未知样品的结构进行验证，这是系统鉴定单纯有机未知样品的最后的一个步骤，也是决定性的一个步骤，本节重点介绍这种验证方法。

一、验证未知物结构的方法

在未知物结构初步确定后，一般需通过以下4种方法来验证其结构。

1. 与标准样品比较

许多较为简单和常见的有机化合物，容易得到它们的标准样品，因此常用混合熔点和色谱方法来验证未知物与已知物的同一性。

2. 与标准图谱对照

许多有机物的UV、IR、NMR、MS图谱或光谱数据已分别收集在手册、索引和标准图谱集中。将未知物的光谱图或光谱数据与标准样品的图谱或数据对照，可以简单地验证未知物的结构。常用的如Sadtler红外、紫外、核磁共振图谱集，内中收集了数万个有机物。

3. 制备衍生物

对于结构比较简单的样品，可查阅本书附录的"衍生物表"，这些衍生物表按各类化合物分别排列，各表又按各化合物物理常数大小次序排列。表中除列出各化合物本身物理常数外，还列出了它相应衍生物的物理常数。凡表中化合物，它所含元素及官能团与样品分析结果相符，并且其沸点或熔点数值与样品测出者高低相差5℃范围以内的，都被认为是样品的可能化合物。

例如有一个酚类样品，测得熔点40℃，则查阅衍生物表中"固体酚"一栏的物理常数，并把与其熔点差±5℃范围内的化合物列举出来，下表即是该样品熔点在（40±5）℃范围内的可能化合物。

可能化合物	熔点/℃	可能化合物	熔点/℃	可能化合物	熔点/℃
对甲苯酚	36	苯酚	42	邻碘苯酚	43
2,4-二溴苯酚	36	对氯苯酚	43	水杨酸苯酯	43
间碘苯酚	40	2,4-二氯苯酚	43	邻硝基苯酚	44

如果根据元素分析，得知样品中仅含 C、H、O 时，结合官能团特征试验和光谱数据，化合物的范围可缩小到对甲苯酚和苯酚，虽然未知物的熔点和苯酚较为接近，但仍不能排除对甲苯酚的可能性，此时就需要将未知物制备成合适的衍生物，测其熔点，进一步确定未知物与已知物是否相同。

4. 降解或合成

对结构比较复杂或新化合物，有时需要用降解或合成的方法加以确定。

二、制备衍生物

1. 衍生物制备的条件

为取得一令人满意的衍生物，在制备时应符合下列条件。

① 衍生物必须是固体，因测定熔点的准确度高于测定沸点。这就要求衍生物必须有明确的熔点，其范围在50～250℃为宜，低于50℃者较难结晶，以高于100℃为合适，因为这样的衍生物易用重结晶法纯化之。

② 衍生物制备方法应简便、快速、产量高、副产物少；产物易于分离和纯化。

例如在制备邻甲氧基甲苯的衍生物时，有 a 法——甲基的侧链氧化；b 法——氢碘酸使醚链断裂；c 法——芳核的溴化或硝化。

其中以 a 法较好，c 法生成的产物较多。

③ 衍生物和未知物在物理和化学性质上应有明显的差别。

④ 衍生物应能把未知物从可能化合物中筛选出来。用于比较的衍生物熔点至少要相差5～10℃。

例如，在 dl-苯羟乙酸和苯甲酸中，它们的衍生物选对硝基苄酯熔点相差比较大。

单位：℃

项目	熔点	酰胺	酰苯胺	对硝基苄酯
dl-苯羟乙酸	118	132	152	124
苯甲酸	122	130	150	89

⑤ 衍生物最好有几个易于测定的物理常数。例如，邻甲氧基甲苯的衍生物-邻甲氧基苯甲酸，不但有明显的熔点，并且可测得中和当量。

2. 衍生物的制备方法

下面简述主要类型化合物的合适的衍生物及其制备方法，衍生物制出后还必须经过重结晶提纯，才能测定准确熔点。

（1）芳烃

① 硝基化合物。芳烃与硝化试剂作用，生成硝基化合物，但是要注意控制硝化条件，以免生成多硝基化合物的混合物而难以分离。硝基化合物一般有明确的熔点。

② 邻芳酰苯甲酸。芳烃或卤代芳烃在无水氯化铝的存在下与邻苯二甲酸酐作用，生成芳酰苯甲酸：

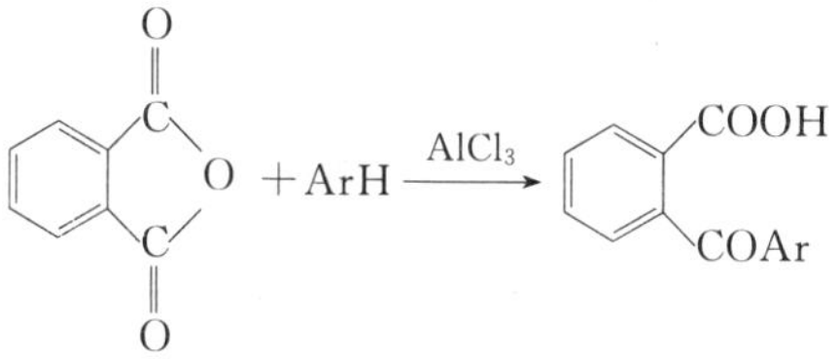

产物有明确的熔点，并可测其中和当量。

③ 芳香族羧酸。具有侧链的芳烃能被碱性高锰酸钾氧化成芳香羧酸。

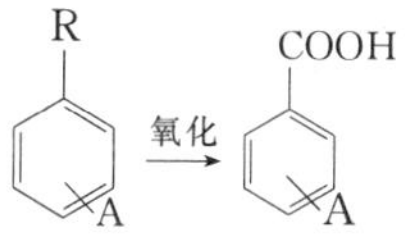

（2）醇

① 氨基甲酸酯。伯、仲醇与氰酸苯酯作用，生成苯氨基甲酸酯，这是常用方法。

$$ROH + ArN=C=O \longrightarrow ArNHCOOR$$

② 对硝基苯甲酸酯和3,5-二硝基苯甲酸酯。伯、仲、叔醇均可与对硝基苯甲酰氯或3,5-二硝基苯甲酰氯作用，生成对应的酯。

$$ROH + ArCOCl \longrightarrow ArCOOR + C_5H_5NHCl$$
$$Ar = 3,5\text{-}(NO_2)_2C_6H_3\text{—}或4\text{-}(NO_2)C_6H_4\text{—}$$

③ 乙酸酯和苯甲酸酯。多元醇可以制备它的乙酸酯和苯甲酸酯。

（3）酚

① 芳氨基甲酸酯。酚与醇相似，与异氰酸酯作用，生成芳氨基甲酸酯。

② 3,5-二硝基苯甲酸酯。酚也同样能与3,5-二硝基苯甲酰氯作用，生成对应的酰酯，常用吡啶作溶剂。

③ 芳氧乙酸。酚类在碱存在下，与氯乙酸作用，生成芳氧乙酸，这类衍生物有明确的熔点。并可测其中和当量。

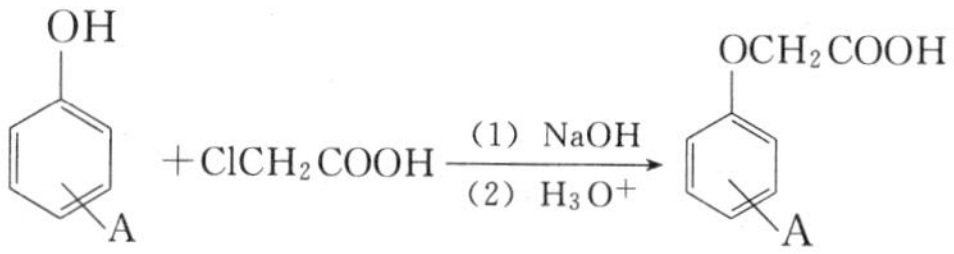

(4) 醛和酮

① 2,4-二硝基苯腙、对硝基苯腙和苯腙。2,4-二硝基苯腙、对硝基苯腙和苯腙都是醛酮的重要衍生物。有些熔点太高的 2,4-二硝基苯腙衍生物，可制备对硝基苯腙或腙。

$$\begin{matrix}R\\R'\end{matrix}\!\!>\!\!C\!=\!O + H_2NHNAr \longrightarrow \begin{matrix}R\\R'\end{matrix}\!\!>\!\!C\!=\!NHNAr + H_2O$$

$$Ar = 2,4\text{-}(NO_2)_2C_6H_3\text{—}或 4\text{-}(NO_2)C_6H_4\text{—},C_6H_5\text{—}$$

② 缩氨脲。醛和酮（$\overset{|}{\underset{|}{C_5}}$）与氨基脲作用，得缩氨脲。

$$\begin{matrix}R\\R'\end{matrix}\!\!>\!\!C\!=\!O + H_2NNHCONH_2 \longrightarrow \begin{matrix}R\\R'\end{matrix}\!\!>\!\!C\!=\!NHCONH_2 + H_2O$$

产物是固体，纯度高，有时不需重结晶，即可得满意的熔点，但反应时间长。

③ 芳香族羧酸。芳醛能被氧化剂氧，生成固体羧酸。

$$ArCHO \xrightarrow[OH^-/H_2O]{KMnO_4} ArCOO^-Na^+ \xrightarrow{H^+} ArCOOH$$

(5) 羧酸

① 羧酸酯。羧酸盐与对硝基苄溴或 ω,4-二溴苯乙酮作用，制得相应的酯。

$$RCO_2Na + BrCH_2\text{—}\!\!\bigcirc\!\!\text{—}NO_2 \longrightarrow RCOOCH_2\text{—}\!\!\bigcirc\!\!\text{—}NO_2 + NaBr$$

$$RCO_2Na + BrCH_2CO\text{—}\!\!\bigcirc\!\!\text{—}Br \longrightarrow RCO_2CH_2CO\text{—}\!\!\bigcirc\!\!\text{—}Br + NaBr$$

② 酰胺和取代酰胺。羧酸或羧酸盐与亚硫酰氯作用，得到羧酸酰氯，后者再与过量氨或胺作用，生成酰胺或取代酰胺。

$$RCOOH \xrightarrow[\Delta]{SOCl_2} RCOCl \xrightarrow[(R'NH_2)]{NH_3} RCONH_2\ (RCONHR')$$

(6) 酯　酯类碱性水解生成羧酸和醇，产物的分离比较麻烦，因此通常直接制备它们的衍生物。

① N-苄酰胺。许多酯在酸催化下，与苄胺作用，生成 N-苄酰胺结晶。

$$RCO_2R' + CH_3OH \xrightarrow[\text{或 HCl}]{CH_3O^-} RCO_2CH_3 + R'OH$$

$$RCO_2CH_3 + H_2NCH_2C_6H_5 \xrightarrow{NH_4Cl} RCONHCH_2C_6H_5 + CH_3OH$$

② 3,5-二硝基苯甲酸酯。酯类在少量浓硫酸存在下，与 3,5-二硝基苯甲酸共热，生成 3,5-二硝基苯甲酸酯结晶。

$$RCO_2R' + \underset{NO_2}{\overset{O_2N}{\bigcirc}}\!\!CO_2H \xrightarrow{\text{浓 }H_2SO_4} RCO_2H + \underset{NO_2}{\overset{O_2N}{\bigcirc}}\!\!CO_2R'$$

(7) 胺

① 芳酰胺。脂肪族和芳香族伯胺或仲胺与苯甲酰氯、对硝基苯甲酰氯等作用，生成相应的芳酰胺。

$$\bigcirc\!\!\text{—}COCl + R_2NH \xrightarrow{NaOH} \bigcirc\!\!\text{—}CONR_2$$

② 乙酰胺。许多不溶于水的伯胺或仲胺与乙酐作用，得乙酰胺。

$$R_2NH + (CH_3CO)_2O \xrightarrow{NaOH} CH_3CONHR$$

③ 苯磺酰胺和对甲苯磺酰胺　苯磺酰胺和对甲苯磺酰胺与伯胺和仲胺作用，生成固体衍生物。对甲苯磺酰胺通常熔点比苯磺酰胺高，因此是胺类比较好的衍生物。

(8) 酰胺　酰胺水解后生成羧酸和胺（氨），这是鉴定酰胺的常用方法。

三、衍生物制备实例

[例 5-6]　硝化法制备硝基衍生物

为制备一硝基衍生物或多硝基衍生物，必须选择合适的硝化剂或实验条件。下述两种硝化法可供选用。

方法之一：将 3mL 浓硫酸慢慢地加入盛有 3mL 浓硝酸的小烧瓶中，冷却至室温，在摇动中加入 0.3g 芳烃。若芳烃迅速溶解，则将混合物在 50℃水浴上温热 50min 后，用滴管取小部分滴入水中，若有沉淀生成，则把全部混合物倒入 30mL 水中，若不产生沉淀，则将混合物在沸水浴中加热 5min，冷却后，慢慢倒入 30mL 水中，滤集析出的固体，用稀乙醇重结晶。

若在本法中没有发生硝化反应，则可采用下述方法。

方法之二：将 3mL 浓硫酸慢慢地加入 3mL 发烟硝酸中，将混合液冷却，在搅拌下加入 0.3g 芳烃，然后在沸水浴中加热 10min。用滴管吸取一滴滴于水中，有沉淀产生时，再小心地倒入 40mL 水中，滤集沉淀，水洗后用稀乙醇重结晶。

若芳烃在此条件下还不能硝化，则用发烟硫酸代替浓硫酸。用这种方法得到的产物通常是多硝基衍生物。

习　题

1. 用官能团鉴定试验区别下列各组化合物：

(1) C_2H_5CHO、CH_3COCH_3、C_6H_5CHO

(2) $C_6H_5CH_2NH_2$ 与对甲苯胺

(3) $(CH_3)_3CNO_2$ 与 $(CH_3)_2CHCH_2NO_2$

(4) 苄醇和邻甲苯酚

(5) 苯甲醚和二苯醚

(6) 异丁苯和叔丁苯

(7) $CH_3\underset{OH}{\underset{|}{C}}(CH_3)CH_2CH_3$　　$CH_3\underset{OH}{\underset{|}{CH}}CH_2CH_2CH_3$　　$CH_3CH_2\underset{OH}{\underset{|}{CH}}CH_2CH_3$　　$CH_3(CH_2)_3CH_2OH$

(8) $HO-\!\!\!\bigcirc\!\!\!-COOH$　　$HOCH_2-\!\!\!\bigcirc\!\!\!-CH_3$　　$HO-\!\!\!\bigcirc\!\!\!-CHO$

(9) $CH_3-\!\!\!\bigcirc\!\!\!-CHO$　　$\bigcirc\!\!\!-COCH_3$　　$HO-\!\!\!\bigcirc\!\!\!-CH_2CHO$

2. 根据下列实验结果，推断可能的化合物类别或结构。

(1) 一个 A_1 组的化合物，能使冷的 $KMnO_4$ 稀溶液退色。

(2) 一个 S_1 组的化合物，能与乙酰氯反应，并能与次碘酸钠反应得黄色沉淀。

(3) 一个化合物溶于水，灼烧实验有残渣，残渣加水后显碱性。

(4) 一个碱性化合物，相对分子质量为 121±1，经猛烈氧化后，变为相对分子质量为 121±1 的酸。

(5) 某一属于 N 组的化合物用热氢氧化钠处理，然后酸化仅得到一种属 A1 组的化合物。

(6) 一个 M 组的化合物用氢氧化钠溶液加热处理后，仅得到一种完全溶解于碱溶液中的物质。

(7) 一个 A_1 组的化合物，加热后变为 N 组化合物。

3. 一个未知化合物，为无色液体，具有水果香味，不含杂元素，沸点为 179～181℃，溶解度属 N 组，官能团鉴定实验时得下列结果：

(1) 酰氯实验(−)；(2) 氯化铁实验(+)；(3) 溴的四氯化碳实验(+)；(4) 高锰酸钾实验(−)；(5) 氢碘酸实验(+)；(6) 碘仿实验(−)；(7) 高碘酸实验 (−)；(8) 2,4-二硝基苯肼实验 (+)；(9) 吐伦实验 (−)；(10) 品红醛实验 (−)。

样品用热氢氧化钠处理后得一种液体酸，其相对分子质量为 60，此外还获得一种能发生碘仿反应的伯醇，推测未知样品为何物？

4. 一相对分子质量为 346 的酯 (a)，用碱皂化后，蒸馏碱溶液，其蒸出液为纯水。于残渣中加酸酸化后再蒸馏，得一无色的油状物 (b)，(b) 的 IR 在 (3200～3400) cm^{-1} 处有吸收峰。蒸馏后留下的固体残渣 (c) 能溶于碱液中，将 (c) 加热至其熔点以上的温度时，变为另外一种化合物 (d)，此物能溶于热的碱溶液中。于溶液中加酸使呈酸性反应后，又析出 (c)，写出 (a)、(b)、(c)、(d) 的结构式。

阅读园地

发明光谱分析法的本生

1811 年 3 月 31 日，罗怕特·威廉·本生 (Robert Wilhelm Bunsen, 1811—1899) 出生在德国的哥廷根。他家是书香门第，从小受到良好的教育，小学和中学都是在哥廷根读的，成绩优异，后来转到霍茨明登读大学预科，1828 年预科毕业后回哥廷根上大学。他在大学学习了化学、物理学、矿物学和数学等课程。他的化学教师是著名化学家斯特罗迈尔，是化学元素镉的发现人。1830 年，本生以一篇物理学方面的论文获得了博士学位。本生获博士学位以后，因出色的研究工作，使他在 1830—1833 年步行到法、奥、瑞士等国游学，遍访化工厂、矿产地和知名实验室，结识了许多知名科学家。这次游学，对他以后的学术研究有很大帮助。

1833 年，本生游学结束，先后担任了哥廷根大学等学校的教师，1843 年到布勒斯劳任化学教授，在这里，他结识了物理学家基尔霍夫，此后，二人长期合作研究光谱学。1852 年，本生在海德堡任教授，一直从事化学教学和研究。在长期的教学生涯中，本生讲授《普通实验化学》课程，为学生做了许多出色的演示实验，课堂上在自己研制的煤气灯上，他用玻璃管很快就可以制作出所需的仪器，他的这种高超的技巧使他的学生们非常佩服。他研制的实验煤气灯，后来被称为本生灯，一直到现在，许多化学实验室还在使用这种灯。此外，他还制成了本生电池、水量热计、蒸气量热计、滤泵和热电堆等实验仪器。

本生对科学有着广泛的兴趣，他早期研究过有机化学，但过一段时间后，又去专攻无机化学。他一生做的最重要的工作是进行无机分析，他曾分析和鉴定过上千种无机物质，发展了无机分析和测量技术。

1852 年到 1862 年本生与罗斯合作研究光化学，他采用等体积的氢和氯在光炉下进行反应。经研究发现，光照射化学物质使之产生反应的情况，与光的波长有关。本生和罗斯

第五章 未知物结构确定

通过研究，还估计出太阳的辐射能，指出太阳在一分钟内辐射出的光能，等于 $25\times10^{21}\,m^3$ 的氢气和氯气混合转化为氯化氢所需要的能量。

著名的本生灯发明于 1853 年，此灯的温度可达 2300℃，且没有颜色，正因为这一点人使他发现了各种化学物质的颜色反应。不同成分的化学物质，在本生灯上灼烧时，出现不同的焰色，这一点引起他极大的注意，成了他以后建立光谱分析的机遇。

本生在他发明的灯上灼烧过各种化学物质，他发现不同金属盐灼烧时显不同颜色。起初，他认为他的发现会使化学分析极为简单，只要辨别一下它们灼烧时的焰色，就可以定性地知道其化学成分。但后来研究发现，事情绝不那样简单，因为在复杂物质中，各种颜色互相掩盖，使人无法辨别。本生又试着用滤光镜把各种颜色分开，效果比单纯用肉眼观察好一些，但仍不理想。

1859 年，本生和物理学家基尔霍夫开始共同探索通过辨别焰色进行化学分析的方法。他们决定，制造一架能辨别光谱的仪器。他们把一架直筒望远镜和三棱镜连在一起，设法让光线通过狭缝进入三棱镜分光。这就是第一台光谱分析仪。

"光谱仪"安装好以后，他们就合作系统地分析各种物质，本生在接物镜一边灼烧各种化学物质，基尔霍夫在接目镜一边进行观察、鉴别和记录。他们发现用这种方法可以准确地鉴别出各种物质的成分。

1860 年 5 月本生和基尔霍夫用他们创立的光谱分析方法，在狄克海姆矿泉水中，发现了新元素铯；1861 年 2 月他们在分析云母矿时，又发现了新元素铷。此后，光谱分析法被广泛采用。1861 年，英国化学家克鲁克斯用光谱法发现了铊；1863 年德国化学家赖希和李希特也是用光谱法发现了新元素铟，以后又发现了镓、钪、锗等。

最令人惊奇的是本生和基尔霍夫创造的方法，可以研究太阳及其他恒星的化学成分，为以后天体化学的研究打下了坚实的基础。本生一生获得过许多荣誉。但本生对荣誉、勋章、奖章很淡漠，他对他的学生和朋友说："这些荣誉和奖章的价值，全在于它们能使我的母亲感到高兴，可惜她已经不在人世了。"

1899 年 8 月 16 日，本生与世长辞，享年 88 岁。本生是在化学史上具有划时代意义的少数化学家之一，他和基尔霍夫发明的光谱分析法，被称为"化学家的神奇眼睛"。

第六章
有机官能团定量分析

学习指南

有机官能团定量分析是有机分析的重要内容,被广泛应用于有机化合物含量的测定,本章主要学习直接利用官能团的物理性质或化学性质进行定量分析的方法。学习本章内容必须首先复习有机化合物中各类官能团的典型性质,找出可以用于定量测定其官能团的性质,这是学好本章的基本条件。其次要有娴熟的分析操作技能,熟练使用紫外可见分光光度计、气相色谱仪等分析仪器。本章提供了测定各官能团的原理、测定条件、注意事项、结果计算及应用,在学习过程中要能利用这些原理和方法,进行分析方法的初步设计,会根据测定要求,选择所需仪器试剂,计算称样量和试剂用量,确定合适的测定条件,消除可能的干扰,通过计算获得结果。分析方法的选择与设计均要以提高分析反应速度、促使反应定量进行、控制副反应发生为前提。

第一节 概 述

有机官能团定量分析是直接利用官能团的物理性质或化学性质进行定量分析。利用官能团的化学性质进行定量分析称为化学分析法,它主要用于测定常量有机物的含量❶。利用官能团的物理或物理化学性质进行定量分析称为仪器分析,它主要测定微量或复杂的有机物。

有机官能团定量分析是测定有机化合物含量的重要手段,它被广泛应用于有机化工生产中原料检验、中间体的控制分析以及成品的质量分析和环境监测等。通过测定纯有机化合物中官能团的种类和数目,可以鉴定和确定有机化合物结构。在有机化学反应机理的研究和剖析有机化合物结构等科学研究中,官能团定量分析也是不可缺少的重要手段。总之,只要有有机物的地方,就需要有机官能团定量分析。

一、有机官能团定量分析的方法

1. 酸碱滴定法

酸碱滴定法是一种最简便、快捷、成熟的滴定分析方法,在官能团定量分析中,能够采

---

❶ 有机官能团定量分析主要应用于测定有机化合物含量,如不特指,官能团定量分析也称有机物分析。

用酸碱滴定法测定有机物的,则尽量选择该方法测定。凡是分子中含有酸性或碱性基团,或反应过程中消耗酸碱的有机物都可以用酸碱滴定法测定。

含有酸性基团的有机物,如羧酸、磺酸、酚类、脂肪族伯仲硝基化合物、酸酐、酰氯、过氧酸、氨基酸及硫醇等都可以选择合适的溶剂,用碱标准滴定溶液直接滴定,其典型反应可用下式表示:

$$RCOOH + NaOH \longrightarrow RCOONa + H_2O$$

含有碱性基团的有机物,如胺类、生物碱、含氮的杂环化合物(如吡啶、嘌呤、噻唑等)、肼、酰胺、羧酸盐等都可以选择适当的溶剂,用酸标准滴定溶液滴定,其典型反应式可表示为:

$$RNH_2 + HCl \longrightarrow RNH_2 \cdot HCl$$

反应过程消耗碱的有机物如酯类、酸酐及酰卤等,可以与过量的碱标准溶液充分反应后,剩余的碱再用酸标准滴定溶液滴定,根据消耗酸的量从而计算出酯、酸酐及酰卤的含量,其典型反应式如下:

$$RCOOR' + NaOH(过量) \longrightarrow RCOONa + R'OH$$
$$NaOH(剩余) + HCl \longrightarrow NaCl + H_2O$$

反应过程消耗酸的有机物如环氧化合物与酸反应生成卤代醇,可以测定过量的酸来计算环氧化合物的含量。

$$R-CH-CH_2 + HCl(过量) \longrightarrow R-CH-CH-CH_3$$
$$\underset{O}{\diagdown\diagup} \qquad\qquad\qquad\qquad\qquad \underset{OH\ Cl}{|\ \ |}$$
$$NaOH + HCl(剩余) \longrightarrow NaCl + H_2O$$

反应过程中生成酸的物质,如醇与酸酐反应生成羧酸,可用氢氧化钠标准滴定溶液滴定生成的酸。

$$ROH + (CH_3CO)_2 \longrightarrow CH_3COOR + CH_3COOH$$

反应过程中生成碱的物质,如醛与亚硫酸钠反应生成氢氧化钠,可以用酸标准滴定溶液滴定。

$$RCHO + Na_2SO_3 + H_2O \longrightarrow NaOH + RCHOHSO_3Na$$

2. 氧化还原滴定法

凡是分子中有氧化性或还原性的物质,或反应过程中消耗氧化剂或还原剂的物质都可以用氧化还原滴定法测定。在氧化还原滴定法中,应用最广泛的方法是碘量法。碘量法反应速率快、滴定终点敏锐并具有倍增效应等优点。

例如,硝基化合物、亚硝基化合物、偶氮化合物、过氧酸等物质有氧化性,可以用还原法测定。

$$RCOOOH + 2HI \longrightarrow I_2 + RCOOH + H_2O$$
$$I_2 + 2Na_2S_2O_3 \longrightarrow 2NaI + Na_2S_4O_6$$

醇、醛、酚、胺、糖、硫醇等物质具有还原性,可以用氧化法测定。

$$2RSH + I_2 \longrightarrow RSSR + 2HI$$
$$I_2 + 2Na_2S_2O_3 \longrightarrow 2NaI + Na_2S_4O_6$$

反应过程中消耗氧化剂的物质,如不饱和化合物与卤素加成反应,可以测定过量的卤素来求出不饱和化合物的含量。

$$RCH=CHR + I_2(过量) \longrightarrow RCHI-CHIR$$
$$I_2(剩余) + 2Na_2S_2O_3 \longrightarrow 2NaI + Na_2S_4O_6$$

反应过程中消耗还原剂的物质,如醚与氢碘酸反应生成碘代烷,生成的碘代烷经分离后,再与溴反应生成碘酸,过量的溴用甲酸除去,生成的碘酸加碘化钾还原,析出的碘用硫代硫酸钠标准滴定溶液滴定。

$$ROR + 2HI \longrightarrow 2RI + H_2O$$
$$RI + Br_2 \longrightarrow RBr + IBr$$
$$IBr + 2Br_2 + 3H_2O \longrightarrow HIO_3 + 5HBr$$
$$HCOOH + Br_2 \longrightarrow CO_2 + 2HBr$$
$$HIO_3 + 5KI + 5H_2SO_4 \longrightarrow 3I_2 + 3H_2O + 5KHSO_4$$
$$I_2 + 2Na_2S_2O_3 \longrightarrow 2NaI + Na_2S_4O_6$$

反应过程中 1mol 烷氧基产生 3mol I_2,这就是碘量法的倍增效应。利用该效应可以提高测定的灵敏度,可对含量较低的组分进行定量分析。

3. 沉淀滴定法

凡是反应中能够生成沉淀的物质,或反应过程中消耗沉淀剂的物质都可以用沉淀滴定法测定。例如酰氯与硝酸银反应生成氯化银沉淀:

$$RCOCl + AgNO_3 \longrightarrow AgCl \downarrow + RCOONO_2$$

硫醇与硝酸银反应生成硫醇银沉淀和硝酸:

$$RSH + AgNO_3 \longrightarrow RSAg \downarrow + HNO_3$$

可通过测定生成的沉淀或消耗的沉淀剂的量,进而计算出酰氯或硫醇的含量。

4. 滴定测水法

凡是反应中能够生成或消耗水的物质都可以用滴定测水法测定,测溶液中水分的方法是卡尔费休试剂滴定法。例如醇与羧酸在三氟化硼催化下反应生成酯和水:

$$R'OH + RCOOH \xrightarrow{BF_3} RCOOR' + H_2O$$

酸酐水解反应消耗水:

$$(RCO)_2O + H_2O \longrightarrow 2RCOOH$$

可测定生成或消耗水的量,求出有机物含量。

5. 气体测量法

凡是反应中能够生成或消耗气体的物质都可以用气体量法测定。例如脂肪族伯胺与亚硝酸反应放出氮气,格利雅试剂与含有活泼氢的物质反应生成甲烷等。

$$RNH_2 + HNO_2 \longrightarrow ROH + N_2 \uparrow + H_2O$$
$$CH_3MgX + ROH \longrightarrow ROMgX + CH_4 \uparrow$$

不饱和烃催化加氢的反应中消耗氢气:

$$RCH=CHR + H_2 \xrightarrow{催化剂} RCH_2-CH_2R$$

可根据生成或消耗气体的体积测算出有机物的含量。

6. 分光光度法

凡是在紫外可见光区有吸收的物质,或反应中能够生成或消耗紫外可见光区有吸收的物质都可以用紫外-可见分光光度法测定,通常用于测定微量有机物。例如苯在紫外区有吸收,醇与硝酸铈铵反应生成橙红色配合物在可见光区有吸收等。

7. 色谱法

色谱法是一种重要的分离分析方法,特别适宜混合物中各组分含量的测定。对于一些在操作温度下能汽化而不分解的有机物通常采用气相色谱法,而对于高沸点,难挥发,热不稳定的化合物、离子型化合物和高聚物乃至生物大分子则采用高效液相色谱法。例如经催化裂化的汽油中含有数百种烃类混合物,采用化学法或其它仪器分析方法则很难测定其中各组分含量。如采用角鲨烷作固定液，用毛细管作气相色谱柱，就可以对试样中各组分进行定性和定量分析。

除上述介绍的方法外，还可以采用电化学法、原子吸收、红外光谱等方法定量分析有机化合物。

二、有机官能团定量分析的特点

有机官能团定量分析的特点是由有机化合物的特点和分析方法的要求决定的。也就是说为了对有机官能团进行定量分析，必须设法使有机化合物的特性满足分析方法的要求，这就是官能团定量分析的特点，现将三者关系列在表 6-1 中。

表 6-1　有机官能团定量分析特点

有机化合物特点	分析方法要求	官能团定量分析中采取的措施(特点)
多数有机物难溶于水	一般试样制备成溶液	将不溶于水的试样，溶解在有机溶剂中
有机反应是分子反应,反应速率慢	反应速率要快,满足滴定分析的要求	经常采取回流加热和加催化剂,以加快反应速率
有机反应一般是可逆反应	反应必须进行完全	采取试剂过量、产物移走,多数采用返滴定
副反应多	反应按化学计量关系进行	严格控制反应条件,减少副反应发生

有机官能团定量分析是直接利用官能团的物理性质或化学性质进行定量分析，而官能团的性质除取决于自身结构外，还与官能团所在化合物的碳架结构有关，化合物碳架结构不同，在性质上也有所差异，反应活性就会受到影响，这使得有机官能团定量分析变得复杂。对同一官能团不一定用同一方法测定，不同官能团可能有类似的反应。往往需要根据化合物的结构，选择适当的分析方法。即使能用同一方法测定，测定条件也不尽相同，可以在选择通用分析方法的基础上，通过试验，确定出测定每一个化合物的最佳条件（如温度、试剂的浓度、反应时间、反应介质等），以求得满意的结果。

三、有机官能团定量分析中的注意事项

根据官能团定量分析的特点，在进行官能团定量分析时该注意如下几点。

1. 选择合适的分析方法

选择合适的分析方法是官能团定量分析的关键。对于同一官能团可以有多种分析方法，究竟选择哪种方法，一般根据试样来决定。对常量组分，通常选择化学分析法；对微量组分选择仪器分析方法。在化学分析方法中，能用滴定法测定的试样，尽可能不用其他方法测定。因为滴定分析法方便、快捷。在滴定方法中能用酸碱滴定法测定的试样，尽量不用其他滴定法，因为酸碱滴定法简单、操作条件易掌握、干扰少。对复杂的混合物一般采用气相色谱法测定，特别是测定性质相近的混合物（如同系物）中各组分含量；对微量组分的测定，能够用可见分光光度法测定，就不必用其他方法测定。总之，在满足定量分析要求的前提下，应选择最简单的分析方法。

2. 干扰及消除

官能团定量分析的干扰来源于两个方面。①试样中混有其他组分。由于有机试样多数是混合物，在测定某一官能团时，其他组分往往会有干扰。如用皂化法测定乙酸乙酯时，试样中游离的乙酸就会产生干扰。②试样本身的结构。由于有机化合物结构复杂，因而在发生化学反应时，分子中各部位的化学键都可能断裂，导致发生副反应而干扰分析。如烯烃和卤素发生加成反应的同时，也伴随着取代反应发生。

对于不同组分的干扰可以采取不同的消除方法，常用的方法是使干扰的官能团转化成无

干扰的官能团；使待测的官能团转化后再测定；或者采用特殊的分析方法；如果没有合适的消除干扰方法可以采用化学分离的方法或选择色谱法测定。

对于①的干扰消除可以采取两次测量法，即先用某种方法测定总含量，然后再用另一种方法测定出某种组分含量，求其差值即可获得所测组分的含量。如乙酸乙酯含量测定可用皂化法测定酯和酸的总量，然后另取试样测定游离酸的含量，二次测量之差即可求出乙酸乙酯的含量。对于多个组分可以采用多次测量法。

对于②的干扰消除可以通过选择适当的溶剂和试剂，严格控制适宜的反应条件，可使副反应减少或不发生。例如，为了控制加卤素测定烯烃时发生取代反应，不选择活性较大的单质 Cl_2、Br_2，而选择活性较小的 ICl、IBr 等作为加成试剂，并使反应在低温、密闭、避光（光对取代反应有催化作用）的条件下进行。

3. 确定反应最佳条件

用某一种分析方法测定不同的试样，可能有不同的最佳条件。可以利用实验的方法，确定出不同试样的最佳条件，总结出应用这种分析方法的一般规律。

第二节　不饱和化合物含量测定

不饱和化合物主要指烯烃和炔烃，它们的分子中含有碳-碳双键或碳-碳三键，这类化合物都可以发生加成反应。芳烃虽然也含有碳-碳双键，但由于芳环的闭合共轭结构，使其不易发生加成和氧化反应，而易发生取代反应，因而，不将其列入不饱和化合物之中。

不饱和化合物中的低级烯烃（如乙烯、丙烯、1,3-丁二烯等）和炔烃（乙炔等）是重要的基本有机化工原料。检测不饱和化合物是有机化工特别是石油化工和油脂工业方面必测的项目。通过测定试样的不饱和度，以确定产品的质量是否符合生产要求。许多化工产品如油漆、各种石油产品等也必须检测其不饱和度。

一、含双键化合物含量测定

此节中所述双键主要是指含有碳碳双键的不饱和化合物。在含双键化合物的官能团定量分析中，主要是利用其可以发生加成反应这一性质而对其进行定量分析。根据加成试剂不同可以分为卤素加成法、催化加氢法、汞盐加成法、氧加成法、仲胺加成法及硫氰加成法等。其中应用最广泛的是卤素加成法。对于混合烃如石油裂解气（含有烷烃、烯烃、炔烃、环烷烃及芳烃等混合物）的不饱和化合物的测定，可采用气相色谱法。对微量组分的测定可采用分光光度法或气相色谱法。

1. 韦氏加成法

韦氏加成法即加成试剂采用氯化碘的测定方法。

（1）测定原理　加入过量的氯化碘溶液与化合物分子中的不饱和键进行定量反应，

$$\diagup\!\!\!\!C\!\!=\!\!C\diagdown + I\!-\!Cl(过量) \longrightarrow \diagup\!\!\!\!\underset{Cl}{C}\!\!-\!\!\underset{I}{C}\diagdown$$

待反应完全后加入碘化钾还原过量的氯化碘，生成的碘用硫代硫酸钠标准滴定溶液滴定，采用淀粉指示剂确定滴定终点，同时进行空白试验。

$$ICl(剩余) + KI \longrightarrow I_2 + KCl$$
$$I_2 + 2Na_2S_2O_3 \longrightarrow Na_2S_4O_6 + 2NaI$$

(2) 测定条件的选择 测定条件的选择主要围绕反应完全、快速、不发生取代反应而进行。由于卤素和双键的活泼性，容易发生副反应，尤其是在高温、光照、卤素浓度较高、采用汞做催化剂时，更容易发生取代反应。

① 为使反应完全，试剂应该过量 100%~150%。过量少，反应不完全，过量多易发生取代反应。同理 ICl 的浓度一般选择 0.1mol/L。

② 试样可以用三氯甲烷或四氯化碳溶解，也可以用二硫化碳作溶剂。在加成反应时，应该无水操作（试剂、试样、仪器都应该无水），有水时氯化碘分解。其反应式如下：

$$ICl + H_2O \longrightarrow HI + HClO$$

③ 加入 Hg(Ac)$_2$ 催化剂可以加快反应速度，使反应在 3~5min 内完成。但同时也加快取代反应速度，应尽量避免使用。

④ 为防止 ICl 挥发，反应应该在密闭、低温条件下进行；防止取代反应发生，应在避光条件下进行。

⑤ 对双键碳原子上连有强吸电子基的不饱和化合物，反应不完全，可采用仲胺加成法测定。酚类、芳胺及氧化性、还原性物质对测定有干扰，应予以消除后再测定。

⑥ 为使反应完全，反应需要放置 30min，碘值在 150 以上的情况下应放置 60min。

(3) 结果计算 用氯化碘加成法测定不饱和化合物，结果可按式(6-1)计算：

$$w_B = \frac{c(V_0 - V)M_B(1/2)}{mn \times 1000} \times 100 \tag{6-1}$$

式中 w_B ——B 物质不饱和化合物的质量分数；

V_0 ——空白试验消耗硫代硫酸钠标准滴定溶液的体积，mL；

V ——试样消耗硫代硫酸钠标准滴定溶液的体积，mL；

c ——硫代硫酸钠标准滴定溶液的实际浓度，mol/L；

m ——试样的质量，g；

M_B ——不饱和化合物的摩尔质量，g/mol；

n ——官能团的个数。

注意：有机官能团定量分析，经常采用加入过量的试剂与被测物质充分反应后，用返滴定方法测定剩余的试剂。因此，式(6-1)可以作为返滴定法计算有机化合物含量的通用公式。

氯化碘加成法主要用于测定动植物油的不饱和度，由于该方法不能与动植物油中所有的双键发生加成反应，因而只能测定出相对值。所以不能用双键含量或化合物含量表示测定结果，通常用碘值表示。碘值定义为 100g 样品所消耗碘的质量（单位 g），它是衡量油脂质量的重要指标，常见油脂的碘值测定见实例部分。碘值可按式(6-2)进行计算：

$$碘值 = \frac{(V_0 - V)c \times 126.9}{m \times 1000} \times 100 \tag{6-2}$$

式(6-2)中符号的含义与式(6-1)相同，126.9 是碘的摩尔质量（g/mol）。

除了韦氏加成法，另外还有其他加卤素方法，比如溴酸钾-溴化钾加成法。

2. 催化加氢测定不饱和化合物

(1) 测定原理 在金属催化剂的作用下，不饱和化合物分子中的双键或三键与氢气发生加成反应。

$$\begin{array}{c}\diagdown\\\diagup\end{array}\!C\!\!=\!\!C\!\begin{array}{c}\diagup\\\diagdown\end{array}+H_2\xrightarrow{\text{催化剂}}\begin{array}{c}\diagdown\\\diagup\end{array}\!C\!\!-\!\!C\!\begin{array}{c}\diagup\\\diagdown\end{array}$$
$$\qquad\qquad\qquad\qquad\qquad\quad H\;\;H$$

根据反应完全后消耗氢气的量,即可计算出不饱和化合物的含量。由于气体受温度压力影响很大,所以必须对氢气体积进行校正。计算公式如下

$$V_0 = V \times \frac{p}{1013.25} \times \frac{273}{273+t} \qquad (6\text{-}3)$$

$$w_{(C=C)} = \frac{V_0 \times 24.00}{m \times 22\,415} \qquad (6\text{-}4)$$

$$w_B = \frac{V_0 M_B}{m \times 22\,415 \times n} \qquad (6\text{-}5)$$

式中　V_0——校正到标准状况下试样消耗氢气的体积,mL;

　　　V——测定条件下试样消耗氢气的体积,mL;

　　　p——测定时的大气压,hPa;

　　　t——测定时温度,℃;

　　　m——试样的质量,g;

　　　M_B——不饱和化合物的摩尔质量,g/mol;

　　　n——双键的个数,计算烯基含量或碘值时 $n=1$。

(2) 测定条件

① 催化剂的选择。常见的催化剂有铂和钯两种,也可用镍做催化剂。铂催化剂的催化能力最强,在它的催化下氢气能与任何双键、三键发生加成反应,包括苯环的大π键。钯则只能使脂肪族不饱和化合物的双键或三键发生加成反应。因此,要根据试样的组成和测定的要求来选择适宜的催化剂。

② 催化加氢时不发生取代反应,但反应条件对测定结果有一定影响,所以也要严格控制测定反应的温度、氢气的压力、催化剂的用量等。一般测定脂肪族不饱和化合物时,在室温常压下即可以反应完全。催化剂的用量一般与试样量等量或为试样量的 2~3 倍。

③ 氢气要足够纯,不含氧气和硫化氢气体,因为它们可以使催化剂中毒。一般采用电解法得到的氢气或用活泼的金属与稀酸反应产生的氢气。溶剂和试样及容器中也不能含有硫化物或一氧化碳等能使催化剂中毒的物质。

催化加氢法测定不饱和化合物不发生副反应,准确度高,但操作复杂,一般日常分析很少用。只有科研部门用于验证其他分析法时使用。

二、含三键化合物含量测定

炔烃除用以上方法测定外,还可利用炔烃(R—C≡C—R)与乙酸汞反应生成乙酸和乙酸汞的加成物,通过测定生成的乙酸来求得炔烃含量。也可以将炔烃在汞盐催化下与水反应生成酮后,再用测定酮的方法进行测定。对含有活泼氢的炔烃(R—C≡C—H)可以与 Ag^+、Hg^{2+} 反应生成炔化银沉淀或炔化汞配合物,进行定量分析。

1. 氧加成法

该方法是基于不饱和化合物的双键或三键与过氧酸中的氧加成,生成环氧化合物,待反应完成后,加碘化钾还原剩余的过氧酸,生成的碘用硫代硫酸钠标准滴定溶液滴定。从而计算出不饱和化合物的含量。

$$\begin{array}{c}\diagdown\\\diagup\end{array}\!C\!\!=\!\!C\!\begin{array}{c}\diagup\\\diagdown\end{array}+\text{RCOOOH(过量)}\xrightarrow{\text{催化剂}}\begin{array}{c}\diagdown\\\diagup\end{array}\!C\!\!-\!\!C\!\begin{array}{c}\diagup\\\diagdown\end{array}+\text{RCOOH}$$

$$RCOOOH(剩余)+2HI \longrightarrow RCOOH+I_2+H_2O$$

常用的过氧酸有过氧苯甲酸、间氯过氧苯甲酸等。该方法可用于高聚物和链烯烃等不饱和度的测定。

2. 银盐法测定含有活泼氢的炔烃

含有活泼氢的炔烃与银盐反应生成炔化银和等量的酸，可以用碱标准滴定溶液滴定，从而计算出炔烃含量。常用的银盐有硝酸银、高氯酸银。

$$R-C\equiv C-H+AgNO_3 \longrightarrow R-C\equiv CAg\downarrow +HNO_3$$
$$NaOH+HNO_3 \longrightarrow NaNO_3+H_2O$$

对水溶性或醇溶性试样可以用水或醇作溶剂，采用硝酸银标准溶液。由于用氢氧化钠标准滴定溶液滴定反应生成的硝酸，终点时易产生氢氧化银沉淀，况且大多数炔烃不溶于水，所以一般采用非水滴定。在非水滴定中用高氯酸银代替硝酸银产生高氯酸。由于高氯酸是强酸，可以用有机碱滴定，防止生成氢氧化物沉淀。如用三（羟甲基）氨基甲烷的甲醇标准滴定溶液滴定。

$$R-C\equiv C-H+AgClO_4 \longrightarrow R-C\equiv CAg\downarrow +HClO_4$$
$$(HOCH_2)_3CNH_2+HClO_4 \longrightarrow (HOCH_2)_3CNH_2 \cdot HClO_4$$

3. 仪器分析方法测定不饱和化合物

（1）气相色谱法 对于单组分或简单试样的不饱和化合物的测定，可以用前面介绍的化学方法测定，但是，对于复杂的混合物或微量烃类的测定，用化学法是无法测定的。例如石油产品异戊二烯中各组分含量的测定。该产品中含有烷烃、环烷烃、烯烃、环烯烃、炔烃、芳烃等数十种组分。用化学分析方法不可能对各组分进行定量分析。而用毛细管色谱法，采用硅橡胶色谱柱，FID（氢火焰检测器），一次进样即可对异戊二烯中各组分进行定性和定量分析。

气相色谱法不但可以测定烯烃和炔烃，而且是测定烷烃和芳烃的重要手段，已经被广泛应用于烃类的分析。烃类是非极性或弱极性物质，根据"相似互溶"原理，通常选择非极性或弱极性固定液。可用于分离烃类的固定液很多，一般可以选择角鲨烷（异三十烷）、阿皮松 L（主要是饱和烃）、OV-101（甲基硅油）、SE-30（甲基硅橡胶）、邻苯二甲酸二壬酯等。也可以用改性氧化铝吸附剂或碳分子筛等固体吸附剂。根据测定试样的不同，结合现有的条件，可以选择合适的固定相、检测器、定性（标准对照法定性、保留指数定性）和定量分析方法（内标、外标、归一化法）。测定的条件可以查《分析化学手册》第五分册气相色谱分析。

选择20％角鲨烷固定液，6201红色担体，用 TCD（热导池检测器）、氢气作载气，可以对石油裂解气 $C_1 \sim C_3$ 进行分离如图6-1所示。在合成丁苯橡胶生产中，经常用气相色谱法测定 C_4 各组分，用丁酮酸乙酯作固定液，氢气作载气，热导池检测器，可以把 C_4 中各组分较好的分离，并对各组分进行定量分析如图6-2所示。

（2）紫外可见分光光度法 烯烃或炔烃含有碳-碳双键或碳-碳叁键，可以发生 $\pi \rightarrow \pi^*$ 跃迁，但是单烯烃或炔烃在近紫外可见区无吸收，最大吸收波长 $\lambda_{max}<200nm$，不能用可见紫外分光光度法测定。在紫外可见区可以直接测定的不饱和化合物仅有共轭烯烃及少量的卤代烯烃。一般最大吸收波长在200~300nm之间，但其最大吸收波长随共轭双键个数增加而向长波方向移动。紫外可见分光光度法不但可以测定共轭烯烃，而且可以测定芳烃。芳烃属于不饱和化合物，它含有共轭双键，在紫外区有吸收，可以用紫外分光光度法测定。

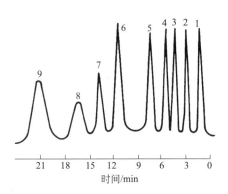

图 6-1 石油裂解气中 $C_1 \sim C_3$ 烃类的色谱图
1—空气;2—丙烷;3—丙烯;4—异丁烷;5—正丁烷;
6—异丁烯;7—反 2-丁烯;8—顺 2-丁烯;9—1,3-丁二烯

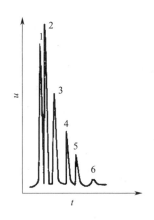

图 6-2 C_4 各组分在丁酮酸乙酯柱上的色谱图
1—甲烷;2—乙烯;3—乙烷;
4—丙烯;5—丙烷;6—丙二烯

由于苯的特殊结构,在紫外区有 E_1(184nm)、E_2(204nm)、B(254nm)三个吸收带。E_1 带最大吸收波长在远紫外区,不能用紫外分光光度法测定;E_2 带最大吸收在近紫外区可以用于测定,但在远紫外区和近紫外区交界处,测定时受仪器性能影响较大;一般测定选择 B 带,在 254nm 处进行光度分析。若苯环上连有生色团或助色团,则最大吸收波长明显向长波移动,吸收强度增加。例如,苯乙烯 E_2 带 $= 248$nm,$\varepsilon = 15000$;B 带 $= 282$,$\varepsilon = 740$。联苯 E_2 带 $= 240$nm,$\varepsilon = 31000$。

直接分光光度法可以测定许多共轭烯烃和芳烃,但是不能测定多数单烯烃或炔烃,而且经常有干扰。为了提高测定的选择性和应用的广泛性,通常采取间接分光光度法。

间接分光光度法测定不饱和化合物有两种方法,其一是利用加成反应过程中消耗有光吸收的试剂,来求出不饱和化合物的含量。例如,在 410nm 处测定溴的标准溶液的吸光度,然后加入试样反应后再测定吸光度,根据两次测量之差即可求出不饱和化合物的含量。其二是利用反应生成有光吸收的物质。如将烯烃氧化成醛或酮,醛或酮在紫外区均有吸收,可以在 250nm 左右测定其化合物含量,但是灵敏度低($\varepsilon < 100$)。通常将氧化后的醛或酮,加入显色剂(如 2,4-二硝基苯肼)显色后在可见区进行分光光度分析。详细内容见羰基化合物的测定。

(3) 库仑分析法 库仑分析法测定不饱和化合物的基本原理是,控制恒电流电解溴化钾产生溴,生成的溴立即与不饱和化合物进行加成,当反应完全时,通过计量电解过程中消耗的电量,来计算出不饱和化合物的含量。根据法拉第电解定律可知:电解过程中产生的溴与其电解所消耗电量成正比。在恒电流库仑分析中,经常控制电流强度在 $1 \sim 10$mA,电解时间在 $1 \sim 10$min 之间,电解过程中产生的溴的量在 $0.05 \sim 5$mg 之间。如果电流控制在 1mA、电解时间在 1min 以内,电解产生的溴的量在微克级,特别适合微量组分的测定。

由于在电解过程中产生溴的量很小,使溴的浓度很低,溴的加成反应可迅速完成,而在这样低的浓度下,取代反应很难发生。库仑分析法通常采用永停法指示终点,自动计量电解过程中电流强度和电解所用时间,并配有计算机数据处理系统,使整个分析过程自动完成。

第三节　含氧化合物含量测定

一、羟基化合物的测定

醇和酚属于羟基化合物，醇羟基通常与脂肪烃基或芳烃侧链相连，用 R—OH 表示。酚羟基常与芳环直接相连，用 Ar—OH 表示。

醇在化工生产中有着重要的地位和作用，低级醇是重要的有机化工原料。许多化工产品的生产都离不开醇，因此多数化工厂都要测定醇类化合物。

由于羟基所连基团结构不同，不仅使醇羟基与酚羟基性质上有较大差异，而且使醇类分子中羟基的化学性质也不完全相同，酚类也是如此。因此根据羟基某一性质建立起来的测定方法，大多数不能通用，即使测定方法相同，测定条件也不一样。这也是有机官能团定量分析特点之一。

醇羟基测定最常用的方法是基于酰化反应，即以酰基取代羟基中氢原子生成酯的反应这一特性。常用的测定方法有乙酰化法和苯二甲酸酐酰化法测定伯醇和仲醇。叔醇的测定常采用在三氟化硼催化下与乙酸反应产生水，通过测定生成的水来求出叔醇的含量。α-多羟基醇的测定是利用α-多羟基醇与高碘酸的特效反应进行的。混合醇的测定可以用气相色谱法，微量醇的测定经常采用可见紫外分光光度法或气相色谱法。酚羟基的测定是利用其特性，用酸碱滴定法或溴代法测定。微量酚可以用分光光度法测定。

1. 乙酰化法测定羟基化合物

乙酰化法是基于羟基中的氢原子被乙酰基取代生成乙酸酯的化学反应来测定羟基化合物。常用的酰化试剂是乙酸酐，其性质比较稳定，不易挥发，酰化能力居中，可采用回流加热和加催化剂等手段加快反应速率。乙酸和醇反应速率慢，且是可逆反应，反应难以进行完全。乙酰氯酰化能力强，且不可逆，但易发生副反应，试剂又极易挥发，不适用于定量分析。

(1) 基本原理

① 酰化反应。醇与过量酸酐反应生成酯和羧酸

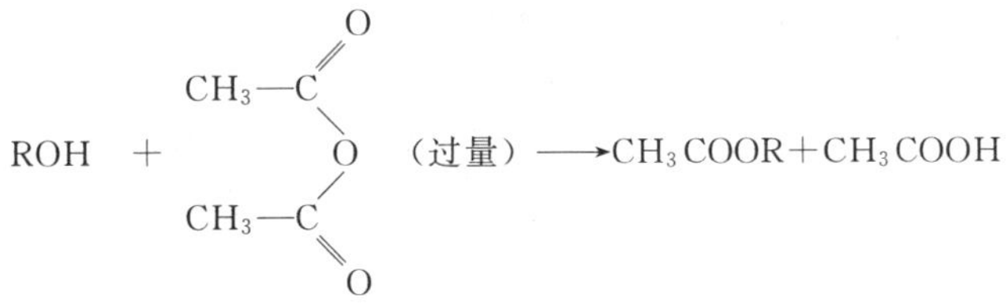

$$ROH + (CH_3CO)_2O \text{（过量）} \longrightarrow CH_3COOR + CH_3COOH$$

② 水解反应。剩余的酸酐加水水解产生羧酸。

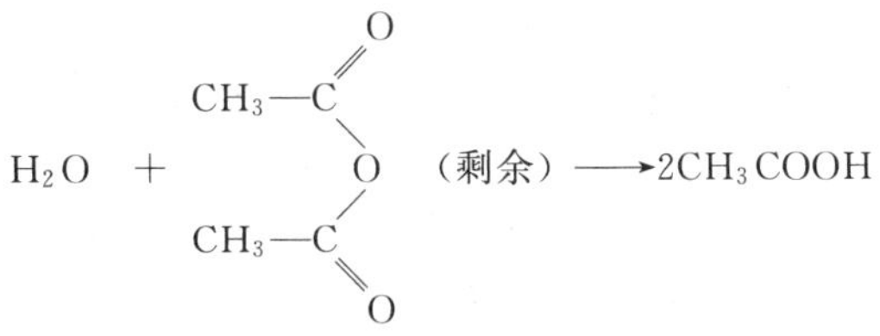

$$H_2O + (CH_3CO)_2O \text{（剩余）} \longrightarrow 2CH_3COOH$$

③ 滴定反应。生成的所有乙酸用氢氧化钠标准滴定溶液滴定。同时进行空白实验。

$$NaOH + CH_3COOH \longrightarrow CH_3COONa + H_2O$$

(2) 结果与计算

① 化合物含量计算。空白试验 1mol 酸酐水解产生 2mol 酸，测定样品 1mol 醇

与酸酐反应产生 1mol 酸，空白滴定消耗碱的量与测定试样消耗碱的量之差（V_0-V），即为试样酰化反应所需酸酐的量，从而可以计算出试样中醇的含量。计算公式如下：

$$w_B = \frac{c(\text{NaOH})(V_0-V)M_B}{mn \times 1000} \times 100 \quad (6-6)$$

式中　　V_0——空白试验消耗氢氧化钠标准滴定溶液的体积，mL；
　　　　V——试样消耗氢氧化钠标准滴定溶液的体积，mL；
$c(\text{NaOH})$——氢氧化钠标准滴定溶液的实际浓度，mol/L；
　　　　m——试样的质量，g；
　　　　M_B——羟基化合物的摩尔质量，g/mol；
　　　　w_B——被测 B 化合物的质量分数；
　　　　n——官能团的个数。

② 羟值的计算。在生产实际中，对混合羟基化合物或未知组成的试样需要测定羟基总量，结果通常用羟值表示。羟值，即 1g 试样中的羟基相当于氢氧化钾的毫克数。数值越大，羟基含量越高。计算公式如下：

$$\text{羟值} = \frac{c(V_0-V) \times 56.1}{m} \quad (6-7)$$

式中符号代表的意义与计算化合物含量相同，56.1 是氢氧化钾的摩尔质量，g/mol。

(3) 注意事项

① 为了使反应完全，通常加入吡啶以中和反应生成的乙酸，它既可以防止乙酸挥发，又相当于将乙酸移走，破坏了化学平衡，使化学反应有利于向右进行。在官能团定量分析中，经常采用这种方式促使反应完全。生成的弱碱盐不影响滴定。

$$CH_3COOH + C_5H_5N \longrightarrow CH_3COOH \cdot C_5H_5N$$

试剂要过量 50% 以上。试剂是否过量可以通过测定试样消耗碱的体积和空白试验消耗碱的体积来判断。若 $V_{样} = 1/2V_{空}$，试剂量不足（或理论上试剂量正好与需要量相当），应该减少称样量，或增加试剂用量。$V_{样} > 1/2V_{空}$ 试剂过量。也可以通过计算求出所需试剂的量（根据化学反应方程式计算），再加上过量的试剂。

② 为加快反应速度可以提高反应的温度，温度升高，酰化反应速度加快。可以根据试样酰化难易程度，选择酰化的温度和时间。一般相对分子质量较小的一元醇（碳原子个数<5），可以在室温条件下放置 10～30min；相对分子质量较大的一元醇或多元醇需要用沸水浴回流加热 30～60min 或更长时间。

加入催化剂是提高反应速度的另一种途径，常用的催化剂是高氯酸。高氯酸催化能力较强，可以在室温条件下进行酰化反应。特别适用于一些难酰化的醇（如空间位阻较大的醇）。但该方法干扰较多，如环氧基化合物、聚氧烯等干扰，需要慎用。如果必须用高氯酸催化，需要用标准样校正。

③ 酰化试剂通常采用乙酸酐-吡啶=1：3 的比例，也可用 1：5 或 1：9 的比例。如果用高氯酸催化，高氯酸的加入量要少，一般乙酸酐-高氯酸=1：0.15。

④ 酰化反应时需无水操作。包括仪器要干燥、试剂无水。如果有水存在，则乙酸酐水解，酰化能力减弱，特别在加热条件下进行酰化反应时，更应该无水，否则酰化无法进行（高温下乙酸酐水解速度加快）。若试样含有少量水，可加大试剂用量，若试样含水过多，必须先脱水，然后再测定。

⑤ 该方法适用伯醇、仲醇的测定，叔醇酰化时发生脱水产生烯烃的副反应。酚和醛对测定有干扰。可采用邻苯二甲酸酐酰化法消除酚和醛的干扰。如有伯胺和仲胺干扰，可酰化后再用皂化法测定生成的酯，而胺不干扰。

⑥ 试样中含有酸性基团或碱性基团，应另取样品，用吡啶溶解，用酸或碱标准滴定溶液滴定，进行校正。如果试样中含有酸性基团，测得的羟值应加上酸值才是试样的真正的羟值；如果试样中含有碱性基团，测得的羟值应减去碱值❶才是试样的真正的羟值。

2. 邻苯二甲酸酐酰化法测定羟基化合物

其原理与乙酰化法类似，所不同的是酰化试剂是邻苯二甲酸酐。

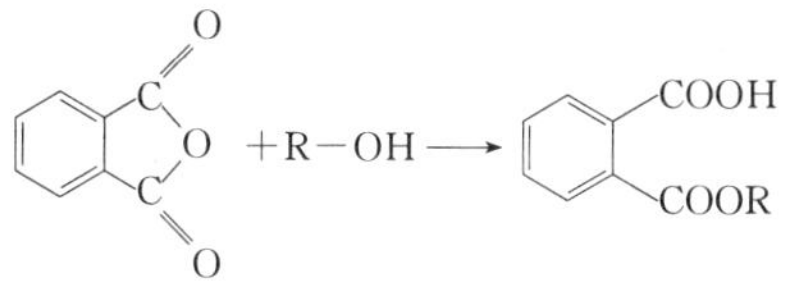

该方法的最大优点是酚和醛的存在无干扰。试剂稳定不挥发，有少量水无干扰。其缺点是酰化能力弱，要求试剂过量多，一般过量 100%～200%。伯、仲胺和硫醇也可以发生酰化反应，干扰测定。但是，可以利用该方法测定其含量。与邻苯二甲酸酐酰化法类似的还有均苯四甲酸酐酰化法、3-硝基邻苯二甲酸酐酰化法、邻磺酸基苯甲酸酐酰化法等。

3. 滴定测水法测定叔醇

该方法是基于醇与酸在 BF_3 催化下脱水产生烯烃，或是反应生成酯，1mol 醇都生成 1mol 水。反应如下：

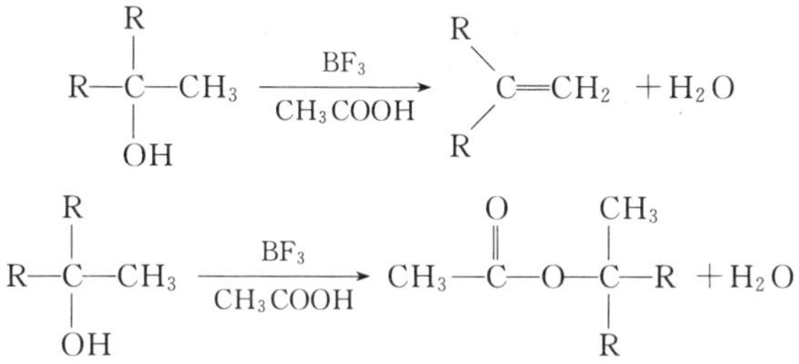

通过测定反应生成的水即可求出醇的含量。测定水的方法有卡尔-费休法和气相色谱法。由于测定伯醇和仲醇有简便的乙酰化法，所以该方法主要用于测定叔醇。

4. 高碘酸氧化法测定 α-多羟基醇类化合物

(1) 基本原理　高碘酸在弱酸性条件下氧化 α-多羟基醇类化合物上的羟基，结果使碳链断裂，生成醛或甲酸。其反应如下：

$$HIO_4 + CH_2OH-CH_2OH \longrightarrow 2HCHO + HIO_3 + H_2O$$

$$2HIO_4 + CH_2OH-CHOH-CH_2OH \longrightarrow 2HCHO + HCOOH + 2HIO_3 + H_2O$$

可以通过测定过量的高碘酸或测定反应生成的甲酸、醛及碘酸求出被测组分的含量，常用的方法有碘量法和酸碱滴定法。现以碘量法为例加以说明。

反应完全后，加入过量的碘化钾还原剩余的高碘酸和反应生成的碘酸，析出的碘用硫代硫酸钠标准滴定溶液滴定，同时进行空白试验即可求出醇含量。

$$HIO_4 + 7KI + 7HCl \longrightarrow 4I_2 + 7KCl + 4H_2O$$

$$HIO_3 + 5KI + 5HCl \longrightarrow 3I_2 + 5KCl + 3H_2O$$

$$2Na_2S_2O_3 + I_2 \longrightarrow Na_2S_4O_6 + 2NaI$$

---

❶ 碱值即 1g 试样碱相当于氢氧化钾的毫克数。

从反应式可以看出，断一个碳碳键消耗 1mol 高碘酸，相当于 1mol 碘，相当于 2mol 硫代硫酸钠。所以 α-多羟基醇类化合物计算公式为：

$$w_B = \frac{c(Na_2S_2O_3)(V_0-V)M_B(1/2)}{mn1000} \tag{6-8}$$

式中 V_0——空白试验消耗硫代硫酸钠标准滴定溶液的体积，mL；

          V——试样消耗硫代硫酸钠标准滴定溶液的体积，mL；

  $c(Na_2S_2O_3)$——硫代硫酸钠标准滴定溶液的实际浓度，mol/L；

          m——试样的质量，g；

          w_B——被测 α-多羟基醇类化合物的质量分数；

          M_B——被测 α-多羟基醇类化合物的摩尔质量，g/mol；

          n——化学反应中断裂碳-碳键的数目。

（2）注意事项　高碘酸既可以氧化相邻碳上都含有羟基的 α-多羟基醇类化合物，也可以氧化含有相邻羟基和氨基（非叔胺）的 α-氨基醇、相邻羟基和羰基的 α-羟基酮、相邻羰基和羰基的 α-羰基酮化合物，使其化学键断裂。

而高碘酸不能氧化单个羟基或羰基及不相邻的多羟基化合物。如：

掌握断键规律，我们就可以判断断键个数。例如：

        CH_2OH-CH_2OH $CH_3-CHOH-CH_2OH$

              $n=1$ $n=1$

        $CH_2OH-CH_2-CH_2OH$ $CH_3-CO-CHOH-CH_2OH$

              $n=0$ $n=2$

高碘酸氧化 α-多羟基醇反应很彻底，对其他基团氧化反应产率各不相同，如果用该方法测定，需要进行标准样校正。

也可以用酸碱滴定法测定 α-多羟基醇氧化产生的甲酸，但必须是 3 个碳以上的醇才能产生甲酸。如工业丙三醇的测定就是采用酸碱滴定法。

5. 溴代法测定酚羟基

溴代法测定酚羟基的基本原理是利用溴酸钾-溴化钾在酸性介质中产生溴，新产生的溴与苯酚反应生成三溴苯酚，过量的溴加碘化钾还原，生成的碘用硫代硫酸钠标准滴定溶液滴定。

$$5KBr + KBrO_3 + 6HCl \longrightarrow 3Br_2 + 6KCl + 3H_2O$$

$$Br_2(剩余) + 2KI \longrightarrow I_2 + 2KBr$$

$$I_2 + 2Na_2S_2O_3 \longrightarrow 2NaI + Na_2S_4O_6$$

苯酚与溴反应还产生少量的溴化三溴酚，但加入碘化钾后溴化三溴酚生成三溴酚，对测定结果无影响。

$$\text{C}_6\text{H}_5\text{OH} + 4\text{Br}_2 \longrightarrow \text{(2,4,6-tribromo-4-bromophenyl ether)} + 4\text{HBr}$$

$$\text{(tribromophenyl hypobromite)} + 2\text{KI} + 2\text{HCl} \longrightarrow \text{(2,4,6-tribromophenol)} + 2\text{KCl} + \text{HBr} + \text{I}_2$$

该方法是测定酚类化合物的重要方法，测定时一般在水溶液中进行。

由于 p-π 共轭效应，酚类化合物显酸性，可以用酸碱滴定法测定。具体测定方法见相关书籍。

6. 现代分析方法测定羟基化合物

（1）分光光度法　微量的羟基化合物可以采用紫外可见分光光度法测定。在紫外可见区有吸收的羟基化合物不多，只有酚类、烯醇等少数羟基化合物分子中含有双键或共轭双键，能发生 $\pi \longrightarrow \pi^*$ 和 $n \longrightarrow \pi^*$ 跃迁，最大吸收波长 $>200\text{nm}$ 可以直接用紫外可见分光光度法测定。饱和的脂肪族醇只能发生 $\sigma \longrightarrow \sigma^*$ 和 $n \longrightarrow \sigma^*$ 跃迁，最大吸收波长 $<200\text{nm}$。不能直接用紫外光谱法测定。但是，可以有多种方式使羟基化合物转变为有吸收的物质。因而，分光光度法测定微量羟基化合物得到了广泛的应用。

伯、仲、叔醇常与硝酸铈铵反应生成红橙色配合物，所生成的有色配合物稳定，可以在可见区测定其微量羟基化合物。

$$\text{ROH} + (\text{NH}_4)_2\text{Ce}(\text{NO}_3)_6 \longrightarrow (\text{NH}_4)_2\text{Ce}(\text{RO})(\text{NO}_3)_5 + \text{HNO}_3$$

该方法适用测定碳原子数在 10 以下的醇，高级醇生成的配合物颜色极淡或不稳定。这一方法是醇的特效反应，一般的物质（酯、醚、酸、醛、酮及硝基化合物等）都不干扰。

酚类化合物与硝酸铈铵生成棕色沉淀，可以测定低浓度的酚（w_B 为 $0.001\%\sim0.0001\%$）。测定羟基化合物时，通常将试样溶于水中或水与有机混合溶剂中，稀释至一定体积，取出部分试液，加入 $w_B=20\%$ 硝酸铈铵显色剂溶液 5mL，静置 5min 后，在 465nm 处以试剂为空白同时进行光度分析。

另外也可以利用醇与蓝色的 8-羟基喹啉钒的氯仿溶液反应，生成红色配合物，但灵敏度较低。可以将过量的试剂分离后，加酸分解醇与 8-羟基喹啉钒生成红色配合物，又得到了蓝色的 8-羟基喹啉钒，通过测定 8-羟基喹啉钒的量，来求出醇的含量。也可以将生成的 8-羟基喹啉钒水解，产生 8-羟基喹啉再与重氮盐反应生成偶氮化合物，然后进行光度分析，灵敏度可提高 10~100 倍。

（2）转化分光光度法　将醇转化为醛、酮、酯等，它们均可以用可见紫外分光光度法直接测定，又可以加入显色剂后在可见区进行光度分析。常见转化方法有：醇转变成酯后直接用紫外分光光度法测定。伯醇和仲醇在吡啶存在下，与对硝基苯甲酰氯反应生成对硝基苯甲酸酯，在 253nm 处有吸收，可以用紫外可见分光光度法测定其含量。吡啶和对硝基苯甲酰氯在紫外区也有吸收，可用环己烷萃取对硝基苯甲酸酯与其分离后再测定。该方法可以测定 $25\sim300\mu\text{g}/\text{mL}$ 范围内的羟基化合物。

醇转变成酯显色后用可见分光光度法测定。伯醇和仲醇在吡啶存在下，与乙酸酐发生酰化反应生成酯，过量的酸酐加水水解。生成的酯与羟胺反应生成羟肟酸，羟肟酸与铁的三价离子生成羟肟酸铁红紫色配合物,在524nm处进行光度分析。

醇氧化为羰基化合物后测定。伯醇和仲醇经氧化剂氧化成醛或酮后可以在紫外区直接测定其含量,但灵敏度较低。可以将生成的羰基化合物加入显色剂后进行光度分析。详见羰基化合物测定一章。

(3) 分光光度法测定酚羟基 酚可以与许多试剂反应生成有色的化合物,常用的测定方法有偶合法、安替比林法及靛酚法。

偶合法是利用酚与重氮盐反应生成偶氮染料,然后用分光光度法测定。偶合法是测定微量酚的常用方法,偶合反应通常发生在羟基的对位,如果对位已有取代基,则偶合反应发生在邻位,但反应速度较对位慢,如果邻对位都有取代基,则偶合反应不能发生。许多芳胺与重氮盐也发生偶合反应,也可以用偶合法测定。因此这一方法将在胺类化合物测定一节中详细介绍。

安替比林法是在碱性氧化剂作用下,4-氨基安替比林与酚羟基化合物缩合生成安替比林(N-取代醌亚胺)红色染料。缩合反应通常发生在酚羟基的对位,如果对位已有取代基则该反应不发生。但是,如果对位的取代基是羟基、卤素、甲氧基或磺酸基等,会被4-氨基安替比林取代生成有色的物质。

利用本法是测定水中挥发酚是一个典型的例子,通常在弱酸(pH=4)性条件下将水样蒸馏,使挥发酚与其他组分分离,然后加入4-氨基安替比林显色,在510nm处进行分光光度分析。显色后也可以用氯仿萃取在460nm处进行分光光度分析。灵敏度可提高3倍。

靛酚法是在碱性介质中,酚羟基与2,6-二溴醌氯酰亚胺或2,6-二氯醌氯酰亚胺反应生成蓝色或红紫色靛酚。该方法可以测定许多酚羟基化合物。

(4) 气相色谱法 气相色谱法能够对许多物质进行分离分析。但是,对极性强、沸点高、热稳定性差的物质分析,效果不理想。如能将这些物质进行化学处理,使之转化成相应的极性小,沸点低,热稳定性好的物质,再进行色谱分析,能收到较好的效果。羟基化合物是极性化合物,在进行气相色谱分析时,易产生拖尾现象。酚热稳定性差,易被氧化。对低沸点的羟基化合物,可以直接进行色谱分析,可以选择极性固定液(如聚乙二醇类)、中等极性(如酯类)固定液和惰性担体,以减小拖尾使峰形对称。在生产实际中也有人选择弱极性或非极性固定液(如角鲨烷)分离羟基化合物。还可以选择固体吸附剂(如GDX类)分离羟基化合物。对高沸点的羟基化合物,如季戊四醇、多元醇、酚类等,一般是经酯化或醚化后转变成易挥发弱极性的衍生物再进行色谱分析。

测定羟基化合物可以选择的固定相较多,常用的固定液有:聚乙二醇类固定液,邻苯二甲酸二癸酯、$C_1 \sim C_5$ 醇选择 Hallcomid M-18-Ol (N,N-二甲基油酰胺)和 Carbowax 600 或 1540(聚乙二醇类);$C_1 \sim C_{18}$ 醇选择 FFAP(聚乙二醇 20M 与 2-硝基对苯二甲酸的反应产物)和

Carbowax20M。或采用固体固定相,如高分子多孔微球 GDX 系列（美国 Porapak 系列）。纯度较高的试剂级丁醇、异丁醇和异戊醇等可选择 $w_B=20\%$ 癸二酸（2-乙基）己酯固定液,丙醇和异丙醇可选择 $w_B=15\%$ [2/3 聚乙二醇 400＋1/3 癸二酸（2-乙基）己酯混合固定液],乙醇可以选择 $w_B=15\%$ [2/3 聚乙二醇 400＋1/3 癸二酸（2-乙基）己酯混合固定液]。

对于复杂的醇可采用程序升温毛细管柱来分离定量分析。相关案例见分析化学手册第五分册 791 页。

二、羰基化合物的测定

醛和酮都含有羰基,它们有相似的化学性质。例如醛和酮都可以与羟胺、肼类化合物缩合生成肟和腙,都可以发生加成反应。可以利用上述性质测定醛和酮。由于醛和酮结构上的差异又表现出不同的性质,醛易被氧化,而酮不能;醛与希夫试剂生成桃红色,而酮不显色;在发生化学反应时,由于醛空间位阻小,则表现比酮活泼。所以在用同一方法测定羰基化合物时,醛较酮容易。

测定羰基化合物的方法主要有根据羰基化合物的缩合反应而建立起来的肟化法；根据加成反应而建立起来的亚硫酸氢钠法；基于醛易被氧化的性质建立起来的次碘酸钠氧化法、银离子氧化法、铜离子氧化法等；混合羰基化合物的测定可以采用气相色谱法；微量羰基混合物的测定采用分光光度法或气相色谱法。其中应用较广的是肟化法和亚硫酸氢钠法。下面具体阐述。

1. 肟化法测定羰基化合物

（1）测定原理　肟化法测定醛或酮是让试样与过量的羟胺盐酸盐（盐酸羟胺）进行肟化反应。待反应完全后,通过测定反应生成的酸或水来求出醛或酮的含量。在常量分析中通常利用中和法测定反应生成的酸。

$$\begin{matrix} R \\ C=O \\ R \end{matrix} + H_2NOH \cdot HCl \longrightarrow \begin{matrix} R \\ C=N-OH \\ R \end{matrix} + HCl + H_2O$$

为使反应完全,通常加入吡啶（有机弱碱）与生成的盐酸反应生成吡啶盐酸盐,相当于把生成的盐酸移走,降低了产物盐酸的浓度,抑制逆反应发生。

$$C_5H_5N + HCl \longrightarrow C_5H_5N \cdot HCl$$

吡啶盐酸盐是强酸弱碱盐,可以用氢氧化钠标准滴定溶液滴定,用溴酚蓝指示剂,盐酸羟胺和吡啶对溴酚蓝呈中性。

$$C_5H_5N \cdot HCl + NaOH \longrightarrow NaCl + H_2O + C_5H_5N$$

肟化反应完全后,反应体系中存在两种强酸弱碱盐,即羟胺盐酸盐和吡啶盐酸盐。当用氢氧化钠标准滴定溶液滴定时,由于羟胺（$K_b=1.0\times10^{-8}$）的碱性比吡啶（$K_b=2.3\times10^{-9}$）的碱性强,所以,吡啶盐酸盐首先被中和。当溶液中吡啶盐酸盐反应完全后,氢氧化钠标准溶液再和羟胺盐酸盐反应。

化学计量点溶液的 pH 由羟胺盐酸盐决定。由于羟胺盐酸盐的水解,使溶液仍呈弱酸性 pH 在 3.8~4.1 之间,所以当用氢氧化钠标准滴定溶液滴定时,应选择溴酚蓝（变色范围 pH 为 3.0~4.6）这类在弱酸性介质中变色的指示剂,由黄色变为蓝绿色即为终点。

（2）注意事项

① 为使反应完全,试剂通常要过量 50%~100%。反应在乙醇介质中进行。乙醇不但可以增加试样的溶解度,加快反应速率,而且又可以将反应生成的水稀释,降低水在溶液中的浓度,防止逆反应发生,使反应定量完成。

② 反应时间和反应温度。反应时间和反应温度与被测组分结构有关，若羰基连有取代基空间位阻小，反应速率快，取代基空间位阻大，则反应速率慢。一般醛和甲基酮与羟胺反应速率都很快，可以在室温条件下在乙醇溶剂中放置 30min 即可反应完全。其他酮与羟胺反应速率都很慢，也不易反应完全，特别是某些空间位阻较大的酮，需要放置更长的时间或回流加热 1~2h 反应才能完全。

③ 试样中有酸性或碱性基团对测定有干扰，应另取试样测定酸值或碱值，进行校正。由于盐酸羟胺是强还原剂，所以试样中若含有氧化性物质则有干扰。

④ 滴定终点的确定　在滴定终点附近，由于体系中存在吡啶及其盐酸盐和羟胺及其羟胺盐酸盐，构成缓冲体系，使终点颜色变化很不明显，故必须同时做空白试验以对照终点颜色。因为水和乙醇的 pH=7，比滴定终点的 pH 高出很多，因此必需严格控制测定条件。最好采用标准对照法，即用 pH=4 的标准缓冲溶液，加入指示剂作滴定终点的对照颜色。

为了提高测定的准确程度，现在已广泛采用电位法确定滴定终点，这种确定终点方法能够准确测定滴定终点时的 pH，现以列入国家标准。

⑤ 肟化法测定结果准确与否，主要在于滴定终点的观察和测定条件的控制。测定和空白试验应该在相同的玻璃仪器中进行，并用标准样进行校正。

2. 亚硫酸氢钠法测定羰基化合物

(1) 测定原理　醛和甲基酮与过量的亚硫酸氢钠反应，生成 α-羟基磺酸钠。

$$\begin{array}{c} R \\ | \\ C=O \\ | \\ H \\ (CH_3) \end{array} + NaHSO_3 \text{（过量）} \longrightarrow \begin{array}{c} R \quad OH \\ \diagdown \diagup \\ C \\ \diagup \diagdown \\ H \quad SO_3Na \\ (CH_3) \end{array}$$

反应结束后可以通过测定剩余 $NaHSO_3$ 的量，来求出醛或甲基酮的含量。通常用碘标准滴定溶液滴定剩余的亚硫酸氢钠，根据消耗碘的量即可计算出醛或甲基酮的量。也可以加入过量的碘标准溶液，用硫代硫酸钠标准滴定溶液回滴。

$$NaHSO_3 + I_2 + H_2O \longrightarrow NaHSO_4 + 2HI$$
$$I_2 + 2Na_2S_2O_3 \longrightarrow Na_2S_4O_6 + 2NaI$$

由反应方程式可以看出：1mol 羰基化合物要消耗 1mol $NaHSO_3$，直接滴定消耗 1mol I_2。返滴定相当于 2mol $Na_2S_2O_3$。

如果不饱和醛的羰基与双键共轭，双键上也能与亚硫酸氢钠发生加成反应，例如：

$$CH_3-CH=CH-\underset{H}{\overset{\overset{\displaystyle O}{\|}}{C}} + 2NaHSO_3 \longrightarrow CH_3-\underset{NaO_3S}{\overset{}{CH}}-\underset{OH}{\overset{}{CH}}-\underset{SO_3Na}{\overset{OH}{C}}$$

测定这类物质时，1mol 羰基化合物消耗 2mol 亚硫酸氢钠，计算结果时公式中 $n=2$。

由于该方法中亚硫酸氢钠溶液不稳定，所以通常用亚硫酸钠代替亚硫酸氢钠，其化学反应如下：

$$\begin{array}{c} R \\ | \\ C=O \\ | \\ H \\ (CH_3) \end{array} + Na_2SO_3 + H_2O \longrightarrow \begin{array}{c} R \quad OH \\ \diagdown \diagup \\ C \\ \diagup \diagdown \\ H \quad SO_3Na \\ (CH_3) \end{array} + NaOH$$

$$H_2SO_4 + 2NaOH \longrightarrow Na_2SO_4 + 2H_2O$$

通过测定生成氢氧化钠的量，计算出醛或甲基酮的含量。常用的方法是加入过量的硫酸标准溶液，剩余的硫酸标准溶液用氢氧化钠标准滴定溶液滴定。

(2) 注意事项

① 为使反应完全并防止生成的羟基磺酸钠水解，试剂要过量 10 倍。温度不能高，温度高逆反应加快，试样测定时要在室温条件下进行。

② 不同的醛和甲基酮加成后生成的羟基磺酸钠在水溶液中的酸碱度不同。但是大都呈弱碱性，滴定终点溶液的 pH 都在 9.0~9.5 之间。所以，可以选择酚酞或百里酚酞做指示剂。由于溶液中有过量的亚硫酸钠和反应生成的羟基磺酸钠存在，使溶液构成缓冲体系，至使指示剂变色不明显，终点难以判断。为了解决这一问题，最好采用标准对照法或电位法确定滴定终点。

对于特定的测定对象，终点的 pH 基本不变。称样量的多少，试剂浓度的大小影响不大。已知终点的 pH 后，采用电位定滴法可以直接滴定到该 pH 即为滴定终点，特别是采用自动电位滴定更是十分方便。电位滴定终点 pH 见表 6-2。

表 6-2 不同试样滴定终点的 pH

试样	终点时溶液 pH	称取试样量/mol	测得值/mol
乙醛	9.05~9.15	0.02458	0.02455
丙醛	9.30~9.50	0.02090	0.02085
丁醛	9.40~9.50	0.0243	0.02045
苯甲醛	8.85~9.05	0.0164	0.0163

③ 试样中含有酸性或碱性基团对测定有干扰，可另取试样测定出酸或碱的含量加以校正。试剂亚硫酸钠溶液中含有少量的游离碱，应用酸预先中和或做空白试验加以校正。

也可以将羰基化合物与 2,4-二硝基苯肼反应生成 2,4-二硝基苯腙。可以用重量法或分光光度法测定。或者利用醛基上的氢易被氧化的特点，可以用氧化法测定醛。常用的氧化方法有费林（Fehling）试剂氧化法、托伦（B. Tollen）试剂氧化法、次碘酸钠氧化法、汞离子氧化法等。上述方法的具体步骤和注意事项见相关书籍。

3. 分光光度法测定羰基化合物

羰基化合物由于含有碳氧双键，能够产生 n→π* 跃迁，其最大吸收峰在 200~400nm 之间，可以用紫外分光光度法直接测定其含量。由于灵敏度较低，一般 $\varepsilon < 100 L/(cm \cdot mol)$。该法通常用来测定微量羰基化合物，是将羰基化合物与某种试剂反应，生成有颜色的物质，在可见光区进行测定。该方法操作简单、快速、灵敏度高，一般 ε 可达 $10^4 L/(cm \cdot mol)$。被广泛应用于微量羰基化合物的测定。

可见分光光度法测定微量羰基化合物，通常是利用羰基化合物与肼反应生成腙，根据所用的肼不同，可以分为：2,4-二硝基苯肼法（羰基化合物在乙酸-盐酸介质中，与 2,4-二硝基苯肼反应，生成棕黄色 2,4-二硝基苯腙。2,4-二硝基苯腙在碱性介质中转变为酒红色。可以在 445nm 处进行光度分析）、对硝基苯肼法、草酸肼法等。这些方法都可以测定羰基化合物的总量。醛完全可以用羰基化合物测定方法进行测定，并且灵敏度比酮高。但在醛酮共存时测定醛含量，可以采用测定醛的特效方法。测定醛常用的方法有：希夫试剂与醛反应生成桃红色化合物；利用醛与氨基化合物反应生成亚胺（希夫碱）进行光度分析。常用的氨基化合物有二甲基苯二胺和氨基酚。

4. 色谱法

色谱法测定羰基化合物与色谱法测定羟基化合物相似，特别适合混合物中微量羰基化合物的测定。由于羰基化合物极性比羟基化合物小，因而羰基化合物更适合色谱分析。一般情况下不需要制备成衍生物，也无拖尾现象。对个别热不稳定的醛或含有极性官能团的醛，也可以转变成衍生物后再进行色谱分析。

色谱法分离羰基化合物可选择的固定相很多,可以选择极性固定液(如聚乙二醇类)、中等极性固定液(如硅油类)和弱极性固定液(如酯类等)。也可以选择固体吸附剂。

用 GDX-104 固定相分离工业丙酮中水、甲醇和丙酮,采用 TCD 检测器,在柱温为 124℃可用外标法对其中的水和甲醇进行定量分析[1]。同样采用 GDX-403 固定相、TCD 检测器在柱温 120℃也可分离工业甲醛中水、甲醇、甲醛,并对其杂质进行定量分析。

三、羧酸及其衍生物的测定

测定羰基化合物常用的分析方法是基于羧酸化合物的酸性而建立起来的酸碱滴定法。

$$RCOOH + NaOH \longrightarrow RCOONa + H_2O$$

利用甲酸有还原性这一特点可以用氧化法测定甲酸。常用的方法是次溴酸钠氧化法。甲酸与过量的次溴酸钠反应,剩余的次溴酸钠加碘化钾还原,生成的碘用硫代硫酸钠标准滴定溶液滴定。

$$HCOOH + NaOBr \longrightarrow NaBr + H_2O + CO_2 \uparrow$$

也可以利用羧酸与醇发生酯化反应生成酯和水,通过测定生成的水来计算出羧酸含量。常用测定生成水的方法有卡尔-费休法和气相色谱法,根据测得水的量,即可计算出羧酸的量。

$$RCOOH + ROH \longrightarrow RCOOR + H_2O$$

1. 酸碱滴定法测羧酸

(1) 原理 利用羧基的酸性,可以用氢氧化钠标准滴定溶液进行直接滴定,从而测出羧酸的含量。

$$RCOOH + NaOH \longrightarrow RCOONa + H_2O$$

由于不同结构的羰基化合物的酸性强弱不同,所以没有一个通用的测定方法,只能根据试样的酸性强弱,和对不同溶剂的溶解度大小,选择适当的溶剂和滴定剂,根据滴定突跃范围选择指示剂或其他方法确定滴定终点,具体操作方法见相关书籍。

(2) 结果与计算 在生产实际中,用中和法测定有机酸,结果通常用化合物质量分数和酸值两种表示方法。酸值的含义是指在规定的条件下,中和 1g 试样中的酸性物质所消耗的以毫克计的氢氧化钾的质量,简称中和 1g 试样中酸所需 KOH 的毫克数。计算公式如下:

$$酸值 = \frac{cV \times 56.1}{m} \tag{6-9}$$

式中 V —— 消耗氢氧化钠标准滴定溶液的体积,mL;

c —— 氢氧化钠标准滴定溶液的实际浓度,mol/L;

m —— 试样的质量,g;

56.1 —— 氢氧化钾的摩尔质量,g/mol。

2. 酯的测定

(1) 测定原理 酯类化合物是羧酸分子中羧基上的羟基被烷氧基取代所生成的化合物。通常酯可以由羧酸和醇在一定条件下反应脱水生成。因此在一定条件下,酯又可以水解产生原来的酸和醇。酯的碱性水解又称皂化。通常就是利用皂化法测定酯。该方法的原理是酯与过量的标准碱反应生成羧酸盐和醇,过量的标准碱用标准酸滴定,从而计算出酯的含量。

$$RCOOR' + NaOH(过量) \longrightarrow RCOONa + R'OH$$
$$H_2SO_4 + 2NaOH(剩余) \longrightarrow Na_2SO_4 + H_2O$$

---

[1] 谱图可见《分析化学手册》(第二版) 第五分册气相色谱分析 (图 815 页)

(2) 注意事项 酯的碱性水解反应是可逆反应,反应速率较慢,为了加快反应速度,并使反应完全,氢氧化钠必须过量。但是,测定酯是用标准酸滴定溶液滴定剩余的碱,如果氢氧化钠的量过量太多,造成很大的滴定误差,甚至不能进行滴定。

皂化反应受温度影响较大,温度升高,皂化反应速率加快,一般温度升高 10℃ 反应速率加快 1 倍,通常采用回流加热以加快反应速率。

在有机官能团定量分析中,根据酯的皂化的难易程度,选择合适的反应条件。对易皂化水溶性的酯(如甲酸甲酯、甲酸乙酯、乙酸乙酯等)可以用氢氧化钠水溶液进行皂化;对易皂化非水溶性的酯通常采用氢氧化钠(或氢氧化钾)的乙醇溶液进行皂化。乙醇对酯和强碱溶解度都很大,使皂化完全保持互溶状态。对难皂化的酯(如相对分子质量较大、溶解度较小的酯),可以采用高沸点溶剂以提高皂化反应的温度,缩短皂化时间。常采用的高沸点的有机溶剂有苄醇(沸点 205℃)、正戊醇(沸点 132℃)、乙二醇(沸点 179.8℃)等。对易皂化的酯,采用高沸点的有机溶剂可缩短皂化时间,在几分钟内皂化完全。

酯是由酸和醇脱水而制得,酯在生产或贮存过程中都会有少量的游离酸存在,酯中的游离酸对测定有影响,对难水解的酯可以另取试样用酸标准滴定溶液滴定,进行校正;对易水解的酯可以参考酸酐中游离酸的测定。

试样中有醛存在时,对酯的皂化有干扰。醛在碱性介质中发生缩合反应生成缩醛,消耗碱使测定结果偏高。因此,试样中有醛,应该先加入适量的羟胺,与醛反应生成肟,再用碱皂化。生成的肟不干扰。羧酸衍生物对酯的测定有干扰。

(3) 结果计算 在生产实际应用中,测定结果常用"皂化值"和"酯值"表示。皂化值是指在规定条件下,中和并皂化 1g 试样所消耗的以毫克计的氢氧化钾质量,简称 1g 试样完全皂化时所需氢氧化钾的质量(mg)。它包括试样中所有与碱反应的物质(如酯、游离酸等)。酯值是指在规定条件下,1g 试样中酯水解时所消耗的以毫克计的氢氧化钾质量,简称 1g 试样中酯水解时所需氢氧化钾的质量(mg)。酯值等于皂化值减去酸值。如果试样不含游离酸,酯值与皂化值相等。化合物含量计算按官能团定量分析通用公式计算,皂化值和酯值计算如下:

$$皂化值 = \frac{c(V-V_0) \times 56.1}{m} \tag{6-10}$$

式中 V_0——空白消耗硫酸标准滴定溶液的体积,mL;

V——试样消耗硫酸标准滴定溶液的体积,mL;

c——($\frac{1}{2}H_2SO_4$)标准滴定溶液的实际浓度,mol/L;

m——试样的质量,g;

56.1——氢氧化钾的摩尔质量,g/mol。

$$酯值 = 皂化值 - 酸值 \tag{6-11}$$

皂化法操作简单快速,是一种测定酯的常用方法,广泛应用于食品、油脂等工业中。对于难皂化的酯皂化时需要使用浓度更大的碱(碱的浓度>1mol/L),用酸回滴时误差较大,通常改用皂化-离子交换法。

皂化-离子交换法的基本原理是:酯用氢氧化钾(或氢氧化钠)的醇溶液皂化后,生成羧酸盐和醇。反应液通过 40～80 目 H 型阳离子交换树脂,溶液中的钾离子与树脂上的氢离子进行交换。交换的结果是 KOH 转变成水,羧酸盐转变成羧酸,可以用碱标准滴定溶液滴定,相当于用酸标准滴定溶液滴定酯,与碱的浓度大小无关。因此,可以使用更浓的碱进行皂化(碱液的体积不必准确量取),可缩短皂化时间。在皂化时不受二氧化碳浸入的影响,所生成的碳酸盐通过离子交换柱时分解。生成的二氧化碳可以在滴定前煮沸除去。

$$\text{皂化} \quad RCOOR' + KOH \longrightarrow RCOOK + R'OH$$

$$\text{离子交换} \quad \left.\begin{array}{l} RCOOK \\ KOH \\ R'OH \\ K_2CO_3 \end{array}\right| \xrightarrow{\text{强酸型阳离子交换树脂}} \left|\begin{array}{l} RCOOH \\ HOH \\ R'OH \\ CO_2 + H_2O \end{array}\right.$$

离子交换法适用于较难皂化的酯的测定，对一般的酯不必采用离子交换法测定，对于较难皂化的酯可以采用以乙醇或高沸点的苄醇等为溶剂的 $1\sim 5\mathrm{mol/L}$ 的浓碱溶液进行皂化。

3. 酸酐的测定

酸酐是由羧酸脱水而生成的化合物，与酯有相似的化学性质，酸酐与水反应生成羧酸，利用这一性质可以用水解酸碱滴定法测定酸酐的含量。测定酸酐的另一方法是利用酸酐与伯胺或仲胺发生酰化反应生成酰胺，过量的胺用酸标准滴定溶液滴定。酸酐中往往含有少量游离酸。所以，在测定酸酐时，必须考虑游离酸的干扰，采取适当的方法加以校正。

（1）水解法　酸酐与水反应生成羧酸，生成的羧酸用氢氧化钠标准滴定溶液滴定。

$$RCOOOCR + H_2O \longrightarrow 2RCOOH$$
$$RCOOH + NaOH \longrightarrow RCOONa + H_2O$$

酸酐与水的反应速度较慢，为了加快反应速度，通常需要加热或加入吡啶催化。吡啶与羧酸反应生成吡啶羧酸盐，相当于把羧酸移走，破坏了化学平衡，有利于反应完全。然后用氢氧化钠标准滴定溶液滴定吡啶羧酸盐。

$$RCOOH + C_5H_5N \longrightarrow C_5H_5N \cdot HOOCR$$
$$NaOH + C_5H_5N \cdot HOOCR \longrightarrow C_5H_5N + RCOONa + H_2O$$

由于酸酐中含有游离酸，用氢氧化钠标准滴定溶液滴定时一起被滴定，所以必须加以校正。常采用两步测量法（酸酐中含有两种酸性物质可以分两步进行测定）。第一步水解测定总酸。酸酐水解产生的羧酸和游离酸一起用氢氧化钠标准滴定溶液滴定。

$$\begin{array}{c} R-\overset{O}{\overset{\|}{C}} \\ \diagdown \\ O \\ \diagup \\ R-\overset{\|}{\underset{O}{C}} \end{array} + H_2O \longrightarrow RCOOH + RCOOH（游离酸）$$

第二步，另取相同量的试样，加入苯胺与酸酐发生酰化反应生成酰胺，然后用氢氧化钠标准滴定溶液滴定反应生成的酸和游离酸，两次测量之差即是酸酐的含量。

$$\begin{array}{c} R-\overset{O}{\overset{\|}{C}} \\ \diagdown \\ O \\ \diagup \\ R-\overset{\|}{\underset{O}{C}} \end{array} + \underset{}{\text{C}_6\text{H}_5\text{NH}_2} \longrightarrow \underset{}{\text{C}_6\text{H}_5\text{NHCOR}} + RCOOH + RCOOH（游离酸）$$

结果按下式计算：

$$w_{\text{酸酐}} = \frac{c(V_1 - V_2) M_{\text{酸酐}}}{mn_1} \tag{6-12}$$

$$w_{\text{游离酸}} = \frac{c(2V_2 - V_1) M_{\text{游离酸}}}{mn_2} \tag{6-13}$$

式中　　V_1——第一步测定消耗氢氧化钠标准滴定溶液的体积，mL；
　　　　V_2——第二步测定消耗氢氧化钠标准滴定溶液的体积，mL；
　　　　c——氢氧化钠标准滴定溶液的实际浓度。mol/L；
　　　　m——试样的质量，g；
　　　$M_{酸酐}$——酸酐的摩尔质量，g/mol；
　　　$M_{游离酸}$——游离酸的摩尔质量，g/mol；
　　　n_1，n_2——酸酐和羧基个数。。

若两次称样量不同，则可以换算成称样量为1g后再计算。

$$w_{酸酐} = \frac{c(V_1/m_1 - V_2/m_2)M_{酸酐}}{n_1} \tag{6-14}$$

$$w_{游离酸} = \frac{c(2V_2/m_2 - V_1/m_1)M_{游离酸}}{n_2} \tag{6-15}$$

式中，符号代表的意义与称样量相同计算公式代表的意义相同；m_1表示第一步测定称样量，g；m_2代表第二步测定时试样的质量，g。

也可以在吡啶催化下，利用酸酐和甲醇发生酯化反应生成羧酸和羧酸甲酯，然后用氢氧化钠标准滴定溶液滴定。另取相同量的试样在吡啶存在下使酸酐水解产生两分子酸，再用氢氧化钠标准滴定溶液滴定。测定方法和计算方法与苯胺法相同。

（2）酰胺生成法　利用过量的伯胺或仲胺（如苯胺或吗啉）与酸酐反应生成酰胺，剩余的伯胺或仲胺用盐酸的醇溶液或高氯酸的冰乙酸酸标准滴定溶液滴定。该方法是用强酸滴定弱碱，游离的羧酸不干扰。

第四节　含氮化合物含量测定

一、氨基化合物含量测定

在有机官能团定量分析中，利用胺呈碱性的特殊性质进行定量分析。对于碱性较强的胺，可在水溶液中，用酸标准滴定溶液滴定；对碱性较弱的芳胺，可以采用非水滴定。用冰乙酸做溶剂，用高氯酸标准滴定溶液滴定。

1. 酸滴定法测定氨基化合物

这种方法的测定原理是基于胺类化合物与酸反应生成盐而建立起来的分析方法，可用下式表示：

$$RNH_2 + HCl \longrightarrow RNH_2 \cdot HCl$$

碱性较强的胺 $K_b > 10^{-8}$（脂肪族胺）可以用酸标准滴定溶液直接滴定。溶于水的胺，可在水溶液中滴定；不溶于水的胺可溶于乙醇或异丙醇溶液中进行滴定。

滴定生成的产物是强酸弱碱盐，显酸性，所以选择甲基红或中性红等在酸性环境中变色的指示剂。采用甲基红-溴甲酚绿混合指示剂，终点变色更敏锐。

碱性较弱的胺 $K_b < 10^{-8}$（芳胺），不能在水或乙醇溶剂中滴定，可以采用非水滴定。通常采用不同比例的冰乙酸和乙酸酐溶作溶剂，以结晶紫的冰乙酸溶液作指示液，用高氯酸的冰乙酸标准滴定溶液滴定，终点为绿色或蓝色。

2. 重氮化法测定芳伯胺

（1）基本原理　在强酸（如盐酸）介质中，芳伯胺与亚硝酸反应定量地生成重氮盐。在实际应用中，由于亚硝酸不稳定，常用亚硝酸钠代替亚硝酸。其反应如下：

$$NaNO_2 + HCl \longrightarrow HNO_2 + NaCl$$

$$C_6H_5NH_2 + HNO_2 + HCl \longrightarrow C_6H_5N^+ \equiv NCl^- + 2H_2O$$

对于易于发生重氮化反应的芳伯胺，可以用 $NaNO_2$ 标准滴定溶液直接滴定；不易于发生重氮化反应的芳伯胺，可以加入过量 $NaNO_2$ 标准溶液，用易于重氮化的芳伯胺进行返滴定。

重氮化法采用碘化钾-淀粉试纸作外指示剂确定滴定终点。指示剂不能直接加入反应液中，因为亚硝酸与碘化钾反应优先于重氮化反应，无法观察滴定终点。临近滴定终点时，用玻璃棒蘸出少许滴定液于碘化钾-淀粉试纸上，如果反应完全，过量的亚硝酸立即与碘化钾反应生成碘，析出的碘遇淀粉变蓝。

$$2KI + 2HNO_2 + 2HCl \longrightarrow I_2 + 2KCl + 2H_2O$$

应用外指示剂操作麻烦，终点不易掌握，如果滴定液蘸出过多，测定误差较大。近年来有采用中性红内指示剂，结果较满意。但仅适用于测定磺胺类药物含量，对其他芳胺测定不适用。

由于中性红也消耗亚硝酸标准溶液，需要进行空白试验，以校正标准溶液的消耗量，使结果更准确。

使用内指示剂虽然操作简单，但终点颜色变化有时不够敏锐。在实际工作中常采用内外指示剂相结合的方法，即在内指示剂已指示临近终点时，再用外指示剂最后确定，其效果较好。最好采用"永停法"指示滴定终点，该方法克服了外指示剂和内指示剂的缺点，是一种特别灵敏的确定滴定终点的方法。

（2）注意事项　重氮化法测定芳伯胺对操作条件要求严格，条件稍有变化，对测定结果有较大的影响。所以在测定时要注意如下事项。

① 反应的酸度。反应在强酸介质中进行。通常采用盐酸，在盐酸介质中芳伯胺溶解度大，反应速率快。盐酸的浓度在 1～2mol/L 之间，酸的浓度低，反应速度慢，生成的重氮盐不稳定，还会发生副反应。生成的重氮盐与未反应的芳伯胺发生偶合反应，生成有色的偶氮化合物，使测得的结果偏低。

$$C_6H_5NH_2 + C_6H_5N^+ \equiv NCl^- \longrightarrow C_6H_5-N=N-C_6H_4-NH_2$$

酸的浓度也不能太高，浓度高将阻碍芳伯胺的游离，使重氮化反应速率下降。

② 测定温度。反应一般在低温（0～5℃）条件下进行。温度高可以加快反应速率，但同时也加快亚硝酸挥发、分解的速度；同时温度升高还将促使重氮盐分解。

$$2HNO_2 \longrightarrow H_2O + NO_2\uparrow + NO\uparrow$$
$$[ArN_2]^+Cl^- + H_2O \longrightarrow ArOH + N_2\uparrow + HCl$$

当苯环上连有强吸电子基（如卤素、硝基、磺酸基等）时，重氮盐较稳定，重氮化反应可以在室温条件下进行（如对氨基苯磺酸等磺胺类药物）。

当苯环上连有供电子基（如甲基、羟基、烷氧基等）时，重氮盐较不稳定（如对氨基苯酚等），必须在低温条件下测定。所以对不同的芳伯胺可选择不同的测定温度。一般情况下，温度在15℃以下虽然反应速率较慢，但准确度好。现在广泛采用"快速滴定法"，可以在室温条件下滴定，结果比较满意。

快速滴定法是将滴定管尖插入液面2/3以下，将大部分亚硝酸标准滴定溶液在不断搅拌下一次性滴入（亚硝酸的用量可以预先计算，也可以预滴定测得），临近滴定终点时，将滴定管尖提出液面，再缓缓滴定。

这种滴定方法，由于滴定管尖插入液面以下，使反应生成的亚硝酸立即与试样中芳伯胺进行反应，不等亚硝酸扩散到溶液表面，即可反应完全，有效地防止了亚硝酸的分解和挥发。

③ 加催化剂。为了加快反应速率 经常加入溴化钾催化，特别是难发生重氮化的芳伯胺（苯环上没有吸电子基的芳伯胺）如苯胺、萘胺、对氨基苯酚等，更需要溴化钾催化。

④ 加碱溶解。对难溶于盐酸的芳伯胺（如对氨基苯磺酸），可以加入氨水或碳酸钠溶解后，再加入盐酸，之后进行滴定。

⑤ 对照实验。在用碘化钾-淀粉外指示剂时，要注意区分是空气氧化产生的碘，还是亚硝酸氧化产生的碘。因为在强酸介质中空气中的氧也可以使碘化钾氧化产生碘，使淀粉变蓝。可以用空白试验和对照试验加以区别。

$$4HCl + 4KI + O_2 \longrightarrow 2I_2 + 2H_2O + 4KCl$$

⑥ 消除干扰。亚硝酸是氧化剂，还原性物质有干扰。例如伯胺、仲胺及酚等。测定时要注意试样的组成，如有干扰应加以考虑，想办法消除干扰。

3. 现代分析方法测定氨基化合物

(1) 分光光度法　脂肪族氨基化合物在紫外区吸收较弱，芳胺在紫外区可以直接进行光度分析，但选择性差。通常测定微量氨基化合物，是使氨基化合物转变为有色的物质后，在可见区进行光度分析。

分光光度法测定氨基化合物的方法很多，但是没有一个通用的测定方法。脂肪族氨基化合物测定通常是利用胺的碱性，与其他试剂反应生成有色的化合物；芳胺的测定是利用芳胺的还原性，与其他试剂反应生成有色的化合物；重氮化-偶合法是测定芳胺的常用方法。

① 乙酰氯-铁试验。这一方法的原理是脂肪族和芳香族伯胺或仲胺与乙酰氯反应生成酰胺，在一定条件下，生成的酰胺与三价铁离子反应生成绿紫色配合物，在550nm左右波长下进行光度分析。

$$R_2NH + H_3C-\underset{\underset{O}{\|}}{C}-Cl \longrightarrow H_3C-\underset{\underset{O}{\|}}{C}-NR_2 + HCl$$

$$H_3C-\underset{\underset{O}{\|}}{C}-NR_2 + Fe^{3+} \longrightarrow [Fe(H_3C-\underset{\underset{O}{\|}}{C}-NR_2)_3]^{3+}$$

测定步骤：取1.0mL含一定量（0.050～10mg）胺的试样的水或醇溶液，加入少量的明胶、1mL $w_B=1\%$ 乙酰氯溶液和 2mL $w_B=15\%$ 硝酸铁溶液，混匀后，加入10mL pH=

1.8 的缓冲溶液，在 65℃ 水浴上加热 20min 后，用水稀释至 25mL，在 550nm 处进行光度分析。

说明　反应在 pH＝1.8 条件下进行。酸度过高，显色生成的配合物离解（褪色）；酸度低，三价铁离子水解，生成沉淀。用该方法测定脂肪族胺和芳胺均收到较好的效果。

② 重氮化-偶合法测定芳胺。重氮化-偶合法是测定微量氨基化合物的重要方法，其原理是基于芳胺与重氮盐反应，生成偶氮化合物，然后进行光度分析。根据试样的不同可以采取不同的测定方法。

$$\text{Ph-NR}_2 + \text{Ph-N}^+\equiv\text{N} \longrightarrow \text{Ph-N=N-Ph-NR}_2 + \text{H}^+$$

a. 直接偶合法。芳胺直接与重氮盐反应生成偶氮化合物，然后在一定的波长下进行光度分析。这种方法通常选择重氮盐为显色剂。常用的重氮盐有氟硼酸对硝基苯重氮盐和氟硼酸 4-偶氮苯重氮盐。

芳胺在碱性介质中与氟硼酸对硝基苯重氮盐或氟硼酸 4-偶氮苯重氮盐反应生成偶氮化合物。不同的芳胺产生的颜色不同，可以在 420～550nm 处进行光度分析。

$$\text{Ph-NR}_2 + \text{NO}_2\text{-Ph-N}^+\equiv\text{N} \longrightarrow \text{NO}_2\text{-Ph-N=N-Ph-NR}_2 + \text{H}^+$$

$$\text{Ph-NR}_2 + \text{Ph-N=N-Ph-N}^+\equiv\text{N} \longrightarrow$$

$$\text{Ph-N=N-Ph-N=N-Ph-NR}_2 + \text{H}^+$$

测定步骤：取 1mL 胺的水溶液，加入 0.1mL w_B＝0.5％硝基苯重氮氟硼酸盐水溶液（现用现配），加 w_B＝10％四甲基氢氧化铵水溶液和 10mL 二甲基甲酰胺，混匀，立即进行光度分析。

直接偶合法测定芳胺，可用的显色剂很多，它们的测定方法与对硝基苯重氮氟硼酸盐相似，根据显色剂的不同，测定条件有所不同，测定波长也不同。生成的颜色越深，灵敏度越高。

b. 转化后偶合法。芳伯胺与亚硝酸反应生成重氮盐，然后与芳胺或酚反应生成偶氮化合物，在一定条件下进行光度分析。

例如，芳伯胺在酸性介质中与亚硝酸反应生成重氮盐

$$\text{Ph-NH}_2 + \text{NaNO}_2 + 2\text{HCl} \longrightarrow \text{Ph-N}^+\equiv\text{NCl}^- + \text{NaCl} + 2\text{H}_2\text{O}$$

再与芳胺或酚在弱酸～碱性介质中进行偶合反应，生成不同颜色的偶氮化合物。

$$\text{Naphthyl-NH}_2 + \text{Ph-N}^+\equiv\text{N} \longrightarrow \text{Naphthyl(N=N-Ph)-NH}_2 + \text{H}^+$$

在一定的波长下进行光度分析。测定的波长和测定的灵敏度与测定的条件、芳伯胺的结构、所用的显色剂种类和显色剂结构有关。测定不同的试样可以进行条件试验，确定出最佳测定条件。

(2) 气相色谱法　混合氨基化合物或微量氨基化合物都可以用气相色谱法测定其含量。氨基化合物也是极性化合物，其极性与醇的极性相似，在性质上与羧酸相反，显碱性。

对低沸点的氨基化合物，可以直接进行色谱分析，由于氨类是极性较强的碱性化合物，

在进行色谱分析时易产生拖尾现象，碱性越强，拖尾越严重，影响分离和测量。实际在色谱分离时，为了消除或改善拖尾现象，经常选择极性固定液或碱性固定液，在涂渍固定液时加入去尾剂。常用的去尾剂是碱性物质如氢氧化钾等。消除拖尾现象的另一种方法是把胺制备成乙酰胺然后再进行色谱分析。

采用氢氧化钾和四乙烯五胺固定液涂在407有机单体上，用 2m×4mm 色谱柱，在柱温为85℃时，对工业甲胺水溶液进行分离，收到较好的效果。用 4% Carbowax20M 和 0.8% 氢氧化钾涂在 Carbopack B（80～100目）用 1.5m 长的色谱柱，在柱温为90℃时，能够对低沸点的胺进行分离，色谱图 6-3 采用毛细管色谱法和程序升温是分离胺类化合物的重要手段，对采用常规分离有困难的胺都可以试用毛细管柱色谱法。如采用 N, N-双羟乙基丙撑二胺的 50m×0.25mm 毛细管柱，采用程序升温可分离 C_4 以下的低级胺；采用 OV-73 固定液 10m×0.25mm 毛细管柱进行程序升温可分离 C_8～C_{18} 的胺。色谱法测定氨基化合物可供选择的固定液很多，测定方法也很多，也可以对其他含氮化合物进行分离和测定。

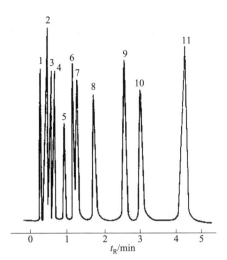

图 6-3 C_1～C_4 胺在 4%Carbowax20M 和
0.8%氢氧化钾色谱图
1—甲胺；2—二甲胺；3—乙胺；
4—三乙胺；5—异丙胺；6—烯丙胺；
7—正丙胺；8—叔丁胺；9—二乙胺；
10—异丁胺；11—正丁胺

二、硝基化合物的测定

在有机化合物中，硝基化合物的氧化性最强。在不同的条件下还原产物不同。一般在酸性条件下硝基化合物被还原为胺。例如，硝基苯在酸性条件下可以直接被还原为苯胺。

$$\text{PhNO}_2 \xrightarrow{[H]} \text{PhNO} \xrightarrow{[H]} \text{PhNHOH} \xrightarrow{[H]} \text{PhNH}_2$$

硝基化合物大多数都难溶于水，易溶于有机溶剂。一般的硝基化合物呈中性反应，但脂肪族伯、仲硝基化合物在碱性溶剂中显酸性。这主要是因为硝基是强吸电子基，使与硝基相连的碳原子上电子云密度降低，对该碳上的氢吸引力减小，氢原子易离去显酸性。通常就是利用硝基化合物的氧化性和脂肪族伯、仲硝基化合物的酸性来测定硝基化合物的含量。

根据脂肪族伯、仲硝基化合物具有弱酸性，可以用酸碱滴定法进行测定。由于硝基化合物的酸性很弱又难溶于水，所以通常采用非水滴定法测定。

根据硝基化合物具有氧化性可以用还原法测定。其基本原理是硝基化合物在酸性介质中与过量的还原剂反应，反应结束后，可用适当的氧化剂滴定过量的还原剂，或者测定反应产物。根据还原剂的不同可以分为亚钛盐还原法、亚锡盐还原法、金属（如锌、铁、锡等）还原法等。最常用的测定方法是三氯化钛还原法和氯化亚锡还原法。无论什么还原剂，都要严格控制反应条件，否则产生副反应或反应不完全，使测得结果偏差较大。

对于芳香族硝基化合物，也可以采用金属还原后用重氮化法或重氮化偶合法测定。对微量硝基化合物测定可以采用分光光度法，对混合硝基化合物可以采用色谱法测定。

1. 三氯化钛还原法

(1) 测定原理 在酸性溶液中,三氯化钛能使芳香族硝基化合物定量的还原为芳伯胺

$$C_6H_5NO_2 + 6TiCl_3 + 6HCl \longrightarrow C_6H_5NH_2 + 6TiCl_4 + 2H_2O$$

待反应完全后,过量的三氯化钛以硫氰酸铵为指示剂,用硫酸高铁铵标准滴定溶液滴定,终点为红色。同时进行空白试验。

$$2NH_4Fe(SO_4)_2 + 2TiCl_3 + 2HCl \longrightarrow 2FeSO_4 + (NH_4)_2SO_4 + 2TiCl_4 + H_2SO_4$$

$$NH_4Fe(SO_4)_2 + 3NH_4CNS \longrightarrow 2Fe(CNS)_3 + 2(NH_4)_2SO_4$$

结果计算可以采用通用的计算公式,其化学计量关系可以通过上列反应式得出,1mol 硝基苯能氧化 6mol 三氯化钛,相当于 6mol 硫酸高铁铵。

$$w_B = \frac{c(V_0 - V)M_B(1/6)}{m \times n \times 1000} \tag{6-16}$$

式中　V_0——空白试验消耗硫酸高铁铵标准滴定溶液的体积,mL;

　　　V——试样消耗硫酸高铁铵标准滴定溶液的体积,mL;

　　　c——硫酸高铁铵标准滴定溶液的实际浓度,mol/L;

　　　m——试样的质量,g;

　　　M_B——硝基化合物的摩尔质量,g/mol;

　　　w_B——被测硝基化合物的质量分数;

　　　n——官能团的个数。

(2) 注意事项

① 三氯化钛是强还原剂,能被空气中的氧氧化,因此滴定时必须在惰性气体(二氧化碳或氮气)保护下进行。且最好采用与空气隔绝的自动滴定管。

② 反应在弱酸性条件下进行(pH=3)。酸度低还原反应速度快,酸度太低,亚钛离子水解,生成沉淀,降低还原能力。因此反应必须在 pH=3 条件下进行。最好采用 pH=3 的缓冲溶液来控制。

③ 一硝基化合物用亚钛盐还原比较慢,通常需要比较强烈的反应条件,如加热或加催化剂;多硝基化合物比较容易被还原,有的甚至可以用亚钛盐标准滴定溶液直接滴定。

④ 亚硝基化合物、肼、偶氮化合物等是硝基化合物被还原的中间产物,所以这些物质干扰测定。但可以利用这一性质,用三氯化钛还原法测定这些化合物的含量,但是化学计量关系不一样[如亚硝基化合物 $n_{(NO)} = \frac{1}{4}n(Fe^{3+})$]。其他氧化性或还原性物质均干扰,可采取适当的措施加以消除。

⑤ 测定水溶性硝基化合物试样可用水或稀硫酸作溶剂,对于非水溶性试样,则需用乙醇或冰乙酸作溶剂。

2. 亚锡盐还原法测定硝基化合物

(1) 测定原理 亚锡还原法测定硝基化合物的原理与亚钛还原法基本相同,只不过是还原剂不同。该方法所用还原剂是氯化亚锡。

在酸性溶液中,氯化亚锡能使芳香族硝基化合物定量的还原为芳胺

$$C_6H_5NO_2 + 3SnCl_2 + 6HCl \longrightarrow C_6H_5NH_2 + 3SnCl_4 + 2H_2O$$

待反应完全后,过量的氯化亚锡,以淀粉为指示剂,用碘标准滴定溶液滴定,同时进行空白试验。

$$SnCl_2 + 6HCl + I_2 \longrightarrow 2HI + SnCl_4 + 4HCl$$

结果计算与亚钛还原法相似,其化学计量关系可以通过上列反应式得出,1mol 硝基苯

能氧化 3mol 氯化亚锡，相当于 3mol 碘。

$$n(NO_2) = \frac{1}{3}n(I_2)$$

(2) 注意事项

① 通过电极电位（$\varphi^{\ominus}_{Sn^{4+}/Sn^{2+}}=0.05V$、$\varphi^{\ominus}_{Ti^{4+}/Ti^{3+}}=0.10V$）可知，氯化亚锡的还原能力比三氯化钛弱。因而，还原反应速度比较慢，需要加热以加快反应速度。

② 氯化亚锡还原能力虽然比三氯化钛弱，但它还是强还原剂，能被空气中的氧氧化。因此滴定时也需要在惰性气体（二氧化碳或氮气）保护下进行。最好也采用与空气隔绝的自动滴定管。

③ 反应在弱酸性条件下进行。酸度低还原反应速度快，酸度太低，亚锡离子水解，生成沉淀，降低还原能力。在用氯化亚锡还原硝基化合物时有时会发生副反应，生成胺的氯化物而使测得的结果偏低。当盐酸的量控制在氯化亚锡恰巧不至于水解时，副反应可以完全消除。也可以用硫酸代替盐酸，减小副反应。如果硝基化合物难溶于水，可以选择乙醇或冰乙酸作溶剂。

④ 反应条件和干扰与亚钛盐还原法相同，根据试样的不同，可以适当加热促进反应进行。

3. 现代分析方法

(1) 极谱法　根据硝基化合物有氧化性这一特点，采用滴汞电极进行电解，1 分子硝基化合物在滴汞阴极上获得 6 个电子被还原为苯胺。可以根据电解过程中的半波电位进行定性分析，根据波高进行定量分析。

(2) 分光光度法　分光光度法测定硝基化合物，通常是将硝基化合物还原为伯胺后，按测定伯胺的方法进行测定。脂肪族伯、仲硝基化合物具有弱酸性，可以与铁离子显色；也可以在碱性介质中与过氧化氢反应生成亚硝酸用重氮化法测定。

① 铁离子显色法。脂肪族伯、仲硝基化合物在碱性介质中，转变为酸式结构，然后在酸性条件下（pH 为 1～2）与铁离子显色。在 500nm 处进行光度分析。测定时酸性不能太强，否则退色，酸性太弱时，铁离子水解生成沉淀。

该方法可以在水溶液中进行，取 1mL 含有 1～20mg 的脂肪族伯硝基化合物溶液，于 25mL 容量瓶中，用水稀释至 15mL，用 $w_B=20\%$ 氢氧化钠溶液中和后再多加 1.5mL，静置 15min。

② 亚硝酸重氮偶合法。脂肪族伯、仲硝基化合物在碱性介质中，与过氧化氢反应产生亚硝酸离子，用对氨基苯磺酸重氮化，再与萘胺偶合，然后在 520nm 处进行光度分析。芳香族-硝基化合物被金属还原为芳伯胺，可用重氮化偶合法测定。

③ 不同的芳香族硝基化合物在碱性介质中显示出不同的颜色，同一硝基化合物在不同的碱中显的颜色也不同，可用分光光度法测定。测定芳香族硝基化合物时，通常选氢氧化四乙基铵为显色剂，用二甲基甲酰胺作溶剂，显色后，根据生成的颜色不同，在 420～640nm 之间选择适宜的波长进行光度分析。

(3) 色谱法　硝基化合物属于中等极性的化合物，气相色谱法测定硝基化合物可选择的固定相很多，常用硅油、硅橡胶类固定液或酯类固定液等。

采用 30%硅油 DC703　Celite 545 担体（60～80 目）1m×4mm 与 30%磷酸三甲酚酯 Celite 545 担体（60～80 目）2m×4mm 串联，在柱温为 105℃可对工业硝基甲烷中甲醛、乙醛、甲醇、水、丙酮乙腈、硝基甲烷、硝基乙烷、硝基丙烷和异戊醇等进行分离。采用

23%己二酸二正辛酯固定液 Chromosorb WAW（60～80 目）6m×3mm 色谱柱，程序升温 [从 25℃（5min）以 1.3℃/min 升到 60℃] 可对 $C_1 \sim C_4$ 的硝基混合物中 23 种组分进行分离，效果很好。如图 6-4 所示。

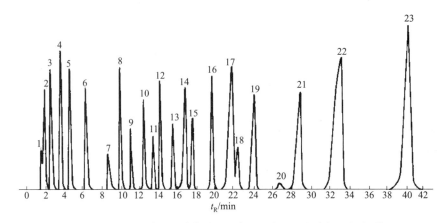

图 6-4　$C_1 \sim C_4$ 的硝基混合物在 23%己二酸二正辛酯柱上的色谱图

1—甲烷；2—乙烷；3—丙烷；4—异丁烷；5—正丁烷；6—乙醛；7—甲醇；8—丙醛；
9—乙醇；10—叔丁醇+异丁醛；11—异丙醇；12—正丁醛；13—正丁醇；14—硝基甲烷；
15—2-丁醇；16—异丁醇；17—硝基乙烷；18—正丁醇；19—2-硝基丙烷；20—2-甲
基-2-硝基丙烷；21—1-硝基丙烷；22—2-硝基丁烷；23—1-硝基丁烷

采用 SE-54 固定液，25m×0.3mm 毛细管色谱柱和程序升温（柱温从 100℃以 4℃/min 升到 280℃保持 10min），可对柴油尾气中的硝基多环芳烃十几种组分进行分离。采用同样的色谱柱和程序升温（柱温从 35℃以 10℃/min 升到 305℃）、化学发光检测器、氦气作载气可对硝基多环芳烃三十几种组分进行分离。

第五节　有机官能团定量分析实例

一、溴化钾-溴酸钾直接滴定法测定不饱和度

由于溴化钾-溴酸钾法的特点是操作简单、快速，特别适合有机化工产品或石油化工产品中不饱和脂肪族化合物的不饱和度或含量的测定。经常采用溴化钾-溴酸钾的标准溶液直接滴定，永停法确定滴定终点。

称取适当量的试样，加四氯化碳溶解后（高沸点的试样不易溶解，可以加入少量苯助溶。）或者采取稀释后测定，用溴化钾-溴酸钾的标准滴定溶液滴定，采用永停法指示滴定终点，同时进行空白实验。在生产实际中，测定结果有如下几种表示方法。

（1）以化合物质量分数表示

$$w_B = \frac{c(V-V_0)M_B(1/2)}{mn \times 1000} \times 100 \tag{6-17}$$

（2）以溴值表示

$$溴值 = \frac{(V-V_0)c \times 79.9}{m \times 1000} \times 100 \tag{6-18}$$

式中　　w_B——B 物质不饱和化合物的质量分数；

V_0——空白试验消耗溴化钾-溴酸钾标准滴定溶液的体积，mL；

V——试样消耗溴化钾-溴酸钾标准滴定溶液的体积，mL；

c ——（1/6 溴化钾-溴酸钾）标准滴定溶液实际浓度，mol/L；

m ——试样的质量，g；

M_B ——不饱和化合物的摩尔质量，g/mol；

n ——官能团的个数。

二、氧加成法测定高聚物的不饱和度

称取适当量的高聚物试样 0.2～0.5g（精确至 0.0002g），于 250mL 烧杯中，加 5mL 庚烷，在振荡机上振荡溶解后，加 20mL 二氯甲烷和 5mL 0.6mol/L 间氯过氧苯甲酸的二氯甲烷溶液，在电磁搅拌器上不断搅拌，使反应完全。然后加 10% 碘化钾冰乙酸溶液 7mL 和 40mL 水，还原剩余的间氯过氧苯甲酸，析出的碘用 0.1mol/L 硫代硫酸钠标准滴定溶液滴定，用淀粉指示剂指示终点，同时进行空白实验。

三、富集色谱法测定厂区空气中苯、甲苯、二甲苯、乙苯含量

用填充 Tenax-GS 的采样管，以 0.5～1L/min 的速度采集空气 10～100L，在常温下富集空气中苯、甲苯、二甲苯、乙苯。将采样管与气相色谱仪连接后，经加热将吸附在采样管上的物质全量导入色谱仪，用有机皂土-34 和邻苯二甲酸二壬酯（1+1）固定液，FID 检测器可检测 $(1.0～2.0)\times10^{-3}$ mg/m³。图 6-5 是苯系物在有机皂土-34 和邻苯二甲酸二壬酯混合柱上的典型色谱图。

四、聚醚多元醇羟值的测定

聚醚多元醇是制取聚氨酯泡沫塑料的主要原料。它是由多元醇与环氧乙烷、环氧丙烷在催化剂作用下开环聚合而成。由于该物质是多元醇的聚合物，不能具体测出是哪个醇羟基。所以可以通过测定试样的羟值，来确定该物质的质量。

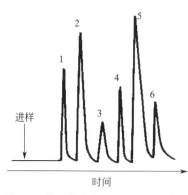

图 6-5　苯系物在有机皂土-34 和邻苯二酸二壬酯混合柱上的典型色谱图
1—苯；2—甲苯；3—乙苯；
4—对二甲苯；5—间二甲苯；
6—邻二甲苯

(1) 测定原理　在吡啶介质中，于 115℃ 回流条件下，邻苯二甲酸酐与羟基进行酯化反应，待反应完全后，过量的邻苯二酸酐用氢氧化钠标准滴定溶液滴定。

(2) 溶液制备　邻苯二甲酸酐吡啶溶液的制备：称取邻苯二甲酸酐 111～116g 于 700mL 吡啶中，放置过夜后使用。25mL 该溶液应消耗 1mol/L 氢氧化钠标准溶液 45mL 左右。

(3) 测定方法　称取试样（根据羟值估计称样量）准至 0.0001g，置于酯化瓶中（不能让试样与瓶颈接触）。用移液管准确加入 25mL 邻苯二酸酐吡啶溶液，摇动酯化瓶，使试样溶解。接上空气冷凝管并用吡啶封口，把酯化瓶放入 (115±2)℃ 油浴中回流 1h（回流时摇动酯化瓶 1～2 次，油浴的液面需浸过酯化瓶的一半）。从油浴中取出酯化瓶，冷却至室温，用 10mL 吡啶逐滴均匀冲洗冷凝管，然后取下冷凝管。加入 0.5mL 酚酞指示剂，用 $c(NaOH)=1$ mol/L 氢氧化钠标准滴定溶液滴定至粉红色并保持 15s 不褪为终点。同时进行空白试验，空白与测定试样消耗氢氧化钠标准溶液之差应控制在 9～11mL 之间。否则调整称样量，重新测定。

五、工业乙醇中甲醇含量的测定

(1) 测定原理　甲醇在酸性条件下，被高锰酸钾氧化为甲醛，过量的高锰酸钾用偏重亚

硫酸钠（$Na_2S_2O_5$）除去。生成的甲醛与变色酸反应生成紫色溶液，在 570nm 处测定吸光度，进而求出甲醇含量。

（2）溶液制备　甲醇标准溶液的制备：吸取 1.00mL 分析纯甲醇于 250mL 容量瓶中，加入 99mL 不含甲醇的无水乙醇，用蒸馏水稀释至刻度，混匀。吸取上述溶液 25.00mL 于 200mL 容量瓶中，用蒸馏水稀释至刻度，混匀。该溶液含甲醇 $\varphi_B=0.05\%$，还可根据试样中甲醇含量的多少，稀释到所需的浓度。

高锰酸钾溶液（$\rho_B=30g/L$）的制备：取 3.0g 高锰酸钾，加 15.5mL 磷酸溶解，用蒸馏水稀释至 100mL。

变色酸（$\rho_B=1g/L$）溶液的制备：称取（0.1±0.001）g 变色酸二钠盐（$C_{10}H_6O_8Na_2$）于 200mL 烧杯中，加 10mL 蒸馏水溶解，边冷却边加 $w_B=90\%$ 硫酸 90mL，混匀。（现用现配）。

（3）测定方法　用移液管吸取 5.00mL 试样于 100mL 容量瓶中，用蒸馏水稀释至刻度，混匀。吸取上述试样溶液 2.00mL 置于 50mL 比色管中，加 1.00mL 高锰酸钾（$\rho_B=30g/L$）的溶液，摇匀。15min 后加 0.6mL $Na_2S_2O_5$（$\rho_B=100g/L$ 水溶液），加 10mL 变色酸（$\rho_B=1g/L$），在（70±0.2）℃水浴上加热 20min 后，冷却至室温，用 1cm 比色皿在 570nm 处，以不含甲醇的乙醇溶液做空白，测定吸光度。标样同样处理，用比较法或标准曲线法定量。

六、高碘酸氧化法测定甘油含量

（1）测定原理　用高碘酸氧化甘油，生成甲酸和甲醛，生成的甲酸用氢氧化钠标准滴定溶液滴定，用电位法确定滴定终点。通过测定反应生成的甲酸的量，来计算出甘油含量。由于高碘酸氧化甘油需要在酸性条件下进行，所以必须消除试剂酸度的影响。反应式如下：

$$2HIO_4 + CH_2OH-CHOH-CH_2OH \longrightarrow 2HCHO + HCOOH + 2HIO_3 + H_2O$$

$$HCOOH + NaOH \longrightarrow HCOONa + H_2O$$

（2）溶液制备　高碘酸钠标准溶液（$\rho_B=60g/L$）：称取 60g 高碘酸钠，加入 120mL $c(H_2SO_4)=0.1mol/L$（边冷却边加），用蒸馏水稀释至 1000mL。

乙二醇稀释液（1+1）：1 体积不含甘油的乙二醇与一体积水混合。

（3）测定方法　称取甘油 5.0g（精确至 0.0001g）于 500mL 容量瓶中，用蒸馏水稀释至刻度，混匀。取 50.00mL 该溶液于 500mL 烧杯中，加水 250mL，插入玻璃电极和甘汞电极，在不断搅拌下，用 0.1mol/L NaOH 标准滴定溶液滴定至 pH=7.9±0.1（不记体积）。加入 $\rho_B=60g/L$ 的高碘酸钠 50.00mL，缓缓摇匀，盖上表面皿，在室温下于暗处放置 30min。加 10mL 乙二醇稀释剂，在同样条件下再放置 20min，加 5mL 甲酸钠溶液，以 $c(NaOH)=0.1mol/L$ 标准滴定溶液滴定至 pH=7.9±0.1，同样条件下作空白试验，但在加高碘酸钠溶液前也要用 $c(NaOH)=0.1mol/L$ 标准滴定溶液滴定至 pH=7.9±0.1。

七、亚硫酸钠法测定工业甲醛含量

甲醛与中性亚硫酸钠作用生成羟基磺酸钠和氢氧化钠，用硫酸标准滴定溶液滴定反应生成的氢氧化钠，用百里香酚蓝为指示剂，根据消耗硫酸标准滴定溶液的量计算出试样中甲醛的含量。

反应式如下：

$$\underset{H}{\overset{H}{}}C=O + H_2O + Na_2SO_3 \longrightarrow \underset{H}{\overset{H}{}}C\underset{SO_3Na}{\overset{OH}{}} + NaOH$$

取 50mL 1mol/L 亚硫酸钠溶液于 250mL 锥形瓶中，加 3 滴百里香酚蓝为指示剂，用

$c(\frac{1}{2}H_2SO_4)$=1mol/L 硫酸标准滴定溶液中和至蓝色消失（不记录所消耗硫酸标准溶液的体积）。

用减量法称取 1.3～1.5g 试样于上述锥形瓶中，再用硫酸标准滴定溶液滴定至蓝色消失即为终点。试样中的甲醛含量按直接滴定法的通用公式计算。

八、工业冰醋酸中乙醛含量的测定

由于乙酸试样本身是酸性物质不能用酸碱滴定法测定其中的醛，而采用碘量法测定。国家标准 GB/T 1628.6—2000 规定工业冰乙酸中乙醛含量测定采用碘量法。

该方法的基本原理是试样中的乙醛与过量的亚硫酸氢钠反应，剩余的亚硫酸氢钠用碘量法测定。具体操作如下：取一定量的试样（10mL）于盛有 10mL 水的 50mL 容量瓶中，加 5mL 亚硫酸氢钠（18.2g/L），加水稀释至刻度，混匀并静置 30min。

吸取 50mL $c(I)$=0.02mol/L 碘标准溶液于碘量瓶中，在冰水浴上冷却 30min 后，加入 20.00mL 试样溶液，用硫代硫酸钠标准滴定溶液滴定，淀粉指示剂，同时进行空白试验，按通用的有机官能团定量分析计算公式计算出乙醛含量。

九、采用极谱法测定苯胺中微量硝基苯

$$C_6H_5NO_2 + 6e + 6H^+ \longrightarrow C_6H_5NH_2 + 2H_2O$$

由于硝基苯有氧化性，它的存在严重影响苯胺的质量，必须严格控制苯胺中的硝基苯含量。用气相色谱法测定苯胺中硝基苯不够理想，对含量小于百万分之一的硝基化合物检测不出来。而采用极谱法测定能得到满意的结果。

标样的制备 称取 0.05g 硝基苯（精确至 0.0001g）于 100mL 容量瓶中，加入 99.95g（精确至 0.01g）无硝基苯的苯胺混合均匀。此溶液含 w_B=0.5% 硝基苯。取该溶液 20.00mL 用不含硝基苯的苯胺稀释至 100mL 得含 w_B=0.01% 硝基苯的标样。

用移液管吸取 10mL 试样于 25mL 烧杯中，加 2.5mL 浓 HCl，用玻璃棒搅拌均匀，冷却至室温，然后在极谱仪上于-0.2～-0.6V 之间录制极谱图，准确测量极谱图的波高。同样条件下测定标样极谱图的波高，用比较法定量。

$$w_x = w_s \frac{h_x}{h_s}$$

式中　w_x——试样硝基苯质量分数；

w_s——标样硝基苯质量分数；

h_s——标样硝基苯的峰高，cm；

h_s——试样硝基苯的峰高，cm。

十、金属锌还原法测定硝基化合物

芳香族硝基化合物在酸性条件下与金属锌反应，硝基化合物被还原为芳伯胺，然后用重氮化法测定。

$$C_6H_5NO_2 + 3Zn + 6HCl \longrightarrow C_6H_5NH_2 + 3ZnCl_2 + 2H_2O$$

$$C_6H_5NH_2 + NaNO_2 + 2HCl \longrightarrow C_6H_5N^+ \equiv NCl^- + NaCl + 2H_2O$$

称取一定量的试样❶（精确至 0.0002g）于 250mL 锥形瓶中，加入 25mL 冰乙酸溶解，加 10mL 浓盐酸，加入 25mL 蒸馏水，在电炉上加热至沸腾。缓缓加入 5g 锌粉，回流加热至颜色消失（大约需要 20～30min，如果反应液不退色，可以适当补充锌粉，继续加热至颜色退去）。趁热用多孔瓷漏斗真空抽滤，用热蒸馏水洗涤残渣及锥形瓶 5～6 次，但是，总体积不要超过 250mL。用 $w_B=10\%$ 氢氧化钠或 $w_B=10\%$ 盐酸调整溶液的 pH=3，加溴化钾 2g，冷却至 0～10℃，然后采用快速滴定法用亚硝酸钠标准滴定溶液滴定，根据消耗亚硝酸钠标准溶液的体积和亚硝酸钠标准溶液的浓度，即可计算出芳香族硝基化合物含量。

十一、酸碱滴定法测定脂肪族伯、仲硝基化合物

酸碱滴定法测定硝基化合物通常采用非水滴定法。常用的溶剂是二甲基甲酰胺，用甲醇钠或氢氧化四丁基胺的苯-甲醇标准滴定溶液为滴定剂，采用百里酚蓝指示剂。由于硝基化合物经常带有颜色，通常采用电位法确定滴定终点。

测定试样时，首先取一定量（50～100mL）的溶剂（如二甲基甲酰胺）加入百里酚蓝指示剂，用 0.1mol/L 甲醇钠或氢氧化四丁基铵的苯-甲醇标准滴定溶液滴定至蓝色为终点。通氮气驱除空气，防止吸收二氧化碳。加入精确称取的一定量试样，再用 0.1mol/L 甲醇钠或氢氧化四丁基铵的苯-甲醇标准滴定溶液滴定至蓝色终点，按通用的计算公式计算出试样的含量。

十二、富集气相色谱法测定空气中三甲胺含量

用装有涂着草酸的玻璃珠作为吸附剂的采样管，以 0.5～1L/min 的速度采集 10～100mL 气体样品。然后向采样管中注入氢氧化钾溶液和氮气，使吸附在采样管上的三甲胺游离成气态，并进入经过真空处理的 100mL 解吸瓶中，取 1～2mL 气体直接进行色谱分析。

该方法在聚乙二醇 20-M 的色谱柱上，采用 FID 检测器，在柱温 130℃、检测器 180℃、汽化室 180℃条件下，可检测到 $2.5\times10^{-3}mg/m^3$。同时可以对氨、甲胺、二甲胺、乙胺进行定量分析。

十三、顶空色谱法测定废水中的吡啶

气相色谱法测定废水中的有机物，不能将水样直接进入色谱柱，因为任何色谱柱都经受不住大量水的侵蚀，而使色谱柱寿命变短。通常需要先萃取后再进行分析。而采用顶空色谱法测定水中低沸点有机物可不经萃取直接进行分析。如工业污水中吡啶的测定，将一定体积（如 20mL）含有吡啶的工业废水试样置于一定容量（50mL）的密闭容器中，液面留有适当的空间，用聚四氟乙烯薄膜封口。将此容器于 70℃水浴中加热 30min 待汽-液两相平衡时，取 2mL 液上气体进行色谱分析。如果试样中含有较多的低沸点杂质，可通氮气（以 0.5L/min）30min 后再测量。该方法采用聚乙二醇 20-M 固定液，FID 检测器，可以测定到 0.49～4.9mg/L。

十四、磺胺类药物的测定

磺胺类药物是对氨基苯磺酰胺及其衍生物。磺胺类药物分子中都含有对氨基苯磺酰胺这个特征分子结构。

$$H_2N-\underset{}{\bigcirc}-SO_2NH_2$$

---

❶ 称样量范围可以自己计算，按消耗 0.1mol/L 亚硝酸钠 25～35mL 计算不同试样的称样量

它们都有抑制溶血性链球菌、肺炎球菌、脑膜炎球菌的生成和繁殖的疗效，是人们非常熟悉的"消炎药"。常见的"消炎药"有：磺胺（对氨基苯磺酰胺）、磺胺二甲嘧啶（2-对氨基苯磺酰胺-4,6-二甲基嘧啶）、磺胺甲氧嗪（俗称常效磺胺，3-对氨基苯磺酰胺-6-甲氧基哒嗪）。这类化合物的分子中，由于磺酰胺基是强吸电子基，使氨基的碱性大大减弱，以至于不能用酸碱滴定法测定。但是，氨基可以发生重氮化反应的特性没有减弱，反而生成的重氮盐更稳定，可以在室温条件下用重氮法测定其含量。以对氨基苯磺酰胺为例重氮化反应按下式进行。

$$H_2N-\underset{}{\bigcirc}-SO_2NH_2 + NaNO_2 + HCl \longrightarrow Cl^- \quad N\equiv N^+-\underset{}{\bigcirc}-SO_2NH_2 + 2H_2O + NaCl$$

该重氮化反应速度较快，可以用亚硝酸钠标准滴定溶液直接滴定，以中性红为指示剂，终点由淡红色变为深绿色。并用碘化钾-淀粉外指示剂加以校正。

十五、水解-重氮化法测定芳酰胺

根据酰胺可以水解生成酸和胺这一性质，可以把芳酰胺水解生成羧酸和芳伯胺，通过测定芳伯胺即可求出芳酰胺含量。如将乙酰苯胺、对乙氧基乙酰苯胺（又称非那西丁是常用的退热药）、对羟基乙酰苯胺（扑热息痛）等芳酰胺，在硫酸存在下水解产生芳伯胺。

$$CH_3-\overset{O}{\underset{}{C}}-NH-\underset{}{\bigcirc} + H_2O \longrightarrow \underset{}{\bigcirc}-NH_2 + CH_3COOH$$

$$CH_3-\overset{O}{\underset{}{C}}-NH-\underset{}{\bigcirc}-OC_2H_5 + H_2O \longrightarrow \underset{OC_2H_5}{\bigcirc}-NH_2 + CH_3COOH$$

$$CH_3-\overset{O}{\underset{}{C}}-NH-\underset{}{\bigcirc}-OH + H_2O \longrightarrow \underset{OH}{\bigcirc}-NH_2 + CH_3COOH$$

以扑热息痛含量的测定为例，扑热息痛是由对氨基酚与乙酸酐酰化反应生成的对羟基乙酰苯胺，所以试样中含有少量的对氨基酚，在用重氮化-水解法测定扑热息痛时，对氨基酚干扰。可以分两步进行测定。①测定试样中对氨基酚含量，准确称取试样1g左右于250mL锥形瓶中，加50mL 1∶1HCl（酸性介质）及3g溴化钾催化剂，用$c(NaNO_2)=0.1mol/L$亚硝酸钠标准滴定溶液滴定，消耗体积为V_1。②测定试样中扑热息痛含量：准确称取试样0.3g左右于250mL锥形瓶中，加50mL 1+1HCl（扑热息痛在酸性条件下水解产生对氨基酚），回流1h后，冷却至室温，加水50mL及3g溴化钾催化剂，用$c(NaN8O_2)=0.1mol/L$亚硝酸钠标准滴定溶液滴定，消耗体积为V_2。根据V_1、V_2可以求出试样中对氨基酚和扑热息痛含量。

十六、工业二乙醇胺含量测定

工业上二乙醇胺是由环氧乙烷与氨水反应而制得，它是制药工业中常用的原料中间体，也可以用于化肥的生产。试样中除二乙醇胺外，还含有一乙醇胺、三乙醇胺。采用中和法测定二乙醇胺时，一乙醇胺、三乙醇胺干扰。可以采用中和法测定总碱度（总胺），然后分别测定出一乙醇胺和三乙醇胺的含量，从总碱度减去一乙醇胺和三乙醇胺，经换算求出二乙醇胺的含量。

一乙醇胺含量的测定是基于伯胺与亚硝酸反应放出氮气；而仲胺与亚硝酸反应生成黄色的 N-亚硝基胺液体或固体；叔胺与亚硝酸反应生成铵盐。通过测定反应生成的氮气，即可求出一乙醇胺的含量。

三乙醇胺含量的测定是基于一乙醇胺和二乙醇胺在甲醇介质中能与乙酸酐发生酰化反应，而三乙醇胺不发生酰化反应，利用盐酸-乙醇标准溶液进行非水滴定，即可求出三乙醇胺的含量。

习 题

1. 有机官能团定量分析的方法有哪些？常用的测定方法有哪几种？
2. 举例说明酸碱滴定法可以测定哪些有机物？
3. 测定微量有机化合物有哪几种方法？
4. 有机官能团定量分析的特点是什么？如何消除干扰？
5. 如何选择分析方法？
6. 结合提示说明如何测定下列各物质含量
(1) 烯烃可以与碘的乙醇溶液发生加成反应，如何测定烯烃？
(2) 酸酐与水反应生成羧酸，如何测定酸酐含量？
7. 欲测定下列试样，请选择合适的分析方法。
(1) 油品的碘值 (2) 高聚物的不饱和度 (3) 验证亚麻酸中双键的数目 (4) 测定汽油中各种烃类含量 (5) 测定 $C_4 \sim C_8$ 烃类的不饱和度 (6) 测定环己烷中微量的苯
8. 气相色谱法测定烃类化合物可以采用哪些固定相，用什么定量方法？
9. 哪些烃类可以直接用紫外可见光谱法测定？不能直接测定的烃类可采取哪些方法使之能够用紫外可见光谱法测定？
10. 紫外可见分光光度法能够直接测定哪些羟基化合物？举例说明。不能直接测定的羟基化合物，通过哪些方法使之转化成可以用紫外可见分光光度法测定。
11. 采用乙酸酐-乙酸钠酰化法测定季戊四醇含量。写出计算化合物含量、羟基含量和羟值的计算公式。
12. 采用乙酰化法测定工业 12-羟基硬脂酸的羟值，称取试样 0.5000g，加 10mL 三氯甲烷溶解，加 5mL 乙酸酐吡啶为酰化试剂，于 100℃水浴上回流 30min，加 5mL 水，继续回流 15min，用 0.1000mol/L 氢氧化钠标准滴定溶液滴定，消耗 40.00mL。同时进行空白试验，消耗氢氧化钠标准滴定溶液 40.12mL。另称取试样 0.5120g，加乙醇溶解后，用氢氧化钠标准滴定溶液滴定，消耗 16.64mL，试计算试样的羟值和酸值。
13. 用亚硫酸钠法测定工业甲醛含量，若甲醛的浓度是 37%，密度是 1.1g/mL，试计算用 0.5mol/L 的 HCl 溶液滴定，消耗 HCl 溶液体积在 25～30mL 应该取多少 mL 试样？若测定试样是丁烯醛（含量约 90%），应称取试样多少克？
14. 根据下列反应方程式说明如何测定醛含量？

$$RCHO + Hg^{2+} + 2OH^- \longrightarrow RCOOH + Hg + H_2O$$
$$RCHO + Ag_2O \longrightarrow RCOOH + 2Ag \downarrow$$

15. 亚钛盐还原法测定硝基化合物有哪些干扰？如何消除。
16. 说明亚锡盐还原法测定硝基化合物，为什么要在 pH=3 酸性条件下进行？
17. 根据提示结合官能团定量分析特点说明如何测定亚硝基化合物？

提示： $Ar\text{-}NO + 2KI + 2HCl \longrightarrow Ar\text{-}NHOH + I_2 + 2KCl$

(1) 阐述测定原理和操作步骤。
(2) 计算称样量,碘化钾加入量。
(3) 写出结果计算公式。
18. 拟定用化学法测定硝基和亚硝基混合物中各组分含量的操作步骤。

阅读园地

近红外光谱法测定有机物

"绿色分析"是人们最渴望的一种分析方法,在整个分析过程中,不破坏试样,不消耗任何化学试剂,操作十分简单。就像使用傻瓜相机一样方便。使用现代近红外光谱仪进行分析就是这种分析法。

近红外光谱分析是近十年左右发展起来的一种分析方法,并已经迅速在许多行业中得到广泛的应用。近红外光谱是分子内部原子间振动的倍频峰与合频峰,其波数在 $13330 \sim 4000 cm^{-1}$ 之间。近红外光谱的特点是信息量丰富,同一基团的倍频与合频信息可在近红外谱区的多个波段取得,本区包括大量的含氢基团的结构信息交织在一起;近红外光谱信息强度比中红外低、谱峰宽,使近红外分析变得十分复杂。没有计算机技术是很难利用近红外光谱进行定量分析。这就是近红外光谱最近才得到广泛应用的原因

近红外光谱分析几乎可以测定所有含氢基团的样品,最适合有机物分析。特别是对含有 C—H、N—H、O—H 物质的分析更为突出。因而广泛地应用于有机物定性和定量分析领域。对解决天然产物和化工产品的分析提出了更广阔的空间。又由于吸收强度低,近红外光谱分析可以不需对样品作任何化学或物理的预处理,便可取得样品内部深处的物质信息,因此可用于对复杂样品(如生物样品)进行非破坏性测定、原位分析、在线分析、活体分析,分析速度快;不消耗试剂、不产生污染,属于"绿色分析"技术。因此近红外光谱分析是一种较理想的现代分析技术。但近红外光谱灵敏度低,对微量组分测定不理想。在应用近红外光谱分析前,需要专家和软件工程师制作分析模型(分析软件)。

近红外光谱分析的基本方法是首先建立分析模型,即建立被测组分含量与近红外光谱曲线的关系,然后测定样品的近红外光谱曲线,进而求得被测组分含量。

建立分析模型步骤如下:①选择一定量典型的样品;②用常规方法测定其含量作为标准;③用近红外光谱仪测定样品的近红外光谱曲线;④用数据分析方法(如主成分回归法和神经网络系统)建立起近红外光谱与被测组分含量的关系模型,根据该模型即可通过测定近红外光谱曲线,求得被测组分含量。

主成分回归法即内部交叉证实法是依次将标样中的一个样品作为待测样品,用其余标样建立关系模型,并用建立起来的模型预测该标样含量,如果测得值与真实值相符,说明关系模型正确,否则需要修改该模型。然后再取另一个标样,重复上述操作再检查预测值与真实值吻合程度,如果不符,应该继续调整关系模型,直至满足要求为止。

近红外光谱分析可以测定含 C—H、N—H 和 O—H 化学键的物质,它几乎包括所有的有机化合物。现已广泛应用于农副产品的分析,如测定大豆、小麦、大米中蛋白质、淀粉、氨基酸等成分的含量。不但可以在实验室进行分析,而且可以到现场分析;不但可以对产品进行检验,而且可以对活体进行分析。

在有机化工行业中，已经有测定羟值的商品仪器，已经开发出测定不同羟基化合物、不同试样中羟值的软件（如测定非离子表面活性剂及原料醇的羟值的测定）也可以利用该仪器测定含 C—H、N—H 和 O—H 化学键的物质等。这需要人们开发出测定这些物质的应用软件。

由于近红外光谱可以对任何含氢化合物进行分析，几乎可以测定所有的有机物和部分无机物，加之该方法操作简单、不破坏试样、不消耗试剂。因此随着软件技术的不断开发，必将在有机分析中起到更大的作用。

附 录

部分 Beynon 表

各种碳、氢、氧、氮化合的精确质量和同位素丰度表

	$M+1$	$M+2$	MW		$M+1$	$M+2$	MW
101				$C_3H_8N_3O$	4.55	0.28	102.0668
CHN_4O_2	2.70	0.43	101.0100	$C_3H_{10}N_4$	4.93	0.10	102.0907
$C_2HN_2O_3$	3.06	0.64	100.9987	$C_4H_6O_3$	4.54	0.68	102.0317
$C_2H_3N_3O_2$	3.43	0.45	101.0226	$C_4H_8NO_2$	4.91	0.50	102.0555
$C_2H_5N_4O$	3.81	0.26	101.0464	$C_4H_{10}N_2O$	5.28	0.32	102.0794
C_3HO_4	3.41	0.84	100.9874	$C_4H_{12}N_3$	5.66	0.13	102.1032
$C_3H_3NO_3$	3.79	0.65	101.0113	$C_5H_{10}O_2$	5.64	0.53	102.0681
$C_3H_5N_2O_2$	4.16	0.47	101.0351	$C_5H_{12}NO$	6.02	0.35	102.0919
$C_3H_7N_3O$	4.54	0.28	101.0590	$C_5H_{14}N_2$	6.39	0.17	102.1158
$C_3H_9N_4$	4.91	0.10	101.0829	C_5N_3	6.55	0.18	102.0093
$C_4H_5O_3$	4.52	0.68	101.0238	$C_6H_{14}O$	6.75	0.39	102.1045
$C_4H_7NO_2$	4.89	0.50	101.0477	C_6NO	6.90	0.40	101.9980
$C_4H_9N_2O$	5.27	0.31	101.0715	$C_6H_2N_2$	7.28	0.23	102.0218
$C_4H_{11}N_3$	5.64	0.13	101.0954	C_7H_2O	7.64	0.45	102.0106
$C_5H_9O_2$	5.63	0.53	101.0603	C_7H_4N	8.01	0.28	102.0344
$C_5H_{11}NO$	6.00	0.35	101.0841	C_8H_6	8.74	0.34	102.0470
$C_5H_{13}N_2$	6.37	0.17	101.1080	103			
$C_6H_{13}O$	6.73	0.39	101.0967	CHN_3O_3	2.36	0.62	103.0018
$C_6H_{15}N$	7.11	0.22	101.1205	$CH_3N_4O_2$	2.73	0.43	103.0257
C_6HN_2	7.26	0.23	101.0140	C_2HNO_4	2.72	0.83	102.9905
C_7HO	7.62	0.45	101.0027	$C_2H_3N_2O_3$	3.09	0.64	103.0144
C_7H_3N	7.99	0.28	101.0266	$C_2H_5N_3O_2$	3.46	0.45	103.0382
C_8H_5	8.72	0.33	101.0391	$C_2H_7N_4O$	3.84	0.26	103.0621
102				$C_3H_3O_4$	3.45	0.84	103.0031
CN_3O_3	2.34	0.62	101.9940	$C_3H_5NO_3$	3.82	0.66	103.0269
$CH_2N_4O_2$	2.72	0.43	102.0178	$C_3H_7N_2O_2$	4.19	0.47	103.0508
C_2NO_4	2.70	0.83	101.9827	$C_3H_9N_3O$	4.57	0.29	103.0746
$C_2H_2N_2O_3$	3.07	0.64	102.0065	$C_3H_{11}N_4$	4.94	0.10	103.0985
$C_2H_4N_3O_2$	3.45	0.45	102.0304	$C_4H_7O_3$	4.55	0.68	103.0395
$C_2H_6N_4O$	3.82	0.26	102.0542	$C_4H_9NO_2$	4.93	0.50	103.0634
$C_3H_2O_4$	3.43	0.84	101.9953	$C_4H_{11}N_2O$	5.30	0.32	103.0872
$C_3H_4NO_3$	3.80	0.66	102.0191	$C_4H_{13}N_3$	5.67	0.14	103.1111
$C_3H_6N_2O_2$	4.18	0.47	102.0429	$C_5H_{11}O_2$	5.66	0.53	103.0759

	$M+1$	$M+2$	MW		$M+1$	$M+2$	MW
$C_5H_{13}NO$	6.03	0.35	103.0998	C_6H_3NO	6.95	0.41	105.0215
C_5HN_3	6.56	0.18	103.0171	$C_6H_5N_2$	7.33	0.23	105.0453
C_6HNO	6.92	0.40	103.0058	C_7H_5O	7.68	0.45	105.0340
$C_6H_3N_2$	7.29	0.23	103.0297	C_7H_7N	8.06	0.28	105.0579
C_7H_3O	7.65	0.45	103.0184	C_8H_9	8.79	0.34	105.0705
C_7H_5N	8.03	0.28	103.0422	106			
C_8H_7	8.76	0.34	103.0548	$CH_2N_2O_4$	2.03	0.82	106.0014
104				$CH_4N_3O_3$	2.41	0.62	106.0253
CN_2O_4	2.00	0.81	103.9858	$CH_6N_4O_2$	2.78	0.43	106.0491
$CH_2N_3O_3$	2.37	0.62	104.0096	$C_2H_4NO_4$	2.76	0.83	106.0140
$CH_4N_4O_2$	2.75	0.43	104.0335	$C_2H_6N_2O_3$	3.14	0.64	106.0379
$C_2H_2NO_4$	2.73	0.83	103.9983	$C_2H_8N_3O_2$	3.51	0.45	106.0617
$C_2H_4N_2O_3$	3.11	0.64	104.0222	$C_2H_{10}N_4O$	3.89	0.26	106.0856
$C_2H_6N_3O_2$	3.48	0.45	104.0460	$C_3H_6O_4$	3.49	0.85	106.0266
$C_2H_8N_4O$	3.85	0.26	104.0699	$C_3H_8NO_3$	3.87	0.66	106.0504
$C_3H_4O_4$	3.46	0.84	104.0109	$C_3H_{10}N_2O_2$	4.24	0.47	106.0743
$C_3H_6NO_3$	3.48	0.66	104.0348	$C_4H_{10}O_3$	4.60	0.68	106.0630
$C_3H_8N_2O_2$	4.21	0.47	104.0586	C_4N_3O	5.51	0.33	106.0042
$C_3H_{10}N_3O$	4.59	0.29	104.0825	$C_4H_2N_4$	5.88	0.15	106.0280
$C_3H_{12}N_4$	4.96	0.10	104.1063	C_5NO_2	5.86	0.54	105.9929
$C_4H_8O_3$	4.57	0.68	104.0473	$C_5H_2N_2O$	6.24	0.36	106.0167
$C_4H_{10}NO_2$	4.94	0.50	104.0712	$C_5H_4N_3$	6.61	0.19	106.0406
$C_4H_{12}N_2O$	5.32	0.32	104.0950	$C_6H_2O_2$	6.59	0.58	106.0054
C_4N_4	5.85	0.14	104.0124	C_6H_4NO	6.97	0.41	106.0293
$C_5H_{12}O_2$	5.67	0.53	104.0837	$C_6H_6N_2$	7.34	0.23	106.0532
C_5N_2O	6.20	0.36	104.0011	C_7H_6O	7.70	0.46	106.0419
$C_5H_2N_3$	6.58	0.19	104.0249	C_7H_8N	8.07	0.28	106.0657
C_6O_2	6.56	0.58	103.9898	C_8H_{10}	8.80	0.34	106.0783
C_6H_2NO	6.94	0.41	104.0136	107			
$C_6H_4N_2$	7.31	0.23	104.0375	$CH_3N_2O_4$	2.05	0.82	107.0093
C_7H_4O	7.67	0.45	104.0262	$CH_5N_3O_3$	2.42	0.62	107.0331
C_7H_6N	8.04	0.28	104.0501	$CH_7N_4O_2$	2.80	0.43	107.0570
C_8H_8	8.77	0.34	104.0626	$C_2H_5NO_4$	2.78	0.83	107.0218
105				$C_2H_7N_2O_3$	3.15	0.64	107.0457
CHN_2O_4	2.02	0.81	104.9936	$C_2H_9N_3O_2$	3.53	0.45	107.0695
$CH_3N_2O_3$	2.39	0.62	105.0175	$C_3H_7O_4$	3.51	0.85	107.0344
$CH_5N_4O_2$	2.76	0.43	105.0413	$C_3H_9NO_3$	3.88	0.66	107.0583
$C_2H_3NO_4$	2.75	0.83	105.0062	C_4HN_3O	5.52	0.33	107.0120
$C_2H_5N_2O_3$	3.12	0.64	105.0300	$C_4H_3N_4$	5.90	0.15	107.0359
$C_2H_7N_3O_2$	3.50	0.45	105.0539	C_5HNO_2	5.88	0.54	107.0007
$C_2H_9N_4O$	3.87	0.26	105.0777	$C_5H_3N_2O$	6.25	0.37	107.0246
$C_3H_5O_4$	3.48	0.84	105.0187	$C_5H_5N_3$	6.63	0.19	107.0484
$C_3H_7NO_3$	3.85	0.66	105.0426	$C_6H_3O_2$	6.61	0.58	107.0133
$C_3H_9N_2O_2$	4.23	0.47	105.0664	C_6H_5NO	6.98	0.41	107.0371
$C_3H_{11}N_3O$	4.60	0.29	105.0903	$C_6H_7N_2$	7.36	0.23	107.0610
$C_4H_9O_3$	4.58	0.68	105.0552	C_7H_7O	7.72	0.46	107.0497
$C_4H_{11}NO_2$	4.96	0.50	105.0790	C_7H_9N	8.09	0.29	107.0736
C_4HN_4	5.86	0.15	105.0202	C_8H_{11}	8.82	0.34	107.0861
C_5HN_2O	6.22	0.36	105.0089	108			
$C_5H_3N_3$	6.60	0.19	105.0328	$CH_4N_2O_4$	2.06	0.82	108.0171
C_6HO_2	6.58	0.58	104.9976	$CH_6N_3O_3$	2.44	0.62	108.0410

续表

	$M+1$	$M+2$	MW		$M+1$	$M+2$	MW
$CH_8N_4O_2$	2.81	0.43	108.0648	$C_6H_6O_2$	6.66	0.59	110.0368
$C_2H_6NO_4$	2.80	0.83	108.0297	C_6H_8NO	7.03	0.41	110.0606
$C_2H_8N_2O_3$	3.17	0.64	108.0535	$C_6H_{10}N_2$	7.41	0.24	110.0845
$C_3H_8O_4$	3.53	0.85	108.0422	$C_7H_{10}O$	7.76	0.46	110.0732
C_3N_4O	4.81	0.30	108.0073	$C_7H_{12}N$	8.14	0.29	110.0970
$C_4N_2O_2$	5.16	0.51	107.9960	C_8H_{14}	8.87	0.35	110.1096
$C_4H_2N_3O$	5.54	0.33	108.0198	C_8N	9.03	0.36	110.0031
$C_4H_4N_4$	5.91	0.15	108.0437	C_9H_2	9.76	0.42	110.0157
C_5O_3	5.52	0.72	107.9847	111			
$C_5H_2NO_2$	5.89	0.54	108.0085	$C_3HN_3O_2$	4.48	0.48	111.0069
$C_5H_4N_2O$	6.27	0.37	108.0324	$C_3H_3N_4O$	4.85	0.30	111.0308
$C_5H_6N_3$	6.64	0.19	108.0563	C_4HNO_3	4.84	0.69	110.9956
$C_6H_4O_2$	6.63	0.59	108.0211	$C_4H_3N_2O_2$	5.21	0.51	111.0195
C_6H_6NO	7.00	0.41	108.0449	$C_4H_5N_3O$	5.59	0.33	111.0433
$C_6H_8N_2$	7.37	0.24	108.0688	$C_4H_7N_4$	5.96	0.15	111.0672
C_7H_8O	7.73	0.46	108.0575	$C_5H_3O_3$	5.57	0.73	111.0082
$C_7H_{10}N$	8.11	0.29	108.0814	$C_5H_5NO_2$	5.94	0.55	111.0320
C_8H_{12}	8.84	0.34	108.0939	$C_5H_7N_2O$	6.32	0.37	111.0559
C_9	9.73	0.42	108.0000	$C_5H_9N_3$	6.69	0.19	111.0798
109				$C_6H_7O_2$	6.67	0.59	111.0446
$CH_5N_2O_4$	2.08	0.82	109.0249	C_6H_9NO	7.05	0.41	111.0684
$CH_7N_3O_3$	2.45	0.62	109.0488	$C_6H_{11}N_2$	7.42	0.24	111.0923
$C_2H_7NO_4$	2.81	0.83	109.0375	$C_7H_{11}O$	7.78	0.46	111.0810
C_3HN_4O	4.82	0.30	109.0151	$C_7H_{13}N$	8.15	0.29	111.1049
$C_4HN_2O_2$	5.18	0.51	109.0038	C_8H_{15}	8.88	0.35	111.1174
$C_4H_3N_3O$	5.55	0.33	109.0277	C_8HN	9.04	0.36	111.0109
$C_4H_5N_4$	5.93	0.15	109.0515	C_9H_3	9.77	0.43	111.0235
C_5HO_3	3.54	0.73	108.9925	112			
$C_5H_3NO_2$	5.91	0.55	109.0164	$C_2N_4O_2$	3.77	0.46	112.0022
$C_5H_5N_2O$	6.29	0.37	109.0402	$C_3N_2O_3$	4.12	0.67	111.9909
$C_5H_7N_3$	6.66	0.19	109.0641	$C_3H_2N_3O_2$	4.50	0.48	112.0147
$C_6H_5O_2$	6.64	0.59	109.0289	$C_3H_4N_4O$	4.87	0.30	112.0386
C_6H_7NO	7.02	0.41	109.0528	C_4O_4	4.48	0.88	111.9796
$C_6H_9N_2$	7.39	0.24	109.0767	$C_4H_2NO_3$	4.85	0.70	112.0034
C_7H_9O	7.75	0.46	109.0653	$C_4H_4N_2O_2$	5.23	0.51	112.0273
$C_7H_{11}N$	8.12	0.29	109.0892	$C_4H_6N_3O$	5.60	0.33	112.0511
C_8H_{13}	8.85	0.35	109.1018	$C_4H_8N_4$	5.98	0.15	112.0750
C_9H	9.74	0.42	109.0078	$C_5H_4O_3$	5.58	0.73	112.0160
110				$C_5H_6NO_2$	5.96	0.55	112.0399
$CH_6N_2O_4$	2.10	0.82	110.0328	$C_5H_8N_2O$	6.33	0.37	112.0637
$C_3N_3O_2$	4.46	0.48	109.9991	$C_5H_{10}N_3$	6.71	0.19	112.0876
$C_3H_2N_4O$	4.84	0.30	110.0229	$C_6H_8O_2$	6.69	0.59	112.0524
C_4NO_3	4.82	0.69	109.9878	$C_6H_{10}NO$	7.06	0.41	112.0763
$C_4H_2N_2O_2$	5.20	0.51	110.0116	$C_6H_{12}N_2$	7.44	0.24	112.1001
$C_4H_4N_3O$	5.57	0.33	110.0355	$C_7H_{12}O$	7.80	0.46	112.0888
$C_4H_6N_4$	5.94	0.15	110.0594	$C_7H_{14}N$	8.17	0.29	112.1127
$C_5H_2O_3$	5.55	0.73	110.0003	C_7N_2	8.33	0.30	112.0062
$C_5H_4NO_2$	5.93	0.55	110.0242	C_8H_{16}	8.90	0.35	112.1253
$C_5H_6N_2O$	6.30	0.37	110.0480	C_8O	8.68	0.53	111.9949
$C_5H_8N_2$	6.68	0.19	110.0719	C_8H_2N	9.06	0.36	112.0187

续表

	M+1	M+2	MW		M+1	M+2	MW
C_9H_4	9.79	0.43	112.0313				
113				C_8H_2O	8.72	0.53	114.0106
$C_2HN_4O_2$	3.78	0.46	113.0100	C_8H_4N	9.09	0.37	114.0344
$C_3HN_2O_3$	4.14	0.67	112.9987	C_9H_6	9.82	0.43	114.0470
$C_3H_3N_3O_2$	4.51	0.48	113.0226	115			
$C_3H_5N_4O$	4.89	0.30	113.0464	$C_2HN_3O_3$	3.44	0.65	115.0018
C_4HO_4	4.49	0.88	112.9874	$C_2H_3N_4O_2$	3.81	0.46	115.0257
$C_4H_3NO_3$	4.87	0.70	113.0113	C_3HNO_4	3.80	0.86	114.9905
$C_4H_5N_2O_2$	5.24	0.51	113.0351	$C_3HN_2O_3$	4.17	0.67	115.0144
$C_4H_7N_3O$	5.62	0.33	113.0590	$C_3H_5N_3O_2$	4.54	0.48	115.0382
$C_4H_9N_4$	5.99	0.15	113.0829	$C_3H_7N_4O$	4.92	0.30	115.0621
$C_5H_5O_3$	5.60	0.73	113.0238	$C_4H_3O_4$	4.53	0.88	115.0031
$C_5H_7NO_2$	5.97	0.55	113.0477	$C_4H_5NO_3$	4.90	0.70	115.0269
$C_5H_9N_2O$	6.35	0.37	113.0715	$C_4H_7N_2O_2$	5.28	0.52	115.0508
$C_5H_{11}N_3$	6.72	0.19	113.0954	$C_4H_9N_3O$	5.65	0.33	115.0746
$C_6H_9O_2$	6.71	0.59	113.0603	$C_4H_{11}N_4$	6.02	0.16	115.0985
$C_6H_{11}NO$	7.08	0.42	113.0841	$C_5H_7O_3$	5.63	0.73	115.0395
$C_6H_{13}N_2$	7.45	0.24	113.1080	$C_5H_9NO_2$	6.01	0.55	115.0634
$C_7H_{13}O$	7.81	0.46	113.0967	$C_5H_{11}N_2O$	6.38	0.37	115.0872
$C_7H_{15}N$	8.19	0.29	113.1205	$C_5H_{13}N_3$	6.76	0.20	115.1111
C_7HN_2	8.34	0.31	113.0140	$C_6H_{11}O_2$	6.74	0.59	115.0759
C_8H_{17}	8.92	0.35	113.1331	$C_6H_{13}NO$	7.11	0.42	115.0998
C_8HO	8.70	0.53	113.0027	$C_6H_{15}N_2$	7.49	0.24	115.1236
C_8H_3N	9.07	0.36	113.0266	C_6HN_3	7.64	0.25	115.0171
C_9H_5	9.81	0.43	113.0391	$C_7H_{15}O$	7.84	0.47	115.1123
114				$C_7H_{17}N$	8.22	0.30	115.1362
$C_2N_3O_3$	3.42	0.65	113.9940	C_7HNO	8.00	0.48	115.0058
$C_2H_2N_4O_2$	3.80	0.46	114.0178	$C_7H_3N_2$	8.38	0.31	115.0297
C_3NO_4	3.78	0.80	113.9827	C_8H_3O	8.73	0.53	115.0184
$C_3H_2N_2O_3$	4.15	0.67	114.0065	C_8H_5N	9.11	0.37	115.0422
$C_3H_4N_3O_2$	4.53	0.48	114.0304	C_9H_7	9.84	0.43	115.0548
$C_3H_6N_4O$	4.90	0.30	114.0542	116			
$C_4H_2O_4$	4.51	0.88	113.9953	$C_2N_2O_4$	3.08	0.84	115.9858
$C_4H_4NO_3$	4.89	0.70	114.0191	$C_2H_2N_3O_2$	3.45	0.65	116.0096
$C_4H_6N_2O_2$	5.26	0.51	114.0429	$C_2H_4N_4O_2$	3.83	0.46	116.0335
$C_4H_8N_3O$	5.63	0.33	114.0668	$C_3H_2NO_4$	3.81	0.86	115.9983
$C_4H_{10}N_4$	6.01	0.15	114.0907	$C_3H_4N_2O_3$	4.19	0.67	116.0222
$C_5H_6O_3$	5.62	0.73	114.0317	$C_3H_6N_3O_2$	4.56	0.49	116.0460
$C_5H_8NO_2$	5.99	0.55	114.0555	$C_3H_8N_4O$	4.93	0.30	116.0699
$C_5H_{10}N_2O$	6.37	0.37	114.0794	$C_4H_4O_4$	4.54	0.88	116.0109
$C_5H_{12}N_3$	6.74	0.20	114.1032	$C_4H_6NO_3$	4.92	0.70	116.0348
$C_6H_{10}O_2$	6.72	0.59	114.0681	$C_4H_8N_2O_2$	5.29	0.52	116.0586
$C_6H_{12}NO$	7.10	0.42	114.0919	$C_4H_{10}N_3O$	5.67	0.34	116.0825
$C_6H_{14}N_2$	7.47	0.24	114.1158	$C_4H_{12}N_4$	6.04	0.16	116.1063
C_6N_3	7.63	0.25	114.0093	$C_5H_8O_3$	5.65	0.73	116.0473
$C_7H_{14}O$	7.83	0.47	114.1045	$C_5H_{10}NO_2$	6.02	0.55	116.0712
$C_7H_{16}N$	8.20	0.29	114.1284	$C_5H_{12}N_2O$	6.40	0.37	116.0950
C_7NO	7.98	0.48	113.9980	$C_5H_{14}N_3$	6.77	0.20	116.1189
$C_7H_2N_2$	8.36	0.31	114.0218	C_5N_4	6.93	0.21	116.0124
C_8H_{18}	8.93	0.35	114.1409	$C_6H_{12}O_2$	6.75	0.59	116.0837

续表

	$M+1$	$M+2$	MW		$M+1$	$M+2$	MW
$C_6H_{14}NO$	7.13	0.42	116.1076	$C_4H_{12}N_3O$	5.70	0.34	118.0981
$C_6H_{16}N_2$	7.50	0.24	116.1315	$C_4H_{14}N_4$	6.07	0.16	118.1220
C_6N_2O	7.29	0.43	116.0011	$C_5H_{10}O_3$	5.68	0.73	118.0630
$C_6H_2N_3$	7.66	0.26	116.0249	$C_5H_{12}NO_2$	6.05	0.55	118.0868
$C_7H_{16}O$	7.86	0.47	116.1202	$C_5H_{14}N_2O$	6.43	0.38	118.1107
C_7O_2	7.64	0.65	115.9898	C_5N_3O	6.59	0.39	118.0042
C_7H_2NO	8.02	0.48	116.0136	$C_5H_2N_4$	6.96	0.21	118.0280
$C_7H_4N_2$	8.39	0.31	116.0375	$C_6H_{14}O_2$	6.79	0.60	118.0994
C_8H_4O	8.75	0.54	116.0262	C_6NO_2	6.94	0.61	117.9929
C_8H_6N	9.12	0.37	116.0501	$C_6H_2N_2O$	7.32	0.43	118.0167
C_9H_8	9.85	0.43	116.0626	$C_6H_4N_3$	7.69	0.29	118.0406
117				$C_7H_2O_2$	7.67	0.65	118.0054
$C_2HN_2O_4$	3.10	0.84	116.9936	C_7H_4NO	8.05	0.48	118.0293
$C_2H_3N_3O_3$	3.47	0.65	117.0175	$C_7H_6N_2$	8.42	0.31	118.0532
$C_2H_5N_4O_2$	3.85	0.46	117.0413	C_8H_6O	8.78	0.54	118.0419
$C_3H_3NO_4$	3.83	0.86	117.0062	C_8H_8N	9.15	0.37	118.0657
$C_3H_5N_2O_3$	4.20	0.67	117.0300	C_9H_{10}	9.89	0.44	118.0783
$C_3H_7N_3O_2$	4.58	0.49	117.0539	119			
$C_3H_9N_4O$	4.95	0.30	117.0777	$C_2H_3N_2O_4$	3.13	0.84	119.0093
$C_4H_5O_4$	4.56	0.88	117.0187	$C_2H_5N_3O_3$	3.50	0.65	119.0331
$C_4H_7NO_3$	4.93	0.70	117.0426	$C_2H_7N_4O_2$	3.88	0.46	119.0570
$C_4H_9N_2O_2$	5.31	0.52	117.0664	$C_3H_5NO_4$	3.86	0.86	119.0218
$C_4H_{11}N_3O$	5.68	0.34	117.0903	$C_3H_7N_2O_3$	4.23	0.67	119.0457
$C_4H_{13}N_4$	6.06	0.16	117.1142	$C_3H_9N_3O_2$	4.61	0.49	119.0695
$C_5H_9O_3$	5.66	0.73	117.0552	$C_3H_{11}N_4O$	4.98	0.30	119.0934
$C_5H_{11}NO_2$	6.04	0.55	117.0790	$C_4H_7O_4$	4.59	0.88	119.0344
$C_5H_{13}N_2O$	6.41	0.38	117.1029	$C_4H_9NO_3$	4.97	0.70	119.0583
$C_5H_{15}N_3$	6.79	0.20	117.1267	$C_4H_{11}N_2O_2$	5.34	0.52	119.0821
C_5HN_4	6.94	0.21	117.0202	$C_4H_{13}N_3O$	5.71	0.34	119.1060
$C_6H_{13}O_2$	6.77	0.60	117.0916	$C_5H_{11}O$	5.70	0.73	119.0708
$C_6H_{15}NO$	7.14	0.42	117.1154	$C_5H_{13}NO_2$	6.07	0.56	119.0947
C_6HN_2O	7.30	0.43	117.0089	C_5HN_3O	6.60	0.39	119.0120
$C_6H_3N_3$	7.68	0.26	117.0328	$C_5H_3N_4$	6.98	0.21	119.0359
C_7HO_2	7.66	0.65	116.9976	C_6HNO_2	6.96	0.61	119.0007
C_7H_3NO	8.03	0.48	117.0215	$C_6H_3N_2O$	7.33	0.43	119.0246
$C_7H_5N_2$	8.41	0.31	117.0453	$C_6H_5N_3$	7.71	0.26	119.0484
C_8H_5O	8.76	0.54	117.0340	$C_7H_3O_2$	7.69	0.66	119.0133
C_8H_7N	9.14	0.37	117.0579	C_7H_5NO	8.06	0.48	119.0371
C_9H_9	9.87	0.43	117.0705	$C_7H_7N_2$	8.44	0.31	119.0610
118				C_8H_7O	8.80	0.54	119.0497
$C_2H_2N_2O_4$	3.11	0.84	118.0014	C_8H_9N	9.17	0.37	119.0736
$C_2H_4N_3O_3$	3.49	0.65	118.0253	C_9H_{11}	9.90	0.44	119.0861
$C_2H_6N_4O_2$	3.86	0.46	118.0491	120			
$C_3H_4NO_4$	3.84	0.86	118.0140	$C_2H_4N_2O_4$	3.14	0.84	120.0171
$C_3H_6N_2O_3$	4.22	0.67	118.0379	$C_2H_6N_3O_3$	3.52	0.65	120.0410
$C_3H_8N_3O_2$	4.59	0.49	118.0617	$C_2H_8N_4O_2$	3.89	0.46	120.0648
$C_3H_{10}N_4O$	4.97	0.30	118.0856	$C_3H_6NO_4$	3.88	0.86	120.0297
$C_4H_6O_4$	4.57	0.88	118.0266	$C_3H_8N_2O_3$	4.25	0.67	120.0535
$C_4H_8NO_3$	4.95	0.70	118.0504	$C_3H_{10}N_3O_2$	4.62	0.49	120.0774
$C_4H_{10}N_2O_2$	5.32	0.52	118.0743	$C_3H_{12}N_4O$	5.00	0.30	120.1012

续表

	M+1	M+2	MW		M+1	M+2	MW
$C_4H_8O_4$	4.61	0.88	120.0422	$C_4N_3O_2$	5.54	0.53	121.9991
$C_4H_{10}NO_3$	4.98	0.70	120.0661	$C_4H_2N_4O$	5.92	0.35	122.0229
$C_4H_{12}N_2O_2$	5.36	0.52	120.0899	C_5NO_3	5.90	0.75	121.9878
C_4N_4O	5.89	0.35	120.0073	$C_5H_2N_2O_2$	6.28	0.57	122.0116
$C_5H_{12}O_3$	5.71	0.74	120.0786	$C_5H_4N_3O$	6.65	0.39	122.0355
$C_5N_2O_2$	6.24	0.57	119.9960	$C_5H_6N_4$	7.02	0.21	122.0594
$C_5H_2N_3O$	6.62	0.39	120.0198	$C_6H_2O_3$	6.63	0.79	122.0003
$C_5H_4N_4$	6.99	0.21	120.0437	$C_6H_4NO_2$	7.01	0.61	122.0242
C_6O_3	6.60	0.78	119.9847	$C_6H_6N_2O$	7.38	0.44	122.0480
$C_6H_2NO_2$	6.98	0.61	120.0085	$C_6H_8N_3$	7.76	0.26	122.0719
$C_6H_4N_2O$	7.35	0.43	120.0324	$C_7H_6O_2$	7.74	0.66	122.0368
$C_6H_6N_3$	7.72	0.26	120.0563	C_7H_8NO	8.11	0.49	122.0606
$C_7H_4O_2$	7.71	0.66	120.0211	$C_7H_{10}N_2$	8.49	0.32	122.0845
C_7H_6NO	8.08	0.49	120.0449	$C_8H_{10}O$	8.84	0.54	122.0732
$C_7H_8N_2$	8.46	0.32	120.0688	$C_8H_{12}N$	9.22	0.38	122.0970
C_8H_8O	8.81	0.54	120.0575	C_9H_{14}	9.95	0.44	122.1096
$C_8H_{10}N$	9.19	0.37	120.0814	C_9N	10.11	0.46	122.0031
C_9H_{12}	9.92	0.44	120.0939	$C_{10}H_2$	10.84	0.53	122.0157
C_{10}	10.81	0.53	120.0000	**123**			
121				$C_2H_7N_2O_4$	3.19	0.84	123.0406
$C_2H_5N_2O_4$	3.16	0.84	121.0249	$C_2H_9N_3O_3$	3.57	0.65	123.0644
$C_2H_7N_3O_3$	3.53	0.65	121.0488	$C_3H_9NO_4$	3.92	0.86	123.0532
$C_2H_9N_4O_2$	3.91	0.46	121.0726	$C_4HN_3O_2$	5.56	0.53	123.0069
$C_3H_7NO_4$	3.89	0.86	121.0375	$C_4H_3N_4O$	5.94	0.35	123.0308
$C_3H_9N_2O_3$	4.27	0.67	121.0614	C_5HNO_3	5.92	0.75	122.9956
$C_3H_{11}N_3O_2$	4.64	0.49	121.0852	$C_5H_3N_2O_2$	6.29	0.57	123.0195
$C_4H_9O_4$	4.62	0.89	121.0501	$C_5H_5N_3O$	6.67	0.39	123.0433
$C_4H_{11}NO_3$	5.00	0.70	121.0739	$C_5H_7N_4$	7.04	0.22	123.0672
C_4HN_4O	5.90	0.35	121.0151	$C_6H_3O_3$	6.65	0.79	123.0082
$C_5HN_2O_2$	6.26	0.57	121.0038	$C_6H_5NO_2$	7.02	0.61	123.0320
$C_5H_3N_3O$	6.63	0.39	121.0277	$C_6H_7N_2O$	7.40	0.44	123.0559
$C_5H_5N_4$	7.01	0.21	121.0515	$C_6H_9N_3$	7.77	0.26	123.0798
C_6HO_3	6.62	0.79	120.9925	$C_7H_7O_2$	7.75	0.66	123.0446
$C_6H_3NO_2$	6.99	0.61	121.0164	C_7H_9NO	8.13	0.49	123.0684
$C_6H_5N_2O$	7.37	0.44	121.0402	$C_7H_{11}N_2$	8.50	0.32	123.0923
$C_6H_7N_3$	7.74	0.26	121.0641	$C_8H_{11}O$	8.86	0.55	123.0810
$C_7H_5O_2$	7.72	0.66	121.0289	$C_8H_{13}N$	9.23	0.38	123.1049
C_7H_7NO	8.10	0.49	121.0528	C_9H_{15}	9.97	0.44	123.1174
$C_7H_9N_2$	8.47	0.32	121.0767	C_9HN	10.12	0.46	123.0109
C_8H_9O	8.83	0.54	121.0653	$C_{10}H_3$	10.85	0.53	123.0235
$C_8H_{11}N$	9.20	0.38	121.0892	**124**			
C_9H_{13}	9.93	0.44	121.1018	$C_2H_8N_2O_4$	3.21	0.84	124.0484
$C_{10}H$	10.82	0.53	121.0078	$C_3H_4O_2$	4.85	0.50	124.0022
122				$C_4N_2O_3$	5.20	0.71	123.9909
$C_2H_5N_2O_4$	3.18	0.84	122.0328	$C_4H_2N_3O_2$	5.58	0.53	124.0147
$C_2H_8N_3O_3$	3.55	0.65	122.0566	$C_4H_4N_4O$	5.95	0.35	124.0386
$C_2H_{10}N_4O_2$	3.93	0.46	122.0805	C_5O_4	5.56	0.93	123.9796
$C_3H_8NO_4$	3.91	0.86	122.0453	$C_5H_2NO_3$	5.93	0.75	124.0034
$C_3H_{10}N_2O_3$	4.28	0.67	122.0692	$C_5H_4N_2O_2$	6.31	0.57	124.0273
$C_4H_{10}O_4$	4.64	0.89	122.0579	$C_5H_6N_3O$	6.68	0.39	124.0511

	$M+1$	$M+2$	MW		$M+1$	$M+2$	MW
$C_5H_8N_4$	7.06	0.22	124.0750	$C_5H_{10}N_4$	7.09	0.22	126.0907
$C_6H_4O_3$	6.66	0.79	124.0160	$C_6H_6O_3$	6.70	0.79	126.0317
$C_6H_6NO_2$	7.04	0.61	124.0399	$C_6H_8NO_2$	7.07	0.62	126.0555
$C_6H_8N_2O$	7.41	0.44	124.0637	$C_6H_{10}N_2O$	7.45	0.44	126.0794
$C_6H_{10}N_3$	7.79	0.27	124.0876	$C_6H_{12}N_3$	7.82	0.27	126.1032
$C_7H_8O_2$	7.77	0.66	124.0524	$C_7H_{10}O_2$	7.80	0.66	126.0681
$C_7H_{10}NO$	8.14	0.49	124.0763	$C_7H_{12}NO$	8.18	0.49	126.0919
$C_7H_{12}N_2$	8.52	0.32	124.1001	$C_7H_{14}N_2$	8.55	0.32	126.1158
$C_8H_{12}O$	8.88	0.55	124.0888	C_7N_3	8.71	0.34	126.0093
$C_8H_{14}N$	9.25	0.38	124.1127	$C_8H_{14}O$	8.91	0.55	126.1045
C_8N_2	9.41	0.39	124.0062	$C_8H_{16}N$	9.28	0.38	126.1284
C_9H_{16}	9.98	0.45	124.1253	C_8NO	9.07	0.56	125.9980
C_9O	9.76	0.62	123.9949	$C_8H_2N_2$	9.44	0.40	126.0218
C_9H_2N	10.14	0.46	124.0187	C_9H_{18}	10.01	0.45	126.1409
$C_{10}H_4$	10.87	0.53	124.0313	C_9H_2O	9.80	0.63	126.0106
125				C_9H_4N	10.17	0.46	126.0344
$C_3HN_4O_2$	4.86	0.50	125.0100	$C_{10}H_6$	10.90	0.54	126.0470
$C_4HN_2O_3$	5.22	0.71	124.9987	127			
$C_4H_3N_3O_2$	5.59	0.53	125.0226	$C_3HN_3O_3$	4.52	0.68	127.0018
$C_4H_5N_4O$	5.97	0.35	125.0464	$C_3H_3N_4O_2$	4.89	0.50	127.0257
C_5HO_4	5.58	0.93	124.9874	C_4HNO_4	4.88	0.90	126.9905
$C_5H_3NO_3$	5.95	0.75	125.0113	$C_4H_3N_2O_3$	5.25	0.71	127.0144
$C_5H_5N_2O_2$	6.32	0.57	125.0351	$C_4H_5N_3O_2$	5.62	0.53	127.0382
$C_5H_7N_3O$	6.70	0.39	125.0590	$C_4H_7N_4O$	6.00	0.35	127.0621
$C_5H_9N_4$	7.07	0.22	125.0829	$C_5H_3O_4$	5.61	0.93	127.0031
$C_8H_5O_3$	6.68	0.79	125.0238	$C_5H_5NO_3$	5.98	0.75	127.0269
$C_6H_7NO_2$	7.06	0.61	125.0477	$C_5H_7N_2O_2$	6.36	0.57	127.0508
$C_6H_9N_2O$	7.43	0.44	125.0715	$C_5H_9N_3O$	6.73	0.40	127.0746
$C_6H_{11}N_3$	7.80	0.27	125.0954	$C_5H_{11}N_4$	7.10	0.22	127.0985
$C_7H_9O_2$	7.79	0.66	125.0603	$C_6H_7O_3$	6.71	0.79	127.0395
$C_7H_{11}NO$	8.16	0.49	125.0841	$C_6H_9NO_2$	7.09	0.62	127.0634
$C_7H_{13}N_2$	8.54	0.32	125.1080	$C_6H_{11}N_2O$	7.46	0.44	127.0872
$C_8H_{13}O$	8.89	0.55	125.0967	$C_6H_{13}N_3$	7.84	0.27	127.1111
$C_8H_{15}N$	9.27	0.38	125.1205	$C_7H_{11}O_2$	7.82	0.67	127.0759
C_8HN_2	9.42	0.40	125.0140	$C_7H_{13}NO$	8.19	0.49	127.0998
C_9H_{17}	10.00	0.45	125.1331	$C_7H_{15}N_2$	8.57	0.32	127.1236
C_9HO	9.78	0.63	125.0027	C_7HN_3	8.72	0.34	127.0171
C_9H_3N	10.15	0.46	125.0266	$C_8H_{15}O$	8.92	0.55	127.1123
$C_{10}H_5$	10.89	0.53	125.0391	$C_8H_{17}N$	9.30	0.38	127.1362
126				C_8HNO	9.08	0.57	127.0058
$C_3H_3O_3$	4.50	0.68	125.9940	$C_8H_3N_2$	9.46	0.40	127.0297
$C_3H_2N_4O_2$	4.88	0.50	126.0178	C_9H_{19}	10.03	0.45	127.1488
C_4NO_4	4.86	0.90	125.9827	C_9H_3O	9.81	0.63	127.0184
$C_4H_2N_2O_3$	5.23	0.71	126.0065	C_9H_5N	10.19	0.47	127.0422
$C_4H_4N_3O_2$	5.61	0.53	126.0304	$C_{10}H_7$	10.92	0.54	127.0548
$C_4H_6N_4O$	5.98	0.35	126.0542	128			
$C_5H_2O_4$	5.59	0.93	125.9953	$C_3N_2O_4$	4.16	0.87	127.9858
$C_5H_4NO_3$	5.97	0.75	126.0191	$C_3H_2N_3O_3$	4.54	0.68	128.0096
$C_5H_6N_2O_2$	6.34	0.57	126.0429	$C_3H_4N_4O_2$	4.91	0.50	128.0335
$C_5H_8N_3O$	6.71	0.39	126.0668	$C_4H_2NO_4$	4.89	0.90	127.9983

续表

	M+1	M+2	MW		M+1	M+2	MW
$C_4H_4N_2O_3$	5.27	0.72	128.0222	$C_7H_3N_3$	8.76	0.34	129.0328
$C_4H_6N_3O_2$	5.64	0.53	128.0460	$C_8H_{17}O$	8.96	0.55	129.1280
$C_4H_8N_4O$	6.02	0.36	128.0699	C_8HO_2	8.74	0.74	128.9976
$C_5H_4O_4$	5.62	0.93	128.0109	$C_8H_{19}N$	9.33	0.39	129.1519
$C_5H_6NO_3$	6.00	0.75	128.0348	C_8H_3NO	9.11	0.50	129.0215
$C_5H_8N_2O_2$	6.37	0.57	128.0586	$C_8H_5N_2$	9.49	0.40	129.0453
$C_5H_{10}N_3O$	6.75	0.40	128.0825	C_9H_5O	9.84	0.63	129.0340
$C_5H_{12}N_4$	7.12	0.22	128.1063	C_9H_7N	10.22	0.47	129.0579
$C_6H_8O_3$	6.73	0.79	128.0473	$C_{10}H_9$	10.95	0.54	129.0705
$C_6H_{10}NO_2$	7.10	0.62	128.0712	130			
$C_6H_{12}N_2O$	7.48	0.44	128.0950	$C_3H_2N_2O_4$	4.19	0.87	130.0014
$C_6H_{14}N_3$	7.85	0.27	128.1189	$C_3H_4N_3O_3$	4.57	0.69	130.0253
C_6N_4	8.01	0.28	128.0124	$C_3H_6N_4O_2$	4.94	0.50	130.0491
			128.0124	$C_4H_4NO_4$	4.92	0.90	130.0140
$C_7H_{12}O_2$	7.83	0.67	128.0837	$C_4H_6N_2O_3$	5.30	0.72	130.0379
$C_7H_{14}NO$	8.21	0.50	128.1076	$C_4H_8N_3O_2$	5.67	0.54	130.0617
$C_7H_{16}N_2$	8.58	0.33	128.1315	$C_4H_{10}N_4O$	6.05	0.36	130.0856
C_7N_2O	8.37	0.51	128.0011	$C_5H_6O_4$	5.66	0.93	130.0266
$C_7H_2N_3$	8.74	0.34	128.0249	$C_5H_8NO_3$	6.03	0.75	130.0504
$C_8H_{16}O$	8.84	0.55	128.1202	$C_5H_{10}N_2O_2$	6.40	0.58	130.0743
C_8O_2	8.72	0.37	127.9898	$C_5H_{12}N_3O$	6.78	0.40	130.0981
$C_8H_{18}N$	9.31	0.39	128.1440	$C_5H_{14}N_4$	7.15	0.22	130.1220
C_8H_2NO	9.10	0.57	128.0136	$C_6H_{10}O_3$	6.76	0.79	130.0630
$C_8H_4N_2$	9.47	0.40	128.0375	$C_6H_{12}NO_2$	7.14	0.62	130.0868
C_9H_{20}	10.05	0.45	128.1566	$C_6H_{14}N_2O$	7.51	0.45	130.1107
C_9H_4O	9.83	0.63	128.0262	$C_6H_{16}N_3$	7.88	0.27	130.1346
C_9H_6N	10.20	0.47	128.0501	C_6N_3O	7.67	0.46	130.0042
$C_{10}H_8$	10.93	0.54	128.0626	$C_6H_2N_4$	8.04	0.29	130.0280
129				$C_7H_{14}O_2$	7.87	0.67	130.0994
$C_3HN_2O_4$	4.18	0.87	128.9936	$C_7H_{16}NO$	8.24	0.50	130.1233
$C_3H_3N_3O_3$	4.55	0.69	129.0175	C_7NO_2	8.02	0.68	129.9929
$C_3H_5N_4O_2$	4.93	0.50	129.0413	$C_7H_{18}N_2$	8.62	0.33	130.1471
$C_4H_3NO_4$	4.91	0.90	129.0062	$C_7H_2N_2O$	8.40	0.51	130.0167
$C_4H_5N_2O_3$	5.28	0.72	129.0300	$C_7H_4N_3$	8.77	0.34	130.0406
$C_4H_7N_3O_2$	5.66	0.54	129.0539	$C_8H_{18}O$	8.97	0.56	130.1358
$C_4H_9N_4O$	6.03	0.36	129.0777	$C_8H_2O_2$	8.75	0.74	130.0054
$C_5H_5O_4$	5.64	0.93	129.0187	C_8H_4NO	9.13	0.57	130.0293
$C_5H_7NO_3$	6.01	0.75	129.0426	$C_8H_6N_2$	9.50	0.40	130.0532
$C_5H_9N_2O_2$	6.39	0.57	129.0664	C_9H_6O	9.86	0.63	130.0419
$C_5H_{11}N_3O$	6.76	0.40	129.0903	C_9H_8N	10.23	0.47	130.0657
$C_5H_{13}N_4$	7.14	0.22	129.1142	$C_{10}H_{10}$	10.97	0.54	130.0783
$C_6H_9O_3$	6.74	0.79	129.0552	131			
$C_6H_{11}NO_2$	7.12	0.62	129.0790	$C_3H_3N_2O_4$	4.21	0.87	131.0093
$C_6H_{13}N_2O$	7.49	0.44	129.1029	$C_3H_5N_3O_3$	4.58	0.69	131.0331
$C_6H_{15}N_3$	7.87	0.27	129.1267	$C_3H_7N_4O_2$	4.96	0.50	131.0570
C_6HN_4	8.03	0.28	129.0202	$C_4H_5NO_4$	4.94	0.90	131.0218
$C_7H_{13}O_2$	7.85	0.67	129.0916	$C_4H_7N_2O_3$	5.31	0.72	131.0457
$C_7H_{15}NO$	8.22	0.50	129.1154	$C_4H_9N_3O_2$	5.69	0.54	131.0695
$C_7H_{17}N_2$	8.60	0.33	129.1393	$C_4H_{11}N_4O$	6.06	0.36	131.0934
C_7HN_2O	8.38	0.51	129.0089	$C_5H_7O_4$	5.67	0.93	131.0344

续表

	M+1	M+2	MW		M+1	M+2	MW
$C_5H_9NO_3$	6.05	0.75	131.0583	$C_9H_{10}N$	10.27	0.47	132.0814
$C_5H_{11}N_2O_2$	6.42	0.58	131.0821	$C_{10}H_{12}$	11.00	0.55	132.0939
$C_5H_{13}N_3O$	6.79	0.40	131.1060	C_{11}	11.89	0.64	132.0000
$C_5H_{15}N_4$	7.17	0.22	131.1298	133			
$C_6H_{11}O_3$	6.78	0.80	131.0708	$C_3H_5N_2O_4$	4.24	0.87	133.0249
$C_6H_{13}NO_2$	7.15	0.62	131.0947	$C_3H_7N_3O_3$	4.62	0.69	133.0488
$C_6H_{15}N_2O$	7.53	0.45	131.1185	$C_3H_9N_4O_2$	4.99	0.50	133.0726
$C_6H_{17}N_3$	7.90	0.27	131.1424	$C_4H_7NO_4$	4.97	0.90	133.0375
C_6HN_3O	7.68	0.46	131.0120	$C_4H_9N_2O_3$	5.35	0.72	133.0614
$C_6H_3N_4$	8.06	0.29	131.0359	$C_4H_{11}N_3O_2$	5.72	0.54	133.0852
$C_7H_{15}O_2$	7.88	0.67	131.1072	$C_4H_{13}N_4O$	6.10	0.36	133.1091
$C_7H_{17}NO$	8.26	0.50	131.1311	$C_5H_9O_4$	5.70	0.94	133.0501
C_7HNO_2	8.04	0.68	131.0007	$C_5H_{11}NO_3$	6.08	0.76	133.0739
$C_7H_3N_2O$	8.41	0.51	131.0246	$C_5H_{13}N_2O_2$	6.45	0.58	133.0976
$C_7H_5N_3$	8.79	0.34	131.0404	$C_5H_{15}N_3O$	6.83	0.40	133.1216
$C_8H_3O_2$	8.77	0.74	131.0133	C_5HN_4O	6.98	0.41	133.0151
C_8H_5NO	9.15	0.57	131.0371	$C_6H_{13}O_3$	6.81	0.80	133.0865
$C_8H_7N_2$	9.52	0.40	131.0610	$C_6H_{15}NO_2$	7.18	0.62	133.1103
C_9H_7O	9.88	0.64	131.0497	$C_6HN_2O_2$	7.34	0.63	133.0038
C_9H_9N	10.25	0.47	131.0736	$C_6H_3N_3O$	7.72	0.46	133.0277
$C_{10}H_{11}$	10.98	0.54	131.0861	$C_6H_5N_4$	8.09	0.29	133.0515
132				C_7HO_3	7.70	0.86	132.9925
$C_3H_4N_2O_4$	4.23	0.87	132.0171	$C_7H_3NO_2$	8.07	0.69	133.0164
$C_3H_6N_3O_3$	4.60	0.69	132.0410	$C_7H_5N_2O$	8.45	0.51	133.0402
$C_3H_8N_4O_2$	4.97	0.50	132.0648	$C_7H_7N_3$	8.82	0.35	133.0641
$C_4H_6NO_4$	4.96	0.90	132.0297	$C_8H_5O_2$	8.80	0.74	133.0289
$C_4H_8N_2O_3$	5.33	0.72	132.0535	C_8H_7NO	9.18	0.57	133.0528
$C_4H_{10}N_3O_2$	5.70	0.54	132.0774	$C_8H_9N_2$	9.55	0.41	133.0767
$C_4H_{12}N_4O$	6.08	0.36	132.1012	C_9H_9O	9.91	0.64	133.0653
$C_5H_8O_4$	5.69	0.93	132.0422	$C_9H_{11}N$	10.28	0.48	133.0892
$C_5H_{10}NO_3$	6.06	0.76	132.0661	$C_{10}H_{13}$	11.01	0.55	133.1018
$C_5H_{12}N_2O_2$	6.44	0.58	132.0899	$C_{11}H$	11.90	0.64	133.0078
$C_5H_{14}N_3O$	6.81	0.40	132.1138	134			
$C_5H_{16}N_4$	7.18	0.23	132.1377	$C_3H_6N_2O_4$	4.26	0.87	134.0328
C_5N_4O	6.97	0.41	132.0073	$C_3H_8N_3O_3$	4.63	0.69	134.0566
$C_6H_{12}O_3$	6.79	0.80	132.0786	$C_3H_{10}N_4O_2$	5.01	0.51	134.0805
$C_6H_{14}NO_2$	7.17	0.62	132.1025	$C_4H_8NO_4$	4.99	0.90	134.0453
$C_6H_{16}N_2O$	7.54	0.45	132.1264	$C_4H_{10}N_2O_3$	5.36	0.72	134.0692
$C_6N_2O_2$	7.32	0.63	131.9960	$C_4H_{12}N_3O_2$	5.74	0.54	134.0930
$C_6H_2N_3O$	7.70	0.46	132.0198	$C_4H_{14}N_4O$	6.11	0.36	134.1169
$C_6H_4N_4$	8.07	0.29	132.0437	$C_5H_{10}O_4$	5.72	0.94	134.0579
$C_7H_{16}O_2$	7.90	0.67	132.1151	$C_5H_{12}NO_3$	6.09	0.76	134.0817
C_7O_3	7.68	0.86	131.9847	$C_5H_{14}N_2O_2$	6.47	0.58	134.1056
$C_7H_2NO_2$	8.06	0.68	132.0085	$C_5N_3O_2$	6.63	0.59	133.9991
$C_7H_4N_2O$	8.43	0.51	132.0324	$C_5H_2N_4O$	7.00	0.41	134.0229
$C_7H_6N_3$	8.80	0.34	132.0563	$C_6H_{14}O_3$	6.62	0.80	134.0943
$C_8H_4O_2$	8.79	0.74	132.0211	C_6NO_3	6.98	0.81	133.9878
C_8H_6NO	9.16	0.57	132.0449	$C_6H_2N_2O_2$	7.36	0.64	134.0116
$C_8H_8N_2$	9.54	0.41	132.0688	$C_6H_4N_3O$	7.73	0.46	134.0355
C_9H_8O	9.89	0.64	132.0575	$C_6H_6N_4$	8.11	0.29	134.0594

	M+1	M+2	MW		M+1	M+2	MW
$C_7H_2O_3$	7.71	0.86	134.0003	C_6O_4	6.64	0.99	135.9796
$C_7H_4NO_2$	8.09	0.69	134.0242	$C_6H_2NO_3$	7.01	0.81	136.0034
$C_7H_6N_2O$	8.46	0.52	134.0480	$C_6H_4N_2O_2$	7.39	0.64	136.0273
$C_7H_8N_3$	8.84	0.35	134.0719	$C_6H_6N_3O$	7.76	0.46	136.0511
$C_8H_6O_2$	8.82	0.74	134.0368	$C_6H_8N_4$	8.14	0.29	136.0750
C_8H_8NO	9.19	0.58	134.0606	$C_7H_4O_3$	7.75	0.86	136.0160
$C_8H_{10}N_2$	9.57	0.41	134.0845	$C_7H_6NO_2$	8.12	0.69	136.0399
$C_9H_{10}O$	9.92	0.64	134.0732	$C_7H_8N_2O$	8.49	0.52	136.0637
$C_9H_{12}N$	10.30	0.48	134.0970	$C_7H_{10}N_3$	8.87	0.35	136.0876
$C_{10}H_{14}$	11.03	0.55	134.1096	$C_8H_8O_2$	8.85	0.75	136.0524
$C_{10}N$	11.19	0.57	134.0031	$C_8H_{10}NO$	9.23	0.58	136.0763
$C_{11}H_2$	11.92	0.65	134.0157	$C_8H_{12}N_2$	9.60	0.41	136.1001
135				$C_9H_{12}O$	9.96	0.64	136.0888
$C_3H_7N_2O_4$	4.27	0.87	135.0406	$C_9H_{14}N$	10.33	0.48	136.1127
$C_3H_9N_3O_3$	4.65	0.69	135.0644	C_9N_2	10.49	0.50	136.0062
$C_3H_{11}N_4O_2$	5.02	0.51	135.0883	$C_{10}H_{16}$	11.06	0.55	136.1253
$C_4H_9NO_4$	5.00	0.90	135.0532	$C_{10}O$	10.85	0.73	135.9949
$C_4H_{11}N_2O_3$	5.38	0.72	135.0770	$C_{10}H_2N$	11.22	0.57	136.0187
$C_4H_{13}N_3O_2$	5.75	0.54	135.1009	$C_{11}H_4$	11.95	0.65	136.0313
$C_5H_{11}O_4$	5.74	0.94	135.0657	137			
$C_5H_{13}NO_3$	6.11	0.76	135.0896	$C_3H_9N_2O_4$	4.31	0.88	137.0563
$C_5HN_3O_2$	6.64	0.59	135.0069	$C_3H_{11}N_3O_3$	4.68	0.69	137.0801
$C_5H_3N_4O$	7.02	0.41	135.0308	$C_4H_{11}NO_4$	5.04	0.90	137.0688
C_6HNO_3	7.00	0.81	134.9956	$C_4HN_4O_2$	5.94	0.55	137.0100
$C_6H_3N_2O_2$	7.37	0.64	135.0195	$C_5HN_2O_3$	6.30	0.77	136.9987
$C_6H_5N_3O$	7.75	0.46	135.0433	$C_5H_3N_3O_2$	6.67	0.59	137.0226
$C_6H_7N_4$	8.12	0.29	135.0672	$C_5H_5N_4O$	7.05	0.42	137.0464
$C_7H_3O_3$	7.73	0.86	135.0082	C_6HO_4	6.66	0.99	136.9874
$C_7H_5NO_2$	8.10	0.69	135.0320	$C_6H_3NO_3$	7.03	0.81	137.0113
$C_7H_7N_2O$	8.48	0.52	135.0559	$C_6H_5N_2O_2$	7.40	0.64	137.0351
$C_7H_9N_3$	8.85	0.35	135.0798	$C_6H_7N_3O$	7.78	0.47	137.0590
$C_8H_7O_2$	8.84	0.74	135.0446	$C_6H_9N_4$	8.15	0.29	137.0829
C_8H_9NO	9.21	0.58	135.0684	$C_7H_5O_3$	7.76	0.86	137.0238
$C_8H_{11}N_2$	9.58	0.41	135.0923	$C_7H_7NO_2$	8.14	0.69	137.0477
$C_9H_{11}O$	9.94	0.64	135.0810	$C_7H_9N_2O$	8.51	0.52	137.0715
$C_9H_{13}N$	10.31	0.48	135.1049	$C_7H_{11}N_3$	8.88	0.35	137.0954
$C_{10}H_{15}$	11.05	0.55	135.1174	$C_8H_9O_2$	8.87	0.75	137.0603
$C_{10}HN$	11.20	0.57	135.0109	$C_8H_{11}NO$	9.24	0.58	137.0841
$C_{11}H_3$	11.93	0.65	135.0235	$C_8H_{13}N_2$	9.62	0.41	137.1080
136				$C_9H_{13}O$	9.97	0.65	137.0967
$C_3H_8N_2O_4$	4.29	0.87	136.0484	$C_9H_{15}N$	10.35	0.48	137.1205
$C_3H_{10}N_3O_3$	4.66	0.69	136.0723	C_9HN_2	10.50	0.50	137.0140
$C_3H_{12}N_4O_2$	5.04	0.51	136.0961	$C_{10}H_{17}$	11.08	0.56	137.1331
$C_4H_{10}NO_4$	5.02	0.90	136.0610	$C_{10}HO$	10.86	0.73	137.0027
$C_4H_{12}N_2O_3$	5.39	0.72	136.0848	$C_{10}H_3N$	11.24	0.57	137.0266
$C_4N_4O_2$	5.93	0.55	136.0022	$C_{11}H_5$	11.97	0.65	137.0391
$C_5H_{12}O_4$	5.75	0.94	136.0735	138			
$C_5N_2O_3$	6.28	0.77	135.9909	$C_3H_{10}N_2O_4$	4.32	0.88	138.0641
$C_5H_2N_3O_2$	6.66	0.59	136.0147	$C_4N_3O_3$	5.58	0.73	137.9940
$C_5H_4N_4O$	7.03	0.42	136.0386	$C_4H_2N_4O_2$	5.96	0.55	138.0178

续表

	M+1	M+2	MW		M+1	M+2	MW
C_5NO_4	5.94	0.95	137.9827	$C_{10}H_3O$	10.89	0.74	139.0184
$C_5H_2N_2O_3$	6.32	0.77	138.0065	$C_{10}H_5N$	11.27	0.58	139.0422
$C_5H_4N_3O_2$	6.69	0.59	138.0304	$C_{11}H_7$	12.00	0.66	139.0548
$C_5H_6N_4O$	7.06	0.42	138.0542	140			
$C_6H_2O_4$	6.67	0.99	137.9953	$C_4N_2O_4$	5.24	0.91	139.9858
$C_6H_4NO_3$	7.05	0.81	138.0191	$C_4H_2N_3O_3$	5.62	0.73	140.0096
$C_6H_6N_2O_2$	7.42	0.64	138.0429	$C_4H_4N_4O_2$	5.99	0.55	140.0335
$C_6H_8N_3O$	7.80	0.47	138.0668	$C_5H_2NO_4$	5.97	0.95	139.9983
$C_6H_{10}N_4$	8.17	0.30	138.0907	$C_5H_4N_2O_3$	6.35	0.77	140.0222
$C_7H_6O_3$	7.78	0.86	138.0317	$C_5H_6N_3O_2$	6.72	0.60	140.0460
$C_7H_8NO_2$	8.15	0.69	138.0555	$C_5H_8N_4O$	7.10	0.42	140.0699
$C_7H_{10}N_2O$	8.53	0.52	138.0794	$C_6H_4O_4$	6.70	0.99	140.0109
$C_7H_{12}N_3$	8.90	0.35	138.1032	$C_6H_6NO_3$	7.08	0.82	140.0348
$C_8H_{10}O_2$	8.88	0.75	138.0681	$C_6H_8N_2O_2$	7.45	0.64	140.0586
$C_8H_{12}NO$	9.26	0.58	138.0919	$C_6H_{10}N_3O$	7.83	0.47	140.0825
$C_8H_{14}N_2$	9.63	0.42	138.1158	$C_6H_{12}N_4$	8.20	0.30	140.1063
C_8N_3	9.79	0.43	138.0093	$C_7H_8O_3$	7.81	0.87	140.0473
$C_9H_{14}O$	9.99	0.65	138.1045	$C_7H_{10}NO_2$	8.18	0.69	140.0712
$C_9H_{16}N$	10.36	0.48	138.1284	$C_7H_{12}N_2O$	8.56	0.52	140.0950
C_9NO	10.15	0.66	137.9980	$C_7H_{14}N_3$	8.93	0.36	140.1189
$C_9H_2N_2$	10.52	0.50	138.0218	C_7N_4	9.09	0.37	140.0124
$C_{10}H_{18}$	11.09	0.56	138.1409	$C_8H_{12}O_2$	8.92	0.75	140.0837
$C_{10}H_2O$	10.88	0.73	138.0106	$C_8H_{14}NO$	9.29	0.58	140.1076
$C_{10}H_4N$	11.25	0.57	138.0344	$C_8H_{16}N_2$	9.66	0.42	140.1315
$C_{11}H_6$	11.98	0.65	138.0470	C_8N_2O	9.45	0.60	140.0011
139				$C_8H_2N_3$	9.82	0.43	140.0249
$C_4HN_3O_3$	5.60	0.73	139.0018	$C_9H_{16}O$	10.02	0.65	140.1202
$C_4H_3N_4O_2$	5.97	0.55	139.0257	C_9O_2	9.80	0.83	139.9898
C_5HNO_4	5.96	0.95	138.9905	$C_9H_{18}N$	10.39	0.49	140.1440
$C_5H_3N_2O_3$	6.33	0.77	139.0144	C_9H_2NO	10.18	0.67	140.0136
$C_5H_5N_3O_2$	6.71	0.59	139.0382	$C_9H_4N_2$	10.55	0.50	140.0375
$C_5H_7N_4O$	7.08	0.42	139.0621	$C_{10}H_{20}$	11.13	0.56	140.1566
$C_6H_3O_4$	6.69	0.99	139.0031	$C_{10}H_4O$	10.91	0.74	140.0262
$C_6H_5NO_3$	7.06	0.82	139.0269	$C_{10}H_6N$	11.28	0.58	140.0501
$C_6H_7N_2O_2$	7.44	0.64	139.0508	$C_{11}H_8$	12.01	0.66	140.0626
$C_6H_9N_3O$	7.81	0.47	139.0746	141			
$C_6H_{11}N_4$	8.19	0.30	139.0985	$C_4HN_2O_4$	5.26	0.92	140.9936
$C_7H_7O_3$	7.79	0.86	139.0395	$C_4H_3N_3O_3$	5.63	0.73	141.0175
$C_7H_9NO_2$	8.17	0.69	139.0634	$C_4H_5N_4O_2$	6.01	0.56	141.0413
$C_7H_{11}N_2O$	8.54	0.52	139.0872	$C_5H_3NO_4$	5.99	0.95	141.0062
$C_7H_{13}N_3$	8.92	0.35	139.1111	$C_5H_5N_2O_3$	6.36	0.77	141.0300
$C_8H_{11}O_2$	8.90	0.75	139.0759	$C_5H_7N_3O_2$	6.74	0.60	141.0539
$C_8H_{13}NO$	9.27	0.58	139.0998	$C_5H_9N_4O$	7.11	0.42	141.0777
$C_8H_{15}N_2$	9.65	0.42	139.1236	$C_6H_5O_4$	6.72	0.99	141.0187
C_8HN_3	9.81	0.43	139.0171	$C_6H_7NO_3$	7.09	0.82	141.0426
$C_9H_{15}O$	10.00	0.65	139.1123	$C_6H_9N_2O_2$	7.47	0.64	141.0664
$C_9H_{17}N$	10.38	0.49	139.1362	$C_6H_{11}N_3O$	7.84	0.47	141.0903
C_9HNO	10.16	0.66	139.0058	$C_6H_{13}N_4$	8.22	0.30	141.1142
$C_9H_3N_2$	10.54	0.50	139.0297	$C_7H_9O_3$	7.83	0.87	142.0552
$C_{10}H_{19}$	11.11	0.56	139.1488	$C_7H_{11}NO_2$	8.20	0.70	141.0790

	M+1	M+2	MW		M+1	M+2	MW
$C_7H_{13}N_2O$	8.57	0.53	141.1029	$C_{11}H_{10}$	12.05	0.66	142.0783
$C_7H_{15}N_3$	8.95	0.36	141.1267	143			
C_7HN_4	9.11	0.37	141.0202	$C_4H_3N_2O_4$	5.29	0.92	143.0093
$C_8H_{13}O_2$	8.93	0.75	141.0916	$C_4H_5N_3O_3$	5.66	0.74	143.0331
$C_8H_{15}NO$	9.31	0.59	141.1154	$C_4H_7N_4O_2$	6.04	0.56	143.0570
$C_8H_{17}N_2$	9.68	0.42	141.1393	$C_5H_5NO_4$	6.02	0.95	143.0218
C_8HN_2O	9.46	0.60	141.0089	$C_5H_7N_2O_3$	6.40	0.78	143.0457
$C_8H_3N_3$	9.84	0.43	141.0328	$C_5H_9N_3O_2$	6.77	0.60	143.0695
$C_9H_{17}O$	10.04	0.65	141.1280	$C_5H_{11}N_4O$	7.14	0.42	143.0934
C_9HO_2	9.82	0.83	140.9976	$C_6H_7O_4$	6.75	0.99	143.0344
$C_9H_{19}N$	10.41	0.49	141.1519	$C_6H_9NO_3$	7.13	0.82	143.0583
C_9H_3NO	10.19	0.67	141.0215	$C_6H_{11}N_2O_2$	7.50	0.65	143.0821
$C_9H_5N_2$	10.57	0.50	141.0453	$C_6H_{13}N_3O$	7.88	0.47	143.1060
$C_{10}H_{21}$	11.14	0.56	141.1644	$C_6H_{15}N_4$	8.25	0.30	143.1298
$C_{10}H_5O$	10.93	0.74	141.0340	$C_7H_{11}O_3$	7.86	0.87	143.0708
$C_{10}H_7N$	11.30	0.58	141.0579	$C_7H_{13}NO_2$	8.23	0.70	143.0947
$C_{11}H_9$	12.03	0.66	141.0705	$C_7H_{15}N_2O$	8.61	0.53	143.1585
142				$C_7H_{17}N_3$	8.98	0.36	143.1424
$C_4H_2N_2O_4$	5.27	0.92	142.0014	C_7HN_3O	8.76	0.54	143.0120
$C_4H_4N_3O_3$	5.65	0.74	142.0253	$C_7H_3N_4$	9.14	0.37	143.0359
$C_4H_6N_4O_2$	6.02	0.56	142.0491	$C_8H_{15}O_2$	8.96	0.76	143.1072
$C_5H_4NO_4$	6.00	0.95	142.0140	$C_8H_{17}NO$	9.34	0.59	143.1311
$C_5H_6N_2O_3$	6.38	0.77	142.0379	C_8HNO_2	9.12	0.77	143.0007
$C_5H_8N_3O_2$	6.75	0.60	142.0617	$C_8H_{19}N_2$	9.71	0.42	143.1549
$C_5H_{10}N_4O$	7.13	0.42	142.0856	$C_8H_3N_2O$	9.49	0.60	143.0246
$C_6H_6O_4$	6.74	0.99	142.0266	$C_8H_5N_3$	9.87	0.44	143.0484
$C_6H_8NO_3$	7.11	0.82	142.0504	$C_9H_{19}O$	10.07	0.65	143.1436
$C_6H_{10}N_2O_2$	7.48	0.64	142.0743	$C_9H_3O_2$	9.85	0.83	143.0133
$C_6H_{12}N_3O$	7.86	0.47	142.0981	$C_9H_{21}N$	10.44	0.49	143.1675
$C_6H_{14}N_4$	8.23	0.30	142.1220	C_9H_5NO	10.23	0.67	143.0371
$C_7H_{10}O_3$	7.84	0.87	142.0630	$C_9H_7N_2$	10.60	0.51	143.0610
$C_7H_{12}NO_2$	8.22	0.70	142.0868	$C_{10}H_7O$	10.96	0.74	143.0497
$C_7H_{14}N_2O$	8.59	0.53	142.1107	$C_{10}H_9N$	11.33	0.58	143.0736
$C_7H_{16}N_3$	8.96	0.36	142.1346	$C_{11}H_{11}$	12.06	0.66	143.0861
C_7N_3O	8.75	0.54	142.0042	144			
$C_7H_2N_4$	9.12	0.37	142.0280	$C_4H_4N_2O_4$	5.31	0.92	144.0171
$C_8H_{14}O_2$	8.95	0.75	142.0994	$C_4H_6N_3O_3$	5.68	0.74	144.0410
$C_8H_{16}NO$	9.32	0.59	142.1233	$C_4H_8N_4O_2$	6.05	0.56	144.0648
C_8NO_2	9.10	0.77	141.9929	$C_5H_6NO_4$	6.04	0.95	144.0297
$C_8H_{16}N_2$	9.70	0.42	142.1471	$C_5H_8N_2O_3$	6.41	0.78	144.0535
$C_8H_2N_2O$	9.48	0.60	142.0167	$C_5H_{10}N_3O_2$	6.79	0.60	144.0774
$C_8H_4N_3$	9.85	0.44	142.0406	$C_5H_{12}N_4O$	7.16	0.42	144.1012
$C_9H_{18}O$	10.05	0.65	142.1358	$C_6H_8O_4$	6.77	1.00	144.0422
$C_9H_2O_2$	9.84	0.83	142.0054	$C_6H_{10}NO_3$	7.14	0.82	144.0661
$C_9H_{20}N$	10.43	0.49	142.1597	$C_6H_{12}N_2O_2$	7.52	0.65	144.0899
C_9H_4NO	10.21	0.67	142.0293	$C_6H_{14}N_3O$	7.89	0.47	144.1138
$C_9H_6N_2$	10.58	0.51	142.0532	$C_6H_{16}N_4$	8.27	0.30	144.1377
$C_{10}H_{22}$	11.16	0.56	142.1722	C_6H_4O	8.05	0.49	144.0073
$C_{10}H_6O$	10.94	0.74	142.0419	$C_7H_{12}O_3$	7.87	0.87	144.0786
$C_{10}H_8N$	11.32	0.58	142.0657	$C_7H_{14}NO_2$	8.25	0.70	144.1025

续表

	$M+1$	$M+2$	MW		$M+1$	$M+2$	MW
$C_7H_{16}N_2O$	8.62	0.53	144.1264	$C_{10}H_9O$	10.99	0.75	145.0653
$C_7N_2O_2$	8.41	0.71	143.9960	$C_{10}H_{11}N$	11.36	0.59	145.0892
$C_7H_{18}N_3$	9.00	0.36	144.1502	$C_{11}H_{13}$	12.09	0.67	145.1018
$C_7H_2N_3O$	8.78	0.54	144.0198	$C_{12}H$	12.98	0.77	145.0078
$C_7H_4N_4$	9.15	0.38	144.0437	146			
$C_8H_{16}O_2$	8.98	0.76	144.1151	$C_4H_6N_2O_4$	5.34	0.92	146.0328
C_8O_3	8.76	0.94	144.9847	$C_4H_8N_3O_3$	5.71	0.74	146.0566
$C_8H_{18}NO$	9.35	0.59	144.1389	$C_4H_{10}N_4O_2$	6.09	0.56	146.0805
$C_8H_2NO_2$	9.14	0.77	144.0085	$C_5H_8NO_4$	6.07	0.96	146.0453
$C_8H_{20}N_2$	9.73	0.42	144.1628	$C_5H_{10}N_2O_3$	6.44	0.78	146.0692
$C_8H_4N_2O$	9.51	0.60	144.0324	$C_5H_{12}N_3O_2$	6.82	0.60	146.0930
$C_8H_6N_3$	9.89	0.44	144.0563	$C_5H_{14}N_4O$	7.19	0.43	146.1169
$C_9H_{20}O$	10.08	0.66	144.1515	$C_6H_{10}O_4$	6.80	1.00	146.0579
$C_9H_4O_2$	9.87	0.84	144.0211	$C_6H_{12}NO_3$	7.17	0.82	146.0817
C_9H_6NO	10.24	0.67	144.0449	$C_6H_{14}N_2O_2$	7.55	0.65	146.1056
$C_9H_8N_2$	10.62	0.51	144.0688	$C_6H_{16}N_3O$	7.92	0.48	146.1295
$C_{10}H_8O$	10.97	0.74	144.0575	$C_6H_3O_2$	7.71	0.66	145.9991
$C_{10}H_{10}N$	11.35	0.58	144.0814	$C_6H_{18}N_4$	8.30	0.31	146.1533
$C_{11}H_{12}$	12.08	0.67	144.0939	$C_6H_2N_4O$	8.08	0.49	146.0229
C_{12}	12.97	0.77	144.0000	$C_7H_{14}O_3$	7.91	0.87	146.0943
145				$C_7H_{16}NO_2$	8.28	0.70	146.1182
$C_4H_5N_2O_4$	5.32	0.92	145.0249	C_7NO_3	8.06	0.88	145.9878
$C_4H_7N_3O_3$	5.70	0.74	145.0488	$C_7H_{18}N_2O$	8.65	0.53	146.1420
$C_4H_9N_4O_2$	6.07	0.56	145.0726	$C_7H_2N_2O_2$	8.44	0.71	146.0116
$C_5H_7NO_4$	6.05	0.96	145.0375	$C_7H_4N_3O$	8.81	0.55	146.0355
$C_5H_9N_2O_3$	6.43	0.78	145.0614	$C_7H_6N_4$	9.19	0.38	146.0594
$C_5H_{11}N_3O_2$	6.80	0.60	145.0852	$C_8H_{18}O_2$	9.01	0.76	146.1307
$C_5H_{13}N_4O$	7.18	0.43	145.1091	$C_8H_2O_3$	8.79	0.94	146.0003
$C_6H_9O_4$	6.78	1.00	145.0501	$C_8H_4NO_2$	9.17	0.77	146.0242
$C_6H_{11}NO_3$	7.16	0.82	145.0739	$C_8H_6N_2O$	9.54	0.61	146.0480
$C_6H_{13}N_2O_2$	7.53	0.65	145.0978	$C_8H_8N_3$	9.92	0.44	146.0719
$C_6H_{15}N_3O$	7.91	0.48	145.1216	$C_9H_6O_2$	9.90	0.84	146.0368
$C_6H_{17}N_4$	8.28	0.30	145.1455	C_9H_8NO	10.27	0.67	146.0606
C_6HN_4O	8.06	0.49	145.0151	$C_9H_{10}N_2$	10.65	0.51	146.0845
$C_7H_{13}O_3$	7.89	0.87	145.0865	$C_{10}H_{10}O$	11.01	0.75	146.0732
$C_7H_{15}NO_2$	8.26	0.70	145.1103	$C_{10}H_{12}N$	11.38	0.59	146.0970
$C_7H_{17}N_2O$	8.64	0.53	145.1342	$C_{11}H_{14}$	12.11	0.67	146.1096
$C_7HN_2O_2$	8.42	0.71	145.0038	$C_{11}N$	12.27	0.69	146.0031
$C_7H_{19}N_3$	9.01	0.36	145.1580	$C_{12}H_2$	13.00	0.77	146.0157
$C_7H_3N_3O$	8.80	0.54	145.0277	147			
$C_7H_5N_4$	9.17	0.38	145.0515	$C_4H_7N_2O_4$	5.35	0.92	147.0406
$C_8H_{17}O_2$	9.00	0.76	145.1229	$C_4H_9N_3O_3$	5.73	0.74	147.0644
C_8HO_3	8.78	0.94	144.9925	$C_4H_{11}N_4O_2$	6.10	0.56	147.0883
$C_8H_{19}NO$	9.37	0.59	145.1467	$C_5H_9NO_4$	6.08	0.96	147.0532
$C_8H_3NO_2$	9.15	0.77	145.0164	$C_5H_{11}N_2O_3$	6.46	0.78	147.0770
$C_8H_5N_2O$	9.53	0.61	145.0402	$C_5H_{13}N_3O_2$	6.83	0.60	147.1009
$C_8H_7N_3$	9.90	0.44	145.0641	$C_5H_{15}N_4O$	7.21	0.43	147.1247
$C_9H_5O_2$	9.88	0.84	145.0289	$C_6H_{11}O_4$	6.82	1.00	147.0657
C_9H_7NO	10.26	0.67	145.0528	$C_6H_{13}NO_3$	7.19	0.82	147.0896
$C_9H_9N_2$	10.63	0.51	145.0767	$C_6H_{15}N_2O_2$	7.56	0.65	147.1134

续表

	$M+1$	$M+2$	MW		$M+1$	$M+2$	MW
$C_6H_{17}N_3O$	7.94	0.48	147.1373	$C_{10}H_{14}N$	11.41	0.59	148.1127
$C_6HN_3O_2$	7.72	0.66	147.0069	$C_{10}N_2$	11.57	0.61	148.0062
$C_6H_3N_4O$	8.10	0.49	147.0308	$C_{11}H_{16}$	12.14	0.67	148.1253
$C_7H_{15}O_3$	7.92	0.87	147.1021	$C_{11}O$	11.93	0.85	147.9949
$C_7H_{17}NO_2$	8.30	0.70	147.1260	$C_{11}H_2N$	12.30	0.69	148.0187
C_7HNO_3	8.08	0.89	146.9956	$C_{12}H_4$	13.03	0.78	148.0313
$C_7H_3N_2O_2$	8.45	0.72	147.0195	149			
$C_7H_5N_3O$	8.83	0.55	147.0433	$C_4H_9N_2O_4$	5.39	0.92	149.0563
$C_7H_7N_4$	9.20	0.38	147.0672	$C_4H_{11}N_3O_3$	5.76	0.74	149.0801
$C_8H_3O_3$	8.81	0.94	147.0082	$C_4H_{13}N_4O_2$	6.13	0.56	149.1040
$C_8H_5NO_2$	9.18	0.78	147.0320	$C_5H_{11}NO_4$	6.12	0.96	149.0688
$C_8H_7N_2O$	9.56	0.61	147.0559	$C_5H_{13}N_2O_3$	6.49	0.78	149.0927
$C_8H_9N_3$	9.93	0.44	147.0798	$C_5H_{15}N_3O_2$	6.87	0.61	149.1165
$C_9H_7O_2$	9.92	0.84	147.0446	$C_5HN_4O_2$	7.02	0.62	149.0100
C_9H_9NO	10.29	0.68	147.0684	$C_6H_{13}O_4$	6.85	1.00	149.0814
$C_9H_{11}N_2$	10.66	0.51	147.0923	$C_6H_{15}NO_3$	7.22	0.83	149.1052
$C_{10}H_{11}O$	11.02	0.75	147.0810	$C_6HN_2O_3$	7.38	0.84	148.9987
$C_{10}H_{13}N$	11.40	0.59	147.1049	$C_6H_3N_3O_2$	7.75	0.66	149.0226
$C_{11}H_{15}$	12.13	0.67	147.1174	$C_6H_5N_4O$	8.13	0.49	149.0464
$C_{11}HN$	12.28	0.69	147.0109	C_7HO_4	7.74	1.06	148.9874
$C_{12}H_3$	13.02	0.78	147.0235	$C_7H_3NO_3$	8.11	0.89	149.0113
148				$C_7H_5N_2O_2$	8.49	0.72	149.0351
$C_4H_8N_2O_4$	5.37	0.92	148.0484	$C_7H_7N_3O$	8.86	0.55	149.0590
$C_4H_{10}N_3O_3$	5.74	0.74	148.0723	$C_7H_9N_4$	9.23	0.38	149.0829
$C_4H_{12}N_4O_2$	6.12	0.56	148.0961	$C_8H_5O_3$	8.84	0.95	149.0238
$C_5H_{10}NO_4$	6.10	0.96	148.0610	$C_8H_7NO_2$	9.22	0.78	149.0477
$C_5H_{12}N_2O_3$	6.48	0.78	148.0848	$C_8H_9N_2O$	9.59	0.61	149.0715
$C_5H_{14}N_3O_2$	6.85	0.60	148.1087	$C_8H_{11}N_3$	9.97	0.45	149.0954
$C_5H_{16}N_4O$	7.22	0.43	148.1325	$C_9H_9O_2$	9.95	0.84	149.0603
$C_5N_4O_2$	7.01	0.61	148.0022	$C_9H_{11}NO$	10.32	0.68	149.0841
$C_6H_{12}O_4$	6.83	1.00	148.0735	$C_9H_{13}N_2$	10.70	0.52	149.1080
$C_6H_{14}NO_3$	7.21	0.83	148.0974	$C_{10}H_{13}O$	11.05	0.75	149.0967
$C_6H_{16}N_2O_2$	7.58	0.65	148.1213	$C_{10}H_{15}N$	11.43	0.59	149.1205
$C_6N_2O_3$	7.36	0.84	147.9909	$C_{10}HN_2$	11.58	0.61	149.0140
$C_6H_2N_3O_2$	7.74	0.66	148.0147	$C_{11}H_{17}$	12.16	0.67	149.1331
$C_6H_4N_4O$	8.11	0.49	148.0386	$C_{11}HO$	11.94	0.85	149.0027
$C_7H_{16}O_3$	7.94	0.88	148.1100	$C_{11}H_3N$	12.32	0.69	149.0266
C_7O_4	7.72	1.06	147.9796	$C_{12}H_5$	13.05	0.78	149.0391
$C_7H_2NO_3$	8.09	0.89	148.0034	150			
$C_7H_4N_2O_2$	8.47	0.72	148.0273	$C_4H_{10}N_2O_4$	5.40	0.92	150.0641
$C_7H_6N_3O$	8.84	0.55	148.0511	$C_4H_{12}N_3O_3$	5.78	0.74	150.0879
$C_7H_8N_4$	9.22	0.38	148.0750	$C_4H_{14}N_4O_2$	6.15	0.56	150.1118
$C_8H_4O_3$	8.83	0.94	148.0160	$C_5H_{12}NO_4$	6.13	0.96	150.0766
$C_8H_6NO_2$	9.20	0.78	148.0399	$C_5H_{14}N_2O_3$	6.51	0.78	150.1005
$C_8H_8N_2O$	9.57	0.61	148.0637	$C_5H_3O_3$	6.66	0.79	149.9940
$C_8H_{10}N_3$	9.95	0.45	148.0876	$C_5H_2N_4O_2$	7.04	0.62	150.0178
$C_9H_8O_2$	9.93	0.84	148.0524	$C_6H_{14}O_4$	6.86	1.00	150.0892
$C_9H_{10}NO$	10.31	0.68	148.0763	C_6NO_4	7.02	1.01	149.9827
$C_9H_{12}N_2$	10.68	0.52	148.1001	$C_6H_2N_2O_3$	7.40	0.84	150.0065
$C_{10}H_{12}O$	11.04	0.75	148.0888	$C_6H_4N_3O_2$	7.77	0.67	150.0304

续表

	$M+1$	$M+2$	MW		$M+1$	$M+2$	MW
$C_6H_6N_4O$	8.14	0.49	150.0542	$C_{11}H_3O$	11.97	0.85	151.0184
$C_7H_2O_4$	7.75	1.06	149.9953	$C_{11}H_5N$	12.35	0.70	151.0422
$C_7H_4NO_3$	8.13	0.89	150.0191	$C_{12}H_7$	13.08	0.79	151.0548
$C_7H_6N_2O_2$	8.50	0.72	150.0429	152			
$C_7H_8N_3O$	8.88	0.55	150.0668	$C_4H_{12}N_2O_4$	5.43	0.92	152.0797
$C_7H_{10}N_4$	9.25	0.38	150.0907	$C_5N_2O_4$	6.32	0.97	151.9858
$C_8H_6O_3$	8.86	0.95	150.0317	$C_5H_2N_3O_3$	6.70	0.79	152.0096
$C_8H_8NO_2$	9.23	0.78	150.0555	$C_5H_4N_4O_2$	7.07	0.62	152.0335
$C_8H_{10}N_2O$	9.61	0.61	150.0794	$C_6H_2NO_4$	7.05	1.01	151.9983
$C_8H_{12}N_3$	9.98	0.45	150.1032	$C_6H_4N_2O_3$	7.43	0.84	152.0222
$C_9H_{10}O_2$	9.96	0.84	150.0681	$C_6H_6N_3O_2$	7.80	0.67	152.0460
$C_9H_{12}NO$	10.34	0.68	150.0919	$C_6H_8N_4O$	8.18	0.50	152.0699
$C_9H_{14}N_2$	10.71	0.52	150.1158	$C_7H_4O_4$	7.78	1.06	152.0109
C_9N_3	10.87	0.54	150.0093	$C_7H_6NO_3$	8.16	0.89	152.0348
$C_{10}H_{14}O$	11.07	0.75	150.1045	$C_7H_8N_2O_2$	8.53	0.72	152.0586
$C_{10}H_{16}N$	11.44	0.60	150.1284	$C_7H_{10}N_3O$	8.91	0.55	152.0825
$C_{10}NO$	11.23	0.77	149.9980	$C_7H_{12}N_4$	9.28	0.39	152.1063
$C_{10}H_2N_2$	11.60	0.61	150.0218	$C_8H_8O_3$	8.89	0.95	152.0473
$C_{11}H_{18}$	12.17	0.68	150.1409	$C_8H_{10}NO_2$	9.26	0.78	152.0712
$C_{11}H_2O$	11.96	0.85	150.0106	$C_8H_{12}N_2O$	9.64	0.62	152.0950
$C_{11}H_4N$	12.33	0.70	150.0344	$C_8H_{14}N_3$	10.01	0.45	152.1189
$C_{12}H_6$	13.06	0.78	150.0470	C_8N_4	10.17	0.47	152.0124
151				$C_9H_{12}O_2$	10.00	0.85	152.0837
$C_4H_{11}N_2O_4$	5.42	0.92	151.0719	$C_9H_{14}NO$	10.37	0.68	152.1076
$C_4H_{13}N_3O_3$	5.79	0.74	151.0958	$C_9H_{16}N_2$	10.74	0.52	152.1315
$C_5H_{13}NO_4$	6.15	0.96	151.0845	C_9N_2O	10.53	0.70	152.0011
$C_5HN_3O_3$	6.68	0.79	151.0018	$C_9H_2N_3$	10.90	0.54	152.0249
$C_5H_3N_4O_2$	7.05	0.62	151.0257	$C_{10}H_{16}O$	11.10	0.76	152.1202
C_6HNO_4	7.04	1.01	150.9905	$C_{10}O_2$	10.88	0.93	151.9898
$C_6H_3N_2O_3$	7.41	0.84	151.0144	$C_{10}H_{18}N$	11.48	0.60	152.1440
$C_6H_5N_3O_2$	7.79	0.67	151.0382	$C_{10}H_2NO$	11.26	0.78	152.0136
$C_6H_7N_4O$	8.16	0.50	151.0621	$C_{10}H_4N_2$	11.63	0.62	152.0375
$C_7H_3O_4$	7.77	1.06	151.0031	$C_{11}H_{20}$	12.21	0.68	152.1566
$C_7H_5NO_3$	8.14	0.89	151.0269	$C_{11}H_4O$	11.99	0.86	152.0262
$C_7H_7N_2O_2$	8.52	0.72	151.0508	$C_{11}H_6N$	12.36	0.70	152.0501
$C_7H_9N_3O$	8.89	0.55	151.0746	$C_{12}H_8$	13.10	0.79	152.0626
$C_7H_{11}N_4$	9.27	0.39	151.0985	153			
$C_8H_7O_3$	8.87	0.95	151.0395	$C_5HN_2O_4$	6.34	0.97	152.9936
$C_8H_9NO_2$	9.25	0.78	151.0634	$C_5H_3N_3O_3$	6.71	0.80	153.0175
$C_8H_{11}N_2O$	9.62	0.62	151.0872	$C_5H_5N_4O_2$	7.09	0.62	153.0413
$C_8H_{13}N_3$	10.00	0.45	151.1111	$C_6H_3NO_4$	7.07	1.02	153.0062
$C_9H_{11}O_2$	9.98	0.85	151.0759	$C_6H_5N_2O_3$	7.44	0.84	153.0300
$C_9H_{13}NO$	10.35	0.68	151.0998	$C_6H_7N_3O_2$	7.82	0.67	153.0539
$C_9H_{15}N_2$	10.73	0.52	151.1236	$C_6H_9N_4O$	8.19	0.50	153.0777
C_9HN_3	10.89	0.54	151.0171	$C_7H_5O_4$	7.80	1.07	153.0187
$C_{10}H_{15}O$	11.09	0.76	151.1123	$C_7H_7NO_3$	8.17	0.89	153.0426
$C_{10}H_{17}N$	11.46	0.60	151.1362	$C_7H_9N_2O_2$	8.55	0.72	153.0664
$C_{10}HNO$	11.24	0.77	151.0058	$C_7H_{11}N_3O$	8.92	0.56	153.0903
$C_{10}H_3N_2$	11.62	0.61	151.0297	$C_7H_{13}N_4$	9.30	0.39	153.1142
$C_{11}H_{19}$	12.19	0.68	151.1488	$C_8H_9O_3$	8.91	0.95	153.0552

	$M+1$	$M+2$	MW		$M+1$	$M+2$	MW
$C_8H_{11}NO_2$	9.28	0.78	153.0790	$C_{11}H_8N$	12.40	0.70	154.0657
$C_8H_{13}N_2O$	9.65	0.62	153.1029	$C_{12}H_{10}$	13.13	0.79	154.0783
$C_8H_{15}N_3$	10.03	0.45	153.1267	155			
C_8HN_4	10.19	0.47	153.0202	$C_5H_3N_2O_4$	6.37	0.97	155.0093
$C_9H_{13}O_2$	10.01	0.85	153.0916	$C_5H_5N_3O_3$	6.74	0.80	155.0331
$C_9H_{15}NO$	10.39	0.69	153.1154	$C_5H_7N_4O_2$	7.12	0.62	155.0570
$C_9H_{17}N_2$	10.76	0.52	153.1393	$C_6H_5NO_4$	7.10	1.02	155.0218
C_9HN_2O	10.54	0.70	153.0089	$C_6H_7N_2O_3$	7.48	0.84	155.0457
$C_9H_3N_3$	10.92	0.54	153.0328	$C_6H_9N_3O_2$	7.85	0.67	155.0695
$C_{10}H_{17}O$	11.12	0.76	153.1280	$C_6H_{11}N_4O$	8.22	0.50	155.0934
$C_{10}HO_2$	10.90	0.94	152.9976	$C_7H_7O_4$	7.83	1.07	155.0344
$C_{10}H_{19}N$	11.49	0.60	153.1519	$C_7H_9NO_3$	8.21	0.90	155.0583
$C_{10}H_3NO$	11.27	0.78	153.0215	$C_7H_{11}N_2O_2$	8.58	0.73	155.0821
$C_{10}H_5N_2$	11.65	0.62	153.0453	$C_7H_{13}N_3O$	8.96	0.56	155.1060
$C_{11}H_{21}$	12.22	0.68	153.1644	$C_7H_{15}N_4$	9.33	0.39	155.1298
$C_{11}H_5O$	12.01	0.86	153.0340	$C_8H_{11}O_3$	8.94	0.95	155.0708
$C_{11}H_7N$	12.38	0.70	153.0579	$C_8H_{13}NO_2$	9.31	0.79	155.0947
$C_{12}H_9$	13.11	0.79	153.0705	$C_8H_{15}N_2O$	9.69	0.62	155.1185
154				$C_8H_{17}N_3$	10.06	0.46	155.1424
$C_5H_2N_2O_4$	6.35	0.97	154.0014	C_8HN_3O	9.84	0.64	155.0120
$C_5H_4N_3O_3$	6.73	0.80	154.0253	$C_8H_3N_4$	10.22	0.47	155.0359
$C_5H_6N_4O_2$	7.10	0.62	154.0491	$C_9H_{15}O_2$	10.04	0.85	155.1072
$C_6H_4NO_4$	7.09	1.02	154.0140	$C_9H_{17}NO$	10.42	0.69	155.1311
$C_6H_6N_2O_3$	7.46	0.84	154.0379	C_9HNO_2	10.20	0.87	155.0007
$C_6H_8N_3O_2$	7.83	0.67	154.0617	$C_9H_{19}N_2$	10.79	0.53	155.1549
$C_6H_{10}N_4O$	8.21	0.50	154.0856	$C_9H_3N_2O$	10.58	0.71	155.0246
$C_7H_6O_4$	7.82	1.07	154.0266	$C_9H_5N_3$	10.95	0.54	155.0484
$C_7H_8NO_3$	8.19	0.90	154.0504	$C_{10}H_{19}O$	11.15	0.76	155.1436
$C_7H_{10}N_2O_2$	8.57	0.73	154.0743	$C_{10}H_3O_2$	10.93	0.94	155.0133
$C_7H_{12}N_3O$	8.94	0.56	154.0981	$C_{10}H_{21}N$	11.52	0.60	155.1675
$C_7H_{14}N_4$	9.31	0.39	154.1220	$C_{10}H_5NO$	11.31	0.78	155.0371
$C_8H_{10}O_3$	8.92	0.95	154.0630	$C_{10}H_7N_2$	11.68	0.62	155.0610
$C_8H_{12}NO_2$	9.30	0.79	154.0868	$C_{11}H_{23}$	12.25	0.69	155.1801
$C_8H_{14}N_2O$	9.67	0.62	154.1107	$C_{11}H_7O$	12.04	0.86	155.0497
$C_8H_{16}N_3$	10.05	0.46	154.1346	$C_{11}H_9N$	12.41	0.71	155.0736
C_8N_3O	9.83	0.63	154.0042	$C_{12}H_{11}$	13.14	0.79	155.0861
$C_8H_2N_4$	10.20	0.47	154.0280	156			
$C_9H_{14}O_2$	10.03	0.85	154.0994	$C_5H_4N_2O_4$	6.39	0.98	156.0171
$C_9H_{16}NO$	10.40	0.69	154.1233	$C_5H_6N_3O_3$	6.76	0.80	156.0410
C_9NO_2	10.19	0.87	153.9929	$C_5H_8N_4O_2$	7.14	0.62	156.0648
$C_9H_{18}N_2$	10.78	0.53	154.1471	$C_6H_6NO_4$	7.12	1.02	156.0297
$C_9H_2N_2O$	10.56	0.70	154.0167	$C_6H_8N_2O_3$	7.49	0.85	156.0535
$C_9H_4N_3$	10.93	0.54	154.0406	$C_6H_{10}N_3O_2$	7.87	0.67	156.0774
$C_{10}H_{18}O$	11.13	0.76	154.1358	$C_6H_{12}N_4O$	8.24	0.50	156.1012
$C_{10}H_2O_2$	10.92	0.94	154.0054	$C_7H_8O_4$	7.85	1.07	156.0422
$C_{10}H_{20}N$	11.51	0.60	154.1597	$C_7H_{10}NO_3$	8.22	0.90	156.0661
$C_{10}H_4NO$	11.29	0.78	154.0293	$C_7H_{12}N_2O_2$	8.60	0.73	156.0899
$C_{10}H_6N_2$	11.66	0.62	154.0532	$C_7H_{14}N_3O$	8.97	0.56	156.1138
$C_{11}H_{22}$	12.24	0.68	154.1722	$C_7H_{16}N_4$	9.35	0.39	156.1377
$C_{11}H_6O$	12.02	0.86	154.0419	C_7N_4O	9.13	0.57	156.0073

续表

	$M+1$	$M+2$	MW		$M+1$	$M+2$	MW
$C_8H_{12}O_3$	8.95	0.96	156.0786	$C_9H_5N_2O$	10.61	0.71	157.0402
$C_8H_{14}NO_2$	9.33	0.79	156.1025	$C_9H_7N_3$	10.98	0.55	157.0641
$C_8H_{16}N_2O$	9.70	0.62	156.1264	$C_{10}H_{21}O$	11.18	0.77	157.1593
$C_8N_2O_2$	9.49	0.80	155.9960	$C_{10}H_5O_2$	10.96	0.94	157.0289
$C_8H_{18}N_3$	10.08	0.46	156.1502	$C_{10}H_{23}N$	11.56	0.61	157.1832
$C_8H_2N_3O$	9.86	0.64	156.0198	$C_{10}H_7NO$	11.34	0.78	157.0528
$C_8H_4N_4$	10.23	0.47	156.0437	$C_{10}H_9N_2$	11.71	0.63	157.0767
$C_9H_{16}O_2$	10.06	0.85	156.1151	$C_{11}H_9O$	12.07	0.86	157.0653
C_9O_3	9.84	1.03	155.9847	$C_{11}H_{11}N$	12.44	0.71	157.0892
$C_9H_{18}NO$	10.43	0.69	156.1389	$C_{12}H_{13}$	13.18	0.80	157.1018
$C_9H_2NO_2$	10.22	0.87	156.0085	$C_{13}H$	14.06	0.91	157.0078
$C_9H_{20}N_2$	10.81	0.53	156.1628	158			
$C_9H_4N_2O$	10.59	0.71	156.0324	$C_5H_6N_2O_4$	6.42	0.98	158.0328
$C_9H_6N_3$	10.97	0.55	156.0563	$C_5H_8N_3O_3$	6.79	0.80	158.0566
$C_{10}H_{20}O$	11.17	0.77	156.1515	$C_5H_{10}N_4O_2$	7.17	0.63	158.0805
$C_{10}H_4O_2$	10.95	0.94	156.0211	$C_6H_8NO_4$	7.15	1.02	158.0453
$C_{10}H_{22}N$	11.54	0.61	156.1753	$C_6H_{10}N_2O_3$	7.52	0.85	158.0692
$C_{10}H_6NO$	11.32	0.78	156.0449	$C_6H_{12}N_3O_2$	7.90	0.68	158.0930
$C_{10}H_8N_2$	11.70	0.62	156.0888	$C_6H_{14}N_4O$	8.27	0.50	158.1169
$C_{11}H_{24}$	12.27	0.69	156.1879	$C_7H_{10}O_4$	7.88	1.07	158.0579
$C_{11}H_8O$	12.05	0.86	156.0575	$C_7H_{12}NO_3$	8.25	0.90	158.0817
$C_{11}H_{10}N$	12.43	0.71	156.0814	$C_7H_{14}N_2O_2$	8.63	0.73	158.1056
$C_{12}H_{12}$	13.16	0.80	156.0939	$C_7H_{16}N_3O$	9.00	0.56	158.1295
C_{13}	14.05	0.91	156.0000	$C_7H_3O_2$	8.79	0.74	157.9991
157				$C_7H_{18}N_4$	9.38	0.40	158.1533
$C_5H_5N_2O_4$	6.40	0.98	157.0249	$C_7H_2N_4O$	9.16	0.58	158.0229
$C_5H_7N_3O_3$	6.78	0.80	157.0488	$C_8H_{14}O_3$	8.99	0.96	158.0943
$C_5H_9N_4O_2$	7.15	0.62	157.0726	$C_8H_{16}NO_2$	9.36	0.79	158.1182
$C_6H_7NO_4$	7.13	1.02	157.0375	C_8NO_3	9.14	0.97	157.9878
$C_6H_9N_2O_3$	7.51	0.85	157.0914	$C_8H_{18}N_2O$	9.73	0.63	158.1420
$C_6H_{11}N_3O_2$	7.88	0.67	157.0852	$C_8H_2N_2O_2$	9.52	0.81	158.0116
$C_6H_{13}N_4O$	8.26	0.50	157.1091	$C_8H_{20}N_3$	10.11	0.46	158.1659
$C_7H_9O_4$	7.86	1.07	157.0501	$C_8H_4N_3O$	9.89	0.64	158.0355
$C_7H_{11}NO_3$	8.24	0.90	157.0739	$C_8H_6N_4$	10.27	0.48	158.0594
$C_7H_{13}N_2O_2$	8.61	0.73	157.0978	$C_9H_{18}O_2$	10.09	0.86	158.1307
$C_7H_{15}N_3O$	8.99	0.56	157.1216	$C_9H_2O_3$	9.87	1.04	158.0003
$C_7H_{17}N_4$	9.36	0.39	157.1455	$C_9H_{20}NO$	10.47	0.69	158.1546
C_7HN_4O	9.15	0.57	157.0151	$C_9H_4NO_2$	10.25	0.87	158.0242
$C_8H_{13}O_3$	8.97	0.96	157.0865	$C_9H_{22}N_2$	10.84	0.53	158.1784
$C_8H_{15}NO_2$	9.34	0.79	157.1103	$C_9H_6N_2O$	10.62	0.71	158.0480
$C_8H_{17}N_2O$	9.72	0.62	157.1342	$C_9H_8N_3$	11.00	0.55	158.0719
$C_8HN_2O_2$	9.50	0.80	157.0038	$C_{10}H_{22}O$	11.20	0.77	158.1671
$C_8H_{19}N_3$	10.09	0.46	157.1580	$C_{10}H_6O_2$	10.98	0.95	158.0368
$C_8H_3N_3O$	9.88	0.64	157.0277	$C_{10}H_8NO$	11.35	0.79	158.0606
$C_8H_5N_4$	10.25	0.48	157.0515	$C_{10}H_{10}N_2$	11.73	0.63	158.0845
$C_9H_{17}O_2$	10.08	0.86	157.1229	$C_{11}H_{10}O$	12.09	0.87	158.0732
C_9HO_3	9.86	1.03	156.9925	$C_{11}H_{12}N$	12.46	0.71	158.0970
$C_9H_{19}NO$	10.45	0.69	157.1467	$C_{12}H_{14}$	13.19	0.80	158.1096
$C_9H_3NO_2$	10.23	0.87	157.0164	$C_{12}N$	13.35	0.82	158.0031
$C_9H_{21}N_2$	10.82	0.53	157.1706	$C_{13}H_2$	14.08	0.92	158.0157

	$M+1$	$M+2$	MW		$M+1$	$M+2$	MW
159				$C_7H_{18}N_3O$	9.04	0.57	160.1451
$C_5H_7N_2O_4$	6.43	0.98	159.0406	$C_7H_2N_3O_2$	8.82	0.75	160.0147
$C_5H_9N_3O_3$	6.81	0.80	159.0644	$C_7H_{20}N_4$	9.41	0.40	160.1690
$C_5H_{11}N_4O_2$	7.18	0.63	159.0883	$C_7H_4N_4O$	9.19	0.58	160.0386
$C_6H_9NO_4$	7.17	1.02	159.0532	$C_8H_{16}O_3$	9.02	0.96	160.1100
$C_6H_{11}N_2O_3$	7.54	0.85	159.0770	C_8O_4	8.80	1.14	159.9796
$C_6H_{13}N_3O_2$	7.91	0.68	159.1009	$C_8H_{18}NO_2$	9.39	0.79	160.1338
$C_6H_{15}N_4O$	8.29	0.51	159.1247	$C_8H_2NO_3$	9.18	0.97	160.0034
$C_7H_{11}O_4$	7.90	1.07	159.0657	$C_8H_{20}N_2O$	9.77	0.63	160.1577
$C_7H_{13}NO_3$	8.27	0.90	159.0896	$C_8H_4N_2O_2$	9.55	0.81	160.0273
$C_7H_{15}N_2O_2$	8.65	0.73	159.1134	$C_8H_6N_3O$	9.92	0.64	160.0511
$C_7H_{17}N_3O$	9.02	0.56	159.1373	$C_8H_8N_4$	10.30	0.48	160.0750
$C_7HN_3O_2$	8.80	0.75	159.0069	$C_9H_{20}O_2$	10.12	0.86	160.1464
$C_7H_{19}N_4$	9.39	0.40	159.1611	$C_9H_4O_3$	9.91	1.04	160.0160
$C_7H_3N_4O$	9.18	0.58	159.0308	$C_9H_6NO_2$	10.28	0.88	160.0399
$C_8H_{15}N_3$	9.00	0.96	159.1021	$C_9H_8N_2O$	10.66	0.71	160.0637
$C_8H_{17}NO_2$	9.38	0.79	159.1260	$C_9H_{10}N_3$	11.03	0.55	160.0876
C_8HNO_3	9.16	0.97	158.9956	$C_{10}H_8O_2$	11.01	0.95	160.0524
$C_8H_{19}N_2O$	9.75	0.63	159.1498	$C_{10}H_{10}NO$	11.39	0.79	160.0763
$C_8H_3N_2O_2$	9.53	0.81	159.0195	$C_{10}H_{12}N_2$	11.76	0.63	160.1001
$C_8H_{21}N_3$	10.13	0.46	159.1737	$C_{11}H_{12}O$	12.12	0.87	160.0888
$C_8H_5N_3O$	9.91	0.64	159.0433	$C_{11}H_{14}N$	12.49	0.72	160.1127
$C_8H_7H_4$	10.28	0.48	159.0672	$C_{11}N_2$	12.65	0.73	160.0062
$C_9H_{19}O_2$	10.11	0.86	159.1385	$C_{12}H_{16}$	13.22	0.80	160.1253
$C_9H_3O_3$	9.89	1.04	159.0082	$C_{12}O$	13.01	0.98	159.9949
$C_9H_{21}NO$	10.48	0.70	159.1624	$C_{12}H_2N$	13.38	0.82	160.0187
$C_9H_5NO_2$	10.27	0.87	159.0320	$C_{13}H_4$	14.11	0.92	160.0313
$C_9H_7N_2O$	10.64	0.71	159.0559	161			
$C_9H_9N_3$	11.01	0.55	159.0798	$C_5H_9N_2O_4$	6.47	0.98	161.0563
$C_{10}H_7O_2$	11.00	0.95	159.0446	$C_5H_{11}N_3O_3$	6.84	0.80	161.0801
$C_{10}H_9NO$	11.37	0.79	159.0684	$C_5H_{13}N_4O_2$	7.22	0.63	161.1040
$C_{10}H_{11}N_2$	11.74	0.63	159.0923	$C_6H_{11}NO_4$	7.20	1.03	161.0688
$C_{11}H_{11}O$	12.10	0.87	159.0810	$C_6H_{13}N_2O_3$	7.57	0.85	161.0927
$C_{11}H_{13}N$	12.48	0.71	159.1049	$C_6H_{15}N_3O_2$	7.95	0.68	161.1165
$C_{12}H_{15}$	13.21	0.80	159.1174	$C_6H_{17}N_4O$	8.32	0.51	161.1404
$C_{12}HN$	13.36	0.82	159.0109	$C_6HN_4O_2$	8.10	0.69	161.0100
$C_{13}H_3$	14.10	0.92	159.0235	$C_7H_{13}O_4$	7.93	1.08	161.0814
160				$C_7H_{15}NO_3$	8.30	0.90	161.1052
$C_5H_8N_2O_4$	6.45	0.98	160.0484	$C_7H_{17}N_2O_2$	8.68	0.74	161.1291
$C_5H_{10}N_3O_3$	6.82	0.80	160.0723	$C_7HN_2O_3$	8.46	0.92	160.9987
$C_5H_{12}N_4O_2$	7.20	0.63	160.0961	$C_7H_{19}N_3O$	9.05	0.57	161.1529
$C_6H_{10}NO_4$	7.18	1.02	160.0610	$C_7H_3N_3O_3$	8.83	0.75	161.0226
$C_6H_{12}N_2O_3$	7.56	0.85	160.0848	$C_7H_5N_4O$	9.21	0.58	161.0464
$C_6H_{14}N_3O_2$	7.93	0.68	160.1087	$C_8H_{17}O_3$	9.03	0.96	161.1178
$C_6H_{16}N_4O$	8.30	0.51	160.1325	C_8HO_4	8.82	1.14	160.9874
$C_6H_4O_2$	8.09	0.69	160.0022	$C_8H_{19}NO_2$	9.41	0.80	161.1416
$C_7H_{12}O_4$	7.91	1.07	160.0735	$C_8H_3NO_3$	9.19	0.98	161.0113
$C_7H_{14}NO_3$	8.29	0.90	160.0974	$C_8H_5N_2O_2$	9.57	0.81	161.0351
$C_7H_{16}N_2O_2$	8.66	0.73	160.1213	$C_8H_7N_3O$	9.94	0.65	161.0590
$C_7N_2O_3$	8.44	0.92	159.9909	$C_8H_9N_4$	10.31	0.48	161.0829

续表

	M+1	M+2	MW		M+1	M+2	MW
$C_9H_5O_3$	9.92	1.04	161.0238	$C_{12}H_2O$	13.04	0.98	162.0106
$C_9H_7NO_2$	10.30	0.88	161.0477	$C_{12}H_4N$	13.41	0.83	162.0344
$C_9H_9N_2O$	10.67	0.72	161.0715	$C_{13}H_6$	14.14	0.92	162.0470
$C_9H_{11}N_3$	11.05	0.56	161.0954	163			
$C_{10}H_9O_2$	11.03	0.95	161.0603	$C_5H_{11}N_2O_4$	6.50	0.98	163.0719
$C_{10}H_{11}NO$	11.40	0.79	161.0841	$C_5H_{13}N_3O_3$	6.87	0.81	163.0958
$C_{10}H_{13}N_2$	11.78	0.63	161.1080	$C_5H_{15}N_4O_2$	7.25	0.63	163.1196
$C_{11}H_{13}O$	12.13	0.87	161.0967	$C_6H_{13}NO_4$	7.23	1.03	163.0845
$C_{11}H_{15}N$	12.51	0.72	161.1205	$C_6H_{15}N_2O_3$	7.60	0.85	163.1083
$C_{11}HN_2$	12.67	0.74	161.0140	$C_6H_{17}N_3O_2$	7.98	0.68	163.1322
$C_{12}H_{17}$	13.24	0.81	161.1331	$C_6HN_3O_3$	7.76	0.87	163.0018
$C_{12}HO$	13.02	0.98	161.0027	$C_6H_3N_4O_2$	8.14	0.69	163.0257
$C_{12}H_3N$	13.40	0.83	161.0266	$C_7H_{15}O_4$	7.96	1.08	163.0970
$C_{13}H_5$	14.13	0.92	161.0391	$C_7H_{17}NO_3$	8.33	0.91	163.1209
162				C_7HNO_4	8.12	1.09	162.9905
$C_5H_{10}N_2O_4$	6.48	0.98	162.0641	$C_7H_3N_2O_3$	8.49	0.92	163.0144
$C_5H_{12}N_3O_3$	6.86	0.81	162.0879	$C_7H_5N_3O_2$	8.87	0.75	163.0382
$C_5H_{14}N_4O_2$	7.23	0.63	162.1118	$C_7H_7N_4O$	9.24	0.58	163.0621
$C_6H_{12}NO_4$	7.21	1.03	162.0766	$C_8H_3O_4$	8.85	1.15	163.0031
$C_6H_{14}N_2O_3$	7.59	0.85	162.1005	$C_8H_5NO_3$	9.22	0.98	163.0269
$C_6H_{16}N_3O_2$	7.96	0.68	162.1244	$C_8H_7N_2O_2$	9.60	0.81	163.0508
$C_6N_3O_3$	7.75	0.86	161.9940	$C_8H_9N_3O$	9.97	0.65	163.0746
$C_6H_{18}N_4O$	8.34	0.51	162.1482	$C_8H_{11}N_4$	10.35	0.49	163.0985
$C_6H_2N_4O_2$	8.12	0.69	162.0178	$C_9H_7O_3$	9.95	1.04	163.0395
$C_7H_{14}O_4$	7.94	1.08	162.0892	$C_9H_9NO_2$	10.33	0.88	163.0634
$C_7H_{16}NO_3$	8.32	0.91	162.1131	$C_9H_{11}N_2O$	10.70	0.72	163.0872
C_7NO_4	8.10	1.09	161.9827	$C_9H_{13}N_3$	11.08	0.56	163.1111
$C_7H_{18}N_2O_2$	8.69	0.74	162.1369	$C_{10}H_{11}O_2$	11.06	0.95	163.0759
$C_7H_2N_2O_3$	8.48	0.92	162.0065	$C_{10}H_{13}NO$	11.43	0.80	163.0998
$C_7H_4N_3O_2$	8.85	0.75	162.0304	$C_{10}H_{15}N_2$	11.81	0.64	163.1236
$C_7H_6N_4O$	9.23	0.58	162.0542	$C_{10}HN_3$	11.97	0.66	163.0171
$C_8H_{18}O_3$	9.05	0.96	162.1256	$C_{11}H_{15}O$	12.17	0.88	163.1123
$C_8H_2O_4$	8.83	1.15	161.9953	$C_{11}H_{17}N$	12.54	0.72	163.1362
$C_8H_4NO_3$	9.21	0.98	162.0191	$C_{11}HNO$	12.32	0.89	163.0058
$C_8H_6N_2O_2$	9.58	0.81	162.0429	$C_{11}H_3N_2$	12.70	0.74	163.0297
$C_8H_8N_3O$	9.96	0.65	162.0668	$C_{12}H_{19}$	13.27	0.81	163.1488
$C_8H_{10}N_4$	10.33	0.48	162.0907	$C_{12}H_3O$	13.05	0.98	163.0184
$C_9H_6O_3$	9.94	1.04	162.0317	$C_{12}H_5N$	13.43	0.83	163.0422
$C_9H_8NO_2$	10.31	0.88	162.0555	$C_{13}H_7$	14.16	0.93	163.0548
$C_9H_{10}N_2O$	10.69	0.72	162.0794	164			
$C_9H_{12}N_3$	11.06	0.56	162.1032	$C_5H_{12}N_2O_4$	6.51	0.98	164.0797
$C_{10}H_{10}O_2$	11.04	0.95	162.0681	$C_5H_{14}N_3O_3$	6.89	0.81	164.1036
$C_{10}H_{12}NO$	11.42	0.79	162.0919	$C_5H_{16}N_4O_2$	7.26	0.63	164.1275
$C_{10}H_{14}N_2$	11.79	0.64	162.1158	$C_6H_{14}NO_4$	7.25	1.03	164.0923
$C_{10}N_3$	11.59	0.65	162.0093	$C_6HN_2O_3$	7.62	0.86	164.1162
$C_{11}H_{14}O$	12.15	0.87	162.1045	$C_6N_2O_4$	7.40	1.04	163.9858
$C_{11}H_{16}N$	12.52	0.72	162.1284	$C_6H_2N_3O_3$	7.78	0.87	164.0096
$C_{11}NO$	12.31	0.89	161.9980	$C_6H_4N_4O_2$	8.15	0.70	164.0335
$C_{11}H_2N_2$	12.68	0.74	162.0218	$C_7H_{16}O_4$	7.98	1.08	164.1049
$C_{12}H_{18}$	13.26	0.81	162.1409	$C_7H_2NO_4$	8.13	1.09	163.9983

续表

	$M+1$	$M+2$	MW		$M+1$	$M+2$	MW
$C_7H_4N_2O_2$	8.51	0.92	164.0222	$C_{10}H_{17}N_2$	11.84	0.64	165.1393
$C_7H_6N_3O_2$	8.88	0.75	164.0460	$C_{10}HN_2O$	11.62	0.82	165.0089
$C_7H_8N_4O$	9.26	0.59	164.0699	$C_{10}H_3N_3$	12.00	0.66	165.0328
$C_8H_4O_4$	8.87	1.15	164.0109	$C_{11}H_{17}O$	12.20	0.88	165.1280
$C_8H_6NO_3$	9.24	0.98	164.0348	$C_{11}HO_2$	11.98	1.05	164.9976
$C_8H_8N_2O_2$	9.61	0.81	164.0586	$C_{11}H_{19}N$	12.57	0.73	165.1519
$C_8H_{10}N_3O$	9.99	0.65	164.0825	$C_{11}H_3NO$	12.36	0.90	165.0215
$C_8H_{12}N_4$	10.36	0.49	164.1063	$C_{11}H_5N_2$	12.73	0.74	165.0453
$C_9H_8O_3$	9.97	1.05	164.0473	$C_{12}H_{21}$	13.30	0.81	165.1644
$C_9H_{10}NO_2$	10.35	0.88	164.0712	$C_{12}H_5O$	13.09	0.99	165.0340
$C_9H_{12}N_2O$	10.72	0.72	164.0950	$C_{12}H_7N$	13.46	0.84	165.0579
$C_9H_{14}N_3$	11.09	0.56	164.1189	$C_{13}H_9$	14.19	0.93	165.0705
C_9N_4	11.25	0.58	164.0124	166			
$C_{10}H_{12}O_2$	11.08	0.96	164.0837	$C_5H_{14}N_2O_4$	6.55	0.99	166.0954
$C_{10}H_{14}NO$	11.45	0.80	164.1076	$C_6H_2N_2O_4$	7.43	1.04	166.0014
$C_{10}H_{16}N_2$	11.82	0.64	164.1315	$C_6H_4N_3O_3$	7.81	0.87	166.0253
$C_{10}N_2O$	11.61	0.81	164.0011	$C_6H_6N_4O_2$	8.18	0.70	166.0491
$C_{10}H_2N_3$	11.98	0.66	164.0249	$C_7H_4NO_4$	8.17	1.09	166.0140
$C_{11}H_{16}O$	12.18	0.88	164.1202	$C_7H_6N_2O_3$	8.54	0.92	166.0379
$C_{11}O_2$	11.96	1.05	163.9898	$C_7H_8N_3O_2$	8.91	0.76	166.0617
$C_{11}H_{18}N$	12.56	0.72	164.1440	$C_7H_{10}N_4O$	9.29	0.59	166.0856
$C_{11}H_2NO$	12.34	0.90	164.0136	$C_8H_6O_4$	8.90	1.15	166.0266
$C_{11}H_4N_2$	12.71	0.74	164.0375	$C_8H_8NO_3$	9.27	0.98	166.0504
$C_{12}H_{20}$	13.29	0.81	164.1566	$C_8H_{10}N_2O_2$	9.65	0.82	166.0743
$C_{12}H_4O$	13.07	0.98	164.0262	$C_8H_{12}N_3O$	10.02	0.65	166.0981
$C_{12}H_6N$	13.44	0.83	164.0501	$C_8H_{14}N_4$	10.39	0.49	166.1220
$C_{13}H_8$	14.18	0.93	164.0626	$C_9H_{10}O_3$	10.00	1.05	166.0630
165				$C_9H_{12}NO_2$	10.38	0.89	166.0868
$C_5H_{13}N_2O_4$	6.53	0.98	165.0876	$C_9H_{14}N_2O$	10.75	0.72	166.1107
$C_5H_{15}N_3O_3$	6.90	0.81	165.1114	$C_9H_{16}N_3$	11.13	0.56	166.1346
$C_6H_{15}NO_4$	7.26	1.03	165.1001	C_9N_3O	10.91	0.74	166.0042
$C_6HN_2O_4$	7.42	1.04	164.9936	$C_9H_2N_4$	11.28	0.58	166.0280
$C_6H_3N_3O_3$	7.79	0.87	165.0175	$C_{10}H_{14}O_2$	11.11	0.96	166.0094
$C_6H_5N_4O_2$	8.17	0.70	165.0413	$C_{10}H_{16}NO$	11.48	0.80	166.1233
$C_7H_3NO_4$	8.15	1.09	165.0062	$C_{10}NO_2$	11.27	0.98	165.9929
$C_7H_5N_2O_3$	8.52	0.92	165.0300	$C_{10}H_{18}N_2$	11.86	0.64	166.1471
$C_7H_7N_3O_2$	0.90	0.75	165.0539	$C_{10}H_2N_2O$	11.64	0.82	166.0167
$C_7H_9N_4O$	9.27	0.59	165.0777	$C_{10}H_4N_3$	12.01	0.66	166.0406
$C_8H_5O_4$	8.88	1.15	165.0187	$C_{11}H_{18}O$	12.21	0.88	166.1358
$C_8H_7NO_3$	9.26	0.98	165.0426	$C_{11}H_2O_2$	12.00	1.06	166.0054
$C_8H_9N_2O_2$	9.63	0.82	165.0664	$C_{11}H_{20}N$	12.59	0.73	166.1597
$C_8H_{11}N_3O$	10.00	0.65	165.0903	$C_{11}H_4NO$	12.37	0.90	166.0293
$C_8H_{13}N_4$	10.38	0.49	165.1142	$C_{11}H_6N_2$	12.75	0.75	166.0532
$C_9H_9O_3$	9.99	1.05	165.0552	$C_{12}H_{22}$	13.32	0.82	166.1722
$C_9H_{11}NO_2$	10.36	0.88	165.0790	$C_{12}H_6O$	13.10	0.99	166.0419
$C_9H_{13}N_2O$	10.74	0.72	165.1029	$C_{12}H_8N$	13.48	0.84	166.0657
$C_9H_{15}N_3$	11.11	0.56	165.1267	$C_{13}H_{10}$	14.21	0.93	166.0783
C_9HN_4	11.27	0.58	165.0202	167			
$C_{10}H_{13}O_2$	11.09	0.96	165.0916	$C_6H_3N_2O_4$	7.45	1.04	167.0093
$C_{10}H_{15}NO$	11.47	0.80	165.1154	$C_6H_5N_3O_3$	7.83	0.87	167.0331

续表

	$M+1$	$M+2$	MW		$M+1$	$M+2$	MW
$C_6H_7N_4O_2$	8.20	0.70	167.0570	$C_{10}H_{20}N_2$	11.89	0.65	168.1628
$C_7H_5NO_4$	8.18	1.10	167.0218	$C_{10}H_4N_2O$	11.67	0.82	168.0324
$C_7H_7N_2O_3$	8.56	0.93	167.0457	$C_{10}H_6N_3$	12.05	0.67	168.0563
$C_7H_9N_3O_2$	8.93	0.76	167.0695	$C_{11}H_{20}O$	12.25	0.89	168.1515
$C_7H_{11}N_4O$	9.31	0.59	167.0934	$C_{11}H_4O_2$	12.03	1.06	168.0211
$C_8H_7O_4$	8.91	1.15	167.0344	$C_{11}H_{22}N$	12.62	0.73	168.1753
$C_8H_9NO_3$	9.29	0.99	167.0583	$C_{11}H_6NO$	12.40	0.90	168.0449
$C_8H_{11}N_2O_2$	9.66	0.82	167.0821	$C_{11}H_8N_2$	12.78	0.75	168.0688
$C_8H_{13}N_3O$	10.04	0.66	167.1060	$C_{12}H_{24}$	13.35	0.82	168.1879
$C_8H_{15}N_4$	10.41	0.49	167.1298	$C_{12}H_8O$	13.13	0.99	168.0575
$C_9H_{11}O_3$	10.02	1.05	157.0708	$C_{12}H_{10}N$	13.51	0.84	168.0814
$C_9H_{13}NO_2$	10.39	0.89	167.0947	$C_{13}H_{12}$	14.24	0.94	168.0939
$C_9H_{15}N_2O$	10.77	0.73	167.1185	C_{14}	15.13	1.06	168.0000
$C_9H_{17}N_3$	11.14	0.57	167.1424	169			
C_9HN_3O	10.92	0.74	167.0120	$C_6H_5N_2O_4$	7.48	1.05	169.0249
$C_9H_3N_4$	11.30	0.58	167.0359	$C_6H_7N_3O_3$	7.86	0.87	169.0488
$C_{10}H_{15}O_2$	11.12	0.96	167.1072	$C_6H_9N_4O_2$	8.23	0.70	169.0726
$C_{10}H_{17}NO$	11.50	0.80	167.1311	$C_7H_7NO_4$	8.21	1.10	169.0375
$C_{10}HNO_2$	11.28	0.98	167.0007	$C_7H_9N_2O_3$	8.59	0.93	169.0614
$C_{10}H_{19}N_2$	11.87	0.64	167.1549	$C_7H_{11}N_3O_2$	8.96	0.76	169.0852
$C_{10}H_3N_2O$	11.66	0.82	167.0246	$C_7H_{13}N_4O$	9.34	0.59	169.1091
$C_{10}H_5N_3$	12.03	0.66	167.0484	$C_8H_9O_4$	8.95	1.16	169.0501
$C_{11}H_{19}O$	12.23	0.88	167.1436	$C_8H_{11}NO_3$	9.32	0.99	169.0739
$C_{11}H_3O_2$	12.01	1.06	167.0133	$C_8H_{13}N_2O_2$	9.69	0.82	169.0978
$C_{11}H_{21}N$	12.60	0.73	167.1675	$C_8H_{15}N_3O$	10.07	0.66	169.1216
$C_{11}H_5NO$	12.39	0.90	167.0371	$C_8H_{17}N_4$	10.44	0.50	169.1455
$C_{11}H_7N_2$	12.76	0.75	167.0610	C_8HN_4O	10.23	0.67	169.0151
$C_{12}H_{23}$	13.34	0.82	167.1801	$C_9H_{13}O_3$	10.05	1.05	169.0865
$C_{12}H_7O$	13.12	0.99	167.0497	$C_9H_{15}NO_2$	10.43	0.89	169.1103
$C_{12}H_9N$	13.49	0.84	167.0736	$C_9H_{17}N_2O$	10.80	0.73	169.1342
$C_{13}H_{11}$	14.22	0.94	167.0861	$C_9HN_2O_2$	10.58	0.91	169.0038
168				$C_9H_{19}N_3$	11.17	0.57	169.1580
$C_6H_4N_2O_4$	7.47	1.04	168.0171	$C_9H_3N_3O$	10.96	0.75	169.0227
$C_6H_6N_3O_3$	7.84	0.87	168.0410	$C_9H_5N_4$	11.33	0.59	169.0515
$C_6H_8N_4O_2$	8.22	0.70	168.0648	$C_{10}H_{17}O_2$	11.16	0.96	169.1229
$C_7H_6NO_4$	8.20	1.10	168.0297	$C_{10}HO_3$	10.94	1.14	168.9925
$C_7H_8N_2O_3$	8.57	0.93	168.0535	$C_{10}H_{19}NO$	11.53	0.81	169.1467
$C_7H_{10}N_3O_2$	8.95	0.76	168.0774	$C_{10}H_3NO_2$	11.31	0.98	169.0164
$C_7H_{12}N_4O$	9.32	0.59	168.1012	$C_{10}H_{21}N_2$	11.90	0.65	169.1706
$C_8H_8O_4$	8.93	1.15	168.0422	$C_{10}H_5N_2O$	11.69	0.82	169.0420
$C_8H_{10}NO_3$	9.30	0.99	168.0661	$C_{10}H_7N_3$	12.06	0.67	169.0641
$C_8H_{12}N_2O_2$	9.68	0.82	168.0899	$C_{11}H_{21}O$	12.26	0.89	169.1593
$C_8H_{14}N_3O$	10.05	0.66	168.1138	$C_{11}H_5O_2$	12.04	1.06	169.0289
$C_8H_{16}N_4$	10.43	0.49	168.1377	$C_{11}H_{23}N$	12.64	0.73	169.1832
C_8N_4O	10.21	0.67	168.0073	$C_{11}H_7NO$	12.42	0.91	169.0528
$C_9H_{12}O_3$	10.03	1.05	168.0786	$C_{11}H_9N_2$	12.79	0.75	169.0767
$C_9H_{14}NO_2$	10.41	0.89	168.1025	$C_{12}H_{25}$	13.37	0.82	169.1957
$C_9H_{16}N_2O$	10.78	0.73	168.1264	$C_{12}H_9O$	13.15	1.00	169.0653
$C_9N_2O_2$	10.57	0.51	167.9960	$C_{12}H_{11}N$	13.52	0.84	169.0892
$C_9H_{18}N_3$	11.16	0.57	168.1502	$C_{13}H_{13}$	14.26	0.94	169.1018
$C_9H_2N_3O$	10.94	0.74	168.0198	$C_{14}H$	15.14	1.07	169.0078
$C_9H_4N_4$	11.32	0.58	168.0437				
$C_{10}H_{16}O_2$	11.14	0.96	168.1151				
$C_{10}O_3$	10.92	1.14	167.9847				
$C_{10}H_{18}NO$	11.51	0.80	168.1389				
$C_{10}H_2NO_2$	11.30	0.98	168.0085				

参 考 文 献

[1] [英]Dudley H. williams, Lan Fleming 著. 有机化学中的光谱方法. 王剑波等译. 北京：北京大学出版社，2001.
[2] 孟令芝等. 有机波谱分析. 第 2 版. 武汉：武汉大学出版社，2003.
[3] 宁永成. 有机化合物结构鉴定与有机波谱学. 第 2 版. 北京：科学出版社，2000.
[4] 李润卿. 有机结构波谱分析. 天津：天津大学出版社，2002.
[5] 冯金城. 有机化合物结构分析与鉴定. 北京：国防工业出版社，2003.
[6] 杜灿屏等. 21 世纪有机化学发展战略. 北京：化学工业出版社，2002.
[7] 汪尔康. 21 世纪的分析化学. 北京：科学出版社，1999.
[8] 沈淑娟. 波谱分析法. 上海：华东化工学院出版社，1992.
[9] 谈天. 谱学法在有机化学中的应用. 北京：高等教育出版社，1985.
[10] 阎长泰. 有机分析基础. 北京：高等教育出版社，1991.
[11] 金世美. 有机分析教程. 北京：高等教育出版社，1992.
[12] 陈德恒. 有机结构分析. 北京：科学出版社，1985.
[13] 陈耀祖. 有机分析. 北京：高等教育出版社，1981.
[14] 张志贤，张瑞镐. 有机官能团定量分析. 北京：化学工业出版社，1991.
[15] 邢其毅. 基础有机化学. 北京：高等教育出版社，1980.
[16] 余仲建 李松兰 张殿坤. 现代有机分析. 天津：天津科学技术出版社，1994.
[17] 易晓虹. 有机分析. 北京：中国轻工业出版社，1997.
[18] 达世禄. 色谱学导论. 武汉：武汉大学出版社，1999.
[19] 董慧茹. 仪器分析. 北京：化学工业出版社，2010.
[20] 李浩春. 分析化学手册. 第五分册. 北京：化学工业出版社，1999.
[21] 朱嘉云. 有机分析. 北京：化学工业出版社，1992.
[22] 张振宇. 化工分析. 第 3 版 北京：化学工业出版社，2012.
[23] 杨新星. 工业分析. 北京：化学工业出版社，2000.
[24] 王敬尊，瞿慧生. 复杂样品的综合分析·剖析技术概论. 北京：化学工业出版社，2000.